Alles klar?

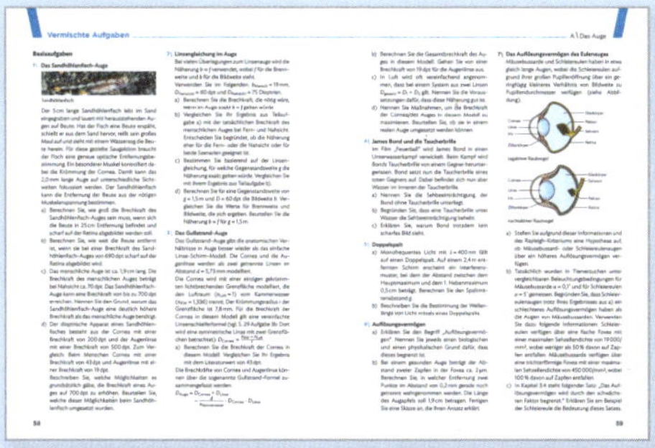

Vermischte Aufgaben

Hier finden Sie zum Ende des Kapitels einige umfangreiche Aufgaben, die teilweise materialbasiert sind. Die „Basisaufgaben" sind etwas kürzer gehalten und befassen sich immer mit einem einzelnen Thema. Die „Zusammenfassenden Aufgaben" können alle Themen des Kapitels aufgreifen und miteinander vernetzen. Sie helfen Ihnen also dabei, das im Kapitel Gelernte nochmal zu vertiefen und bereiten Sie dadurch gut auf den im Anschluss folgenden Selbsttest vor.

Ziel erreicht?

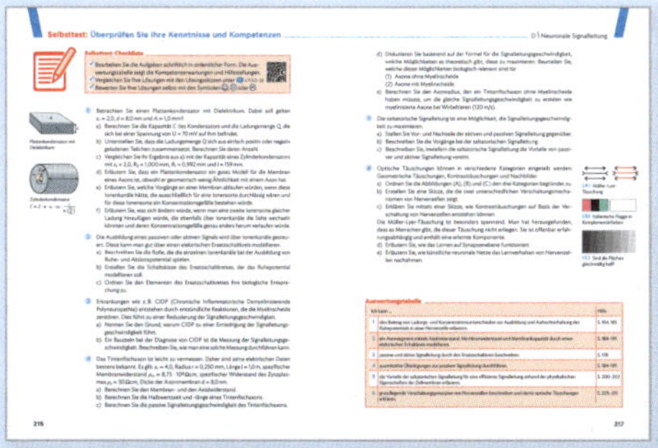

Selbsttest

Die Seiten helfen Ihnen dabei, festzustellen, ob Sie die neuen Inhalte des Kapitels verstanden haben. Es gibt zu jedem Kompetenzbereich Aufgaben, die Sie lösen und mit den bereitgestellten Lösungen abgleichen können. Sie können Ihre Leistung dabei selbst bewerten. Schneiden Sie in einem Bereich nicht so gut ab, bekommen Sie im Auswertungskasten Informationen, welche Stellen im Buch Sie nochmal genauer ansehen sollten.

Das weiß ich – das kann ich

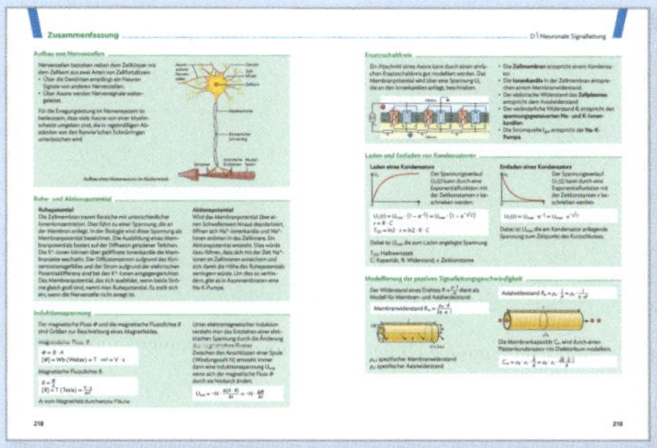

Zusammenfassung

Die wichtigsten Inhalte und Kompetenzen, die Sie zum jeweiligen Thema gelernt haben, werden auf diesen Seiten kompakt zusammengefasst. Damit können Sie sich gut auf eine Klassenarbeit vorbereiten.

Bildlich gesprochen: Erklärung der Symbole

- **V** Versuch, den Sie selbst durchführen können.
- **!** Warnsymbol; befolgen Sie unbedingt den angegebenen Hinweis!
- **i** Information; hier werden Ihnen zusätzliche Informationen geliefert.
- * fakultative Inhalte, die über den Lehrplan hinausgehen
- EVA eigenverantwortliches Arbeiten
- **MC** Mediencode; die angegebene Nummer können Sie unter www.ccbuchner.de im Suchfeld eingeben (z. B. Eingabe „67055-09") und gelangen so zu weiteren Materialien.
- **2 ** Zu diesen Aufgaben finden Sie Hilfestellungen unter diesem Mediencode: MC 67055-99

Biophysik *neu*

Herausgegeben von
Rainer Dietrich und Melanie Nerding

Bearbeitet von
Rainer Dietrich
Markus Elsholz
René Grünbauer
Gabriele Knapp
Anja Michel
Melanie Nerding
Simon Wagner
Christine Waltner

C.C.Buchner

Biophysik neu

Gymnasium Bayern Sek II
Herausgegeben von Rainer Dietrich und Melanie Nerding

Bearbeitet von Rainer Dietrich, Markus Elsholz, René Grünbauer, Gabriele Knapp, Anja Michel, Melanie Nerding, Simon Wagner und Christine Waltner

Zu diesem Lehrwerk sind erhältlich:
- Digitales Schulbuch **click & study**, Einzellizenz, WEB-Bestell-Nr. 670551
- Digitales Lehrermaterial **click & teach**, Einzellizenz, Bestell-Nr. 670651

Weitere Lizenzformen (Einzellizenz flex, Kollegiumslizenz) und Materialien unter www.ccbuchner.de.

Die enthaltenen Links verweisen auf digitale Inhalte, die der Verlag bei verlagsseitigen Angeboten in eigener Verantwortung zur Verfügung stellt. Links auf Angebote Dritter wurden nach den gleichen Qualitätskriterien wie die verlagsseitigen Angebote ausgewählt und bei Erstellung des Lernmittels sorgfältig geprüft. Für spätere Änderungen der verknüpften Inhalte kann keine Verantwortung übernommen werden.

Dieses Lehrwerk folgt den aktuellen Regelungen für Rechtschreibung und Zeichensetzung. Ausnahmen bilden Texte, bei denen künstlerische, philologische oder lizenzrechtliche Gründe einer Änderung entgegenstehen. Teile des Lehrwerks wurden mithilfe gängiger Large Language Models erstellt oder bearbeitet. Sämtliche Inhalte wurden anschließend redaktionell geprüft, überarbeitet und verantwortet. Weitere Informationen finden Sie auf www.ccbuchner.de/ki.

An keiner Stelle im Schülerbuch dürfen Eintragungen vorgenommen werden.

1. Auflage, 1. Druck 2025
Alle Drucke dieser Auflage sind, weil untereinander unverändert, nebeneinander benutzbar.

produktsicherheit@ccbuchner.de

Layout und Satz: tiff.any GmbH & Co. KG, Berlin
Grafiken und Illustrationen: tiff.any GmbH & Co. KG, Berlin und Helmut Holtermann, Dannenberg
Umschlag: Wildner + Designer GmbH, Fürth
Druck und Bindung: Mohn Media Mohndruck GmbH, Gütersloh

www.ccbuchner.de

ISBN 978-3-661-**67055**-3

Inhalt

Anhang

Methoden

Liebe Schülerinnen und Schüler,
liebe Lehrerinnen und Lehrer,

in den letzten Jahrzehnten sind in kaum einem Wissensgebiet so viele Fortschritte erzielt worden wie in der Biologie. Die dabei verwendeten Methoden gehen aber weit über die der klassischen Biologie hinaus, so dass man je nach Bereich besser von Biotechnologie, Biochemie oder Biophysik spricht. Längst sind daraus eigenständige Fachrichtungen entstanden, was sich auch in entsprechenden Studiengängen niederschlägt. Der aktuelle Lehrplan für die bayerischen Gymnasien trägt dieser Entwicklung Rechnung und bietet die Möglichkeit, in der 12. Jahrgangsstufe die Lehrplanalternative Biophysik zu wählen. Damit eröffnen sich neue Chancen, die genutzt werden können und sollten.

Sie sollten genutzt werden, weil immer mehr höchst attraktive Studiengänge und Berufsfelder Kenntnisse aus Biologie *und* Physik erfordern. Das gilt nicht nur für die „klassischen" Tätigkeitsfelder in der Medizin. Auch die Medizintechnik bietet gute Aussichten für entsprechend ausgebildete Fachkräfte.

In der Schule lassen sich diese Chancen in mehrfacher Hinsicht nutzen: Zum einen öffnet die Biophysik den Blick dafür, dass die übliche Einteilung der Naturwissenschaften in Biologie, Chemie und Physik rein praktischer Art ist. Tatsächlich sind alle Dinge, ob Stein oder Zelle, den gleichen universellen Naturgesetzen unterworfen. Zum anderen ergeben sich aus der Vernetzung von Physik und Biologie sehr interessante neue Einsichten. Die Leistungen unserer Sinnesorgane kann jeder am eigenen Leib erfahren, und die physikalische Perspektive führt zu einem vertieften Verständnis dieser Leistungen; Technologien zur medizinischen Diagnose und Therapie sind allen schon selbst oder im Bekanntenkreis begegnet.

Das vorliegende Buch stellt den Bezug zwischen Physik, Biologie und Medizin auch in den eher theoretischen Teilen immer wieder her. Seine Struktur orientiert sich eng am Lehrplan und deckt so alle verbindlichen Inhalte ab. Inhalte, die darüber hinausgehen, sind als Exkurs markiert.

Zentraler Bestandteil dieses Schulbuches sind die Übungsaufgaben, die durchweg aus der Unterrichtspraxis stammen und unterschiedlichste Kompetenzbereiche einbeziehen. Die Aufgaben werden durch ausführlich kommentierte Beispiele ergänzt.

Wir hoffen, dass alle Leserinnen und Leser – ob Schülerinnen und Schüler oder Kolleginnen und Kollegen – diesem Buch interessante Anregungen entnehmen können und wünschen uns, dass wir etwas von der Begeisterung, die wir selbst beim Unterrichten und Schreiben hatten, weitergeben konnten.

Viel Erfolg mit der Biophysik wünschen Ihnen
Autorinnen und Autoren

Verhalten in Fachräumen der Physik

1. Fachräume dürfen nur bei Anwesenheit einer Lehrkraft betreten werden.

2. In Fachräumen darf weder gegessen noch getrunken werden.

3. Schultaschen und Jacken sind so abzulegen, dass niemand darüber stolpert bzw. genügend Platz zum Vorbeigehen ist.

4. Geräte und Versuchsaufbauten (z. B. am Experimentiertisch vorne) dürfen ohne Erlaubnis der Lehrkraft keinesfalls berührt werden, auch wenn die Situation völlig ungefährlich erscheint.

5. Die elektrische Energie- und Gasversorgung darf eigenmächtig nicht bedient werden.

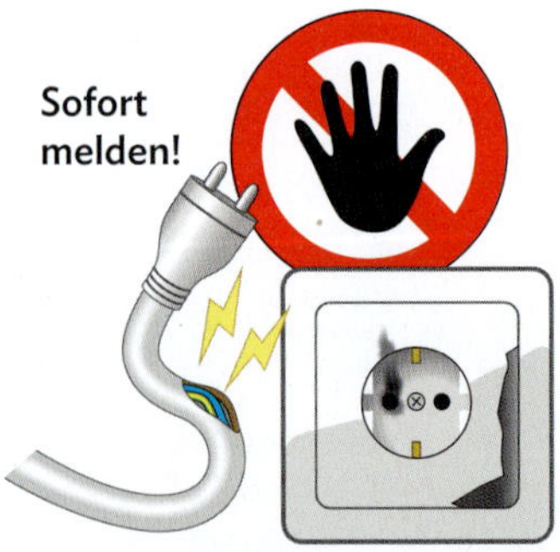

6. Beschädigte Steckdosen, Stecker, Geräte oder Kabel sowie offene Gashähne, Gasgeruch oder andere Gefahrenstellen sind sofort der Lehrerin oder dem Lehrer zu melden.

7. Im Gefahrenfall einen Not-Aus-Schalter betätigen; Standorte und die Bedienung von Not-Aus-Schaltern sind bekannt.

8. Wer anderen im Gefahrenfall hilft, achtet auf seine eigene Sicherheit.

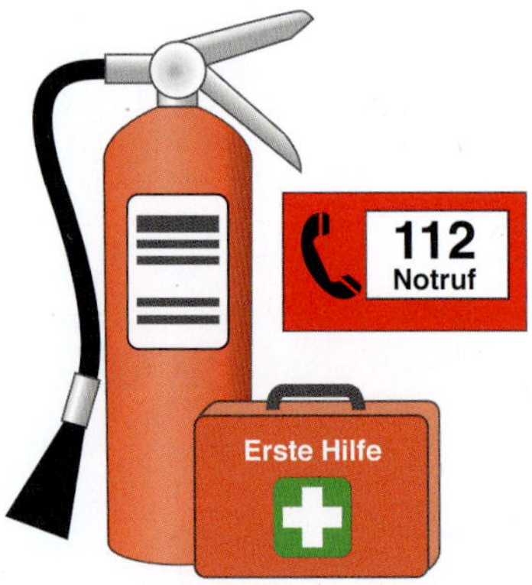

9. Die Standorte ...
   - der Feuerlöscheinrichtungen,
   - des Erste-Hilfe-Materials und
   - des nächsten Telefons (im Notfall ggf. auch Handy nutzen) sind bekannt.

   Notrufnummern 112 (integrierte Leitstelle) oder 110 (Polizei)
   (beim Schultelefon muss erst 0 gewählt werden und dann 112 bzw. 110).

10. Bei einem Feueralarm sind die Verhaltensregeln zu beachten; der Fluchtweg ist bekannt.

Verhalten beim Experimentieren

1. Beim Experimentieren dürfen Mappen und Kleidungsstücke nicht auf dem Experimentiertisch abgelegt werden. Es ist darauf zu achten, dass es keine Stolperfallen (z. B. Schultaschen) gibt und genügend Platz zum Arbeiten ist.

2. Die Schülerinnen und Schüler befolgen die Arbeitsanweisungen der Lehrkraft gewissenhaft. Versuchsanleitungen sind sorgfältig zu lesen. Bei Unklarheiten fragen die Schülerinnen und Schüler die Lehrkraft.

3. Die von der Lehrkraft angeordneten Schutzmaßnahmen sind zu befolgen (u. a. bei offenen Flammen, erwärmten Flüssigkeiten oder bei elektrischer Gefährdung), um sich selbst und andere Personen nicht zu gefährden.

4. Beschädigte Steckdosen, Stecker, Geräte oder Kabel sowie offene Gashähne, Gasgeruch oder andere Gefahrenstellen sind sofort der Lehrerin oder dem Lehrer zu melden. Geräte sind sorgfältig zu handhaben.

5. Ohne die Erlaubnis der Lehrkraft (ggf. Lehrkraft zum eigenen Experimentierplatz holen und um Kontrolle des Aufbaus bitten)
   - dürfen keine Geräte eingeschaltet werden,
   - darf die Arbeit mit den Versuchsmaterialien nicht begonnen werden.

6. Eigenmächtig „mal etwas ausprobieren“ ist ohne Erlaubnis der Lehrerin oder des Lehrers untersagt.

7. Im Gefahrenfall oder bei einem Unfall ist sofort die Lehrkraft zu rufen.

8. Nach Beendigung des Versuchs
   - wird dieser ordnungsgemäß abgebaut (z. B. Elektroschalter ausschalten),
   - werden Versuchsmaterialien an ihren Platz zurückgebracht,
   - wird der Arbeitsplatz falls nötig gesäubert; ggf. auch die Hände gewaschen.

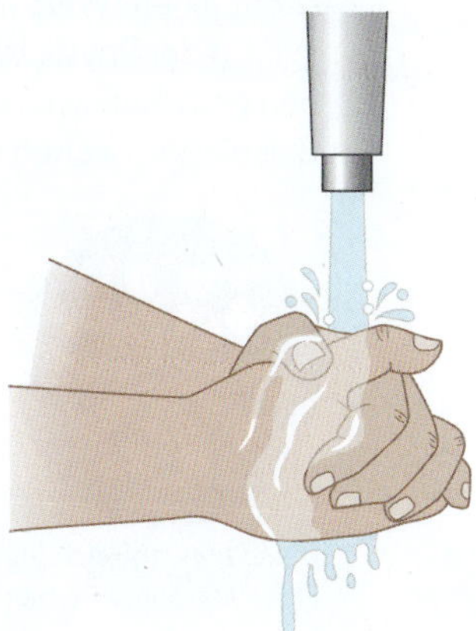

9. Aus Sicherheitsgründen dürfen Experimente, die in der Schule gezeigt oder unter Aufsicht der Lehrkraft von Schülerinnen und Schülern durchgeführt wurden, nicht gedankenlos oder leichtsinnig zu Hause wiederholt werden. Bei Heimexperimenten ist auch auf Sicherheit zu achten.

Messunsicherheiten in Physik

Umgang mit Messunsicherheiten

In der Physik ist keine Messung exakt. Die Genauigkeit eines Messergebnisses wird durch verschiedene Faktoren beeinflusst, die sich grob in die folgenden Kategorien einteilen lassen:

- *Die Messgeräte:* Jedes Messgerät kann nur mit einer bestimmten Genauigkeit messen. Eine Kirchenuhr gibt die Zeit nur auf eine Minute genau an, eine Lichtschranke kann im Bereich von Millisekunden messen. Es empfiehlt sich, ein möglichst genaues Messgerät zu verwenden.
- *Der Messaufbau:* Die einzelnen Komponenten müssen so gewählt und genutzt werden, dass die gewünschte Größe möglichst gut gemessen werden kann. Alle Geräte sollten daher vorher auf ihre ordnungsgemäße Funktion geprüft werden.
- *Die Messbedingungen:* Schwankungen der Luftfeuchtigkeit oder der Temperatur können Einfluss auf das Experiment haben. Es sollte hier daher für möglichst standardisierte Bedingungen gesorgt werden.
- *Der Mensch:* Die Person, die die Messung durchführt, kann viele der genannten Faktoren direkt beeinflussen. Wenn die Person die Messung dann aber nicht richtig durchführt oder die Messwerte falsch abliest, wird sie trotzdem keine präzisen Messwerte erhalten.

Messabweichung

Wenn eine Messgröße vom tatsächlichen Wert abweicht, kann es dafür zwei Gründe geben:

- *Systematische Abweichungen:* Das Messgerät selbst oder der Versuchsaufbau sind fehlerhaft. Die Abweichung erfolgt hier meist in eine Richtung und ändert sich auch nicht, wenn die Messung (unter den gleichen Bedingungen) wiederholt wird.
- *Zufällige Abweichungen:* Ablesefehler oder zufällige Schwankungen äußerer Faktoren (z. B. ein Windstoß) führen zu Abweichungen in beide Richtungen – und lassen sich durch wiederholte Messungen reduzieren. Eine Wiederholung eines Experiments ist daher immer sinnvoll.

Beispiel: Wird bei einem Experiment der Wert eines Widerstands zu 49,8 Ω bestimmt, während der tatsächliche Wert 50,0 Ω beträgt, ist die Messabweichung 0,2 Ω.

Messunsicherheit

Eine Analyse der *zufälligen Abweichungen* kann als Maß für die Genauigkeit des Messwertes dienen – man spricht von der **Messunsicherheit**. Sie gibt einen Bereich an, in dem mit hoher Wahrscheinlichkeit der tatsächliche Messwert liegt. Je größer die Messunsicherheit, desto größer ist dieser Bereich – und desto weniger lässt sich darauf vertrauen, dass der ermittelte Messwert dem tatsächlichen Wert entspricht.

Beispiel: $m = (13{,}4 \pm 0{,}3)$ g. Es wurde also eine Masse von 13,4 g durch die Messung bestimmt. Der tatsächliche Wert der Masse liegt aufgrund der Messunsicherheiten dann zwischen 13,7 g und 13,1 g.

Beispiel: $U = 5{,}8$ V. Hier kann die Messunsicherheit über die Anzahl der gültigen Ziffern erschlossen werden. Man geht dann davon aus, dass die letzte Ziffer um 1 unsicher ist. Die Angabe entspricht somit einem Wert von $U = (5{,}8 \pm 0{,}1)$ V.

Weil in der Physik Werte von Größen immer durch Messungen bestimmt werden, sollen alle Angaben grundsätzlich mit einer Messunsicherheit angegeben werden. Dies kann explizit wie im ersten Beispiel geschehen oder häufig auch verkürzt wie im zweiten Beispiel.

kleine Messabweichung
große Messunsicherheit

große Messabweichung
kleine Messunsicherheit

kleine Messabweichung
kleine Messunsicherheit

Messunsicherheit bei einfacher Messung

Bei direkt gemessenen Größen wird die Messunsicherheit häufig anhand der Genauigkeit des jeweiligen Messgeräts bestimmt: Wenn die kleinste Einteilung eines Lineals 1 mm ist, beträgt auch die Messunsicherheit der gemessenen Strecke 1 mm. Wenn das Multimeter die Stromstärke auf 0,1 A genau misst, beträgt auch die Messunsicherheit 0,1 A usw.
Beispiel: Die Messung der Streckenlänge ergab $s = 7{,}3\,\text{cm} \pm 0{,}1\,\text{cm}$.

Messunsicherheit bei mehrfacher Messung

Hier zeigt sich die Messunsicherheit durch den Schwankungsbereich der Einzelmessungen. Als einfaches quantitatives Maß kann im einfachsten Fall die größtmögliche Abweichung einer Einzelmessung vom Mittelwert („Spannweite") gewählt werden. Etwas mathematischer kann die Messunsicherheit mithilfe der empirischen Standardabweichung σ berechnet werden:

$$\sigma = \frac{1}{\sqrt{n-1}} \cdot \sqrt{(x_1-\mu)^2 + \ldots + (x_n-\mu)^2}$$

Dabei bezeichnet $\mu = \frac{1}{n}(x_1 + \ldots + x_n)$ das arithmetische Mittel der n Einzelmessungen $x_1, \ldots, x_n$. Daneben gibt es noch weitere Möglichkeiten, Messunsicherheiten anzugeben, z. B. gültige Ziffern (vgl. Methode S. 231). Hierbei gibt es nicht die „eine" richtige Vorgehensweise, je nach Messung kann es verschiedene Möglichkeiten geben.

Messunsicherheit des Mittelwertes

Zur Reduzierung der zufälligen Abweichungen sollten Messungen mehrfach durchgeführt werden. Hier nochmal das Wichtigste dazu zusammengefasst: Zur Ermittlung des Endergebnisses aus den n Einzelmessungen bestimmen Sie zuerst den Mittelwert μ und die Messunsicherheit σ der Einzelwerte. Das Ergebnis der mehrfachen Messung wird dann angegeben als $\mu \pm \frac{\sigma}{\sqrt{n}}$. Mit wachsender Zahl von Einzelmessungen kann also der Mittelwert immer genauer bestimmt werden.

Darstellung von Daten mit Messunsicherheiten

Wenn Messwerte graphisch dargestellt werden, müssen auch die Messunsicherheiten dort gekennzeichnet werden. Das geschieht in Form von „Unsicherheitsbalken", die in manchen Programmen auch als „Fehlerindikatoren" oder „Fehlerbalken" bezeichnet werden.
Die Unsicherheitsbalken werden bei jedem Messwert separat eingezeichnet, vgl. Abbildung. Die Länge des Balkens entspricht (in beiden Richtungen) der jeweiligen Messunsicherheit. Sie kann bei jedem Messwert unterschiedlich sein, meist sind sie jedoch bei jedem Messwert gleich. Häufig bietet sich hierbei an, die Messunsicherheit bei einfacher Messung anzuwenden, siehe oben.

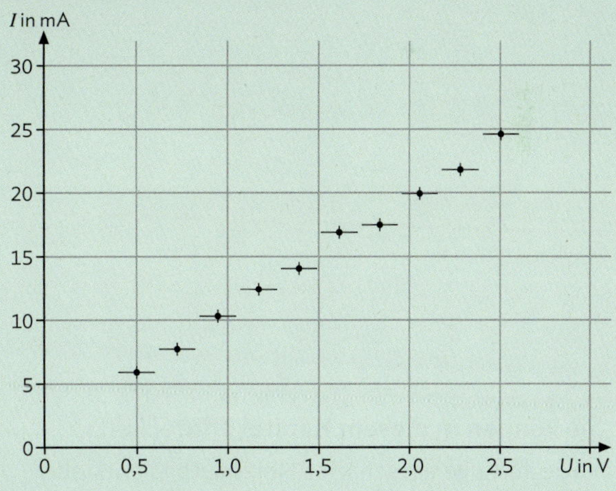

Beispiel: Bei einer Messung wird ein *U*-*I*-Diagramm erstellt. Die Spannung wird an der Elektrizitätsquelle eingestellt, die Stromstärke wird mit einem Multimeter gemessen, dessen Messbereich während der Messung nicht verändert wird. Die Spannung kann auf 0,1 V genau eingestellt werden, die Stromstärke wird auf 1 mA genau gemessen. Der erste dargestellte Punkt entspricht dann den folgenden Messwerten:
$U_1 = (0{,}5 \pm 0{,}1)\,\text{V}$ und $I_1 = (6 \pm 1)\,\text{mA}$.

A \ Das Auge

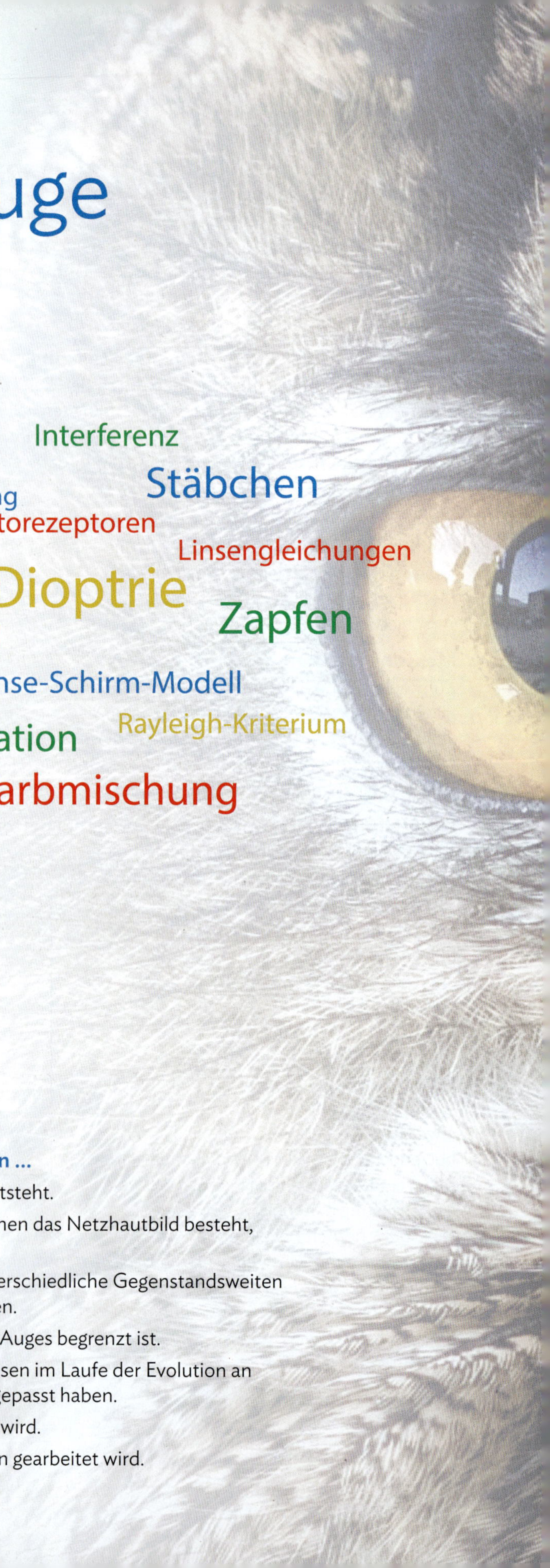

Augenlinse
Interferenz
Linsenauge
additive Farbmischung
Stäbchen
Glaskörper
Hornhaut
Photorezeptoren
Linsengleichungen
Netzhautbild
Dioptrie
Pupille
Zapfen
Zilliarmuskel
Brechkraft
Netzhaut
Linse-Schirm-Modell
Zonulafasern
Akkomodation
Rayleigh-Kriterium
dioptrischer Apparat
subtraktive Farbmischung

Sie können in diesem Kapitel entdecken ...

- wie im Auge ein scharfes Netzhautbild entsteht.
- wie in der Netzhaut die Photonen, aus denen das Netzhautbild besteht, detektiert werden.
- wie sich verschiedene Augenarten an unterschiedliche Gegenstandsweiten anpassen, um ein scharfes Bild zu erzeugen.
- warum das Auflösungsvermögen unseres Auges begrenzt ist.
- wie sich die Augen verschiedener Lebewesen im Laufe der Evolution an unterschiedliche Lebensbedingungen angepasst haben.
- wie in der Physik mit Modellen gearbeitet wird.
- wie in der Optik mit digitalen Simulationen gearbeitet wird.

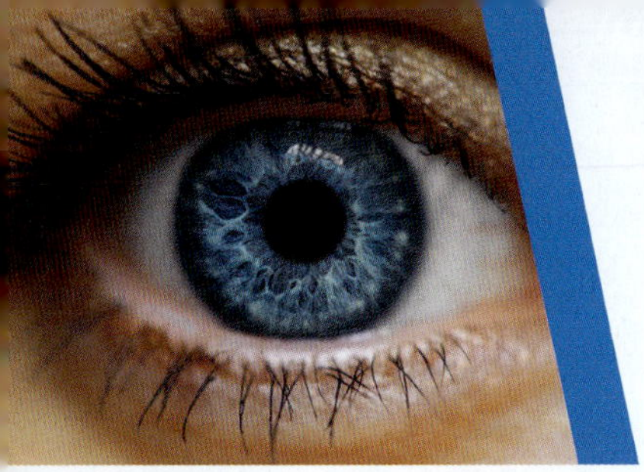

1 Bildentstehung im Auge

Materialien zu Kapitel 1.1

M1 Lernaufgabe: Modelle über Modelle: Licht, Sehvorgang und Auge

Unser Auge ist ein Detektor für sichtbares Licht. Doch was genau wird da auf der Netzhaut detektiert? Im Laufe der Zeit gab es hierfür verschiedene Modellvorstellungen.
Auch für den Sehvorgang gab es im Laufe der Zeit mehrere Erklärungsansätze. In der Antike war die Vorstellung des „Sehstrahls" weit verbreitet. Es folgten das „Empfangsmodell" von Alhazen und Keplers Theorie des Netzhautbildes.
Selbst für das Auge gibt es verschiedene Modelle wie das sehr einfache Linse-Schirm-Modell (Kapitel 1.1) oder das Gullstrand-Normauge (Aufgabe 3 unter Vermischte Aufgaben). Doch warum gibt es so viele verschiedene Modelle? Würde nicht ein „korrektes" Modell genügen?

Methode

Mit Modellen arbeiten

Modelle werden in der Physik dazu verwendet, um reale Vorgänge so zu beschreiben, dass man Beobachtungen erklären und Vorhersagen machen kann. Damit dies möglich ist, muss ein gutes Modell folgende Eigenschaften besitzen:

- Ein Modell sollte eine vereinfachte Darstellung der wirklichen Welt sein. Dabei werden alle unwesentlichen Details, die für die Erklärung der Beobachtung nicht nötig sind, weggelassen.
- Ein Modell sollte Voraussagen machen, die experimentell falsifiziert oder verifiziert werden können.
- Ein Modell sollte einen hohen Erklärungswert besitzen.

Da Modelle in der Regel Vereinfachungen vornehmen, ist ihr Gültigkeitsbereich begrenzt. Es kann also sein, dass es für den gleichen Sachverhalt verschiedene Modelle gibt, je nachdem, welche Beobachtung erklärt oder welches Messergebnis in welcher Genauigkeit vorhergesagt werden soll. Einfache Modelle kann man intuitiv verstehen und mathematisch leicht beschreiben. Oft können sie aber nur einen Teilaspekt erklären. Sehr detaillierte Modelle muss man verwenden, wenn einfache Modelle nicht ausreichen, um die Beobachtung zu verstehen. Sie sind mathematisch aufwändiger.

Arbeitsauftrag

a) Recherchieren Sie, was die drei im Text genannten Modelle über den Sehvorgang aussagen. Beschreiben Sie, welche Fehlvorstellung der „Sehstrahl" beinhaltet.

b) Nennen Sie jeweils ein Schlüsselexperiment, das ...
- das Strahlenmodell
- das Photonenmodell
- das Wellenmodell

des Lichts stützt.

c) Beschreiben Sie jeweils kurz das Strahlenmodell, das Photonenmodell und das Wellenmodell für Licht. Verwenden Sie dazu die Informationen auf S. 226.

d) Beurteilen Sie, welches Modell für Licht (S. 226) zur Beschreibung der Bildentstehung im Auge am besten geeignet ist.

e) Untersuchen Sie, ob das von Ihnen in Teilaufgabe d) gewählte Modell erklären kann, dass ...
- Licht verschiedene Farben aufweisen kann.
- das menschliche Auge sehr kleine Strukturen wie etwa Atome nicht auflösen kann.

Entscheiden Sie ggf., welche Modelle hier besser geeignet wären.

Materialien zu Kapitel 1.3

▶ M2 Lernaufgabe: Verschiedene Augen im Tierreich

Im Laufe der Evolution haben sich als Anpassung an die Lebensbedingungen im Tierreich verschiedene Augentypen entwickelt. Anders als Weichtiere haben Wirbeltiere ein Linsenauge, das sich jedoch aufgrund der evolutionären Anpassung an unterschiedliche Lebensbedingungen im Detail deutlich unterscheiden kann.

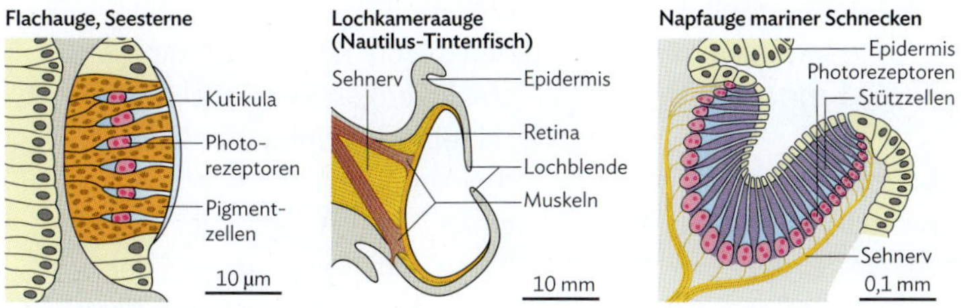

Augentypen bei den Weichtieren

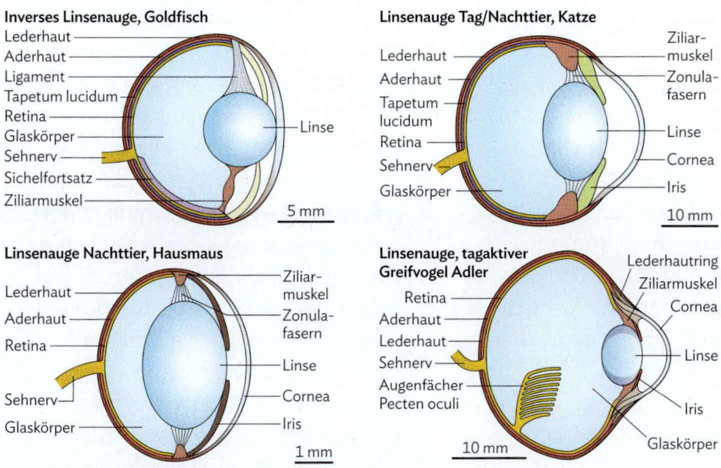

Beispiele für Linsenaugen bei den Wirbeltieren

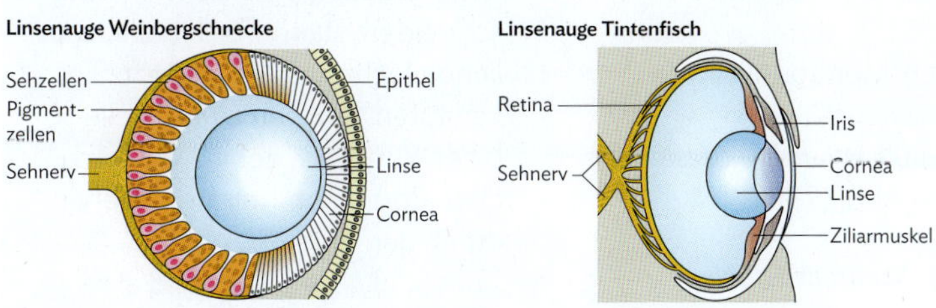

Linsenauge einer Weinbergschnecke (links) und eines Tintenfischs (rechts)

Arbeitsauftrag

a) Ordnen Sie den Strukturen, die bei allen Wirbeltieraugen vorhanden sind, ihre Entsprechung im (erweiterten) Linse-Schirm-Modell (S. 19) zu. Recherchieren Sie die Funktion von Strukturen wie Pecten oculi, Ligament oder Tapetum lucidum und fassen Sie Ihre Ergebnisse zusammen.

b) Auf der Netzhaut entsteht nur dann eine scharfe Abbildung, wenn die Linsengleichung erfüllt ist. Untersuchen Sie mithilfe der Linsengleichung, wie eine veränderliche Gegenstandsweite ausgeglichen werden kann.

c) Vergleichen Sie anhand der Informationen im Text die Fähigkeiten von Menschenauge, Tintenfischauge und Weinbergschneckenauge auf eine veränderliche Gegenstandsweite zu reagieren. Beschreiben Sie, wie sich dies auf die Fähigkeit auswirkt, eine scharfe Abbildung auf der Netzhaut zu erzielen.

Das Linsenauge hat sich während der Evolution mindestens zweimal unabhängig voneinander entwickelt: als everses (bei Weichtieren) und als inverses (bei Wirbeltieren) Linsenauge. Die Augen von Menschen und von Tintenfischen haben einen Ziliarmuskel, der bei den Augen von Weinbergschnecken fehlt. Der Ziliarmuskel ermöglicht dem Auge eine Akkommodation (Anpassung an unterschiedliche Gegenstandsweiten), die durch eine Anpassung der Brennweite der Linse (z. B. beim Menschen) oder eine Verschiebung der Linse (z. B. beim Tintenfisch) erfolgt.

▶ M3 Lernaufgabe: Optische Abbildungen im Auge mithilfe einer dynamischen Geometriesoftware verstehen

Methode

Mit digitalen Simulationen arbeiten: DGS

Viele Sachverhalte in der geometrischen Optik lassen sich durch Konstruktionen mit den Hauptstrahlen verstehen (vgl. S. 20). Oft ist dies aber mit mehreren Zeichnungen verbunden. Die physikalisch exakte Situation der Brechung eines ganzen Strahlenbündels ist zeichnerisch äußerst aufwändig. Die Verwendung einer dynamischen Geometriesoftware (DGS) kann hier Abhilfe schaffen.

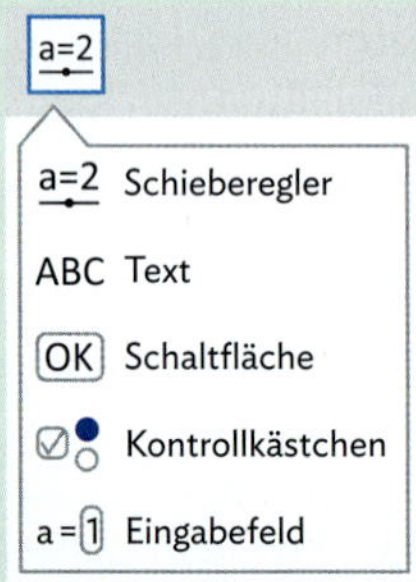

(1) Einfügen eines Schiebereglers oder Kontrollkästchens

Über Schieberegler (Abb. (1) und (2)) kann man Werte einfach anpassen. Um einen Punkt über einen Schieberegler a z. B. entlang der x-Achse zu verschieben, muss lediglich für die Koordinaten des Punktes (a, 0) eingegeben werden. Für den Schieberegler muss man ein Intervall und eine Schrittweite angeben.

Über Kontrollkästchen (Abb. (1) und (3)) kann man steuern, ob man nur die Hauptstrahlen oder das ganze Strahlenbündel sehen möchte. Dazu muss man am Kontrollkästchen auswählen, welche Objekte angezeigt werden sollen.

Schnittpunkte kann man über den Menüpunkt *Schnittpunkt* (Abb. (4)) und das Anklicken der entsprechenden Objekte erzeugen.

Die Eingabe Vektor(A, B) erzeugt einen Pfeil, der vom Punkt A zum Punkt B zeigt.

Gebogene Linien können über den Menüpunkt *Kreisbogen* erzeugt werden (Abb. (5)).

Winkel können über den Menüpunkt *Winkel mit fester Größe* oder *Winkel* erzeugt werden (Abb. (7)).

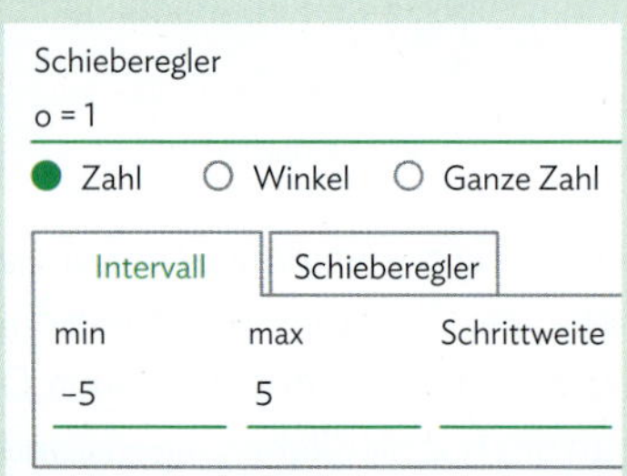

(2) Eigenschaften eines Schiebereglers einstellen

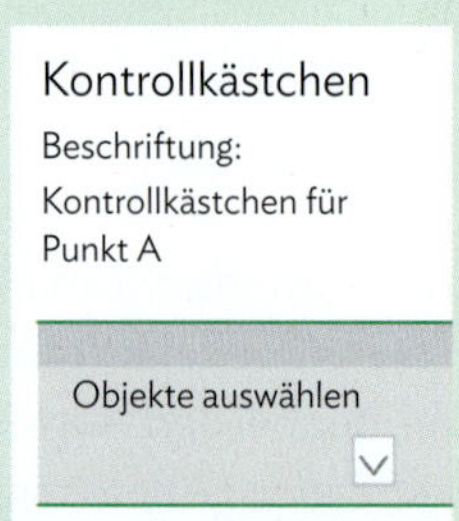

(3) Objektauswahl bei Kontrollkästchen

Arbeitsauftrag

a) Erstellen Sie mithilfe einer DGS eine einfache Simulation der Abbildung an einer symmetrischen Sammellinse.
Wählen Sie dazu die Algebra- und die Grafikansicht aus und blenden Sie die Koordinatenachsen ein. Erzeugen Sie nun einen verschiebbaren Vektor als Objekt der Abbildung. Erstellen Sie dazu einen Punkt A (g|0), der sich über einen Schieberegler g auf der x-Achse bewegen lässt und einen Punkt B (g|3), der sich parallel zum Punkt A bewegt (Abb. (9)). Beachten Sie, dass der Schieberegler nur negative Werte annehmen kann, da sich das Objekt stets vor der Linse befinden soll.
Damit in der Simulation die Brennweite der Linse variiert werden kann, muss ein zweiter Schieberegler *f* definiert werden. Er legt die Lage der beiden Brennpunkte F_1 und F_2 mit den Koordinaten $(-f, 0)$ und $(f, 0)$ fest.
Nun werden die Lichtstrahlen hinzugefügt. Zunächst werden Parallelstrahl und Mittelpunktstrahl erzeugt, die sich im Punkt B' schneiden. Dann werden die restlichen Lichtstrahlen ergänzt. Sie verlaufen von B zu einem beliebigen Punkt auf der y-Achse, machen dort einen Knick und gehen durch den Punkt B'.
Zum Schluss wird das Bild erzeugt. Dazu wird ein Hilfspunkt C auf der x-Achse benötigt, der sich parallel zum Punkt B' bewegt. Er ergibt sich als Schnittpunkt der x-Achse und der Lotgeraden zur x-Achse durch B' (Abb. (8)). Das Bild ist der Vektor von C nach B'.

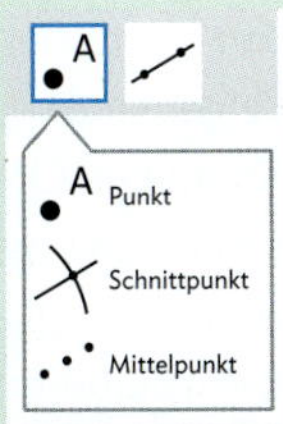

(4) Schnittpunkt erstellen

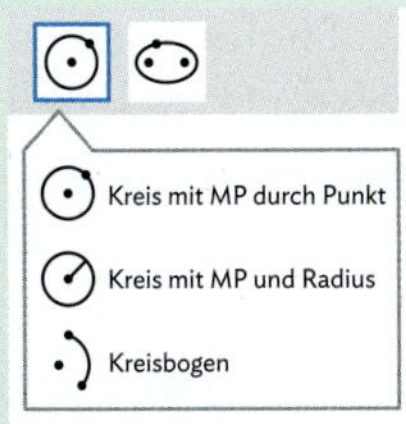

(5) Kreisbogen erstellen

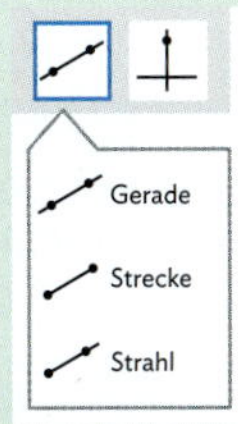

(6) Linien erstellen

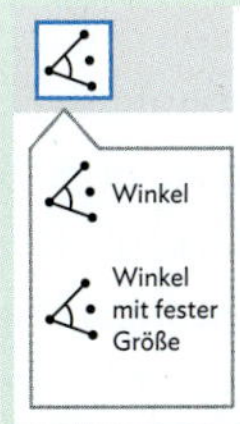

(7) Winkel erstellen

Unter dem Reiter „Erweitert" (Abb. (8)) kann man Bedingungen für die Sichtbarkeit eines Objektes angeben.

- Zwei Objekte sollen gleich sein: A = = B
- Zwei Objekte sollen nicht gleich sein: A ! = B
- Zwei Eigenschaften sollen gleichzeitig gelten: A && B
- A soll kleiner als B sein: A < B

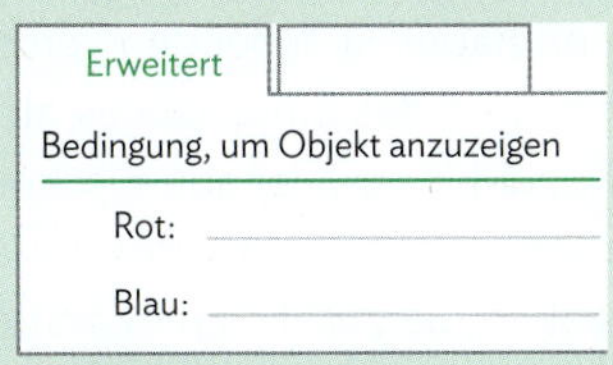

(8) Bedingte Sichtbarkeit

Um den Verlauf der Lichtstrahlen festlegen zu können, werden zunächst die Hauptstrahlen erzeugt (S. 20). Der Parallelstrahl verläuft vom Punkt B parallel zur x-Achse bis zur y-Achse. Dort knickt er ab und verläuft durch den bildseitigen Brennpunkt F_2 (Abb. (7)). Der Strahlenverlauf wird zuerst mit einer Strecke und ab dem Knick mit einem Strahl nachgebaut (Abb. (6)). Der Mittelpunktstrahl verläuft durch den Punkt B und den Ursprung. Da es hier keinen Knick gibt, wird für die Modellierung nur ein Strahl verwendet. Der Bildpunkt B' von B wird als Schnittpunkt von Parallelstrahl und Mittelpunktstrahl erzeugt. Der Brennpunktstrahl verläuft durch den objektseitigen Brennpunkt F_1 bis zur y-Achse und danach parallel zur x-Achse. Er dient der Kontrolle der Zeichengenauigkeit.

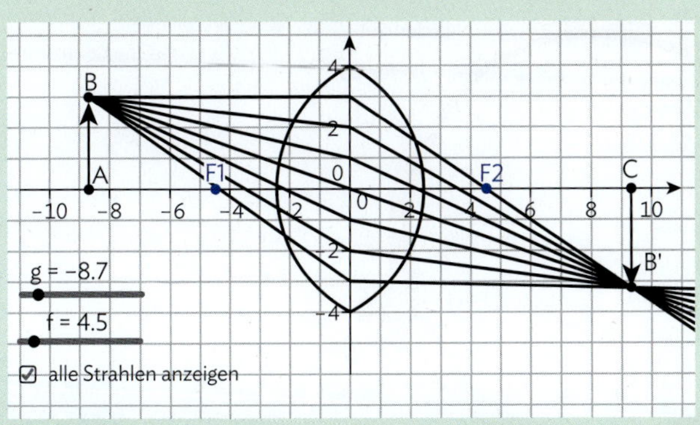

(9) Simulation mit Optimierungen

Zur besseren Übersicht sollten überflüssige Beschriftungen und Hilfsobjekte entfernt werden. Dazu klickt man mit der rechten Maustaste auf das entsprechende Objekt und entfernt unter *Einstellungen* den Haken bei *Objekt/Beschriftung anzeigen*.

Optimierungen der Simulation:

b) Erzeugen Sie zwei Kreisbögen, um die Linse einzufügen (Abb. (5)). Um zu zeigen, dass eine Änderung der Krümmung der Linse eine Änderung der Brennweite bewirkt, wählen Sie als Mittelpunkte der beiden Kreisbögen $(\pm\sqrt{f^2-4^2}, 0)$ und als weitere Punkte $(0, \pm 4)$ (Abb. (9) und Musteraufgabe 2 auf S. 28).
Verwenden Sie ein Kontrollkästchen, um alle Strahlen oder nur die Hauptstrahlen anzuzeigen.

c) Ergänzen Sie in der Simulation den Brennpunktstrahl. Überprüfen Sie, ob der Brennpunktstrahl auch durch B' verläuft.

d) Bewegen Sie das Objekt über den Schieberegler immer näher an die Linse heran. Beschreiben Sie, was Sie beobachten, wenn das Objekt den Brennpunkt F_1 passiert. Diskutieren Sie auf dieser Grundlage die Grenzen dieser Simulation. Was passiert an dieser Stelle in der Realität?

e) Passen Sie die Simulation für den Fall $|g| < f$ an. Ergänzen Sie dazu Strahlen, die durch den neuen Schnittpunkt von Parallelstrahl und Mittelpunktstrahl vor der Linse verlaufen und mittels bedingter Sichtbarkeit (Abb. (8)) nur für $|g| < f$ sichtbar sind.

MC 67055-01

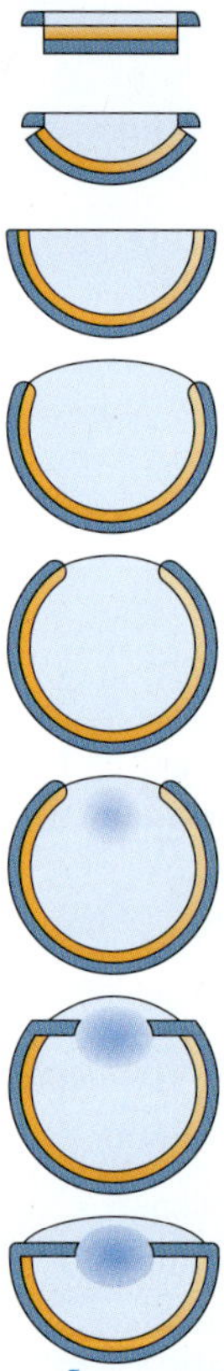

B1 \ Einige repräsentative Schritte im Evolutionsmodell von Nilsson und Pelger (1994)

Aufbau des Linsenauges

Bei den meisten Tieren organisierten sich die Photorezeptoren im Laufe der Evolution zu einer Netzhaut. Nach einer Theorie von Nilsson und Pelger senkten sich die Photorezeptoren zu einer Grube ein, verengten sich zu einer schmalen Öffnung und verschlossen sich schließlich mit einem Deckgewebe zu einem Linsenauge. Das Linsenauge ist so leistungsfähig, dass es in der Evolution zweimal unabhängig voneinander bei wirbellosen Tieren (z. B. bei Tintenfischen) und bei Wirbeltieren entstand. Die Netzhaut entwickelte sich bei den beiden Entwicklungssträngen aus unterschiedlichen Gewebetypen. Daher trifft bei den wirbellosen Tieren das ins Auge einfallende Licht direkt auf die Lichtsinneszellen (everses Auge). Beim Linsenauge der Wirbeltiere muss das Licht erst verschiedene Nervenzellschichten durchqueren, bevor es die Lichtsinneszellen erreicht (inverses Auge; vgl. M2 auf S. 15).
Im Laufe der Evolution haben sich bei den verschiedenen Tierarten jeweils hochspezialisierte Anpassungen des Linsenauges an den jeweiligen Lebensraum entwickelt. Sowohl die Kugel-Linse vieler aquatischer Tierarten, die plane Hornhaut bei Pinguinen, die stark verformbare Linse bei Tauchvögeln, die schlitzförmigen Pupillen bei Katzen als auch die zusätzliche Zerstreuungslinse auf der Netzhaut des Adlerauges lassen sich mit physikalischen Modellen zur optischen Abbildung verstehen und quantifizieren. Dabei müssen folgende Aspekte modelliert werden:

- scharfe Abbildung von Objekten mit unterschiedlichen Gegenstandsweiten oder in unterschiedlichen Medien (Akkommodation)
- Optimierung der Bildschärfe bei der gleichzeitigen Abbildung von Objekten mit unterschiedlichen Gegenstandsweiten (Schärfentiefe)
- Ursache und Korrektur von Fehlern bei der optischen Abbildung (Sehfehler)
- unterschiedliche Beleuchtungssituationen (Tag- und Nachtsehen)
- Abbildung feiner Details (Auflösungsvermögen).

Diese Aspekte lassen sich in vier Gruppen zusammenfassen: scharfe Abbildungen auf der Netzhaut, die Rolle der Blende bei der Abbildung, die Wahrnehmung auf der Netzhaut und Grenzen des optischen Systems Auge. Ihre Erklärung erfordert unterschiedliche Modelle für das Linsenauge und die Natur des Lichts.
Die folgende Abbildung zeigt den Aufbau des menschlichen Linsenauges. Dieser wird bei den meisten physikalischen Augenmodellen auf die physikalisch wesentlichen Bestandteile reduziert: den dioptrischen Apparat und die Netzhaut.

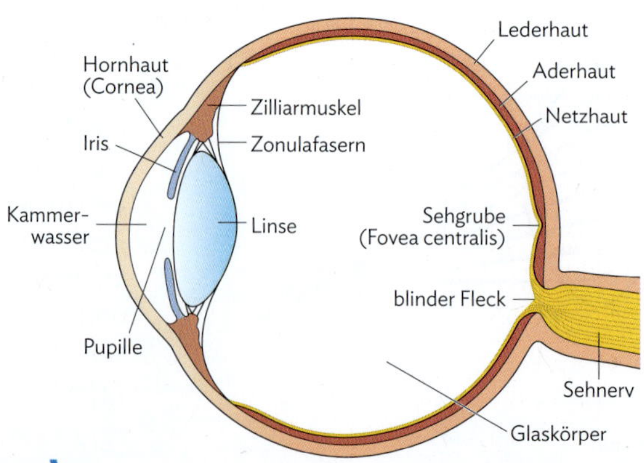

B2 \ Vereinfachter Aufbau des menschlichen Auges

Als dioptrischen Apparat eines Auges bezeichnet man die Strukturen, die die Außenwelt auf der Netzhaut abbilden. Er besteht bei einem Linsenauge im Wesentlichen aus ...
- den lichtbrechenden Flächen der Hornhaut (Cornea) und der Linse
- dem Glaskörper
- der Pupillenöffnung.

Im Wesentlichen lassen sich die Akkommodation, die Schärfentiefe und die Fehlsichtigkeiten physikalisch durch ein einfaches Linse-Schirm-Modell bestehend aus einem (beleuchteten) Gegenstand, einer Sammellinse und einem Sichtschirm verstehen (B3). Dabei wird der dioptrische Apparat durch eine Linse und die Netzhaut durch einen Sichtschirm modelliert.
Bei Bedarf kann dieses sehr einfache Modell durch Einfügen einer Lochblende oder weiterer Linsen zu einem erweiterten Linse-Schirm-Modell ergänzt werden.

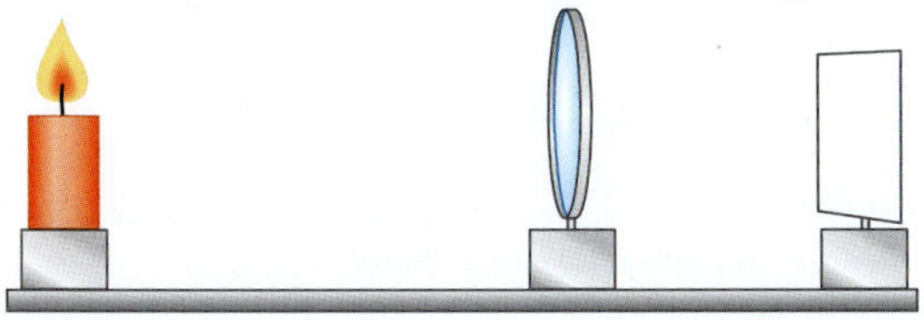

**B3 ** Linse-Schirm-Modell des Auges

Musteraufgabe

Ordnen Sie die folgenden biologischen Strukturen des Auges den optischen Bestandteilen Linse, zusätzliche Linse, Lochblende und Beobachtungsschirm des (erweiterten) Linse-Schirm-Modells zu:
- Iris
- Augenlinse
- Hornhaut
- Netzhaut
- Zilliarmuskel
- Zonulafasern
- dioptrischer Apparat.

Lösung
Einfaches Linse-Schirm-Modell:
Der dioptrische Apparat entspricht einer Linse und die Netzhaut dem Beobachtungsschirm.
Erweitertes Modell:
Die Iris entspricht einer Lochblende, die Augenlinse einer Linse und die Hornhaut einer zusätzlichen Linse. Die Netzhaut wird durch den Beobachtungsschirm modelliert. Der Ziliarmuskel und die Zonulafasern haben keine direkte Entsprechung. Sie bewirken im Auge eine Anpassung der Brechkraft. Dies würde im Linse-Schirm-Modell dem Austauschen der Linse entsprechen.

Arbeitsaufträge

1\ Informieren Sie sich über die Funktion der biologischen Strukturen Glaskörper, Lederhaut, Aderhaut, Iris, blinder Fleck und Sehgrube. Entscheiden Sie aufgrund der recherchierten Informationen, ob und gegebenenfalls wie diese Strukturen in einem (erweiterten) Linse-Schirm-Modell berücksichtigt werden müssen. Präsentieren Sie Ihre Ergebnisse.

2\ Gemeinsame Merkmale in verschiedenen Arten können sich gemäß der Evolutionstheorie entweder durch einen gemeinsamen Ursprung der Arten oder durch gleiche Selektionsdrücke unabhängig voneinander entwickeln. Entscheiden Sie begründet, mit welchem der beiden Erklärungsansätze man die Entwicklung von inversem und eversem Linsenauge erklären kann.

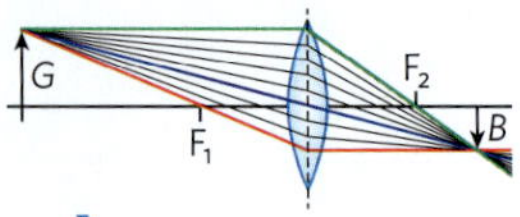

B1 \ Strahlengang bei der Bildentstehung an einer Sammellinse

i

Im Brennpunkt treffen sich alle parallel zur optischen Achse in eine Linse einfallenden Strahlen, nachdem sie gebrochen wurden.

i

Zur Konstruktion des Bildes verwendet man in der geometrischen Optik stellvertretend für das gesamte Strahlenbündel die drei Hauptstrahlen: Mittelpunktstrahl, Parallelstrahl und Brennpunktstrahl.

i

Für die Herleitung der Linsengleichung verwendet man den aus dem Mathematik-Unterricht bekannten 2. Strahlensatz für die X-Figur:

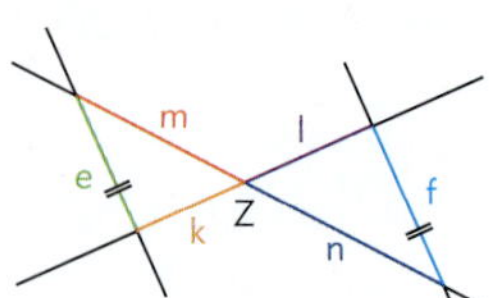

$\frac{m}{n} = \frac{e}{f}$

B4 \ X-Figur

Abbildung durch Sammellinsen

Bei dem Linse-Schirm-Modell wird der Sehvorgang durch einen Gegenstand, eine Sammellinse und einen Beobachtungsschirm dargestellt. Abbildung B1 zeigt den Verlauf der Lichtstrahlen in diesem Modell. Von jedem Punkt des Gegenstandes breiten sich Lichtstrahlen geradlinig in alle Richtungen aus. Die Linse bewirkt durch Brechung eine Richtungsänderung der Lichtstrahlen. Die ursprünglich auseinanderlaufenden Lichtstrahlen vereinigen sich auf dem Sichtschirm wieder zu einem Bildpunkt. Dort entsteht ein scharfes Bild.

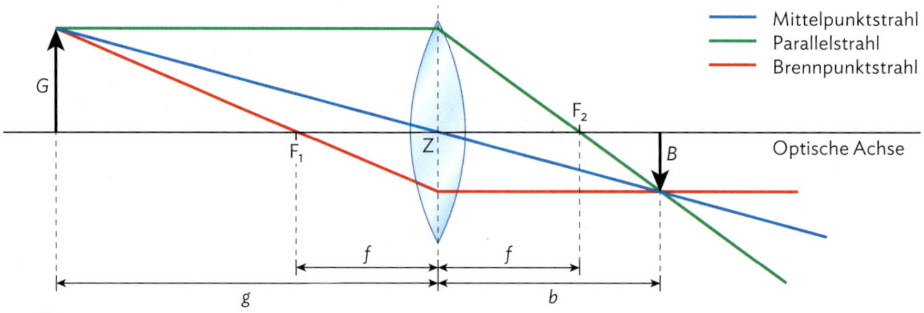

B2 \ Konstruktion des Bildes über die Hauptstrahlen. Bezeichnungen: *G*: Gegenstandsgröße, *B*: Bildgröße, F_1, F_2: Brennpunkte, *f*: Brennweite, *g*: Gegenstandsweite, *b*: Bildweite

Die Linsengleichung

Zwei Strahlensatzfiguren mit Zentren in Z bzw. in F_1 (B3) ergeben:

$\frac{G}{B} = \frac{g}{b}$ für B3a $\qquad$ $\frac{G}{B} = \frac{g-f}{f}$ für B3b

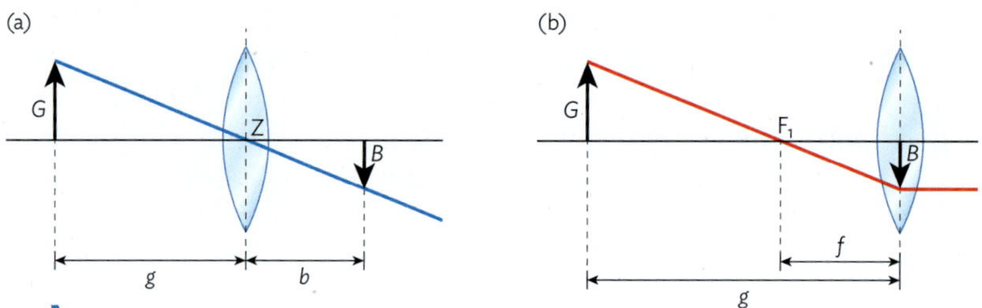

B3 \ Strahlensätze mit Zentrum Z (a) und F_1 (b)

Gleichsetzen der beiden rechten Seiten liefert einen Zusammenhang zwischen Gegenstandsweite *g*, Bildweite *b* und Brennweite *f* der Linse:

$$\frac{g}{b} = \frac{g-f}{f} = \frac{g}{f} - \frac{f}{f} = \frac{g}{f} - 1 \;\Big|\; :g \quad \Rightarrow \frac{1}{b} = \frac{1}{f} - \frac{1}{g} \;\Big|\; +\frac{1}{g} \quad \Rightarrow \frac{1}{g} + \frac{1}{b} = \frac{1}{f}$$

Linsengleichung: $\frac{1}{f} = \frac{1}{b} + \frac{1}{g}$ Nur wenn die Linsengleichung erfüllt ist, entsteht auf dem Beobachtungsschirm ein scharfes Bild.

Ein reelles Bild eines Objekts kann auf einem Schirm hinter der Linse aufgefangen werden, da sich die Strahlen, die von einem Objektpunkt ausgehen, dort treffen. Reelle Bilder stehen auf dem Kopf und sind seitenverkehrt. Im Gegensatz dazu kann ein virtuelles Bild nicht auf einem Schirm aufgefangen werden, da sich hier die von einem Objektpunkt ausgehenden Strahlen nicht treffen. Virtuelle Bilder stehen aufrecht und sind seitenrichtig.

Die Gegenstandsweite legt fest, ob das Bild reell, virtuell, verkleinert oder vergrößert ist (B5).

Ort des Gegenstandes	Bild und Bildkonstruktion	Eigenschaften des Bildes
außerhalb der doppelten Brennweite einer Sammellinse $g > 2f$	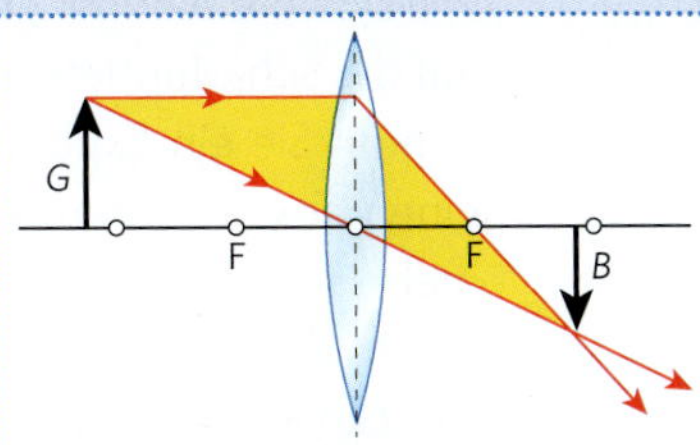	• verkleinert • umgekehrt • seitenvertauscht • reell (wirklich) $f < b < 2f$ $B < G$
in der doppelten Brennweite einer Sammellinse $g = 2f$	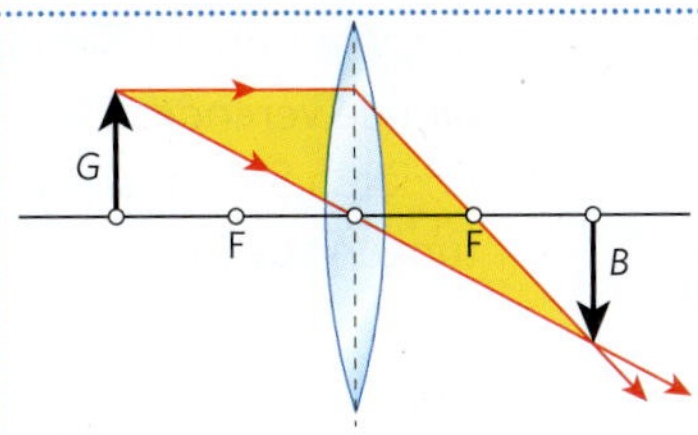	• gleich groß • umgekehrt • seitenvertauscht • reell (wirklich) $b = 2f$ $B = G$
zwischen einfacher und doppelter Brennweite einer Sammellinse $2f > g > f$	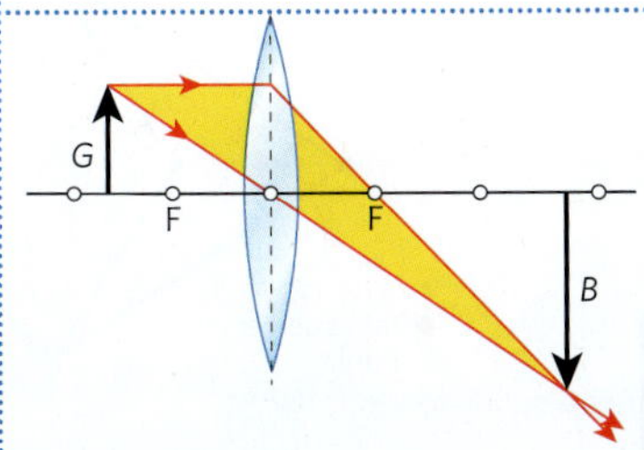	• vergrößert • umgekehrt • seitenvertauscht • reell (wirklich) $b > 2f$ $B > G$
in der einfachen Brennweite einer Sammellinse $g = f$	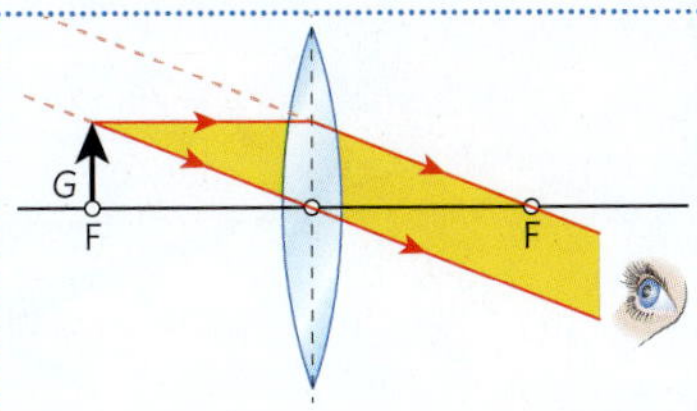	• kein scharfes Bild (Bild im Unendlichen) • gebrochene Strahlen verlaufen parallel $b \rightarrow \infty$
innerhalb der einfachen Brennweite einer Sammellinse $g < f$	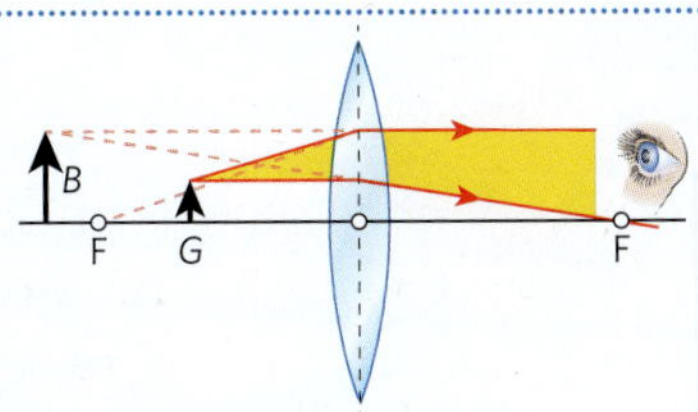	• vergrößert • aufrecht • seitenrichtig • virtuell (scheinbar) $0 < b < \infty$ $B > G$

B5 \ Strahlenverlauf bei verschiedenen Gegenstandsweiten

i

Beim Auge gilt in der Regel $g > f$.

i

Der Mittelpunktstrahl verläuft geradlinig durch den Mittelpunkt der Linse.
Der Parallelstrahl verläuft vor der Linse parallel zur optischen Achse, nach der Linse durch den Brennpunkt.
Der Brennstrahl verläuft vor der Linse durch den Brennpunkt, nach der Linse parallel zur optischen Achse.

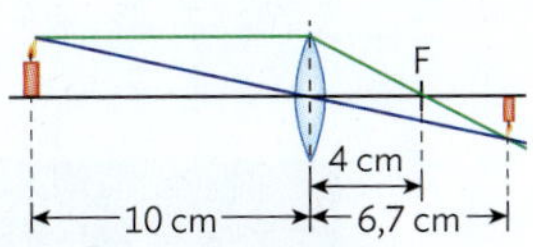

B6 \ Konstruktion des Bildes mithilfe der Hauptstrahlen

Musteraufgabe

Eine Kerze ist $g = 10$ cm von einer Linse der Brennweite $f = 4{,}0$ cm entfernt und soll scharf abgebildet werden.

a) Bestimmen Sie die Bildweite *b* durch eine Konstruktion mithilfe der Hauptstrahlen.

b) Berechnen Sie *b* mithilfe der Linsengleichung.

Lösung

a) Das scharfe Bild entsteht am Schnittpunkt von Mittelpunktstrahl und Parallelstrahl (B6).

b) Es muss die Linsengleichung gelten:

$$\frac{1}{g} + \frac{1}{b} = \frac{1}{f} \Leftrightarrow \frac{1}{b} = \frac{1}{f} - \frac{1}{g} \Leftrightarrow \frac{1}{b} = \frac{g-f}{g \cdot f}$$

$$\Rightarrow b = \frac{g \cdot f}{g - f} = \frac{10\text{ cm} \cdot 4{,}0\text{ cm}}{10\text{ cm} - 4{,}0\text{ cm}} = 6{,}7\text{ cm}$$

1.2 Abbildung auf der Netzhaut

Arbeitsaufträge

1\ Faustregel: Bewegt sich ein Gegenstand auf eine Sammellinse zu, so bewegt sich das reelle Bild des Gegenstandes von der Linse weg. Gleichzeitig wird das Bild immer größer.

a) Berechnen Sie für $f = 10\,\text{cm}$ und vier Gegenstandsweiten zwischen 50 cm und 15 cm die zugehörigen Bildweiten.

b) Erstellen Sie aus den in a) berechneten Werten ein g-b-Diagramm. Ergänzen Sie in dem Diagramm eine Trendlinie, die die Faustregel stützt.

c) Unter dem Mediencode finden Sie eine Simulation zur geometrischen Optik. Überzeugen Sie sich mithilfe dieser Simulation davon, dass die Faustregel korrekt ist.

MC 67055-02

2\ a) Beschreiben Sie anhand der Abbildung unten, was man unter dem Begriff „Schärfentiefe" versteht.

Oben: große Blendenöffnung, geringe Schärfentiefe.
Unten: kleine Blendenöffnung, große Schärfentiefe

b) Erklären Sie anhand der unten stehenden Skizzen, warum die Schärfentiefe begrenzt ist und wie sich die Blendengröße (Größe der Pupille) auf die Schärfentiefe auswirkt.

c) Führen Sie ein Experiment durch: Nähern Sie einen Text so Ihrem Auge, dass Sie ihn nicht mehr scharf sehen können. Nun halten Sie einen Karton mit einer kleinen Lochblende (Stecknadelloch) vor das Auge. Beschreiben Sie, wie sich Ihr Seheindruck durch die Lochblende verändert.

d) Erklären Sie anhand einer Skizze die Beobachtungen aus c).

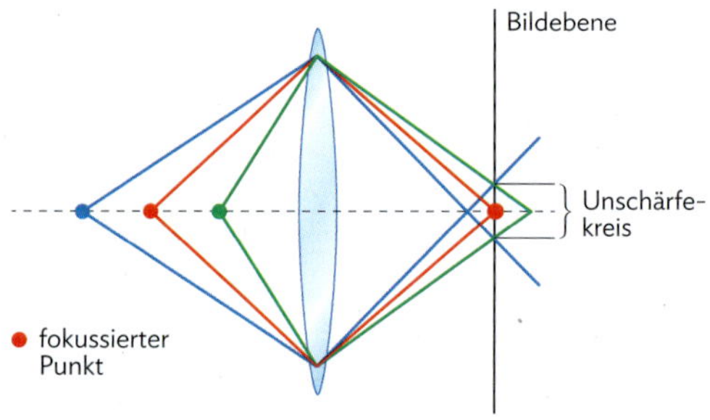

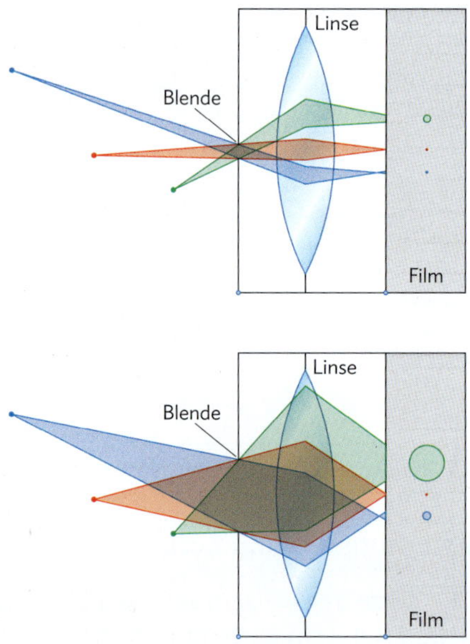

Strahlengang bei verschieden weit entfernten Objekten

3\ An der Grenzfläche zweier Medien mit unterschiedlichen optischen Dichten wird Licht gebrochen. Einfallswinkel α und Brechungswinkel β hängen über das Brechungsgesetz mit dem Verhältnis der Brechungsindizes zusammen:

$$\frac{\sin\alpha}{\sin\beta} = \frac{n_2}{n_1}$$

a) Für den Übergang des Lichts vom optisch dünneren zum optisch dichteren Medium gilt: Wird der Winkel β kleiner, so wird die Richtungsänderung des Lichtstrahles und damit die Brechung stärker. Begründen Sie anhand der Formel, dass die Brechung stärker wird, wenn das Verhältnis $\frac{n_2}{n_1}$ steigt.

b) Zeichnen Sie für einen parallel zur optischen Achse einfallenden Lichtstrahl den exakten Strahlenverlauf durch eine Sammellinse mit Krümmungsradius $r = 4{,}0$ cm, $n_{\text{Linse}} = 1{,}5$ und $n_{\text{Luft}} = 1$.

c)* Erstellen Sie auf Basis des Brechungsgesetzes eine Simulation der Brechung an einer Sammellinse, die den Einfluss von Linsenmaterial und Krümmungsradius der Linse auf die Brennweite veranschaulicht.
Erstellen Sie dazu zwei Schieberegler n_1 und n_2 (für die Brechungsindizes des Linsenmaterials und des Mediums) und r (für den Krümmungsradius der Linse). Verwenden Sie für die Begrenzung der Linse zwei Kreisbögen (S. 17) mit Radius r. Definieren Sie einen Punkt P auf der Linsenoberfläche, an dem ein Lichtstrahl parallel zur optischen Achse auftrifft. Die Hilfsgeraden g und l erhält man über die Funktion „Tangente", die Hilfsgeraden h und q über die Funktion „Senkrechte Gerade". Die Winkel α und γ müssen gemessen, die Winkel β und δ zunächst über das Brechungsgesetz berechnet (Luft hat den Brechungsindex $n_{\text{Luft}} = 1$) und dann eingezeichnet werden (S. 17). Der Brennpunkt F ergibt sich als Schnittpunkt des gebrochenen Parallelstrahls mit der optischen Achse.

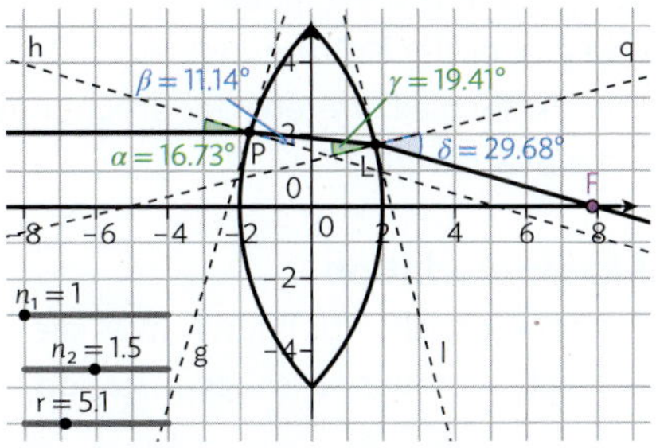

Simulation der Brechkraft einer Linse

d) Untersuchen Sie mithilfe Ihrer oder der über den Mediencode bereitgestellten Simulation, wie sich der Brechungsindex und der Krümmungsradius auf die Brennweite auswirken. MC 67055-03

e) Bewegen Sie den Punkt P entlang der Linse. Parallele Lichtstrahlen sollten im Hauptstrahlenmodell immer durch den gleichen Brennpunkt verlaufen, egal wo sie auf der Linse auftreffen. Untersuchen Sie, ob das hier zutrifft.

f) Das Hauptstrahlenmodell beruht auf einer Näherung, die nur für Strahlen nahe der Hauptachse gilt. Erklären Sie damit, warum die Simulation eine Verschiebung des Brennpunktes (sogenannte sphärische Aberration) ergibt, das Hauptstrahlenmodell aber nicht.

g) Fische, die eine kugelförmige Linse besitzen, haben eine sogenannte Matthiessenlinse (S. 26) entwickelt, deren Brechungsindex lokal variiert. Untersuchen Sie mithilfe Ihrer Simulation, ob der Brechungsindex in den Randbereichen größer oder kleiner als der Brechungsindex in der Mitte der Linse sein muss, um die sphärische Aberration auszugleichen.

i
Der Brechungsindex n kann als Maß für die optische Dichte eines Materials verwendet werden.

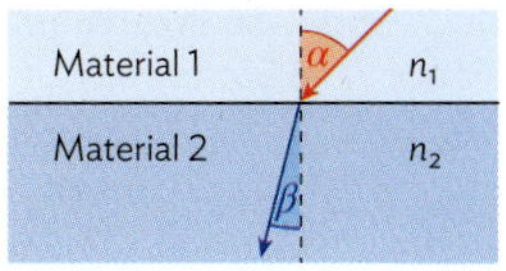

Lichtbrechung an einem Materialübergang

$n_1 > n_2$: Das Licht wird vom Einfallslot weg gebrochen.
$n_2 > n_1$: Das Licht wird zum Einfallslot hin gebrochen.

i
Der Krümmungsradius r ist der Radius einer Vergleichskugel, die die gleiche Krümmung hat wie die entsprechende Oberfläche.

i
Sowohl die Linsengleichung als auch die Bildkonstruktion durch die Hauptstrahlen ergeben sich aus dem Brechungsgesetz. Allerdings muss dazu an einigen Stellen eine Kleinwinkelnäherung durchgeführt werden. Die Kleinwinkelnäherung besagt, dass für kleine Winkel α im Bogenmaß gilt: $\alpha \approx \sin\alpha \approx \tan\alpha$.

i

Bei Sammellinsen sind sowohl die Brechkraft als auch die Brennweite positiv.
Bei Zerstreuungslinsen sind sowohl die Brechkraft als auch die Brennweite negativ.

Brechkraft einer Linse

Die fokussierende Wirkung einer Linse wird in der Physik über die Brennweite f beschrieben. Augenärzte und Optiker verwenden die Brechkraft D statt der Brennweite, um Linsen zu beschreiben. Dies liegt daran, dass damit Berechnungen an Linsensystemen (z. B. Auge/Brillenglas) einfacher sind. Dabei gilt:

- Je stärker die fokussierende Wirkung, desto kleiner die Brennweite.
- Je stärker die fokussierende Wirkung, desto größer die Brechkraft.

$$\text{Brechkraft} = \frac{1}{\text{Brennweite}} \Rightarrow D = \frac{1}{f} \qquad \text{Einheit } [D] = 1\,\text{Dioptrie} = 1\,\text{dpt} = 1\,\frac{1}{\text{m}}$$

i

Der Krümmungsradius wird zur Quantifizierung einer Krümmung herangezogen. Er ist der Radius einer Vergleichskugel, die die gleiche Krümmung aufweist, wie die entsprechende Oberfläche.
Eine nach innen gewölbte (konkave) Linse hat einen negativen, eine nach außen gewölbte (konvexe) Linse einen positiven Krümmungsradius r.

Die fokussierende Wirkung von Sammellinsen beruht auf der Brechung an Materialübergängen (vgl. Aufgabe 3 in Kapitel 1.2). Für die Brechkraft gilt dabei:

- Je größer der Krümmungsradius der Linse, desto geringer die Brechkraft.
- Je größer die Differenz der Brechungsindizes von Linse und Medium, desto größer die Brechkraft.

Akkommodation

Für eine scharfe Abbildung muss die Linsengleichung erfüllt sein. Im Alltag befinden sich aber nicht alle Gegenstände in einer konstanten, einheitlichen Entfernung.

Die Anpassung des Auges an unterschiedliche Gegenstandsweiten nennt man Akkommodation.

Es gibt im Wesentlichen zwei Mechanismen, mit denen eine Akkommodation auf unterschiedlich weit entfernte Gegenstände erreicht werden kann:

- Anpassung der Brechkraft der Linse durch Änderung ihres Krümmungsradius
- Anpassung der Bildweite durch Veränderung des Abstandes von Linse und Netzhaut.

Bei an Land lebenden Tieren ist die Cornea für den Hauptanteil der Brechkraft des Auges verantwortlich. Die Brechkraft und Position der Cornea ist aber nicht variabel. Daher übernimmt die elastische Linse durch Formänderung die Aufgabe der Akkommodation.

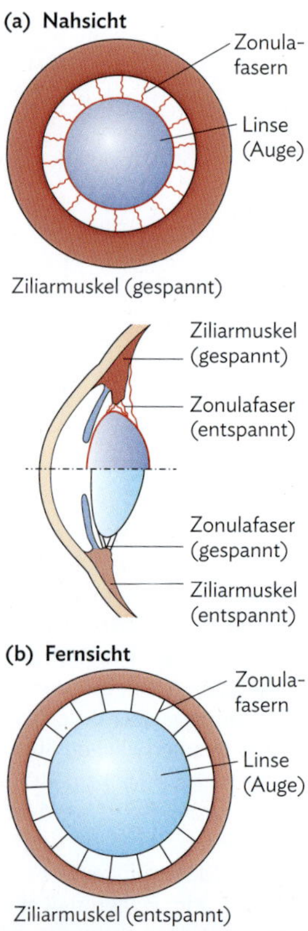

B1 Akkommodation beim menschlichen Auge

Akkommodationsmechanismus beim Menschen

Im entspannten Auge ist der Ziliarmuskel entspannt. Als Folge sind die Zonulafasern gespannt und ziehen die Augenlinse in die Länge (B1). Der Krümmungsradius ist groß (B1) und die Brechkraft kleinstmöglich. Beim Sehen in die Ferne (B2) entsteht auf der Netzhaut ein scharfes Bild. Beim Sehen im Nahbereich (B2) kann durch Akkommodation die Brechkraft der Augenlinse so erhöht werden, dass ebenfalls ein scharfes Bild auf der Netzhaut entsteht. Dazu wird der Ziliarmuskel gespannt, die Zonulafasern entspannen sich und die Linse nimmt aufgrund ihrer Elastizität eine kugelförmigere Gestalt an (B1). Dadurch verringert sich der Krümmungsradius und die Brechkraft steigt. Die dauerhafte Akkommodation auf nahe Gegenstände (z. B. Lesen) ist wegen der Belastung des Ziliarmuskels für das Auge ermüdend.
Der Nahpunkt gibt die kleinste und der Fernpunkt die größte Distanz zum Auge an, in der eine scharfe Abbildung durch Akkommodation möglich ist. Die maximal

mögliche Brechkraftänderung wird als Akkommodationsbreite bezeichnet. Bei Kleinkindern beträgt sie im Mittel etwa 14 dpt. Bezogen auf die Gesamtbrechkraft des Auges von etwa 58 dpt entspricht dies einer Variation von rund 25 %. Im Alter fällt die Akkommodationsbreite auf unter 0,5 dpt bzw. 1 % ab. Dadurch vergrößert sich der Abstand des Nahpunktes vom Auge von 7 cm auf mehr als 90 cm. Die Abnahme der Akkommodationsbreite mit dem Alter wird Altersweitsichtigkeit genannt.

Fehlsichtigkeiten und ihre Korrektur

Fehlsichtigkeit ist ein Sammelbegriff für eine Reihe von Sehleistungen des Auges, die von der Norm abweichen, z. B. Kurzsichtigkeit, Weitsichtigkeit, Stabsichtigkeit, Altersweitsichtigkeit und Farbfehlsichtigkeiten (Rot-Grün-Schwäche, Farbblindheit).

Kurzsichtigkeit

Kurzsichtige Menschen haben ein zu lang gebautes Auge. Die Brechkraft des dioptrischen Apparates ist zu hoch im Verhältnis zur Länge des Auges. Daher entsteht ein scharfes Bild vor und nicht auf der Netzhaut. Dies ist besonders ausgeprägt bei weit entfernten Gegenständen (B3). Je näher ein Gegenstand bei fester Brennweite ans Auge rückt, desto mehr entfernt sich gemäß der Linsengleichung das Bild von der Augenlinse. Dies bedeutet, dass das Bild näher an die Netzhaut rückt. Das Bild wird also ganz ohne Akkommodation schärfer (B3). Menschen mit Kurzsichtigkeit können deswegen im entspannten Zustand der Linse auf kurze Entfernung scharf sehen. Um scharf in die Ferne sehen zu können, brauchen kurzsichtige Menschen eine Korrektur, z. B. eine Brille. Da die Brechkraft des Auges zu groß ist, muss eine Brille die Brechkraft des Gesamtsystems Brille/Auge reduzieren. Dies wird mit Zerstreuungslinsen (B3) erreicht. Im Gegensatz zu Sammellinsen haben diese eine negative Brennweite.

Weitsichtigkeit

Weitsichtige Menschen haben ein zu kurz gebautes Auge. Die Brechkraft des dioptrischen Apparates ist zu schwach im Verhältnis zur Länge des Auges. Im entspannten Zustand würde ein scharfes Bild daher hinter der Netzhaut entstehen. Dieser Effekt ist besonders ausgeprägt bei nahen Gegenständen (B4). Je mehr sich ein Gegenstand bei konstanter Linsenkrümmung vom Auge entfernt, desto mehr nähert sich gemäß der Linsengleichung das Bild der Augenlinse. Dies bedeutet, dass es näher an die Netzhaut rückt; das Bild wird also schärfer. Durch Akkommodation kann das Bild meist völlig scharf gestellt werden. Um in der Nähe sehen zu können, brauchen weitsichtige Menschen ebenfalls eine Korrektur. Da die Brechkraft des Auges im Vergleich zur Augenlänge zu klein ist, muss eine Brille die Brechkraft des Gesamtsystems Brille/Auge erhöhen. Dies wird mit Sammellinsen (B4) erreicht.

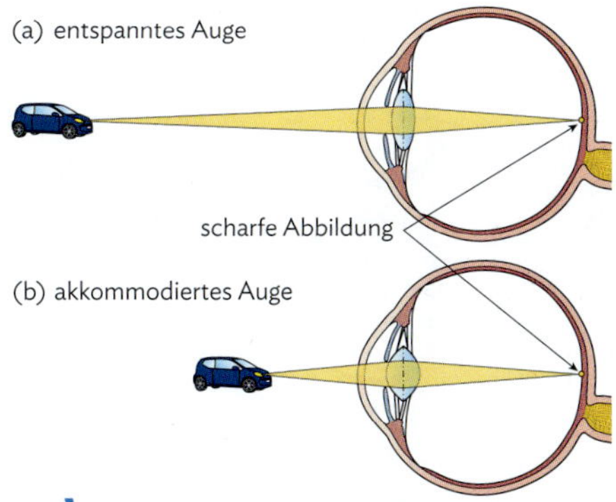

B2 \ Normalsichtiges Auge

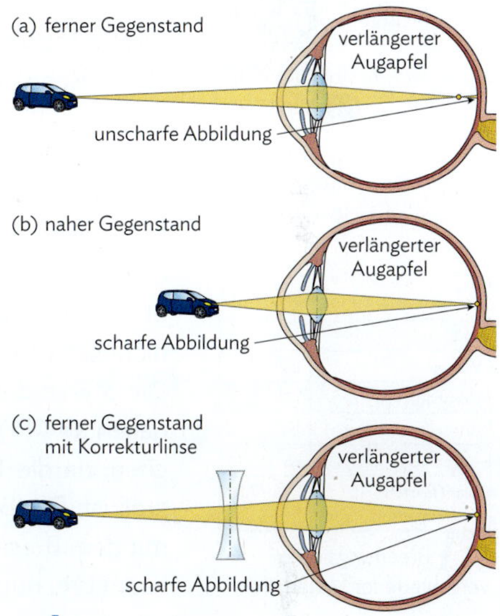

B3 \ Kurzsichtiges Auge

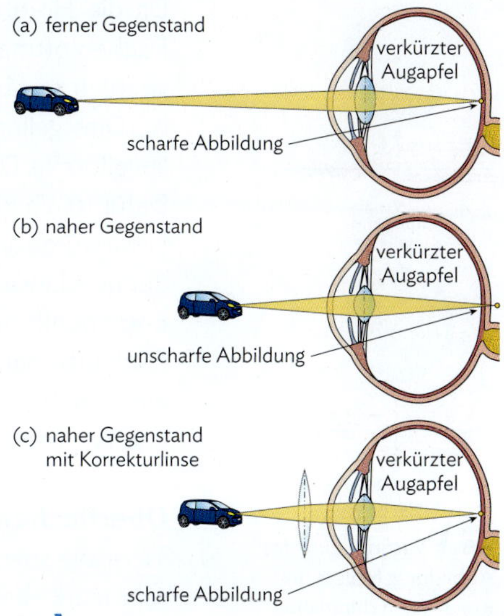

B4 \ Weitsichtiges Auge

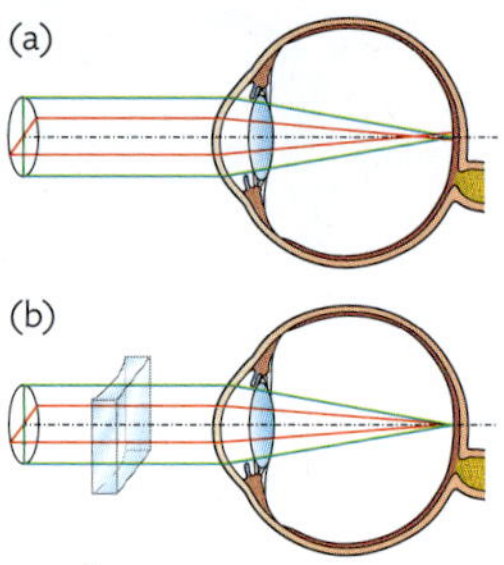

B5 \ Stabsichtiges Auge ohne (a) und mit (b) Korrektur durch eine Zylinderlinse

Nähere Erläuterungen siehe Mediencode MC 67055-04

Stabsichtigkeit (Astigmatismus)

Die normale Hornhaut ist horizontal etwas schwächer gekrümmt als vertikal. Daher erzeugen Lichtstrahlen, die in einer horizontalen Ebene liegen, ein scharfes Bild auf der Netzhaut. Lichtstrahlen, die in einer vertikalen Ebene liegen, konvergieren bereits vor der Netzhaut (B5a). Der aus der unterschiedlichen Krümmung der Hornhaut resultierende Unterschied der Brechkraft ist aber so klein (ca. 2 %), dass man dies gewöhnlich nicht bemerkt. Größere Unterschiede in der Krümmung der Hornhaut führen dazu, dass man Dinge unscharf und verzerrt sieht: Es liegt eine Stabsichtigkeit vor. Dabei akkommodiert das Auge so, dass sich die vertikalen Strahlen hinter und die horizontalen Strahlen vor der Netzhaut schneiden. Dies führt zum schärfsten Seheindruck, der bei einer Hornhautverkrümmung möglich ist. Abhilfe schafft eine zylinderförmig geschliffene Zerstreuungslinse (B5b).

Evolutionäre Anpassungen des Akkommodationsmechanismus

Viele Fische akkommodieren durch eine Veränderung der Linsenposition. An Land lebende Wirbeltiere akkommodieren in der Regel durch eine Verformung der Augenlinse. Offenbar spielt der Lebensraum für den Akkommodationsmechanismus des Auges eine Rolle. Wechselt man mit dem Auge vom Medium Luft zum Medium Wasser, ergibt sich an genau einer Stelle eine Änderung: an der Grenzfläche Medium/Hornhaut. Dies merkt man sofort selbst, wenn man unter Wasser ohne Taucherbrille die Augen öffnet. Das menschliche Auge kann unter Wasser nicht scharf sehen. Doch woran liegt das?

Die Stärke der Brechung hängt von den Brechungsindizes der beteiligten Materialien ab (T1). An Land wird das Licht am Übergang Luft/Hornhaut stark gebrochen, da die Differenz der Brechungsindizes ($n_{Luft} \approx 1{,}00$, $n_{Cornea} = 1{,}376$) relativ groß ist. Der Brechungsindex von Wasser ($n_{Wasser} = 1{,}333$) ist jedoch fast identisch mit dem Brechungsindex der Hornhaut. Daher findet an diesem Materialübergang kaum Brechung statt. Dies hat Konsequenzen für die Akkommodation.

Luft	≈ 1
Wasser	1,33
Hornhaut	1,38
Augenlinse (Mensch)	1,42
Augenlinse (Fisch)	1,5
Glas (je nach Zusammensetzung)	1,45 – 2,14

T1 \ Brechungsindex verschiedener Materialien

Fischaugen

Da die Hornhaut in Wasser praktisch nichts zur Brechkraft beiträgt, ist sie bei Fischen oftmals kaum gewölbt. Weil die Linse alleine für die Brechung der Lichtstrahlen zuständig ist, hat sie sich so entwickelt, dass ihre Brechkraft möglichst groß ist. Dies gelingt durch einen sehr kleinen Krümmungsradius. Ihre Form ist daher kugelförmig. Die Linse der Fische ist außerdem optisch dichter als die des Menschen. Dafür ist sie nicht elastisch und hat keine variable Brennweite. Die Kugelform der Linse würde allerdings zu starken Abbildungsfehlern führen: Während sich bei einer dünnen Linse alle parallel einfallenden Lichtstrahlen (näherungsweise) in einem Brennpunkt treffen, variiert diese Stelle bei der Kugellinse deutlich (B6 oben). Das Fischauge hat sich so angepasst, dass die Linse einen inhomogenen, nach außen hin abnehmenden Brechungsindex besitzt. Dadurch werden die Abbildungsfehler deutlich verringert; eine solche Linse nennt man Matthiessenlinse (B6 unten).

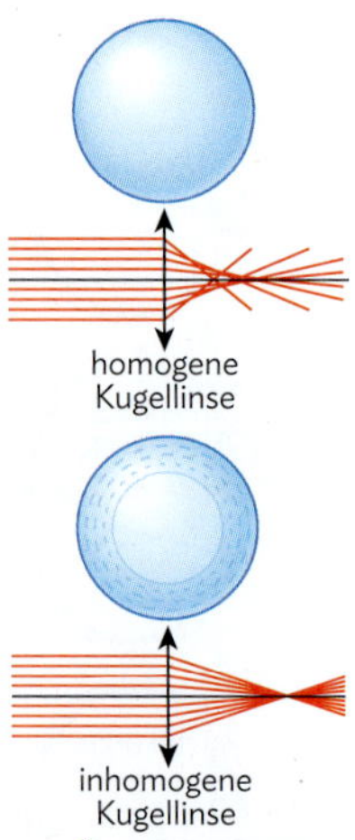

B6 \ Verringerung des Abbildungsfehlers bei Kugellinsen durch eine inhomogene Schichtung

Oberflächenfische und Tauchvögel

Tiere, die sowohl an Land wie im Wasser leben, müssen die Brechkraft ihrer Linse sehr stark variieren, um in beiden Medien scharf sehen zu können. Wasservögel besitzen daher oft eine weiche, stark verformbare Linse. Beim Kormoran (B7) wird durch den Ringmuskel das Auge so stark gequetscht, dass sowohl Linse als auch Cornea ihre Form verändern. Das Vierauge kann unter und über Wasser scharf sehen (B8). Bei diesem Oberflächenfisch sind die Augen in zwei Hälften geteilt. Die obere dient zum Sehen über, die untere zum Sehen unter Wasser. Beim unteren (aquatischen) Auge ist die Linse deutlich stärker gekrümmt.

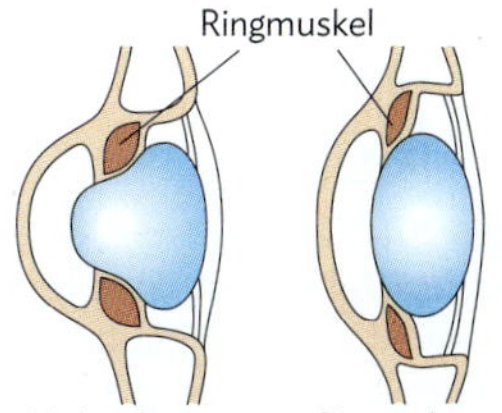

B7 \ Kormoranauge unter Wasser und an Land

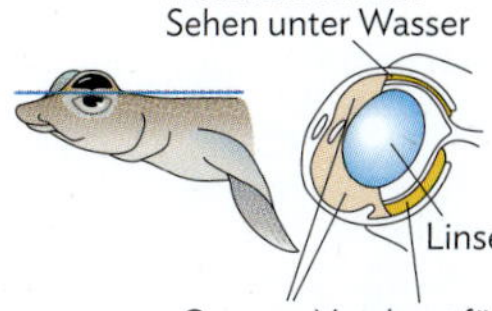

B8 \ Zweigeteiltes Auge des Vierauges (Zahnkarpfen in den Küstengewässern Mittelamerikas)

Musteraufgabe 1

Im Laufe des Lebens nimmt die Elastizität der Augenlinse beim Menschen ab.

a) Stellen Sie eine Hypothese auf, warum die nachlassende Elastizität der Augenlinse zu Altersweit- und nicht zu Alterskurzsichtigkeit führt.

b) Überprüfen Sie, ob Ihre Hypothese das Auftreten einer Altersweitsichtigkeit bzw. das Nicht-Auftreten einer Alterskurzsichtigkeit erklären kann.

c) Bei 10-Jährigen liegt der Nahpunkt etwa 7,5 cm von den Augen entfernt, bei 65-jährigen Menschen im Mittel 90 cm weit. Berechnen Sie, wie sich die Brechkraft des Auges im Laufe des Lebens am Nahpunkt verändert hat, wenn man davon ausgeht, dass das Auge im Mittel etwa 2,0 cm lang ist.

d) Ab einer Entfernung von etwa 5,0 m ist der Ziliarmuskel völlig entspannt. Hier beginnt die Fernsicht. Berechnen Sie mit dieser Information die Akkommodationsbreite ΔD bei 10-Jährigen bzw. 65-Jährigen.

Lösung

a) Mögliche Hypothesen:

(1) Bei Fernsicht wird die Linse durch die Zonulafasern aktiv in Form gezogen. Dabei spielt die nachlassende Elastizität eine geringe Rolle. Für die Nahsicht muss die Linse von selbst die Form wechseln. Aufgrund der nachlassenden Elastizität funktioniert das nicht mehr so gut.

(2) Das menschliche Auge verbringt die meiste Zeit im Fernsicht-Modus. Diese Form wird daher „eingefroren". Der für die Nahsicht erforderliche Formwechsel findet nicht mehr statt.

(3) Die Linsenform, die sich ohne Krafteinwirkung durch die Zonulafasern einstellt, ist die „natürliche" Form der Linse. Diese Form wird aufgrund der nachlassenden Elastizität „eingefroren".

(4) Die nachlassende Elastizität bewirkt, dass die Linse jeder Formänderung einen Widerstand entgegenbringt.

b) Die Hypothesen (1) und (2) sagen voraus, dass die Fernsicht (langgezogene Linse) gut und die Nahsicht (kugelige Linse) eingeschränkt ist. Somit liegt eine Altersweitsichtigkeit und keine Alterskurzsichtigkeit vor. Hypothese (3) sagt voraus, dass die Nahsicht gut und die Fernsicht eingeschränkt ist. Sie würde also eine Alterskurzsichtigkeit erklären. Hypothese (4) sagt voraus, dass die Linse nur schwer die Form wechselt, dass es also lange dauert, bis das Auge akkommodiert. Sowohl die Nah- als auch die Fernsicht sind eingeschränkt.

c) $D = \frac{1}{f} = \frac{1}{g} + \frac{1}{b}$ $\quad b = 2{,}0\,\text{cm}, g_{10} = 7{,}5\,\text{cm}, g_{65} = 90\,\text{cm}$

10-Jähriger: $D_{10} = \frac{1}{g_{10}} + \frac{1}{b} = \frac{1}{7{,}5\,\text{cm}} + \frac{1}{2{,}0\,\text{cm}} = 63\,\frac{1}{\text{m}} = 63\,\text{dpt}$

65-Jähriger: $D_{65} = \frac{1}{g_{65}} + \frac{1}{b} = \frac{1}{90\,\text{cm}} + \frac{1}{2{,}0\,\text{cm}} = 51\,\frac{1}{\text{m}} = 51\,\text{dpt}$

d) $D = \frac{1}{f} = \frac{1}{g} + \frac{1}{b}$ $\quad D_{\text{Fernsicht}} = \frac{1}{5{,}0\,\text{m}} + \frac{1}{2{,}0\,\text{cm}} = 50\,\frac{1}{\text{m}} = 50\,\text{dpt}$

$\Delta D_{10} = D_{10} - D_{\text{Fernsicht}} = 13\,\text{dpt}$

$\Delta D_{65} = D_{65} - D_{\text{Fernsicht}} = 1\,\text{dpt}$

i

Etwa ab dem 40. Lebensjahr verliert die Augenlinse an Elastizität. Das Auge kann nicht mehr auf Nahsicht akkommodieren: Es wird altersweitsichtig. Lesen wird anstrengender und kleine Schriften können im Alter nicht mehr entziffert werden.

MC 67055-05
Unter dem Link findet sich eine interaktive Simulation zum Thema „geometrische Optik“.

Alternativ zu einer DGS lassen sich viele Aufgaben auch mit dieser Simulationsanwendung bearbeiten.

Musteraufgabe 2

Nur wenn die Linsengleichung erfüllt ist, entsteht auf der Netzhaut ein scharfes Bild. Da es im Alltag unterschiedliche Gegenstandsweiten gibt, ist eine Akkommodation nötig. Beim menschlichen Auge erfolgt dies über eine Anpassung der Brechkraft der Linse. Die Brechkraftänderung der Linse ist aber begrenzt.
Veranschaulichen Sie die Situation für eine 10-jährige Person in einer DGS. Beachten Sie dabei, dass die Brechkraft der Linse zwischen 64 dpt und 50 dpt angepasst werden kann. Eine Brechkraft von 50 dpt bedeutet eine Brennweite von etwa 2,0 cm, eine Brechkraft von 63 dpt eine Brennweite von etwa 1,6 cm.

Lösung

- Legen Sie die Position der Linse und die optische Achse durch zwei zueinander senkrechte Geraden fest. Fügen sie die Netzhaut 2,0 cm von der Linse entfernt als Gerade ein.
- Legen Sie einen Schieberegler f für die Brennweite an; Intervall 1,6 bis 2,0.
- Erstellen Sie die zwei Brennpunkte F_1 und F_2 mit den Koordinaten $(\pm f, 0)$.
- Definieren Sie als Gegenstand einen verschiebbaren Vektor, der parallel zur Linse verläuft.
- Legen Sie den Strahlenverlauf für Mittelpunktstrahl und Parallelstrahl fest.
- Definieren Sie als Bild einen Vektor, der von der optischen Achse zum Schnittpunkt der Hauptstrahlen zeigt und parallel zur Linse verläuft.

Arbeitsaufträge

1\ Die Müller-Lyer-Täuschung und die Ponzo-Illusion sind bekannte geometrische optische Täuschungen.

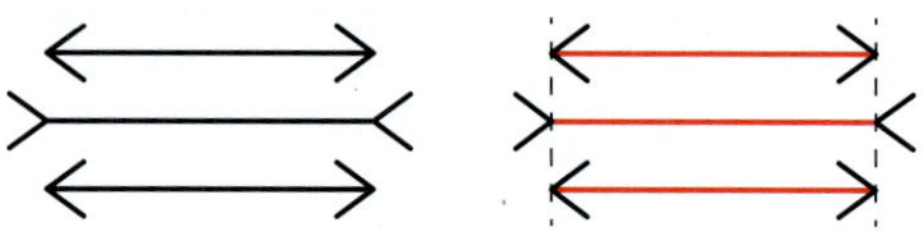

Müller-Lyer-Täuschung

Ponzo-Illusion

Diese beruhen auf einer falschen Einschätzung der Entfernung von Objekten. Gleich große Objekte, deren Entfernung unterschiedlich eingeschätzt wird, werden vom Gehirn als unterschiedlich groß eingestuft.

a) Normalerweise gilt: Je weiter ein Objekt vom Auge entfernt ist, desto kleiner erscheint das Bild auf der Netzhaut.
Zeigen Sie, dass diese Aussage stimmt. Erstellen Sie dazu mithilfe von Mittelpunkt- und Parallelstrahl eine maßstäbliche Skizze mit …
(1) einem entfernten Objekt: $g = 8{,}0$ cm, $f = 2{,}0$ cm, $G = 3{,}0$ cm.
(2) einem nahen Objekt: $g = 4{,}9$ cm, $G = 3{,}0$ cm; das Auge akkommodiert, da sich die Bildweite nicht ändert, auf $f = 1{,}7$ cm.
und bestimmen Sie jeweils die Bildgröße B.

b) Erklären Sie anhand der folgenden Skizze, wieso die beiden roten Linien vom Gehirn unterschiedlich lang wahrgenommen werden.

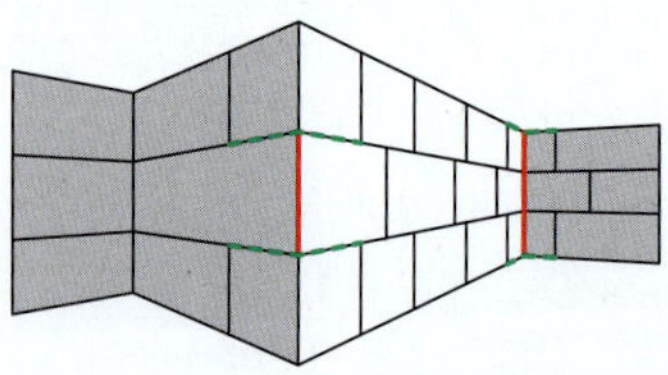

Variante der Müller-Lyer-Täuschung

2\ Mit der LASIK-Methode (Laser-In-Situ-Keratomileusis) können durch Laserbearbeitung der Hornhaut Kurz- und Weitsichtigkeit beseitigt oder verringert werden. Dabei wird die Hornhaut durch den Laserstrahl an manchen Stellen abgetragen.

a) Zeichnen Sie den Strahlengang für ein kurzsichtiges und ein weitsichtiges Auge für den Fall der Fernakkommodation.

b) Begründen Sie, dass ein weitsichtiges Auge einen weit entfernten Gegenstand manchmal scharf abbilden kann, einen nahen aber nicht.

c) Durch LASIK wird der Krümmungsradius der Hornhaut verändert. Erklären Sie, wie sich dies auf die optischen Eigenschaften der Hornhaut auswirkt.

d) Entscheiden Sie begründet, an welchen Stellen die Hornhaut bei LASIK abgetragen werden muss, um Kurzsichtigkeit bzw. Weitsichtigkeit zu verringern.

3\ Zur Korrektur von Fehlsichtigkeiten werden bei Brillengläsern sowohl Sammel- als auch Zerstreuungslinsen verwendet. Dabei wird bei Zerstreuungslinsen im Gegensatz zu Sammellinsen auf dem Brillenrezept eine negative Brechkraft *D* eingetragen. Anhand des Brillenrezepts und des ausgewählten Linsenmaterials ermittelt der Optiker dann den Krümmungsradius *r* für die Brillengläser.

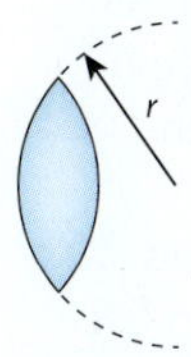

Krümmungsradius einer Linse

a) Ein Brillenträger benötigt eine Brille, deren Linsen eine Brechkraft von $D = +6\,\text{dpt}$ besitzen. Entscheiden Sie, ob er kurzsichtig oder weitsichtig ist.

Die Linsen aus Teilaufgabe a) sollen von einem Optiker hergestellt werden. Um zu wissen, welchen Krümmungsradius *r* die Linsen haben müssen, verwendet er eine vereinfachte Form der Linsenschleiferformel: $D = \pm (n-1) \cdot \frac{2}{r}$ mit *n* als Brechungsindex des Linsenmaterials. Für Sammellinsen gilt hierbei das positive, für Zerstreuungslinsen das negative Vorzeichen.

b) Erläutern Sie anhand von Skizzen verschiedener Linsen mit unterschiedlichen Krümmungsradien, wie sich eine Erhöhung des Krümmungsradius *r* auf die Form der Linse auswirkt.

c) Berechnen Sie den Krümmungsradius *r*, den die Linsen bei einem Kunststoff ($n = 1{,}5$) bzw. bei einem ultrahochbrechenden Kunststoff ($n = 1{,}75$) haben müssen.

d) Erläutern Sie die Vorteile eines ultrahochbrechenden Kunststoffs für einen Brillenträger.

Verwenden Sie für die folgenden Teilaufgaben die im Mediencode hinterlegte Simulation.

MC 67055-06

e) Untersuchen Sie, welchen Effekt der Wechsel von einem herkömmlichen ($n = 1{,}5$) auf einen ultrahochbrechenden Kunststoff ($n = 1{,}75$) auf die Linsenform hat, wenn die Brechkraft gleich bleiben soll.

f) Untersuchen Sie, ob alle Kombinationen von *f* und *n* in der Simulation sinnvolle Szenarien ergeben. Lassen Sie dabei die Größe der Linse konstant.

g) Untersuchen Sie die Auswirkungen der Linsengröße auf Ihr Ergebnis aus Teilaufgabe f).

4\ V Der Nahpunkt gibt die kleinste Distanz zum Auge an, in der eine scharfe Abbildung durch maximale Akkommodation möglich ist. Zur Bestimmung des Nahpunktes nähert sich eine Testperson mit einem Auge möglichst weit einer Scheibe mit zwei kleinen Löchern (Abstand 1–2 mm ≈ Pupillenweite) und schaut durch die Löcher auf eine Nadel. Die Nadel wird aus der Ferne solange auf das Auge zugeschoben, bis sie gerade nicht mehr doppelt gesehen wird. Dies ist der Nahpunkt.

a) Bestimmen Sie mit dieser Methode den Nahpunkt Ihrer Augen.

b) Erstellen Sie je eine Skizze des Strahlengangs beim maximal akkommodierten Auge für ...

(1) einen Gegenstand, der sich genau im Nahpunkt befindet.

(2) einen Gegenstand, der sich näher am Auge befindet als der Nahpunkt.

V1 Das Linse-Schirm-Modell des Auges

Benötigte Materialien:
- (wiederaufladbarer) LED-Strahler oder Laser-Ray-Box
- Sammellinsen mit unterschiedlichen Brennweiten
- optische Bank
- Sichtschirm
- weißes Blatt Papier
- beleuchtetes Objekt
- optional: flache Acryllinse

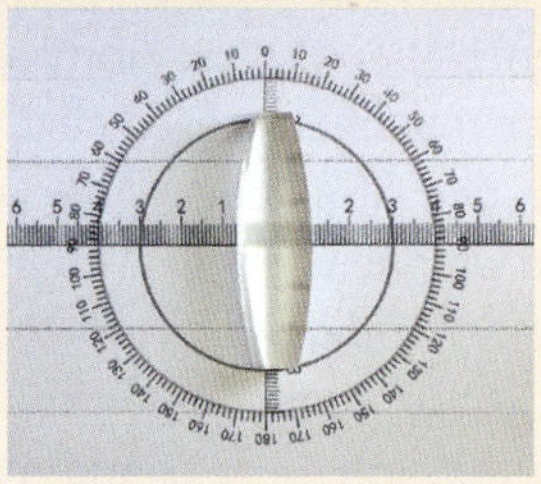

Flache Acryllinse

Den Verlauf aller Strahlen eines Lichtbündels bei einer optischen Abbildung zu verfolgen, ist sehr aufwändig. Daher werden oft stellvertretend nur die Hauptstrahlen (Parallel-, Mittelpunkt- und Brennpunktstrahl) betrachtet, da sich dort der Strahlenverlauf leicht beschreiben lässt.

- Der Parallelstrahl verläuft vor der Linse parallel zur optischen Achse, hinter der Linse durch den Brennpunkt F_2.
- Der Mittelpunktstrahl verläuft ohne Richtungsänderung durch den Mittelpunkt der Linse.
- Der Brennpunktstrahl verläuft vor der Linse durch den Brennpunkt F_1, dahinter parallel zur optischen Achse.

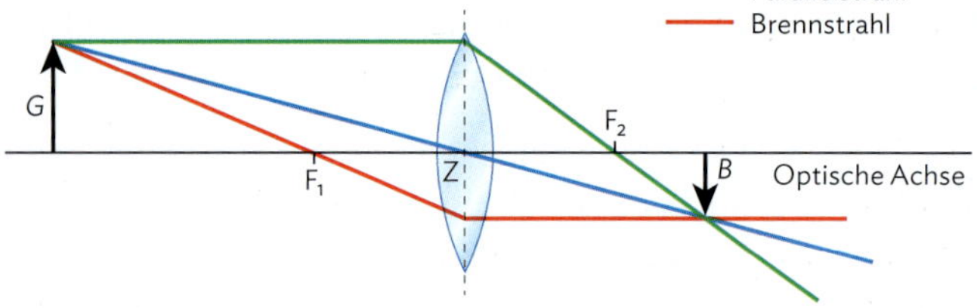

Verlauf der Hauptstrahlen

Aus dem Verlauf der Hauptstrahlen lässt sich die Linsengleichung

$$\frac{1}{f} = \frac{1}{g} + \frac{1}{b} \quad (1)$$

ableiten. Nur wenn die Linsengleichung erfüllt ist, kann eine scharfe Abbildung erzielt werden. Außerdem kann man über die Hauptstrahlen ebenfalls zeigen, dass gilt:

$$\frac{B}{G} = \frac{b}{g} \quad (2)$$

Da die Lage der Netzhaut im Auge fest ist, muss für eine scharfe Abbildung bei unterschiedlichen Gegenstandsweiten akkommodiert werden. Dafür gibt es aufgrund der Linsengleichung zwei Möglichkeiten:

- Die Brennweite f der Linse wird über die Änderung des Krümmungsradius angepasst.
- Die Position der Linse wird angepasst.

Arbeitsauftrag

a) Überzeugen Sie sich mithilfe des LED-Strahlers oder der Laser-Ray-Box, dass die Hauptstrahlen den beschriebenen Weg vor bzw. nach der Linse nehmen. Machen Sie die Lichtstrahlen sichtbar, z. B. durch Wasserdampf, Kreidestaub oder eine Nebelmaschine. Beachten Sie die Hinweise zum sicheren Experimentieren auf S. 8 und 9. Alternativ können Acryllinsen mit ebener Auflagefläche verwendet werden, die auf ein weißes Papier gelegt werden. Der Lichtstrahl ist dann auf dem Papier sichtbar.

b) Untersuchen Sie für $0{,}5f < g < 4f$, wie sich die Gegenstandsweite auf die Bildgröße B, die Bildweite b und die Orientierung des Bildes auswirkt.

c) Vergleichen Sie ihre Ergebnisse mit den Ergebnissen aus den Gleichungen (1) und (2).

d) Stellen Sie die beiden Akkommodationsmechanismen nach. Wählen Sie dazu für den Sichtschirm eine feste Position und verwenden Sie verschiedene Sammellinsen bzw. variieren Sie die Linsenposition. Kann damit für alle Gegenstandsweiten eine scharfe Abbildung erzielt werden?

e) Untersuchen Sie die Änderung der Bildgröße nach erfolgter Akkommodation durch Variation der Linsenposition bei Annäherung des Objektes.

V2 Fehlsichtigkeiten und ihre Korrektur

Fehlsichtigkeiten sind Sehleistungen, die von der Norm abweichen. Die beiden häufigsten sind die Kurzsichtigkeit und die Weitsichtigkeit.

- Bei der Kurzsichtigkeit ist das Auge zu lang für die Brechkraft des Auges.
- Bei der Weitsichtigkeit ist das Auge zu kurz für die Brechkraft des Auges.

Zur Korrektur dieser Fehlsichtigkeiten werden meist Brillen verwendet. Dabei stellt das System Auge/Brille ein klassisches Linsensystem da. Das Gesamtsystem hat nun eine andere Brechkraft als das Auge. Stabsichtigkeit (Astigmatismus, S. 26) tritt ebenfalls häufig auf.

Arbeitsauftrag

a) Überlegen Sie sich selbständig Fragestellungen zu Kurzsichtigkeit und Weitsichtigkeit. Wenn Sie nicht weiterkommen, können Sie sich über die mit dem Mediencode verlinkten Fragen Anregungen holen.

MC 67055-07

b) Nachdem Sie Ihre Vorüberlegungen abgeschlossen und erste Vermutungen zu Ihren Fragestellungen aufgestellt haben, sollten Sie geeignete Vermutungen als Je-desto-Hypothese formulieren. Notiere Sie sich für jede von Ihnen vermutete Abhängigkeit vom jeweiligen Parameter eine Hypothese der Art: „Je ..., desto höher/größer/stärker/ausgeprägter ist ...".

c) Planen Sie einzelne Experimente, mit denen sich die von Ihnen aufgestellten Hypothesen überprüfen lassen. Wichtig ist dabei, dass Sie die Auswirkungen verschiedener Parameter nicht vermischen, sondern sie getrennt voneinander untersuchen. Nur so kann man sicherstellen, dass sie sich nicht gegenseitig beeinflussen und dadurch die Messergebnisse verfälschen. Verändern Sie deswegen immer nur einen Parameter, während Sie die anderen unverändert lassen.

d) Erstellen Sie ein strukturiertes Versuchsprotokoll nach der ZABMA-Methode (Ziel – Aufbau – Beschreibung – Messergebnisse – Auswertung, S. 231) und führen Sie die Experimente durch.

e) Fassen Sie geeignete Ergebnisse in Je-desto-Aussagen zusammen und vergleichen Sie Ihre Ergebnisse mit Ihren Hypothesen aus b):
„Je ..., desto höher/größer/stärker/ausgeprägter ist ...".

f) Erklären Sie Ihre Beobachtungen mit geeigneten Skizzen.

g) Erklären Sie Ihre Beobachtungen auf Basis der Linsengleichung.

MC 67055-08

h) Stellen Sie die Annäherung eines Objektes an ein kurzsichtiges bzw. weitsichtiges Auge mittels einer Simulation nach (DGS oder die mit dem Mediencode 67055-09 verlinkte Simulation).
Kurzsichtigkeit: Positionieren Sie dazu in Ihrer Simulation aus der Lernaufgabe zu Kapitel 1.3 das Objekt sehr weit entfernt und fügen Sie eine Gerade ein Stück hinter dem Bild ein, um die Position der Netzhaut zu markieren. Nähern Sie nun langsam Ihr Objekt der Linse.
Weitsichtigkeit: Positionieren Sie dazu in Ihrer Simulation aus der Lernaufgabe zu Kapitel 1.3 das Objekt sehr weit entfernt und fügen Sie eine Gerade ein Stück vor dem Bild ein, um die Position der Netzhaut zu markieren. Nähern Sie nun langsam ihr Objekt der Linse.

MC 67055-09

i) Folgen Sie dem Mediencode 67055-10. Probieren Sie den Dioptrien-Simulator aus, um einen realistischen Eindruck des Seheindrucks bei Kurz- und Weitsichtigkeit zu erhalten.

MC 67055-10

2 Lichtwahrnehmung in der Netzhaut

Materialien zu Kapitel 2.2

▶ M1 Lernaufgabe: Nachbilder und Farbsehschwäche

Nachbilder

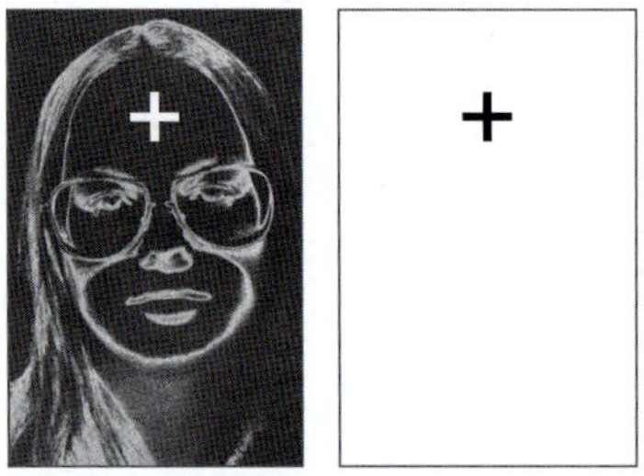

Hell-Dunkel-Nachbild

Fixiert man über längere Zeit eine schwarz-weiße Fläche und blickt anschließend auf eine weiße Fläche, so erscheint ein negatives Hell-Dunkel-Nachbild. Die im Bild schwarzen Bereiche erscheinen im Nachbild heller und die im Bild weißen Bereiche erscheinen im Nachbild dunkel.

Wie kann man dies erklären? Auf der Netzhaut des menschlichen Auges gibt es verschiedene Photorezeptoren. Die Stäbchen sind für die Hell-Dunkel-Wahrnehmung zuständig, während die Zapfen für die Farbwahrnehmung zuständig sind. Licht wird in Zapfen und Stäbchen jeweils durch einen ähnlichen Mechanismus in ein Signal umgewandelt. Stäbchen verwenden den Sehfarbstoff Rhodopsin, um Photonen zu detektieren. Dabei spaltet sich Rhodopsin in ein Opsin und ein all-trans-Retinal. Blickt man längere Zeit auf eine helle Fläche, erschöpft sich der Vorrat an Rhodopsin in den beleuchteten Stäbchen. Bei den benachbarten Stäbchen, die die schwarze Fläche „sehen", geschieht dies nicht. Blickt man anschließend auf eine weiße Fläche, die alle Stäbchen gleichmäßig anspricht, so liefern diejenigen Photorezeptoren, deren Rhodopsinvorrat erschöpft ist, ein schwächeres Signal als die vorher unbeleuchteten Stäbchen. Die entsprechende Fläche erscheint dunkler.

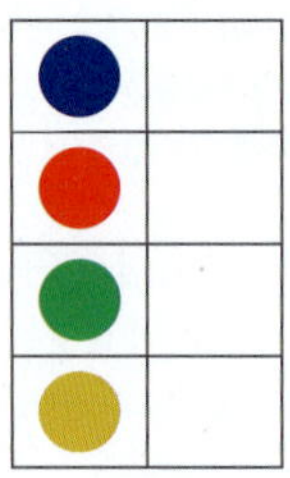

Wenn man diesen Versuch mit farbigen Bildern wiederholt, kann man etwas Ähnliches beobachten.

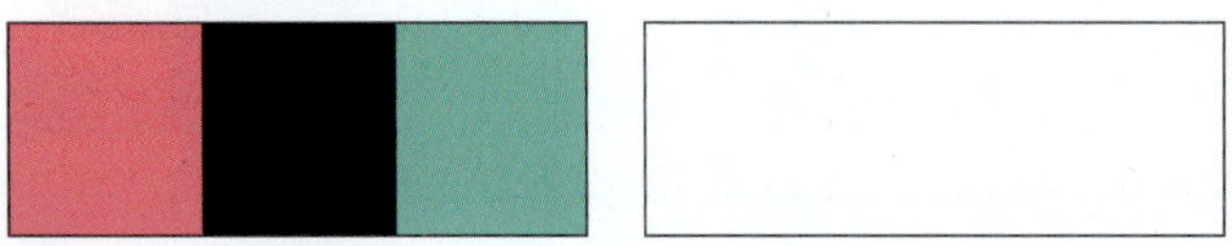

Flagge

Arbeitsauftrag

a) Fixieren Sie das weiße Kreuz im linken Bild der oberen Abbildung für ca. 40 Sekunden und blicken Sie anschließend auf das schwarze Kreuz im rechten Bild. Beschreiben Sie ihren Seheindruck und die Veränderung nach einigen Sekunden.

b) Wiederholen Sie diesen Versuch mit den vier farbigen Kreisen in der unteren Abbildung. Geben Sie jeweils die Farbe des Nachbildes an.

c) Stellen Sie anhand des Texts und der Ergebnisse von Teilaufgabe b) eine Hypothese auf, wie die Zapfen 200 verschiedene Farben darstellen können. Über den Mediencode können Sie sich Anregungen holen. MC 67055-11

d) Testen Sie Ihre Hypothese an der Abbildung der Flagge und an den Farbsehschwächen: Sagt Ihre Hypothese die Farben des Nachbildes bzw. die verschiedenen Formen der Farbsehschwäche korrekt voraus?

e) Um den Nachbildeffekt zu unterdrücken, sind die Kleidung und die Operationstücher in Operationssälen oft grün oder blaugrün. Begründen Sie dies.

f) Recherchieren Sie, wie Zapfen die Farbwahrnehmung ermöglichen. Überprüfen Sie damit Ihre Hypothese.

Farbschwäche

Unter Rot-Grün-Schwäche versteht man eine genetisch bedingte Farbsinnstörung des Auges. Betroffene haben Probleme, die Farben Rot und Grün korrekt wahrzunehmen und voneinander zu unterscheiden. Sie empfinden die Welt weniger farbenreich als Normalsichtige. Es gibt zwei Arten der Rot-Grün-Schwäche:

- Rot-Sehschwäche: Die Farbe Rot wird schwächer wahrgenommen und ist schwer von Grün zu trennen.
- Grün-Sehschwäche: Die Farbe Grün wird schwächer wahrgenommen und ist schwer von Rot zu trennen.

Es gibt auch eine Blau-Sehschwäche. Die Farbe Blau wird schwächer wahrgenommen und ist schwer von Gelb zu trennen. Bei einer totalen Farbenblindheit werden gar keine Farben wahrgenommen, sondern nur Hell-Dunkel-Kontraste. Die Umwelt wird in unterschiedlichen Grautönen gesehen.

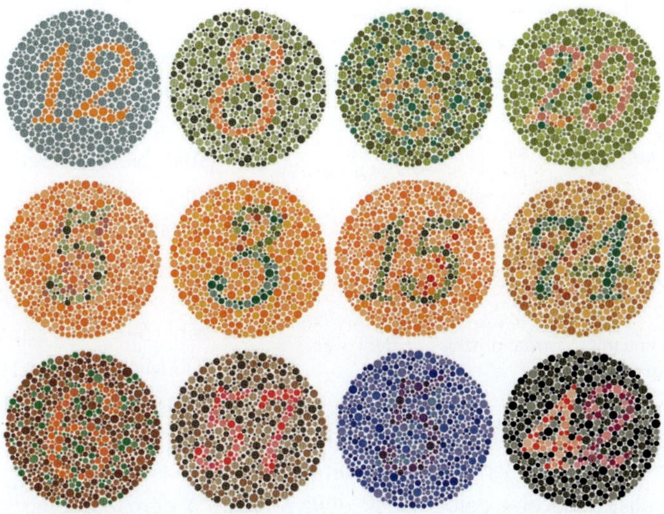

Farbsehtesttafeln

g) Im elektromagnetischen Spektrum kann vielen Farben eindeutig eine Wellenlänge oder ein Wellenlängenbereich zugeordnet werden (vgl. z. B. Formelsammlung). Der „Farbe“ Weiß kann im Wellenmodell jedoch keine konkrete Wellenlänge zugeordnet werden. Erklären Sie dies basierend auf ihren Rechercheergebnissen zu Teilaufgabe f) und B1 auf S. 36.

h) Erklären Sie basierend auf ihren Rechercheergebnissen in Teilaufgabe f), wie die Rot-Sehschwäche zustande kommt.

i) Die Abbildung links zeigt Testtafeln des Ishihara-Tests, eines der am häufigsten verwendeten Farbsehschwächetests. Erklären Sie, welches Testbild für den Nachweis welcher Farbsehschwäche geeignet ist.

j) Die vier Bilder in der unteren Abbildung zeigen ein Originalbild und drei Varianten des Originalbildes mit Farbsehschwäche. Entscheiden Sie begründet, welches Bild das Original ist und welche Farbsehschwäche jeweils bei den anderen drei Bildern vorliegt.

Unterschiedliche Farbeindrücke (zu Arbeitsauftrag j))

2.1 Aufbau der Retina

Die drei Schichten der Retina

Die Netzhaut (Retina) setzt das ins Auge einfallende Licht für das Gehirn in verarbeitbare Information um. Sie besteht im Wesentlichen aus drei verschiedenen Schichten von Zellen (B1). Das einfallende Licht muss zuerst die verschiedenen Zellschichten durchdringen, bevor es in den lichtdetektierenden Sehzellen, den Photorezeptoren, der Schicht 1 eine Reaktion auslöst. Die in den Photorezeptoren entstehende Information geht über die Bipolarzellen zu den Ganglienzellen. Der Sehnerv leitet die Information an die Sehrinde im Gehirn weiter.

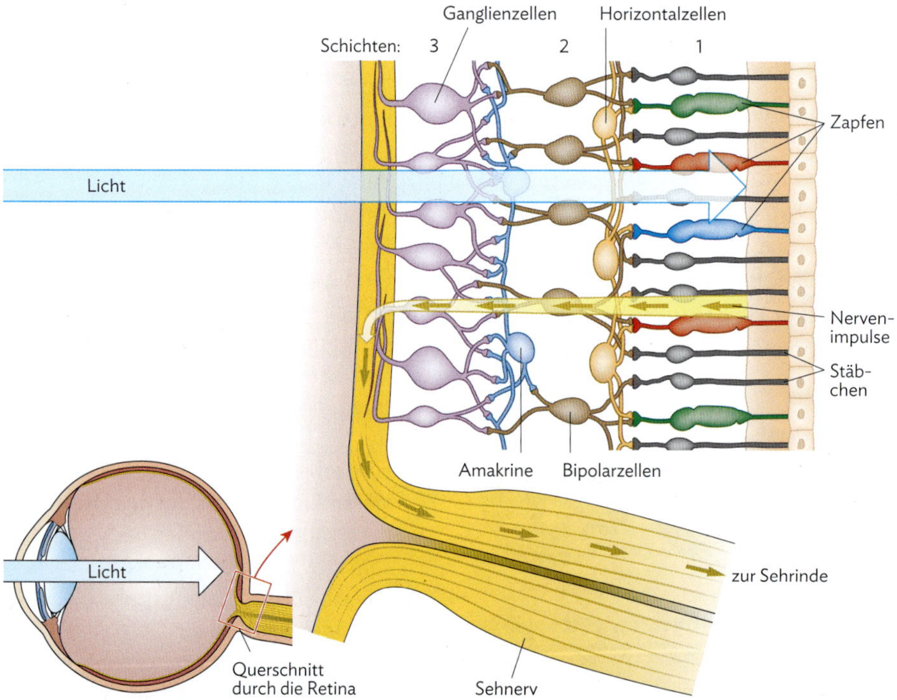

B1 \ Schematischer Aufbau der drei Schichten der Retina mit Informationsfluss (in der Fovea centralis ist keine Verschaltung von Schicht 2 und 3 vorhanden)

Schicht 1: Die hinterste Schicht enthält lichtabsorbierende Sehzellen (Photorezeptoren), die Stäbchen und Zapfen. Diese unterscheiden sich in ihrer Anzahl (5–6 Mio. Zapfen, 100 Mio. Stäbchen) und Verteilung (B2) und zeigen mit ihren lichtempfindlichen Bestandteilen vom Licht weg. Die Zellen grenzen direkt an ein Netz aus Blutgefäßen an, das sie mit Nährstoffen versorgt.

In der Fovea centralis (Sehgrube; gelber Fleck, etwa 3–4 mm^2), dem Ort schärfsten Sehens, befinden sich nur Zapfen in einer sehr großen Dichte (etwa 200 000 pro mm^2; Quelle: Heldmaier u. a., s. S. 240). Während überall auf der Netzhaut das Licht erst das verschachtelte System der Schichten 2 und 3 passieren muss, bevor es die Photorezeptoren erreicht, stellt sich die Fovea als kleine Eindellung dar. Hier kann das Licht auf direkterem Weg die Zapfen erreichen, da die darüber liegenden Bipolar- und Ganglienzellen zur Seite geschoben sind.

Die Zapfen sind für das Sehen bei Tageslicht und das Farbsehen zuständig. Die Stäbchen kommen beim Dämmerungssehen und beim Schwarz-Weiß-Sehen ins Spiel. Zapfen und Stäbchen bestehen aus einem Zellkern, aus dem Innensegment als Energielieferanten und einem Außensegment (B3). Im Außensegment erfolgt die Lichtdetektion durch die Sehpigmente Rhodopsin (in Stäbchen) oder Iodopsin (in Zapfen). Wenn Licht auf Rhodopsin trifft, wird es in Opsin und all-trans-Retinal gespalten. Dies löst eine Kaskade biochemischer Reaktionen aus, die das elektrische Potential an der Zellmembran ändern. Diese Information wird dann an Schicht 2 weitergegeben.

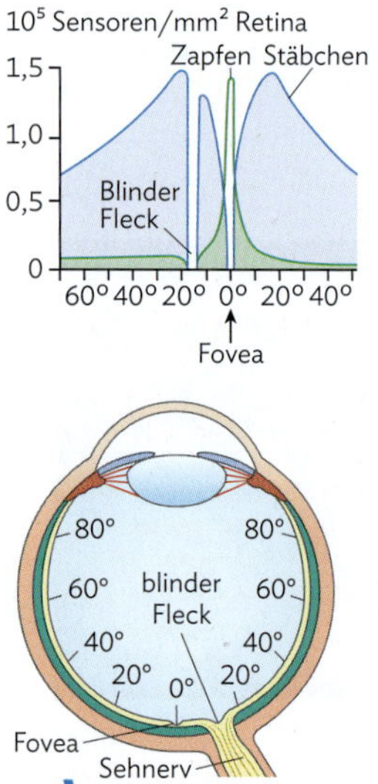

B2 \ Räumliche Verteilung der Stäbchen und Zapfen in der Retina

Die Lichtdetektion führt wie erwähnt zu einer Spaltung von Rhodopsin. Das Rhodopsin wird anschließend durch einen chemischen Regenerationsprozess wiederhergestellt, steht aber zwischenzeitlich für die Lichtdetektion nicht mehr zur Verfügung. Wird die Retina sehr stark belichtet, wird das gesamte Rhodopsin gespalten und kann nicht schnell genug regeneriert werden. Kurzzeitig kann keine Lichtdetektion mehr in den betroffenen Stäbchen erfolgen; man sagt, das Rhodopsin sei erschöpft. In den Zapfen laufen entsprechende Prozesse mit dem Sehpigment Iodopsin ab.

Schicht 2: In der mittleren Schicht befinden sich Bipolarzellen, horizontale Zellen und amakrine Zellen. Diese Schicht ist im Wesentlichen für Querverbindungen, Informationsbündelung und -verknüpfung zuständig.

Der konvergente Typ von Bipolarzellen (B4a) bündelt die Information aus einem ganzen Ausschnitt des Sehfeldes, was zu einer erhöhten Helligkeitsempfindlichkeit, aber zu einer Verminderung des räumlichen Auflösungsvermögens und der Kontraste führt (vgl. Kapitel 3.4). Die Bipolarzellen vor der Fovea centralis verbinden jeweils nur einen Zapfen mit einer Ganglienzelle (B4b). Dies bringt eine sehr gute räumliche Auflösung, ergibt aber eine geringe Helligkeitsempfindlichkeit, da benachbarte Lichtinformationen nicht zusammengefasst werden.

Horizontale und amakrine Zellen verknüpfen Nervenzellen und sorgen für Querverbindungen (B1). Dabei werden Informationen kombiniert oder auf das Wesentliche konzentriert und dadurch die Qualität des Sehfeldes verbessert.

Schicht 3: Die vorderste Schicht besteht aus Ganglienzellen. Es gibt deutlich weniger Ganglienzellen (etwa 1,2 Mio.) als Photorezeptoren. Jede Ganglienzelle ist eine Nervenzelle, an der die vorverarbeiteten Informationen aus den Sehzellen zusammenlaufen und der ein bestimmtes Sehfeld zugeordnet wird. Die Axone (lange faserartige Fortsätze; siehe Kapitel 9.1) aller Ganglienzellen werden zum Sehnerv gebündelt und verlassen gemeinsam am blinden Fleck das Auge (B1).

Dieses komplexe Netzwerk aus Nervenzellen reduziert die Informationsflut, die auf das Auge trifft, auf das Wesentliche. Es ermöglicht, gebündelte und vorverarbeitete Informationen an das Gehirn zu übermitteln.

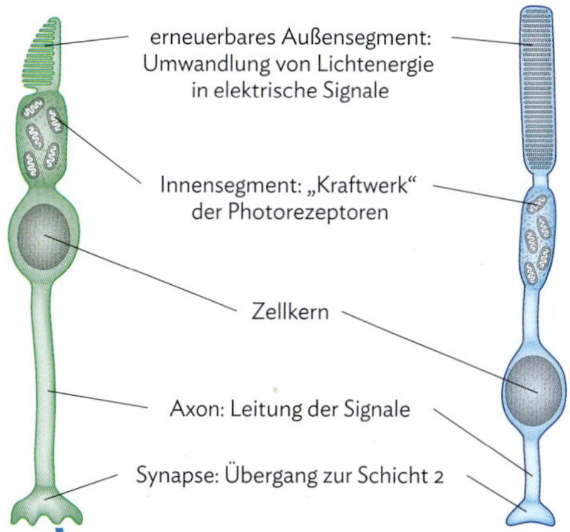

B3 \ Struktur der Photorezeptoren: Innensegment als Stoffwechselapparat, Außensegment als Wandler von Lichtenergie in elektrische Signale

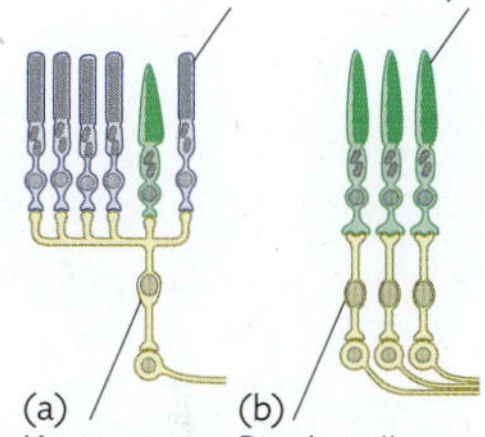

B4 \ Verschiedene Verschaltungen der Bipolarzellen

Arbeitsaufträge

1\ Im gelben Fleck, in dessen Zentrum die Fovea centralis liegt, befinden sich keine Stäbchen, sondern nur Zapfen im Abstand von etwa 2 µm. Erläutern Sie, wie groß der Abstand zweier heller Lichtpunkte auf der Netzhaut sein muss, um sie mit der angegebenen Zapfendichte gerade noch unterscheiden zu können.

2\ Der „Rote-Augen-Effekt" tritt auf, wenn mit Blitz fotografiert wird.
a) Geben Sie an, welche Bereiche des Auges das Licht nacheinander durchquert. Gehen Sie auf die verschiedenen Schichten der Netzhaut ein.
b) Erklären Sie anhand von a), wodurch der Rote-Augen-Effekt entsteht und warum nur die Pupille auf dem Foto rot erscheint.

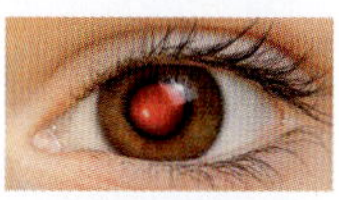

Zapfen und Stäbchen

Die Wahrnehmung von Farben ist für uns Menschen möglich, da wir drei unterschiedliche Zapfenarten (blau-, grün- und rotempfindlich) haben, die mit verschiedenen Zapfen-Iodopsinen (Sehfarbstoffen) besetzt sind. Licht, das auf diese Zapfenarten trifft, wird dabei in Abhängigkeit von seiner Wellenlänge unterschiedlich häufig absorbiert und damit in verschieden starke Signale umgewandelt. Somit unterscheiden sich die drei Zapfenarten in ihren Absorptionsspektren (B1).

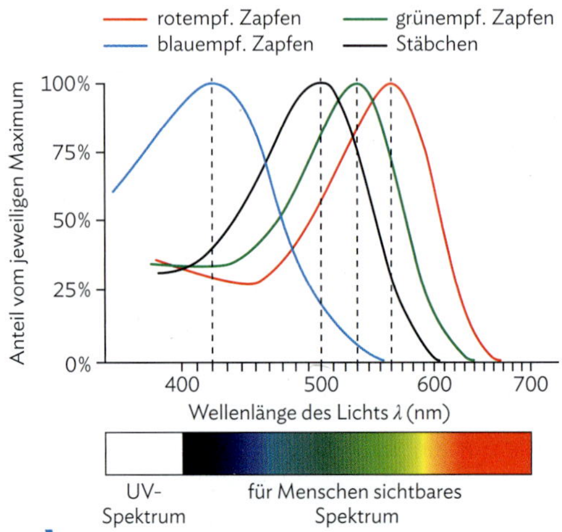

B1 Absorptionsspektren der Photorezeptoren

Kurzwelliges Licht (blau-violett) wird hauptsächlich von den blauempfindlichen Zapfen absorbiert, die anderen Zapfenarten werden kaum angeregt. Langwelliges Licht (dunkelrot) wird fast ausschließlich von den rotempfindlichen Zapfen wahrgenommen.

Die Wellenlänge, bei der das meiste Licht absorbiert wird, bezeichnet man als Absorptionsmaximum. Für die rotempfindlichen Zapfen liegt das Maximum bei der Wellenlänge 560 nm, für die grünempfindlichen Zapfen bei 530 nm und für die blauempfindlichen Zapfen bei 420 nm. Andere Wellenlängen werden von diesen Zapfen weniger stark absorbiert und lösen damit geringere elektrische Impulse aus.

Die Absorptionskurven aller drei Zapfenarten überlappen sich in bestimmten Bereichen. Meistens werden alle drei Zapfentypen in unterschiedlicher Stärke aktiviert, der entstehende Farbeindruck variiert also durch den jeweiligen Anteil der Anregung der einzelnen drei Zapfenarten (trichromatisches Farbsehen). Erst die neuronale Verarbeitung führt zum Farbsehen. Der Mensch kann mit diesem trichromatischen System etwa 200 verschiedene Farben unterscheiden. Dies sind die in jedem Farbton intensivsten Farben. Berücksichtigt man die etwa 20 Sättigungsstufen (Beimischung von Graustufen, „Verdünnen“) und die rund 500 Helligkeitsstufen, so kommt man zu rund 2 Millionen unterscheidbaren Farben.

Stäbchen ermöglichen im Gegensatz zu Zapfen keine Farbunterscheidung. Die Stäbchen enthalten den Sehfarbstoff Rhodopsin, dessen Absorptionsmaximum bei 500 nm liegt (B1). Licht unterschiedlicher Wellenlänge wird bei den Stäbchen in unterschiedliche Helligkeitsempfindung übersetzt. Wegen des Absorptionsmaximums bei 500 nm wird grünes Licht nachts heller wahrgenommen als Licht anderer Wellenbereiche, das nicht so stark absorbiert wird. Grünes Licht erscheint daher eher hellgrau, die anderen Farben eher als dunkelgrau.

Additive Farbmischung

Wird Licht unterschiedlicher Wellenlänge überlagert, so erscheint ein neuer Farbeindruck (B2). Man spricht von einer additiven Farbmischung. Werden die drei Primärfarben Rot, Grün und Blau mit gleicher Helligkeit überlagert, so entsteht auf der Netzhaut der Farbeindruck weiß (B3).

Mischt man dagegen Farben, z. B. in der Malerei, entsteht ebenfalls ein neuer Farbton. Hier spricht man aber von subtraktiver Farbmischung. Sie entsteht, wenn z. B. ein Farbpigment aus dem auftreffenden Licht einen Farbanteil absorbiert und das restliche „subtrahierte" Licht ins Auge trifft.
Alle Farben der additiven Farbmischung können als Punkte im dreidimensionalen Raum mit den Achsen Rot, Grün und Blau dargestellt werden. Da die Intensität durch den Abstand des Punkts vom Ursprung gegeben ist, liegen alle Farben gleicher Intensität auf einem kugelig gewölbten Farbdreieck (B4). An den Ecken des Dreiecks liegen die Primärfarben und auf den Dreiecksseiten findet man die aus jeweils zwei Primärfarben gemischten Sekundärfarben. Am Weißpunkt haben die drei Primärfarben die gleichen Anteile.
Das Farbdreieck in B4 kann jedoch nicht ohne Weiteres übernommen werden.

Farbsehen

Der Unterschied zwischen der oben beschriebenen additiven Farbmischung und dem Farbsehen besteht darin, dass einzelne Zapfen nicht alleine arbeiten, sondern dass meist zwei oder alle drei aktiv sind. In B1 erkennt man z. B., dass bei einer Wellenlänge von 530 nm (Maximum grünempfindlicher Zapfen) auch die rotempfindlichen Zapfen stark und die blauempfindlichen Zapfen leicht aktiviert sind. Den Eckpunkt mit der reinen grünen Farbe aus dem additiven Farbdreieck kann es somit für unser Farbsehen nicht geben. Daher muss das Farbdreieck für das Farbsehen angepasst werden (B5).

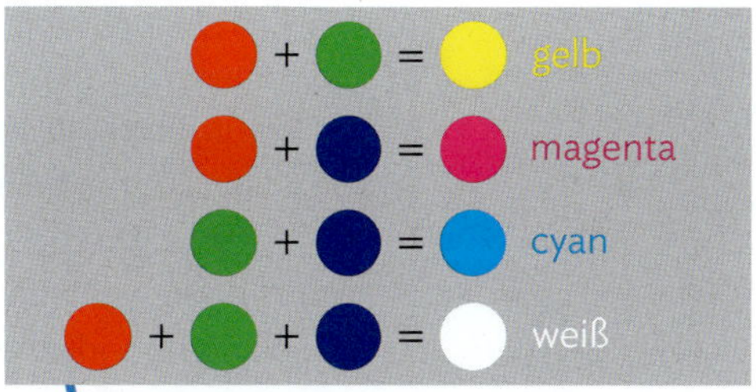

B2 \ Überlagerung von Licht unterschiedlichen Farbeindrucks

B3 \ Überlappen jeweils zwei Primärfarben, so entstehen Gelb, Magenta (purpur) und Cyan (blaugrün). In der Mitte erscheint die Tertiärfarbe Weiß.

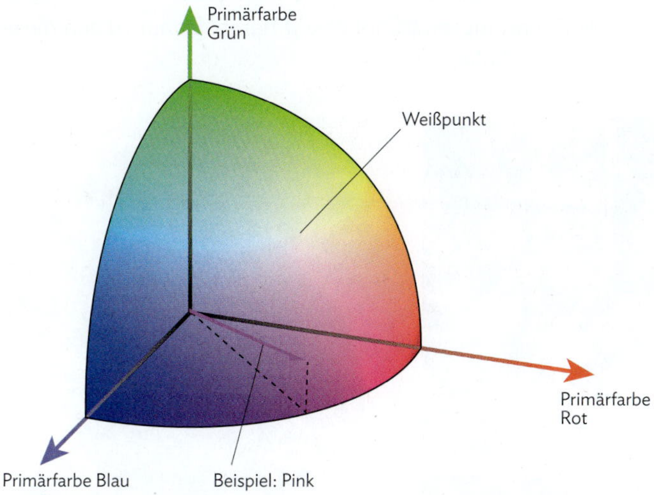

B4 \ Farbdreieck: Alle Farben auf dem gewölbten Dreieck haben gleiche Intensität.

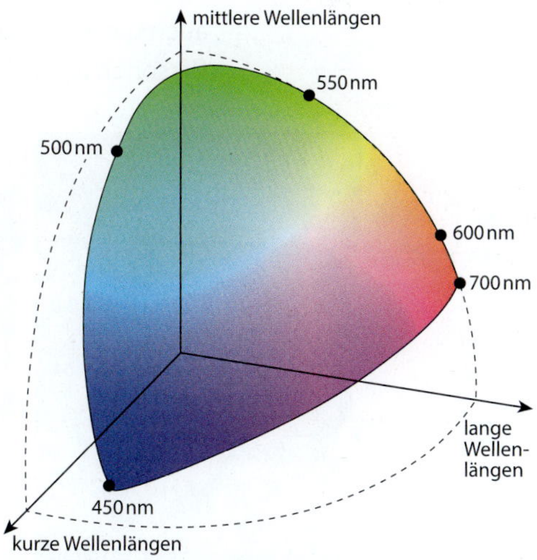

B5 \ Farbdreieck mit dem Bereich der für den Menschen wahrnehmbaren Farben. Auf der oberen Begrenzungslinie liegen die reinen Spektralfarben; sie heißt deshalb Spektralzug.

Erst die neuronale Verarbeitung der Signale aller drei Zapfenarten führt zum Farbsehen. Licht der Wellenlänge 690 nm wird nur von den rotempfindlichen Zapfen absorbiert und im Gehirn zum Farbeindruck Rot verrechnet. Größere Wellenlängen lösen den gleichen Farbeindruck aus, aufgrund der kleineren Absorptionswahrscheinlichkeit erscheinen sie aber dunkler. Licht der Wellenlänge 580 nm wird von den rotempfindlichen und von den grünempfindlichen Zapfen, aber nicht von den blauempfindlichen Zapfen absorbiert. Dies wird im Gehirn zum Farbeindruck Gelb verrechnet.

Die Farbe Magenta setzt sich in der additiven Farbmischung aus Blau und Rot zusammen. Im elektromagnetischen Spektrum hat sie aber keine Entsprechung, da es keine einzelne Wellenlänge gibt, die ausschließlich von rot- und blauempfindlichen Zapfen absorbiert wird. Dieser Farbton entsteht nur dann in unserem Gehirn, wenn blaues und rotes Licht gleichzeitig ins Auge trifft.

Der rote Farbton von z. B. Tomaten entsteht dadurch, dass die Tomate Licht im blauen bis gelben Spektralbereich absorbiert und den roten Anteil reflektiert. Ins Auge gelangt dann nur Licht, das vor allem die rotempfindlichen Zapfen aktiviert.

Störungen der Farbwahrnehmung

Sind Sehfarbstoffe einer Zapfenart verändert oder fällt eine Zapfenart komplett aus, so spricht man von einer Störung der Farbwahrnehmung (dichromatisches Farbsehen, B6a, b). Hierbei unterscheidet man die Farbschwäche (Farbanomalie) und die Farbblindheit. Farbanomalie ist die häufigste Störung des Farbsehens und kann mit Farbsehtesttafeln untersucht werden (B6c).

Bei Menschen mit dieser angeborenen Anomalie ist das Farbunterscheidungsvermögen in charakteristischen Spektralbereichen schlechter als bei voll farbtüchtigen Menschen, und es kommt häufig zu Verwechslungen von Farben.

Sehr selten tritt die totale Farbenblindheit auf. Diese Personen (Stäbchen-Monochromaten) haben nur eine Art von Lichtsinneszellen, die Stäbchen. Ein kompletter Ausfall aller Zapfen führt aber nicht nur zum Verlust des Farbsehens, sondern setzt auch die Sehschärfe und die Blendungsempfindlichkeit herab. Daher tragen diese Personen in der Regel eine dunkle Brille.

B6 Trichromatisches (a) und dichromatisches (b) Farbensehen im Vergleich. Mangel eines Zapfenpigmentes (b) macht die visuelle Unterscheidung zwischen reifen und unreifen Früchten unmöglich. (c) Farbsehtesttafel; wenn die Ziffer „6" nicht erkannt wird, liegt eine Farbsehstörung vor.

Arbeitsaufträge

1\ Im Tierreich gibt es mono-, di-, tri- und tetrachromatische Sehsysteme. Gehen Sie in den folgenden Teilaufgaben davon aus, dass immer die gleiche Anzahl von Photonen auf die Netzhaut trifft.

a) Bartenwale haben eine reine Stäbchenretina, detektieren Photonen also nur mittels des Sehpigments Rhodopsin. Beschreiben Sie mithilfe der Abbildung B1 auf S. 36, worin sich bei Bartenwalen jeweils der Seheindruck bei Licht der Wellenlänge 400 nm und 500 nm bzw. 470 nm und 520 nm unterscheidet.

b) Säugetiere wie z. B. Hunde entwickelten sich ursprünglich als nachtaktive Wesen, die nicht auf eine ausgeprägte Farbwahrnehmung angewiesen waren. Sie haben ein dichromatisches Sehsystem. Wenn Licht der Wellenlänge 490 nm auf die Retina des Hundeauges trifft, führt dies zur gleichen Farbwahrnehmung wie eine Mischung aus Licht mit 430 nm und 550 nm. Erklären Sie dies anhand der spektralen Empfindlichkeitskurve.

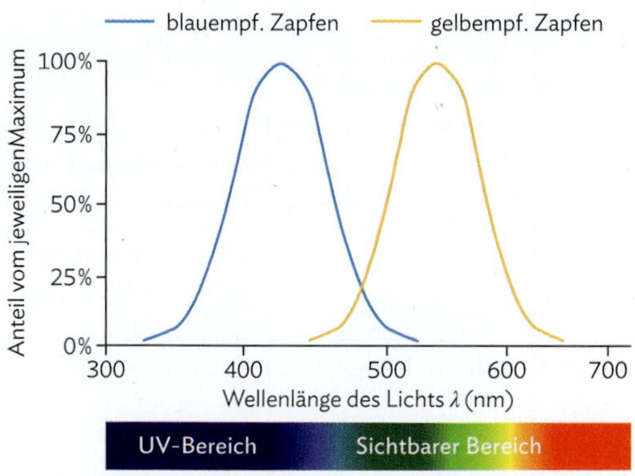

Spektrale Empfindlichkeitskurven bei Hunden

c) Primaten entwickelten im Laufe der Evolution einen dritten Zapfen für die Wahrnehmung von Rot. Sie besitzen ein trichromatisches Sehsystem.
Entscheiden Sie begründet, ob für Menschen die folgenden Situationen zu unterscheidbaren Farbeindrücken führen: Beleuchtung mit Licht der Wellenlänge 545 nm bzw. Beleuchtung mit einer Mischung aus Licht mit 520 nm und 570 nm Wellenlänge.

d) Vögel können Farbnuancen unterscheiden, die für das menschliche Auge nicht wahrnehmbar sind. Diese außergewöhnliche Farbwahrnehmung hilft Vögeln dabei, Nahrungsquellen wie Nektar und Beeren leichter zu finden sowie geeignete Paarungspartner anhand feinster Farbunterschiede im Gefieder auszuwählen. Erklären Sie mithilfe der folgenden Abbildung, warum dies so ist. Der Mediencode liefert Ihnen weitere Hintergrundinformationen. MC 67055-12

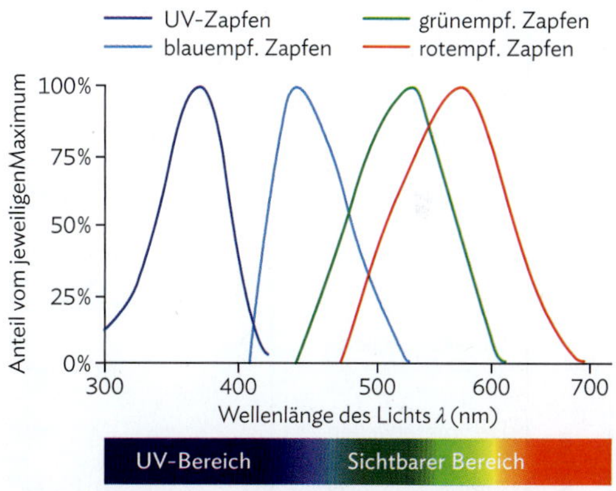

Spektrale Empfindlichkeitskurven bei Vögeln

2\ Den Augen der Pinguine fehlen Sinneszellen für die Farbe Rot, dafür sind die blauen und die grünen Sinneszellen häufiger und empfindlicher als die des Menschen. Außerdem können Pinguine Licht im ultravioletten Bereich wahrnehmen. Erklären Sie mithilfe der folgenden Abbildung, welchen Vorteil dies beim Sehen unter Wasser hat.

Absorption unter Wasser

2.3 Das elektromagnetische Spektrum

Elektromagnetische Wellen unterschiedlicher Wellenlängen

Licht ist eine elektromagnetische Welle. Neben dem sichtbaren Licht gibt es noch andere Arten von elektromagnetischen Wellen, die auf verschiedenen Wegen erzeugt und nachgewiesen werden. Ordnet man alle existierenden elektromagnetischen Wellen nach ihrer Wellenlänge bzw. nach ihrer Frequenz, so bildet die Gesamtheit das elektromagnetische Spektrum (B1). Die Bereiche sind nicht streng definiert und überlappen sich teilweise.

	Wellenart	Wellenlänge in m	Frequenz in Hz	Erzeugung/Ursache	Anwendung/Vorkommen
Längstwellen	niederfrequente elektromagnetische Wellen	10^{7}	10^{0}, 10^{1}, 10^{2}	Längstwellensender	Elektrosmog, Tunnelfunk, Kommunikation bei U-Booten
Radiowellen	tonfrequente Wellen Langwellen Mittelwellen Kurzwellen Ultrakurzwellen	10^{6}, 10^{5}, 10^{4}, 10^{3}, 10^{2}, 10^{1}, 10^{0}	10^{3}, 10^{4}, 10^{5}, 10^{6}, 10^{7}, 10^{8}	Mikrofon elektrischer Schwingkreis	Messung von Hirnströmen (0,1 Hz–70 Hz) durch Elektroenzephalographie Übertragung von Sprache/Musik (Hörbereich des Menschen ca. 15 Hz bis 20 kHz, angenehmer Bereich 500 Hz–4 kHz) Ultraschallgerät Radio/Fernseher (> 100 kHz)
Mikrowellen	Dezimeterwellen Zentimeterwellen Mikrowellen	10^{-1}, 10^{-2}, 10^{-3}, 10^{-4}	10^{9}, 10^{10}, 10^{11}, 10^{12}	Schwingung von Molekülen und Atomen	Radar, Satellitenkommunikation Mikrowellengeräte/-therapie
lichtartige Strahlung	infrarotes Licht Wärmestrahlung sichtbares Licht ultraviolettes Licht	10^{-5}, 10^{-6}, 10^{-7}, 10^{-8}	10^{13}, 10^{14}, 10^{15}, 10^{16}	Elektronenübergänge in der äußeren Hülle	Infrarot-/Wärmestrahler Fernbedienung Beleuchtung (Wellenlänge 380 nm–780 nm) Solarium
Röntgenstrahlung	weiche Röntgenstrahlung harte Röntgenstrahlung	10^{-9}, 10^{-10}, 10^{-11}, 10^{-12}	10^{17}, 10^{18}, 10^{19}, 10^{20}	Elektronenübergänge in der inneren Hülle, Bremsstrahlung	Röntgendiagnostik radioaktive Strahler in der Medizin
kosmische Strahlung	γ-Strahlung Höhenstrahlung	10^{-13}, 10^{-14}, 10^{-15}, 10^{-16}	10^{21}, 10^{22}, 10^{23}, 10^{24}, 10^{25}	Kernprozesse Teilchenprozesse	radioaktiver Zerfall Erzeugung und Vernichtung von Elementarteilchen kosmische Strahlung

B1 Elektromagnetisches Spektrum und Anwendungsbereiche

Längstwellen: Längstwellen sind die einzigen Wellen, die sich auch über große Distanzen im Wasser ausbreiten können, weshalb sie z. B. im Funkverkehr mit U-Booten eingesetzt werden. Eine Übertragung von Sprache und Musik über elektrische Leitungen ist bis etwa 20 kHz möglich.
Radiowellen: Ab einer Frequenz von 100 kHz werden von einem Sender elektromagnetische Wellen von einigen Zentimetern bis einigen Kilometern abgestrahlt. In der Rundfunk- und Fernsehtechnik wird zur Übertragung ein Frequenzbereich von 150 kHz bis 960 MHz benutzt. Für einen kleinen Frequenzbereich ist die Erdatmosphäre durchlässig (Radiofenster), alle anderen Bereiche werden weitgehend von der Erdatmosphäre absorbiert.
Mikrowellen: Sie finden ihren Einsatz bei der Satelliten- und Mobilfunkkommunikation. Außerdem werden sie in der Medizin und bei drahtlosen Computernetzwerken (WLAN) eingesetzt.
Lichtartige Strahlung: Der optische Bereich umfasst die infrarote, die sichtbare und ultraviolette (UV-)Strahlung. Sie entsteht entweder durch Strahlung erhitzter Körper (Wärmestrahlung), Gasentladung, durch Fluoreszenz oder Phosphoreszenz oder durch chemische Umwandlungen. Man spricht hierbei von „kaltem Licht", wenn die Leuchterscheinung nicht durch hohe Temperaturen verursacht wird.
Glühende Körper sowie Gase unter hohem Druck zeigen ein kontinuierliches Spektrum, Gase unter niedrigem Druck weisen ein Linienspektrum auf. Jeder leuchtende Stoff sendet ein ihm charakteristisches Spektrum aus.
Die Atmosphäre der Erde ist für die sichtbaren elektromagnetischen Wellen durchlässig (optisches Fenster). Das für das menschliche Auge wahrnehmbarer Spektrum ist nur ein kleiner Ausschnitt aus dem gesamten elektromagnetischen Spektrum. UV-Strahlung zerstört auf Oberflächen Bakterien, kann aber bei längerer Einwirkung auf die Haut zu Hautkrebs führen. Sie erzeugt zudem in der Luft durch Ionisation Schadstoffe wie z. B. Ozon.
Röntgenstrahlung: Der Bereich des ultravioletten Lichts geht fließend in den Bereich der Röntgenstrahlung über. Röntgenstrahlen entstehen, wenn schnelle geladene Teilchen auf Metall treffen und abgebremst werden oder bei Elektronenübergängen in der inneren Atomhülle. Röntgenstrahlung findet Anwendung in der Medizin und bei der Erforschung des Weltalls mit Röntgensatelliten.
Kosmische Strahlung: Auch der Bereich der Gammastrahlung geht fließend aus dem Bereich der Röntgenstrahlung hervor. Hier spielen die Umwandlung von Atomkernen und die Zerstrahlung von Materie eine Rolle. Sie kann in Teilchenbeschleunigern erzeugt werden und wird zur Forschung in der Materialwissenschaft eingesetzt. Durch starke Beschleunigung von Teilchen entsteht auch die kosmische Strahlung.

B2 \ Radioteleskop Effelsberg (NRW)

B3 \ Zerlegung von weißem Licht in die Spektralfarben

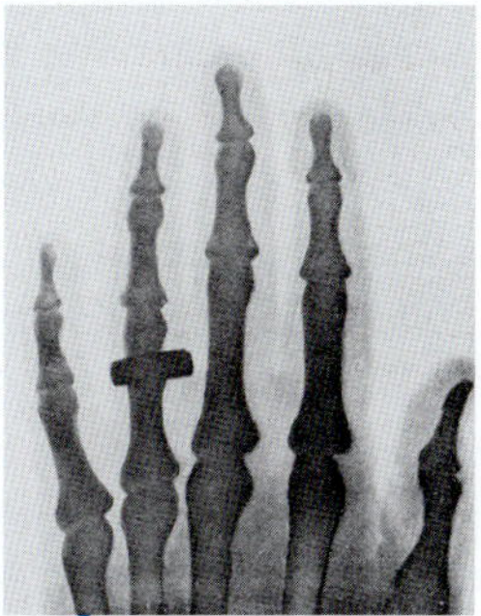
B4 \ Erste Röntgenaufnahme 1895 (Hand der Gattin Röntgens mit Ring)

Arbeitsaufträge

1\ Auf den Flaschen von Sonnenschutzcremes wird ein Lichtschutzfaktor (LSF) angegeben. Recherchieren Sie die Definition und den Zweck des LSF und fassen Sie Ihre Ergebnisse zusammen.

Sonnencreme mit LSF 30

2\ Nennen Sie diejenigen Strahlungsarten, die für den menschlichen Körper eine Gefährdung darstellen können. Geben Sie auch den zugehörigen Spektralbereich, die Arten der Gefährdung und die Umstände an, unter denen sie auftreten können.

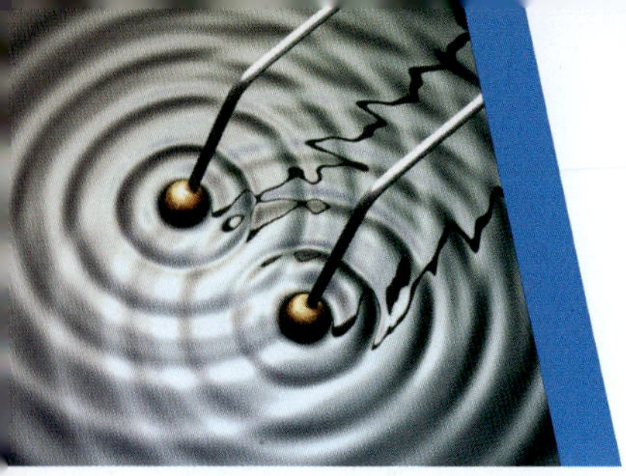

3 Grenzen unserer Sehleistung

Materialien zu Kapitel 3.1

M1 Lernaufgabe: Interferenz an dünnen Schichten

Seifenblasen, Libellenflügel oder dünne Ölschichten ändern ihre Farbe. Diese Farbänderung ist abhängig vom Blickwinkel des Betrachters oder von der Schicht- bzw. Flügeldicke.

Detailaufnahme eines Libellenflügels

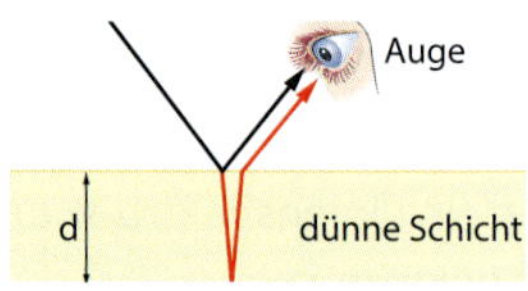

Reflexion an einer dünnen Schicht

Die Ursache dafür ist die partielle Reflexion, d. h. nur ein Teil des Lichts wird an der Vorderschicht durchgelassen und das Licht wird sowohl an der Vorder- als auch an der Rückseite der dünnen Schicht reflektiert.

Beträgt der Gangunterschied zwischen Vorder- zu Rückseite ein Vielfaches der Wellenlänge λ, so tritt maximale Verstärkung auf. Ist die Schichtdicke genau so, dass das Licht von Vorder- und Rückseite destruktiv interferiert, wird die Farbe ausgelöscht.

Die Verstärkung bzw. Auslöschung tritt bei bestimmter Schichtdicke nur für bestimmte Wellenlängen (Farben) auf. Variiert die Schichtdicke oder der Winkel der Blickrichtung, so verändert sich auch die Farbe des verstärkten bzw. ausgelöschten Lichts. Das Auge nimmt dann nur noch den Farbton des verbleibenden Spektrums wahr. Dieser Farbton ist die Komplementärfarbe des ausgelöschten Lichtanteils.

Die Interferenz an dünnen Schichten verwendet man bei der Entspiegelung von Brillen. Ein Brillenträger sieht oft Lichtpunkte, die im eigentlichen Sichtfeld gar nicht vorkommen. Sie entstehen, indem sich rückwärtige Lichtquellen am Brillenglas spiegeln. Daneben treten auch Lichtreflexe auf der Vorderseite der Brille auf. Das Gegenüber des Brillenträgers sieht statt der Augen nur Lichtreflexe. Vermeiden lässt sich dieser Effekt durch spezielle Beschichtungen: Auf das Glas wird eine transparente dünne Schicht z. B. aus Kryolith aufgedampft, die eine Brechzahl zwischen jenen von Luft und Glas besitzt und durch destruktive Interferenz die Reflexionen reduziert. Da eine einlagige Antireflexbeschichtung nur für eine Lichtfarbe und eine feste Richtung perfekt entspiegelt, bieten Optiker in der Regel die Wahl zwischen vier oder acht Schichten an. Bei superentspiegelten Brillen tritt Licht, welches von vorne auf das Brillenglas trifft, fast vollständig auf der Rückseite wieder aus. Auch auf der Rückseite des Brillenglases geht das Licht, welches schräg einfällt, durch das Glas hindurch und wird nicht störend in das Auge zurück reflektiert.

Arbeitsauftrag

a) Erklären Sie, was die folgende Gleichung beschreibt:
$2d = (2k + 1) \cdot \frac{\lambda}{2n}$,
wobei d die Schichtdicke, n die Brechzahl der Schicht und λ die Wellenlänge des farbigen Lichts ist. Beziehen Sie bei der Erklärung mit ein, ob es hier zu einer Verstärkung oder Auslöschung kommt.
Beachten Sie: Die Wellenlänge von Licht mit der Wellenlänge λ in Luft verringert sich in einem Stoff mit Brechzahl n auf $\frac{\lambda}{n}$.

b) Recherchieren Sie zur Entspiegelung von Brillen. Begründen Sie, welche Vorteile eine Entspiegelung hat, aber auch, welche Nachteile auftreten können.

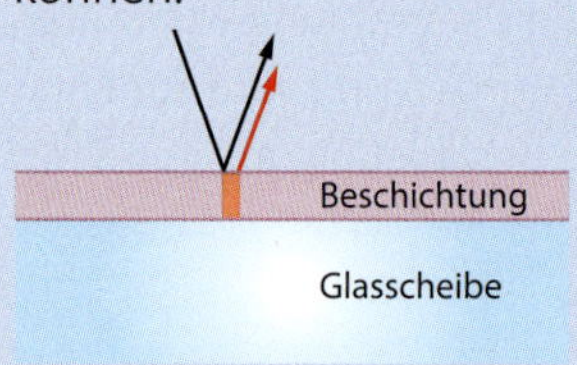

Glasschicht mit entspiegelnder Beschichtung

Materialien zu Kapitel 3.4

▶ M2 Lernaufgabe: Auflösungsvermögen beim Linsenauge

Wie kann man bei Tieren das Auflösungsvermögen des Auges untersuchen? Tiere können so trainiert werden, dass sie z. B. auf graue Flächen tippen. Dann werden dem Tier Linienmuster mit unterschiedlichem Linienabstand gezeigt. Sobald die Streifen für das Tier zu Grau verschwimmen, wird die Fläche angetippt. Die Sehschärfe gibt nun an, wie viele Streifen in ein Sehfeld von 1° passen, wenn das Tier reagiert. Die Einheit ist cpd, d. h. Zyklen („Streifen") pro Grad. So z. B. liegen bei 10 cpd 10 hell-dunkel-Streifenpaare in einem Winkel von 1 °.

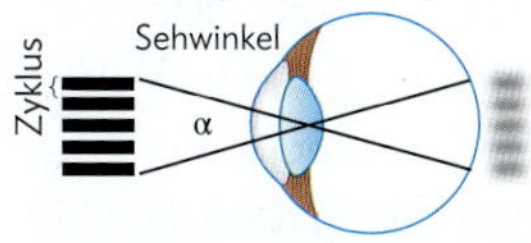

Spezies	Sehschärfe in cpd	Tapetum lucidum?
Keilschwanzadler	143	nein
Habichtfalke	73	nein
Schleiereule	4–8	ja
Steinkauz	6	ja
Mensch	50–70	nein
Schimpanse	64	nein
Rothirsch	2,7	ja
Hund	15	ja
Katze	5	ja

Obwohl alle diese Tierarten über ein Linsenauge verfügen, ist das Auflösungsvermögen als Folge evolutionärer Anpassungen unterschiedlich (vgl. Tabelle). Tagaktive Greifvögel haben ihre Augen für eine hohe Auflösung optimiert, nachtaktive Tiere haben ihre Augen für eine hohe Lichtempfindlichkeit optimiert.

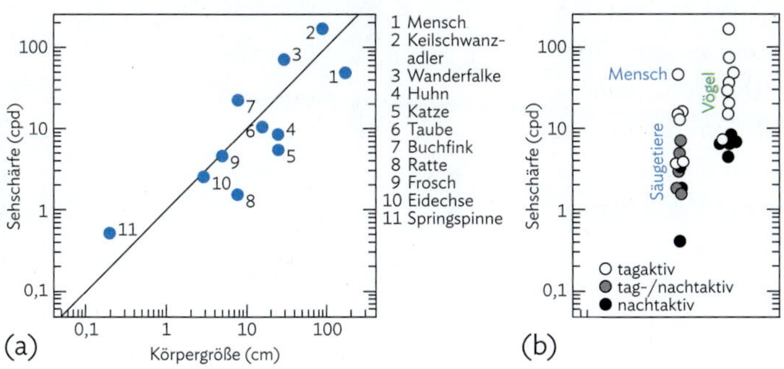

Aus den vorliegenden Daten kann die Faustformel abgeleitet werden, dass die Körpergröße eines Tieres in cm ungefähr seiner Sehschärfe in cpd entspricht. Bei Tieren mit überproportional großen oder kleinen Augen ergeben sich Abweichungen.
Quelle der Daten, Diagramme und der Faustformel s. S. 240.

Arbeitsauftrag

a) Aus der im Text erwähnten Faustformel könnte man ableiten: Ein größeres Auge führt zu einer größeren Sehschärfe, da es einen größeren Abstand der Bildpunkte auf der Netzhaut ermöglicht. Machen Sie dies anhand einer Skizze plausibel.

b) Erklären Sie anhand des Rayleigh-Kriteriums (Kapitel 3.2), warum eine Vergrößerung der Länge des Auges alleine noch keinen Vorteil bringt.

c) Greifvögel weisen die kleinsten Zapfendurchmesser (1–2 µm) im Tierreich auf. Um auf der Netzhaut zwei Bildpunkte als getrennte Punkte wahrnehmen zu können, werden mindestens drei Photorezeptoren benötigt (B3 auf S. 54). Angenommen, das Auge eines Adlers könnte so optimiert werden, dass sich $R \ll 1\,\mu m$ ergibt. Beurteilen Sie, ob dann zwei Bildpunkte im Abstand 1 µm auf der Netzhaut als getrennte Punkte wahrgenommen würden.

d) In der Evolution haben sich die Augen nachtaktiver Tiere an eine geringe Beleuchtungsstärke angepasst, z. B. durch ein Tapetum lucidum (reflektierende Schicht hinter der Netzhaut) oder eine Zusammenschaltung mehrerer Photorezeptoren auf eine Nervenzelle. Beschreiben Sie, wie sich diese beiden Maßnahmen zur Erhöhung der Lichtempfindlichkeit auf das Auflösungsvermögen auswirken.

Interferenz von Licht am Doppelspalt

Zur Erinnerung:

B2 Interferenz zweier Kreiswellen mit charakteristischem Interferenzmuster

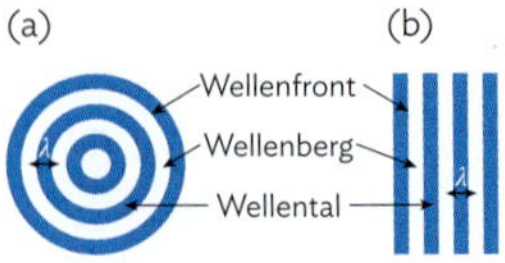

B3 Grundformen ebener Wellen: (a) Kreiswelle und (b) gerade Welle

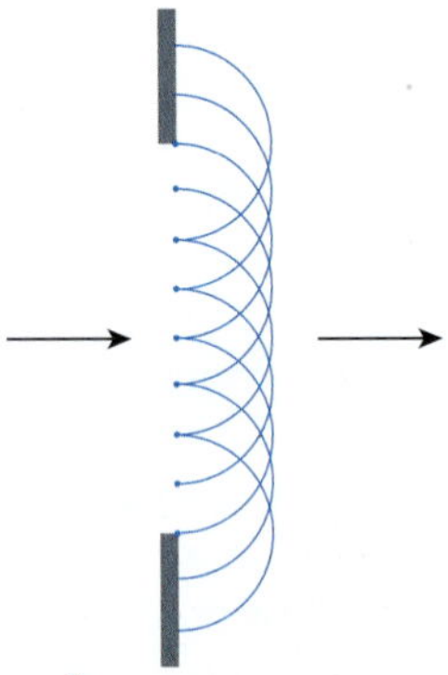

B4 Veranschaulichung des Huygens'schen Prinzips am Beispiel einer ebenen Welle: Jeder Punkt auf der Wellenfront der ebenen Welle wird als Zentrum einer Elementarwelle gedeutet. Wegen der Überlagerung der Elementarwellen entsteht eine neue Wellenfront.

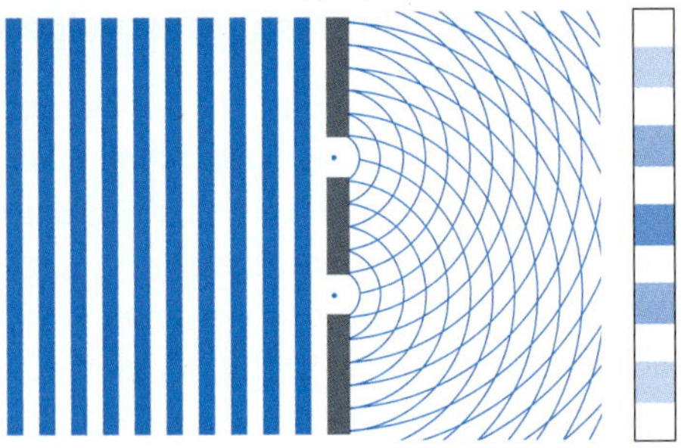

B1 Doppelspaltversuch: Auf dem Schirm entsteht das typische Interferenzmuster mit nach außen abnehmender Intensität

Eine Blende mit zwei schmalen, dicht nebeneinanderliegenden Spalten wird von einer Seite mit einem Laser beleuchtet (B1). Das Licht eines Lasers breitet sich als ebene Welle aus, bei der Wellenberge und Wellentäler parallel zueinander verlaufen und periodisch erzeugt werden. Außerdem ist es monochromatisch, besitzt also genau eine Wellenlänge. Die beiden Öffnungen des Doppelspalts können als Zentren von kreisförmigen Elementarwellen verstanden werden. Das Licht breitet sich jeweils hinter den feinen Öffnungen nicht geradlinig aus, sondern dringt kreisförmig auch in den Schattenraum ein (Beugung). Die beiden entstehenden Wellensysteme überlagern sich.

Auf dem Schirm zeigt sich eine sogenannte Interferenzfigur: eine Reihe von ausgedehnten Lichtflecken mit nach außen abnehmender Intensität.

Interferenzbilder sind typisch für Wellen und haben – neben anderen Phänomenen – dazu geführt, Licht auch Welleneigenschaften zuzuschreiben.

Den Abstand zweier Wellenberge bezeichnet man als Wellenlänge λ. Wenn man sich – gedanklich – auf einen bestimmten Ort im Feld der Wellen fixiert, dann laufen kontinuierlich Wellenberge und Wellentäler vorbei. Der zeitliche Abstand zwischen zwei benachbarten Wellenbergen heißt Schwingungs- oder Periodendauer T. Daraus folgt für die Ausbreitungsgeschwindigkeit c die Beziehung $c = \frac{\lambda}{T}$.

Berechnungen am Doppelspalt

Mit diesen Kenntnissen ist man nun in der Lage, den Doppelspaltversuch genauer zu verstehen und sogar exakte Voraussagen über die Lage der Interferenzmaxima und -minima auf dem Schirm zu machen, wenn man die Maße der Anordnung und die Wellenlänge des Laserlichtes kennt.

Wählt man auf dem Schirm einen beliebigen Punkt, so haben die beiden Wellen von ihren Zentren, den Spaltöffnungen, die Wege s_1 und s_2 zurückgelegt (B5).

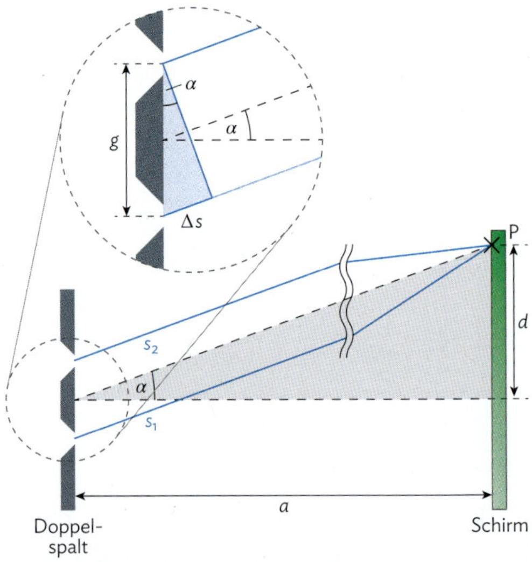

B5 Skizze zur Berechnung am Doppelspalt

Die Differenz zwischen beiden Wegen nennt man Gangunterschied Δs; von ihm hängt das sich ergebende Interferenzbild ab:
Ist der Gangunterschied ein ganzzahliges Vielfaches von λ, also $k \cdot \lambda$ für $k = 0, 1, 2, \ldots$, so treffen zwei gleichartige Zustände aufeinander und es kommt zur Verstärkung (konstruktive Interferenz).
Ist dagegen der Gangunterschied ein ungeradzahliges Vielfaches von $\frac{1}{2}\lambda$, also $\frac{1}{2}\lambda$, $\frac{3}{2}\lambda, \frac{5}{2}\lambda, \ldots$, bzw. allgemein $\frac{(2k-1)\cdot\lambda}{2} = (2k-1)\cdot\frac{\lambda}{2}$ für $k = 1, 2, 3, \ldots$, so treffen zwei entgegengesetzte Wellenzustände aufeinander und löschen sich gegenseitig aus (destruktive Interferenz).

Interferenzmaxima *k*-ter Ordnung

Ist die Entfernung a zwischen Doppeltspalt und Schirm sehr groß im Vergleich zum Spaltmittenabstand g, so verlaufen die beiden Wellenstrahlen s_1 und s_2 nahezu parallel. Das markierte Dreieck in dem vergrößerten Ausschnitt von B5 kann dann als rechtwinklig angesehen werden. α ist dabei der zum entsprechenden Gangunterschied Δs gehörende Winkel. Es gilt dort für ein Interferenzmaximum:

$$\sin\alpha_k = \frac{\Delta s}{g} = \frac{k\cdot\lambda}{g} \quad (1)$$

Betrachtet man das große rechtwinklige Dreieck zwischen Doppelspalt und Schirm, das, wie man geometrisch herleiten kann, ebenso den Winkel α besitzt, so gilt:

$$\tan\alpha_k = \frac{d_k}{a} \quad (2)$$

Da üblicherweise $a \gg d_k$ ist, wird der Winkel α_k sehr klein und man kann mit der sogenannten Kleinwinkelnäherung rechnen: $\sin\alpha \approx \tan\alpha \approx \alpha$.
Gleichsetzen von (1) und (2) liefert damit:

$$\frac{k\cdot\lambda}{g} \approx \frac{d_k}{a}$$

Analog lässt sich die Gleichung für die Interferenzminima ermitteln.

Interferenzmaxima k-ter Ordnung:

$$\sin\alpha_k = \frac{k\cdot\lambda}{g} = \frac{d_k}{a} \quad (k = 0, 1, 2, \ldots)$$

Interferenzminima k-ter Ordnung:

$$\sin\alpha_k = \frac{(2k-1)\cdot\lambda}{2\cdot g} = \frac{d_k}{a} \quad (k = 1, 2, \ldots)$$

i
Für Winkel $\alpha < 10°$ kann man die Kleinwinkelnäherung verwenden: $\tan\alpha \approx \sin\alpha$. Dabei beträgt der relative Fehler unter 2 %.
Gibt man den Winkel α im Bogenmaß an, so gilt sogar: $\alpha \approx \tan\alpha \approx \sin\alpha$.

Durch Messen der Winkel α_k und der Abstände d_k und a können die abgeleiteten Beziehungen überprüft werden. Umgekehrt kann durch Messen von α_k und g die Wellenlänge λ des verwendeten Lichtes bestimmt werden. So ergibt sich z. B., dass sichtbares Licht Wellenlängen von etwa 380 nm (violett) bis 780 nm (rot) besitzt (T1).

Farbton	Wellenlänge in nm
Violett	380–440
Blau	440–480
Grün	480–560
Gelb	560–595
Orange	595–605
Rot	605–780

T1 Wellenlängen verschiedener Farbtöne

Beugung und Interferenz am Einfachspalt

Die Iris des menschlichen Auges stellt aus physikalischer Sicht eine Lochblende dar. Gibt es auch bei einem Einfachspalt bzw. bei der Lochblende Interferenzerscheinungen? Zur Beantwortung dieser Frage beleuchten wir einen Einfachspalt mit einem Laserstrahl.

Auf dem Schirm sehen wir neben einem Hauptmaximum (Maximum 0. Ordnung) zu beiden Seiten Nebenmaxima mit wesentlich geringerer Intensität und Breite (B6).

Verengt man den Spalt, so werden die Streifen breiter und bewegen sich nach außen. Trifft eine ebene Wellenfront auf einen Einfachspalt der Breite *B*, so kann man das entstehende Interferenzbild hinter dem Spalt ebenfalls dadurch erklären, dass von vielen Punkten im Spalt Elementarwellen ausgehen, die sich auf dem Schirm teilweise konstruktiv, teilweise destruktiv überlagern.

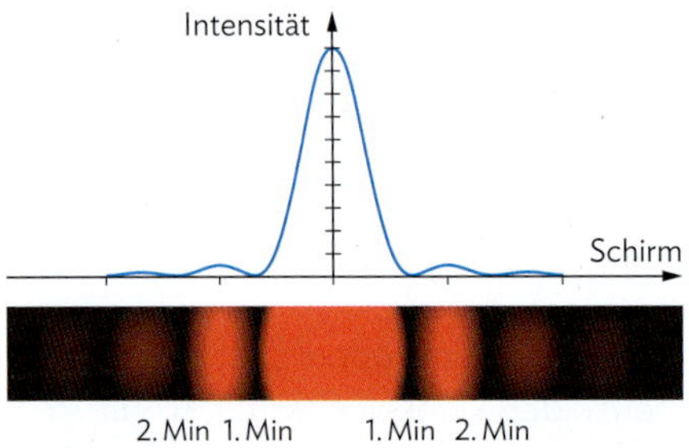

B6 Intensitätsverteilung beim Einfachspalt

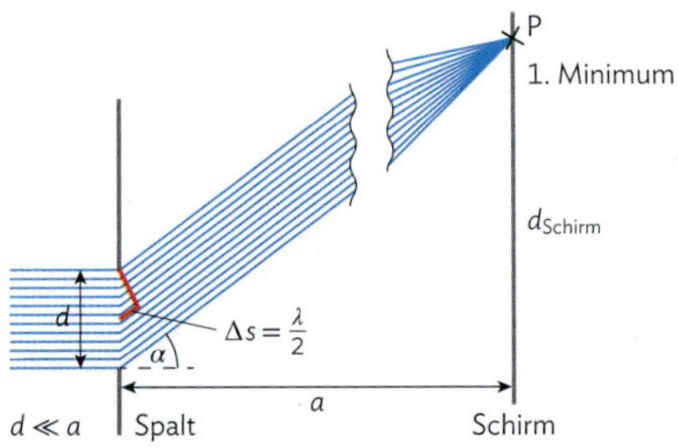

B7 Zur Minimumsbedingung am Einfachspalt

Zur Erklärung der Intensitätsmaxima und -minima nehmen wir zur Vereinfachung an, dass vom Spalt 12 Elementarwellen ausgehen und dass die Entfernung zum Schirm im Vergleich zur Spaltbreite sehr groß ist. Damit können die Wege der Wellen von den Wellenzentren zu einem bestimmten Punkt P auf dem Schirm näherungsweise als parallel verlaufend angesehen werden.

Beim Hauptmaximum mit dem Winkel $\alpha = 0°$ haben die 12 Wellen keinen Gangunterschied, sie verstärken sich maximal. Mit zunehmendem Winkel steigt der Anteil an destruktiver Interferenz, weil es nun Gangunterschiede gibt. Ist der Winkel α so groß geworden, dass der Gangunterschied zwischen dem 1. und dem 7. Wellenzug, dem 2. und dem 8. usw. gerade $\frac{\lambda}{2}$ beträgt, löschen sie sich paarweise aus. Bei diesem Winkel finden wir bei P das 1. Minimum (B7).

Mit dieser Überlegung erhält man (analog zum Doppelspaltversuch) im genäherten rechtwinkligen Dreieck am Spalt die Bedingung für das Minimum erster Ordnung:

$$\sin\alpha = \frac{\Delta s_{1-7}}{\frac{d}{2}} = \frac{\frac{\lambda}{2}}{\frac{d}{2}} = \frac{\lambda}{d} \quad \Leftrightarrow \quad \lambda = d \cdot \sin\alpha$$

Für die Minima höherer Ordnung gilt analog:

$k \cdot \lambda = d \cdot \sin\alpha_k$ mit $k = 2, 3, \ldots$

Zusammengefasst ergibt sich:

Minima beim Einfachspalt: $k \cdot \lambda = d \cdot \sin\alpha_k$ mit $k = 1, 2, 3, \ldots$

Nebenmaxima

Zwischen den Minima liegen die Maxima, in denen das Licht konstruktiv interferiert. Das erste Nebenmaximum (B8) entsteht dann, wenn zwischen dem 1. und 5., dem 2. und 6., dem 3. und 7. und dem 4. und 8. Wellenzug der Gangunterschied jeweils $\frac{\lambda}{2}$ beträgt: Sie löschen sich paarweise aus. Die Wellenzüge vom 9. bis 12. Spaltbereich bleiben übrig. Der Winkel $\alpha_{1\,max}$, unter dem das erste Nebenmaximum zu finden ist, ergibt sich aus der Bedingung: $d \cdot \sin(\alpha_{1\,max}) = \frac{3\lambda}{2}$.
Wegen der teilweisen Auslöschung ist die Intensität erheblich kleiner als im Hauptmaximum. Allgemein gilt für die

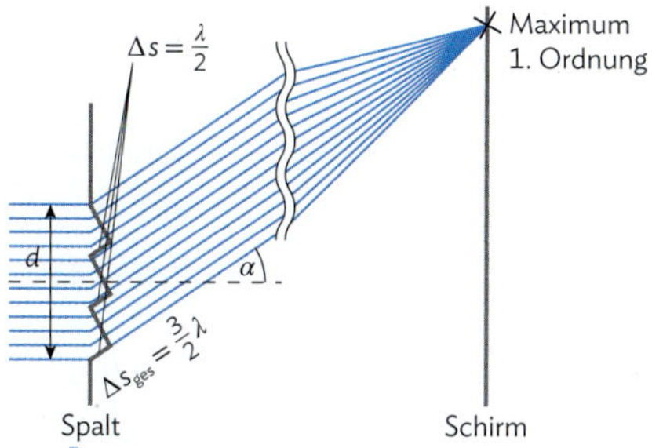

B8 \ Maximum 1. Ordnung am Einfachspalt

Nebenmaxima beim Einfachspalt: $(2k+1) \cdot \frac{\lambda}{2} = d \cdot \sin \alpha_k$ mit $k = 1, 2, 3, \ldots$

Musteraufgabe

Ein Einfachspalt wird mit rotem Laserlicht der Wellenlänge $\lambda = 670\,\text{nm}$ beleuchtet. Um die Spaltbreite d zu ermitteln, wird das Interferenzmuster auf einem $a = 2{,}50\,\text{m}$ entfernten Schirm betrachtet. Der Abstand vom 2. Minimum bis zum Hauptmaximum beträgt 3,2 cm.
Berechnen Sie die Spaltbreite d.

Lösung
Der Abstand vom Hauptmaximum zum 2. Minimum beträgt 3,2 cm. Für das 2. Minimum gilt

$$\tan \alpha_2 = \frac{0{,}032\,\text{m}}{2{,}50\,\text{m}}$$

$$2 \cdot \lambda = d \cdot \sin \alpha_2 \approx d \cdot \tan \alpha_2 \text{ (Kleinwinkelnäherung)}$$

$$\Rightarrow d = \frac{2 \cdot \lambda}{\tan \alpha_2} = \frac{2 \cdot 670\,\text{nm} \cdot 2{,}50\,\text{m}}{0{,}032\,\text{m}} = 1{,}0 \cdot 10^{-4}\,\text{m}$$

Arbeitsaufträge

1 \ Bei einem Doppelspaltversuch ist der Abstand des Schirmes von den beiden Spalten 3,6 m, der Spaltmittenabstand 0,25 mm und jener der beiden ersten Minima 7,6 mm.
a) Begründen Sie, dass es besser ist, den Abstand der zwei ersten Minima zu messen statt den Abstand des ersten Minimums zum Hauptmaximum.
b) Berechnen Sie die Wellenlänge des verwendeten Lichts und ermitteln Sie dessen Farbe.
c) Bestimmen Sie, welchen Abstand die beiden Maxima erster Ordnung und die beiden Minima zweiter Ordnung haben müssen.

2 \ Mit einem Doppelspalt werden im Abstand 5,4 m auf einem Schirm Interferenzmaxima erzeugt, deren Abstand 6,8 mm beträgt.
a) Bestimmen Sie den Abstand der beiden Spalte, wenn Na-Licht ($\lambda = 590\,\text{nm}$) benutzt wird.
b) Geben Sie an, wie viele Maxima höchstens auftreten können.

3 \ a) Erläutern Sie anhand einer Skizze die Entstehung des Minimums erster Ordnung an einem geeigneten Einfachspalt.
b) Bei obigem Versuch mit einem Einfachspalt beträgt die Breite des Hauptmaximums 50 mm. Das verwendete rote Laserlicht hat eine Wellenlänge von 670 nm und der Schirm ist 400 cm von der Spaltblende entfernt.
Berechnen Sie die Spaltbreite des Einfachfachspaltes und begründen Sie die von Ihnen verwendeten Näherungen.
c) Nun wird bei gleichem Aufbau der rote gegen einen grünen, kurzwelligeren Laser ausgetauscht. Geben Sie ohne erneute Rechnung an, wie sich die Spaltbreite ändern muss, damit das Hauptmaximum die gleiche Breite hat. Erläutern Sie, wie Sie vorgegangen sind.

Begrenzungen des Auflösungsvermögens durch Beugung an der Pupille

Beugung tritt nicht nur am Spalt auf, sondern auch an kreisförmigen Blenden wie z. B. an der menschlichen Iris oder bei optischen Instrumenten. Das Bild besteht aus einem zentralen Scheibchen als Hauptmaximum mit umgebenden konzentrischen Kreisen als Nebenmaxima (B1).

B1 Beugungsbild einer kreisförmigen Öffnung

Der Winkel α, bei dem das erste Minimum auftritt, hängt, ähnlich wie beim Spalt, von der Wellenlänge und dem Durchmesser des Kreises ab. Zusätzlich muss aber ein Korrekturfaktor berücksichtigt werden. Dieser rührt von der kreisförmigen Öffnung her und wird wegen der komplexen Herleitung hier nur angegeben:

Minima an der Lochblende (d: Durchmesser der Lochblende):
1. Ordnung: $\Delta s = d \cdot \sin\alpha = 1{,}22 \cdot \lambda$
2. Ordnung: $\Delta s = d \cdot \sin\alpha = 2{,}23 \cdot \lambda$
3. Ordnung: $\Delta s = d \cdot \sin\alpha = 3{,}24 \cdot \lambda$

Eine wichtige Konsequenz ist, dass bei allen optischen Instrumenten, und damit auch beim menschlichen Auge, das Auflösungsvermögen und die Bildentstehung durch die Beugung an Blenden und Linsenfassungen begrenzt sind. Gegenstandspunkte werden nicht in Bildpunkte, sondern in Beugungsfiguren mit einer gewissen räumlichen Ausdehnung abgebildet. Man kann Bilder zweier Gegenstandspunkte nur dann räumlich getrennt wahrnehmen, wenn die Beugungsfiguren (Beugungsscheibchen) ausreichend getrennt voneinander sind. Hierbei spricht man von der Sehschärfe des Auges.

Zwei Bildpunkte sind nur dann getrennt voneinander wahrnehmbar, wenn das Hauptmaximum des einen Beugungsscheibchens mindestens in das 1. Minimum des zweiten Scheibchens fällt.
Dies lässt sich auch so formulieren: Zwei Beugungsscheibchen sind nur dann noch zu unterscheiden, wenn ihre Hauptmaxima mindestens um ihren Radius R voneinander entfernt sind (B2). Man spricht hierbei vom Rayleigh-Kriterium.

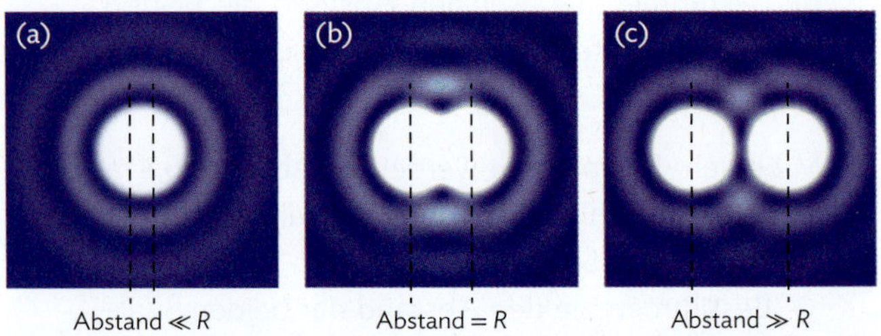

B2 Interferenzbild und Intensitätsverlauf zweier Beugungsfiguren, die (a) nicht getrennt wahrnehmbar, (b) gerade getrennt wahrnehmbar, (c) deutlich zu unterscheiden sind

i Das Rayleigh-Kriterium ist nicht das einzige, aber das einfachste und am besten bekannte Verfahren zur Bestimmung des Auflösungsvermögens.

Zu der Entfernung zweier Punkte, unter der man die beiden Punkte noch unterscheiden kann, gehört ein minimaler Sehwinkel α, die sogenannte Winkelsehschärfe (B3).

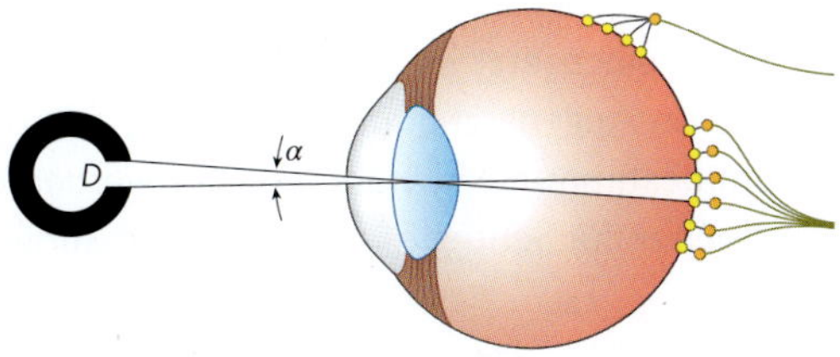

B3 \ Landoltring zur Sehrschärfenbestimmung. Die Spaltbreite *D* wird als kleine Strecke *d* auf der Retina abgebildet

Für das menschliche Auge ergeben sich daraus Einschränkungen, die nun genauer betrachtet werden sollen. Für das Minimum 1. Ordnung der Beugungsfigur auf der Netzhaut gilt:

$\Delta s = d \cdot \sin\alpha = 1{,}22 \cdot \lambda$

Wegen des sehr kleinen Winkels α folgt aufgrund der Kleinwinkelnäherung und des Strahlensatzes (B4):

$\sin\alpha = \frac{1{,}22 \cdot \lambda}{d} \approx \frac{R}{b} = \frac{D}{e}$

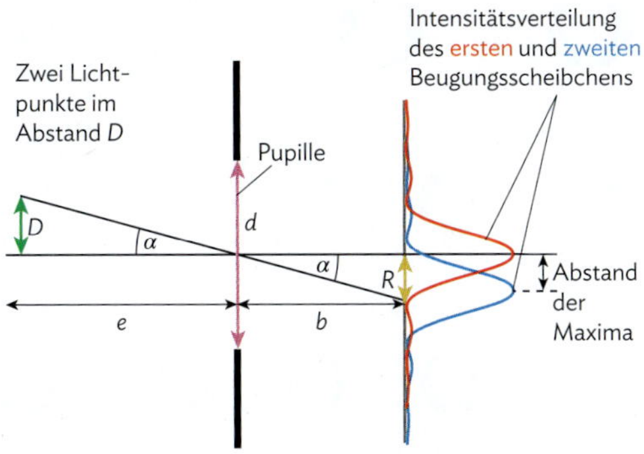

B4 \ Auflösung zweier unterscheidbarer Punkte

Mit dieser Gleichung lassen sich für das menschliche Auge einfache Überlegungen anstellen. Wir nehmen für den Pupillendurchmesser $d = 5{,}0\,\text{mm}$ und für den Augendurchmesser $b = 1{,}9\,\text{cm}$ an. Verwendet man z. B. grünes Licht ($\lambda = 550\,\text{nm}$), so erhält man folgende Ergebnisse:
Radius des Beugungsscheibchens:

$$R = \frac{1{,}22 \cdot \lambda \cdot b}{d} = \frac{1{,}22 \cdot 550\,\text{nm} \cdot 1{,}9\,\text{cm}}{5{,}0\,\text{mm}} = 2{,}5\,\mu\text{m}$$

kleinster auflösbarer Winkel aus $\sin\alpha = \frac{R}{b} \Rightarrow \alpha = 0{,}0077° = 0{,}46'$

i $1' = \frac{1}{60}°$

Zwei Punkte im Abstand $e = 5{,}0\,\text{m}$ müssen somit $D = e \cdot \sin\alpha = 0{,}67\,\text{mm}$ auseinanderliegen, um getrennt wahrgenommen zu werden. Aufgrund der üblicherweise sehr kleinen Werte wird der Sehwinkel α in Bogenminuten angegeben.

Der Radius eines Beugungsscheibchens hängt vom Verhältnis $\frac{b}{d}$ von Augendurchmesser *b* und Pupillendurchmesser *d* ab. Beugungseffekte lassen sich daher durch eine Vergrößerung des Pupillendurchmessers minimieren.

Praxis

In der Praxis wird mit der Winkelsehschärfe α die Sehschärfe (Visus) definiert:

$$\text{Visus} = \frac{1'}{\alpha}.$$

Der Visus ist damit eine reine Zahl ohne Einheit. Der normale Visus ist altersabhängig und liegt bei einem 20-jährigen Menschen bei 1,0 bis 2,0, bei einem 80-Jährigen bei 0,6 bis 1,0. Zahlreiche rechtliche Vorschriften, die die Eignung für die Bedienung bestimmter technischer Geräte (z. B. Kfz) oder für verschiedene Berufe (z. B. Polizist) festlegen, verlangen vorgeschriebene Mindest-Visuswerte.
Ein Visus von $\leq 0{,}8$ bedeutet Schwächen in der Sehschärfe, die durch eine Sehhilfe (z. B. eine Brille) ausgeglichen werden sollten.

B5 Sehschärfetest

Die Sehschärfe kann man mit einer Sehschärfentafel (B6) überprüfen, wie sie von Optikern eingesetzt wird. Hier haben sich die sogenannten Landoltringe (nach dem Schweizer Augenarzt Edmund Landolt) durchgesetzt, bei denen die Ringöffnung in einem bestimmten Abstand erkannt werden muss. Der Landoltring ist ein Normsehzeichen für Sehtests und bei der Messung der Sehschärfe vorgeschrieben.

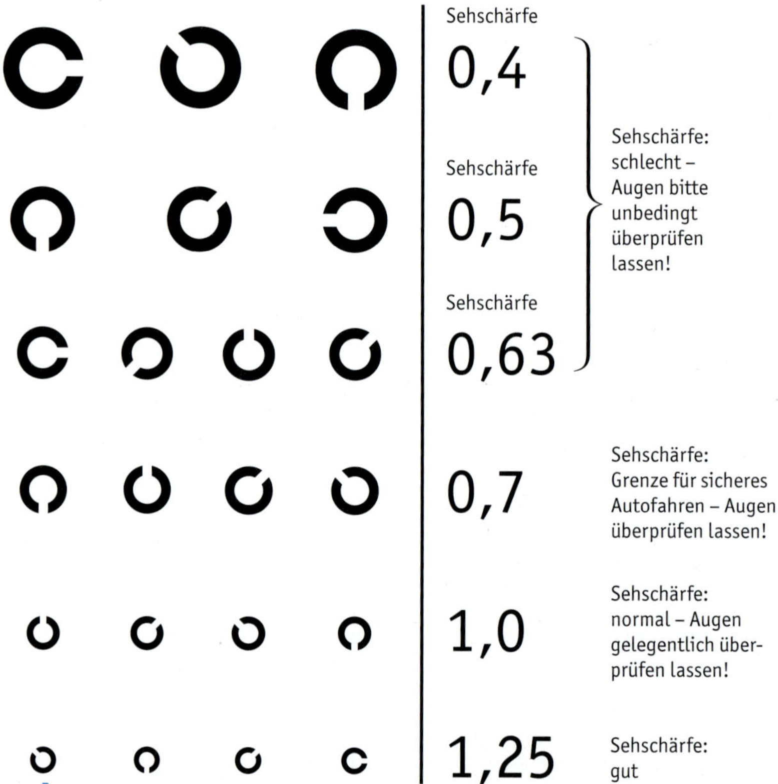

B6 Sehschärfentafel (auf 150 % vergrößert in einem Abstand von 4 m aufgehängt)

i

Beim Augenarzt wird zur Ermittlung der Sehschärfe eine Sehschärfetafel mit Landoltringen verwendet. Da die Sehschärfe sehr stark vom beleuchtungsabhängigen Pupillendurchmesser abhängt, muss diese Untersuchung bei einer festgelegten Helligkeit erfolgen.

Begrenzung des Auflösungsvermögens durch die Sehzellendichte

Die Sehschärfe hängt in starkem Maße von der Größe und von der Beschaffenheit der Netzhaut und der Sehzellendichte auf der Netzhaut (Abbildung am „Ort schärfsten Sehens") ab. Zapfen und Stäbchen sind etwa 1–2 µm dick, ihr gegenseitiger Abstand ist je nach Lage auf der Netzhaut unterschiedlich.

In der Fovea centralis sind die meisten Ganglienzellen nur für eine Sehzelle zuständig und die Sehzellendichte ist mit bis zu 200 000 pro mm^2 (Quelle: Heldmaier, s. S. 240) am größten, was den Abstand zweier Sehzellen auf 2 µm verringert. Außerhalb der Fovea centralis variiert der Abstand von 3 µm bis 7 µm.

Zusammenfassung

Beim menschlichen Auge ist die Grenze der Sehleistung aufgrund der Sehzellendichte und aufgrund von Beugungseffekten gut aufeinander abgestimmt. Für die Begrenzung des Auflösungsvermögens durch Beugungseffekte ist gemäß dem Rayleigh-Kriterium das Verhältnis von Augengröße zu Pupillengröße maßgeblich. Dabei maximieren große Augen mit großen Pupillenöffnungen das Auflösungsvermögen. Beim menschlichen Auge ergeben sich dabei je nach verwendeter Wellenlänge und

Pupillendurchmesser für den Radius R des Beugungsscheibchens 1–3 µm. Eine weitere Reduktion des Radius würde das Auflösungsvermögen nicht weiter erhöhen, denn der Abstand der Zapfen ist durch den Durchmesser d_{Zapfen} der Zapfen nach unten begrenzt. Um den Helligkeitsabfall zwischen den Beugungsscheibchen zweier Punkte detektieren zu können, benötigt man drei Zapfen: zwei in den Zentren der Beugungsscheibchen und einen in der Mitte dazwischen. Das bedeutet, dass sich ab $R < 2 \cdot d_{\text{Zapfen}}$ das Auflösungsvermögen nicht weiter erhöht. Bei einem Wert von 1–2 µm für den Zapfendurchmesser führt dies auf $R < 2\text{–}4\,\mu\text{m}$.

Musteraufgabe

Beim menschlichen Auge liegt der Pupillendurchmesser d zwischen 2 mm und 7 mm. Beurteilen Sie, ob zwei rote Punkte ($\lambda = 670\,\text{nm}$) im Abstand von $e = 25\,\text{cm}$ vor dem Auge getrennt voneinander wahrnehmbar sind, wenn der Pupillendurchmesser $d = 2\,\text{mm}$ beträgt und die beiden Punkte 0,5 mm voneinander entfernt sind.

Lösung

Für das Auflösungsvermögen gilt nach dem Rayleigh-Kriterium $\sin\alpha = \frac{1{,}22 \cdot \lambda}{d}$. Wegen der Kleinwinkelnäherung gilt $\sin\alpha \approx \tan\alpha$, also $\frac{1{,}22 \cdot \lambda}{d} = \frac{D}{e}$.

Somit folgt für den Abstand D zweier Punkte als Grenzwert des Auflösungsvermögens:

$$D = \frac{1{,}22 \cdot \lambda \cdot e}{d} = \frac{1{,}22 \cdot 670 \cdot 10^{-9}\,\text{m} \cdot 0{,}25\,\text{m}}{0{,}002\,\text{m}} = 0{,}1\,\text{mm}.$$

Da der Abstand der Punkte mit 0,5 mm größer ist als der Grenzwert des Auflösungsvermögens $D = 0{,}1\,\text{mm}$, sind sie getrennt wahrnehmbar. Dies gilt aber nur bei einem geeigneten Sehzellenabstand: Abstand der Punkte $> 2 \cdot$ Sehzellenabstand.

Arbeitsaufträge

1 a) Das Display eines PC-Tablets hat eine Auflösung von 264 ppi (pixel per inch; 1 inch = 2,54 cm). Überprüfen Sie rechnerisch, ob ein normalsichtiges Auge (Visus von 1, d. h. Sehwinkel $\alpha = \frac{1}{60}°$) im Abstand von 30 cm noch zwei Pixel des Displays unterscheiden kann. Gehen Sie davon aus, dass die Pixel quadratisch eng nebeneinander angeordnet sind.

b) Ein HD-Fernsehgerät (1920 × 1080 Pixel) hat eine Bildschirmdiagonale von 40 Zoll (etwa 102 cm) und eine Auflösung von 55 ppi. Bestimmen Sie den Mindestabstand vom Bildschirm, damit für eine normalsichtige Person das Fernsehbild „pixelfrei“ erscheint.

c) Beurteilen Sie, ob die stetige Erhöhung der Bildschirmauflösung bei UHD, 4K, 5K Retinadisplays bzw. 8K noch sinnvoll ist.

2 Der Visus ist stark altersabhängig und kann zwischen 0,6 und 2,0 schwanken, da der maximale Pupillendurchmesser mit dem Alter abnimmt. Einen „normalen“ Visus gibt es also nicht, obwohl die Bezeichnung „100 % Sehschärfe“ bei Visus 1 dies suggeriert.

a) Berechnen Sie die Winkelsehschärfe und den Visus für einen Jugendlichen bei rotem Licht ($\lambda = 750\,\text{nm}$). Unterstellen Sie eine Augengröße von 19 mm und einen Pupillendurchmesser von 7,0 mm.

b) Berechnen Sie den Pupillendurchmesser eines älteren Menschen mit einem Visus von 0,6. Gehen Sie von rotem Licht ($\lambda = 750\,\text{nm}$) und einer Augengröße von 19 mm aus.

c) Erklären Sie auf Basis des Rayleigh-Kriteriums, warum der Visus altersabhängig ist.

d) Ein kurzsichtiges Auge hat einen Visus unter 1. Machen Sie anhand einer Skizze plausibel, warum dies so ist.

3.3 Schülerexperiment: Auflösungsvermögen des Auges

V1 Bestimmung des Auflösungsvermögens des menschlichen Auges

Da die Sehzellendichte (Kapitel 3.2) ein entscheidender Faktor beim Sehen ist, wollen wir für ein normalsichtiges Auge durch einen einfachen Versuch selbst die Sehzellendichte auf unserer Netzhaut angenähert bestimmen.
In der Abbildung rechts sind zwei Linien abgebildet, deren Abstand 1,0 mm beträgt. Entfernt man sich von den beiden Linien, wird es einen Moment geben, in dem man sie nicht mehr getrennt voneinander wahrnehmen kann.
In diesem Fall wird die Bildinformation der beiden Linien nicht mehr getrennt erfasst, da dann die zwei angeregten Sehzellen nicht mehr durch eine dazwischenliegende, nicht angeregte Sehzelle getrennt sind.
Misst man die Entfernung, aus der man die beiden Linien gerade nicht mehr getrennt voneinander wahrnehmen kann, lässt sich der Abstand d_{Retina} zweier Sehzellen ausgehend vom Strahlensatz abschätzen (Abbildung unten). Hierbei werden weitere Effekte (z. B. Beugung, Raumhelligkeit) nicht berücksichtigt.

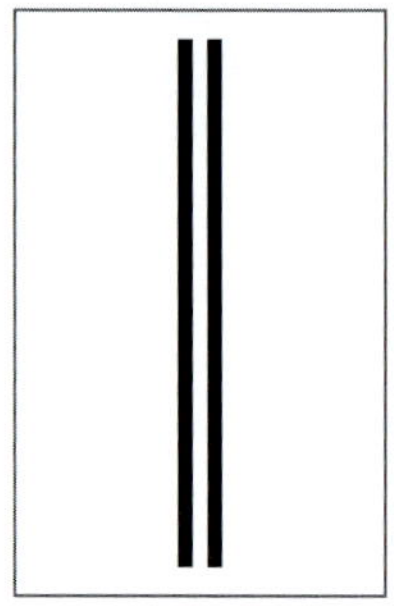

Linien (Abstand 1,0 mm) für die Bestimmung der Sehzellenanzahl

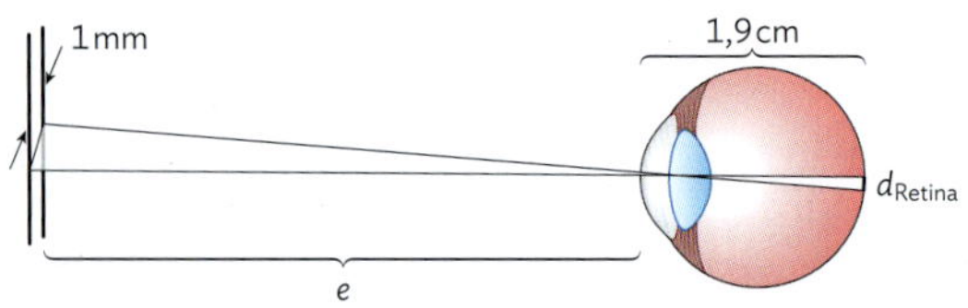

Skizze zum Strahlensatz beim menschlichen Auge

Strahlensatz: $\frac{d_{Retina}}{1{,}9\text{ cm}} = \frac{1{,}0\text{ mm}}{e}$

Eine erwachsene Person kann die beiden Linien meist im Abstand von 5,0 m nicht mehr getrennt voneinander wahrnehmen. Bei Fehlsichtigkeiten wie Kurzsichtigkeit ist der minimale Abstand zum Linienpaar kleiner als 5,0 m, und man erhält aus der Rechnung einen zu großen Abstand der Sehzellen.

Arbeitsauftrag

a) Bestimmen Sie durch Messen den minimalen Abstand e zum Linienpaar, in welchem Sie die beiden Linien gerade nicht mehr getrennt voneinander wahrnehmen können.
b) Berechnen Sie mithilfe des Strahlensatzes den Abstand d_{Zapfen} zweier Sehzellen.
c) Ermitteln Sie, wie viele Sehzellen sich auf einer Länge von 1,0 mm befinden.
d) Berechnen Sie damit eine Abschätzung, wie viele Sehzellen sich auf 1,0 mm² Ihrer Netzhaut befinden.
e) Arbeiten Sie den Methodenkasten auf der folgenden Seite zum Umgang mit Messunsicherheiten durch und überlegen Sie, wo bei diesem Experiment zum Auflösungsvermögen des menschlichen Auges Messunsicherheiten auftreten und wie man sie reduzieren könnte.
f) Wiederholen Sie den Versuch mehrmals und bestimmen Sie das arithmetische Mittel μ und die Messunsicherheit σ. Geben Sie den Abstand der Sehzellen auch als $\mu \pm \frac{\sigma}{\sqrt{n}}$ in der Einheit mm mit zwei gültigen Ziffern an.
g) Überlegen Sie, was mit $\frac{\sigma}{\sqrt{n}}$ passiert, wenn immer mehr Versuchspersonen an den Messungen teilnehmen, insbesondere in Anbetracht der zwei gültigen Ziffern.
h) Vergleichen Sie die Ergebnisse verschiedener Versuchspersonen oder Versuchsgruppen und diskutieren Sie die Abweichungen, die sich ergeben. Diskutieren Sie die Auswirkungen, wenn man Ergebnisse verschiedener Gruppen miteinander vergleicht bzw. Mittelwerte aus diesen bilden würde.
i) Bestimmen Sie aus den in a) und b) gewonnenen Daten den Visus und vergleichen Sie diesen Wert mit dem Visus, der mithilfe der Sehschärfentafel (S. 50) ermittelt wird.

Methode

Messunsicherheit bei einfacher Messung

Bei direkt gemessenen Größen wird die Messunsicherheit häufig anhand der Genauigkeit des jeweiligen Messgeräts bestimmt. Wenn die kleinste Einteilung eines Lineals 1 mm ist, beträgt auch die Messunsicherheit der gemessenen Strecke 1 mm.
Beispiel: Die Messung der Streckenlänge s ergab $s = 7{,}3\,\text{cm} \pm 0{,}1\,\text{cm}$.

Messunsicherheit bei mehrfacher Messung

Hier zeigt sich die Messunsicherheit durch den Schwankungsbereich der Einzelmessungen. Als quantitatives Maß zur Abschätzung der Messunsicherheit kann die Spannweite (Differenz zwischen größtem und kleinstem Einzelmesswert) verwendet werden. Diese ist besonders leicht zu ermitteln.
Üblicherweise wird die Messunsicherheit in der Physik aber mithilfe der Standardabweichung σ berechnet:

$$\sigma = \frac{1}{\sqrt{n-1}} \cdot \sqrt{(x_1 - \mu)^2 + \ldots + (x_n - \mu)^2}.$$

Dabei bezeichnet $\mu = \frac{1}{n} \cdot (x_1 + \ldots + x_n)$ das arithmetische Mittel der n Einzelmessungen $x_1, \ldots, x_n$.
Daneben gibt es noch weitere Möglichkeiten, Messunsicherheiten anzugeben, z. B. Quartilsabstände oder gültige Ziffern (vgl. S. 10 und 11). Hierbei gibt es nicht die „eine“ richtige Vorgehensweise, je nach Messung kann es verschiedene Möglichkeiten geben.

Messunsicherheit des Mittelwertes

Zur Reduzierung der zufälligen Abweichungen sollten Messungen mehrfach durchgeführt werden, so wie auf den S. 10 und 11 beschrieben. Zur Ermittlung des Endergebnisses aus n Einzelmessungen werden zuerst der Mittelwert μ und die Messunsicherheit σ der Einzelwerte bestimmt. Das Ergebnis der mehrfachen Messung wird dann angegeben als $\mu \pm \frac{\sigma}{\sqrt{n}}$. Mit wachsender Zahl n von Einzelmessungen kann also der Mittelwert immer genauer bestimmt werden.

Messunsicherheit bei biologischen Systemen

In der Biologie werden Individuen untersucht, deren Abmessungen und Eigenschaften sich von den durchschnittlichen Abmessungen und Eigenschaften ihrer Art zum Teil deutlich unterscheiden können. Nicht immer ist es möglich, dies individuell zu erfassen. So z. B. ist es bei dem hier vorliegenden Versuch nicht möglich, die exakte Augengröße aller Probanden individuell zu erfassen. Nicht jedes Auge ist exakt 1,9 cm lang, vielmehr streuen die Werte verschiedener Personen um diesen Mittelwert. Dies bedeutet, dass bei jedem Auge individuell ein systematischer Fehler auftritt, bedingt durch die Abweichung des individuellen Wertes der Augengröße von 1,9 cm.

3.4 Optimierung des Auflösungsvermögens im Tierreich

Das Auflösungsvermögen des Linsenauges

Das Linsenauge von Wirbeltieren ist immer aus zwei Teilen aufgebaut: ein abbildendes System aus Cornea, Linse und Pupille und ein detektierendes System aus Netzhaut und Photorezeptoren. Daher sind für das Auflösungsvermögen aller Linsenaugen auch die gleichen drei Aspekte entscheidend:

- der Abstand der Bildpunkte auf der Netzhaut
- die Größe der Beugungsscheibchen auf der Netzhaut
- der Abstand der Photorezeptoren am Ort des schärfsten Sehens.

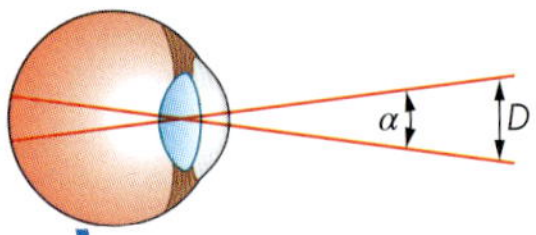

B1 Definition des Sehwinkels α

Gemäß dem Rayleigh-Kriterium (Kap. 3.2) muss der Abstand der Beugungsscheibchen zweier Punkte größer als der Radius der Beugungsscheibchen sein, um getrennt wahrgenommen zu werden. Daher kann das Auflösungsvermögen optimiert werden, indem der Abstand der Beugungsscheibchen vergrößert wird.

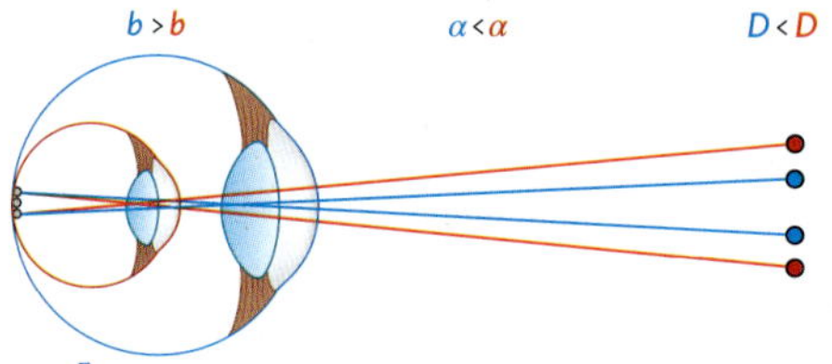

B2 Winkelsehschärfe und Augengröße bei konstantem Verhältnis von Augengröße zu Pupillendurchmesser

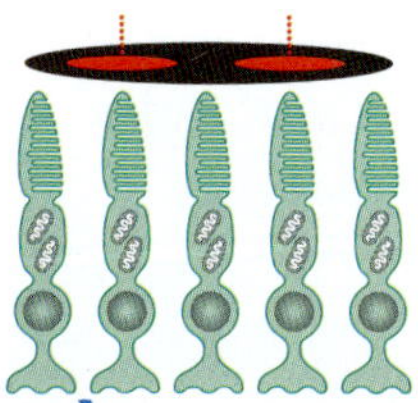
B3 Zusammenhang zwischen Abstand der Beugungsscheibchen und Abstand der Photorezeptoren

Der Sehwinkel α (B1) und die Augengröße b legen den Abstand zweier Bildpunkte auf der Netzhaut fest. Je größer das Auge ist, desto kleiner ist der Sehwinkel, der zum gleichen Abstand der Bildpunkte auf der Netzhaut führt (B2). Dies kann zu einer kleineren Winkelsehschärfe führen, allerdings nur, wenn sich der Radius des Beugungsscheibchens $R = 1{,}22 \cdot \lambda \cdot \frac{b}{d}$ nicht auch vergrößert, d. h. der Durchmesser d der Pupille muss sich mindestens genauso vergrößern wie die Augengröße b.
Um zwei Punkte gerade noch scharf sehen zu können, werden mindestens drei Photorezeptoren benötigt (B3), jeder mit einer 1:1-Verschaltung zu den ableitenden Nervenfasern. Die Grenze des Auflösungsvermögens ist dadurch gegeben, dass zwei Photorezeptoren jeweils im Zentrum eines Beugungsscheibchens, ein dritter in dem etwas weniger hellen Bereich dazwischen positioniert sein müssen.
Das Auflösungsvermögen wird immer durch den schwächsten Faktor begrenzt. Ein großer Bildpunktabstand mit kleinen Beugungsscheibchen nützt nichts, wenn die Photorezeptordichte zu gering ist, um den Helligkeitsabfall zwischen den Bildpunkten zu detektieren. Auch eine hohe Photorezeptordichte nützt nichts, wenn die Beugungsscheibchen zu stark überlappen.

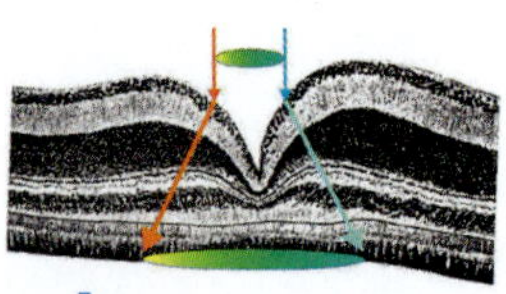
B4 Adlerretina mit trichterförmiger Fovea

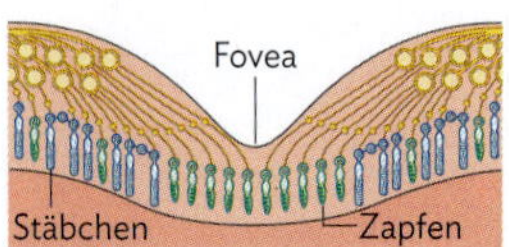

B5 Veränderte Struktur der Netzhaut im Bereich der Fovea

Das Auge von tagaktiven Greifvögeln ist für maximales Auflösungsvermögen optimiert. Vögel haben ein im Verhältnis zu ihrem Kopf sehr großes Auge mit großen Pupillen. Zusätzlich verfügen tagaktive Greifvögel über eine trichterförmige Fovea (B4), die wie eine Zerstreuungslinse wirkt. Durch Unterschiede im Brechungsindex zwischen Retina und Glaskörper und die konkave Krümmung kommt es in der tiefen, steilen Fovea zur Aufweitung der Bildstrahlen und damit zu einer vergrößerten Projektion auf der Photorezeptorschicht am Boden der Fovea (B5). In dem nun vergrößerten Bild ist es leichter, zwischen zwei Bildpunkten drei Photorezeptoren unterzubringen. Tagaktive Greifvögel verfügen mit bis zu 500 000 Zapfen/mm² im Bereich der Fovea über die höchste Zapfendichte im Tierreich. Zum Vergleich: Der

Mensch ist das Säugetier mit dem höchsten Auflösungsvermögen. Er verfügt über eine Zapfendichte von 200 000 Zapfen/mm² (Quelle: Heldmaier u. a., s. S. 240). Im Bereich der Fovea erfolgt eine 1:1-Verschaltung mit den ableitenden Nervenzellen. Zusätzlich erscheint der Bereich der Fovea praktisch frei von Nervenzellen, um einen möglichst ungestörten Lichtweg zu ermöglichen (B5).
Im Gegensatz zu tagaktiven Greifvögeln haben nachtaktive Greifvögel sowohl Zapfen als auch Stäbchen in ihrer Fovea. Dies reduziert zwangsläufig die Zapfendichte und damit das Auflösungsvermögen des Auges am Tag, da die Stäbchen bei Helligkeit nichts zum Seheindruck beitragen.
Das Auge von nachtaktiven Tieren, z. B. von Katzen, ist für Lichtempfindlichkeit optimiert. Im Bereich der Area centralis (dem Ort des schärfsten Sehens im Katzenauge) werden vier Zapfen mit einer ableitenden Nervenzelle verbunden. Außerdem verfügen Katzenaugen über ein Tapetum lucidum (B6), eine lichtreflektierende Schicht hinter der Netzhaut. Nach der Reflexion am Tapetum lucidum hat das Licht aufgrund des Reflexionsgesetzes eine geringfügig andere Richtung als der einfallende Lichtstrahl. Daher wird ein anderer Photorezeptor erregt, als dies beim einfallenden Strahl der Fall wäre. Aufgrund der resultierenden hohen Lichtempfindlichkeit müssen Katzen ihre Pupillen tagsüber extrem verengen (B7). Insgesamt führen diese Anpassungen zu einer höheren Winkelsehschärfe, also zu einem geringeren Auflösungsvermögen.

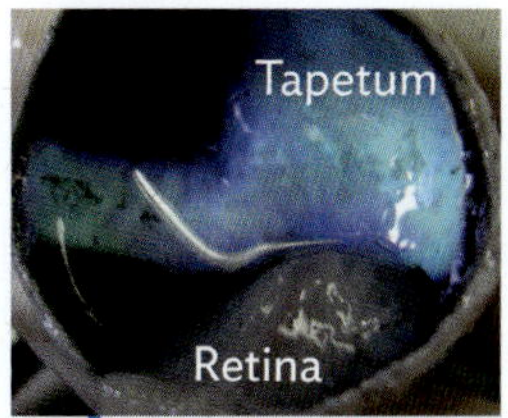

B6 Tapetum lucidum

B7 Katzenauge mit verengter Pupille

Musteraufgabe 1

Ein Linsenauge der Größe $b = 20$ mm mit einem Pupillendurchmesser von $d = 8{,}0$ mm hat in der Fovea einen Zapfenabstand d_{Zapfen} von 4,0 µm. In einem Versuch zur Bestimmung der Winkelsehschärfe wird blaues Licht ($\lambda = 400$ nm) verwendet.

a) Berechnen Sie den Radius des Beugungsscheibchens.
b) Bestimmen Sie die untere Grenze für den Abstand d_{Netzhaut} der Bildpunkte auf der Netzhaut, die noch aufgelöst werden können.
c) Bestimmen Sie daraus die Winkelsehschärfe dieses Auges.
d) Bestimmen Sie aus dem Zapfenabstand in der Fovea die Winkelsehschärfe dieses Auges.
e) Entscheiden Sie begründet, welche Winkelsehschärfe das Auge wirklich hätte.

Lösung

a) $R = 1{,}22 \cdot \lambda \cdot \frac{b}{d} = 1{,}22 \cdot 400\ \text{nm} \cdot \frac{20\ \text{mm}}{8{,}0\ \text{mm}} = 1220\ \text{nm} = 1{,}2\ \mu\text{m}$

b) Rayleigh-Kriterium: $d_{\text{Netzhaut}} \geq R \Rightarrow d_{\text{Netzhaut}} \geq 1220\ \text{nm} = 1{,}2\ \mu\text{m}$

c) $\tan \alpha = \frac{d_{\text{Netzhaut}}}{b} \Rightarrow \alpha = \tan^{-1}\left(\frac{d_{\text{Netzhaut}}}{b}\right) = \tan^{-1}\left(\frac{1220\ \text{nm}}{20\ \text{mm}}\right) = 0{,}21'$

d) Um zwei Punkte gerade noch getrennt wahrnehmen zu können, werden mindestens drei Zapfen benötigt, also muss der Abstand der Punkte mindestens $2 \cdot d_{\text{Zapfen}}$ betragen.

$$\tan \alpha = \frac{2 \cdot d_{\text{Zapfen}}}{b} \Rightarrow \alpha = \tan^{-1}\left(\frac{2 \cdot d_{\text{Zapfen}}}{b}\right) = \tan^{-1}\left(\frac{8{,}0\ \mu\text{m}}{20\ \text{mm}}\right) = 1{,}4'$$

e) Das Auge hat eine Winkelsehschärfe von 1,4'. Das Auflösungsvermögen wird immer durch den schwächsten Faktor begrenzt. Ein großer Bildpunktabstand mit kleinen Beugungsscheibchen nützt nichts, wenn die Photorezeptorendichte zu gering ist, um den Helligkeitsabfall zwischen den Bildpunkten zu detektieren. Das ist bei diesem Auge der Fall.

Musteraufgabe 2

Im Laufe der Evolution erfolgten bei verschiedenen Tierarten Anpassungen an ihre jeweiligen Lebensumstände. Dabei zeigt sich, dass ein hohes Auflösungsvermögen häufig zu Lasten der Lichtempfindlichkeit geht und umgekehrt.

a) Erklären Sie anhand einer aussagekräftigen Skizze, warum ein Tapetum lucidum das Auflösungsvermögen herabsetzt.

b) Katzenaugen weisen eine hohe Lichtempfindlichkeit auf. Daher müssen Katzen ihre Pupillen tagsüber stark verengen. Dies reduziert das Auflösungsvermögen für das Sehen am Tag. Begründen Sie dies.

c) In der Fovea (Ort mit der höchsten Sehzellendichte) von tagaktiven Greifvögeln befinden sich ausschließlich Zapfen, während sich in der Fovea von nachtaktiven Eulen sowohl Zapfen als auch mehr als 50 % Stäbchen befinden. Vergleichen Sie, wie sich dies jeweils auf das Auflösungsvermögen am Tag und in der Nacht auswirkt.

Lösung

a) Der einfallende Lichtstrahl wird zunächst aufgrund von Totalreflexion innerhalb des Zapfens 1 mehrfach reflektiert. Wie in der Skizze zu sehen ist, würde der einfallende Lichtstrahl den Zapfen 1 erregen, der am Tapetum lucidum reflektierte Strahl jedoch den Zapfen 2. Ähnliches gilt für einen einfallenden Lichtstrahl, der zunächst den Zapfen 3 durchquert. Sollte sich bei Zapfen 2 gerade das Minimum zwischen zwei Beugungsscheibchen befinden, ist dieses nun nicht mehr feststellbar. Die Bildpunkte bei Zapfen 1 und 3 sind nicht unterscheidbar.

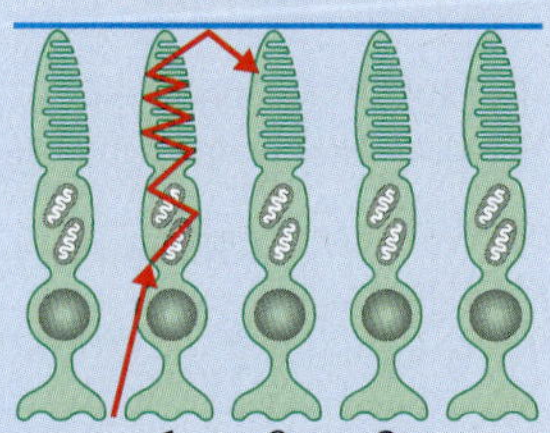

b) Die verengten Pupillen führen dazu, dass sich der Radius des Beugungsscheibchens vergrößert.
Es gilt: $R = 1{,}22 \cdot \lambda \cdot \frac{b}{d}$.
Da Bildpunkte nur dann getrennt wahrgenommen werden, wenn ihr Abstand mindestens dem Radius des Beugungsscheibchens entspricht, müssen sie nun weiter auseinander liegen als bei großen Pupillen. Dies erhöht die Winkelsehschärfe, reduziert also das Auflösungsvermögen.

c) Am Tag detektieren die Zapfen das Licht. In der Fovea der Eulen befinden sich aber auch Stäbchen, deswegen ist ihre maximale Zapfendichte geringer als bei tagaktiven Greifvögeln. Daher ist das Auflösungsvermögen von Eulen am Tag geringer als bei tagaktiven Greifvögeln. In der Nacht detektieren die Stäbchen das Licht. Da Greifvögel in ihrer Fovea keine Stäbchen besitzen, können sie nur in Bereichen der Netzhaut mit geringer Sehzellendichte noch etwas wahrnehmen. Das Auflösungsvermögen ihrer Augen ist also gering. Eulen haben in ihrer Fovea eine hohe Stäbchendichte, die ihre Zapfendichte sogar übertrifft. Daher ist ihr Auflösungsvermögen nachts höher als das von tagaktiven Greifvögeln, was zu ihren Lebensgewohnheiten passt.

Arbeitsaufträge

1\ Größere Augen führen bei gleichem Abstand d_{Ph} der Photorezeptoren in der Fovea und konstantem Verhältnis $\frac{b}{d}$ zu einer kleineren Winkelsehschärfe (B2).

a) Zeigen Sie, dass die Formel $\alpha = 2 \cdot \frac{d_{Ph}}{b}$ die Abhängigkeit der Winkelsehschärfe α von der Augengröße b und dem Abstand d_{Ph} beschreibt. Beachten Sie, dass es sich um sehr kleine Winkel handelt (Kleinwinkelnäherung).

b) Passen Sie die Formel so an, dass sie die Winkelsehschärfe in Winkelminuten angibt.

2\ Menschen haben eine Winkelsehschärfe von 0,5′ (Mäusebussard 0,1′, Hauskatze 5′, Wanderratte 40′; Quelle: s. S. 240). Dabei beträgt der Augendurchmesser beim Menschen im Mittel etwa 1,9 cm (Mäusebussard 2 cm, Hauskatze 1,65 cm, Wanderratte 6,3 mm).

a) Schätzen Sie auf dieser Datenbasis mithilfe der Überlegungen von B3 den Abstand der Photorezeptoren für die vier Beispiele ab. Wandeln Sie dies in eine Photorezeptorendichte um.

b) Beschreiben Sie, wie sich eine trichterförmige Fovea auf die abgeschätzte Photorezeptorendichte auswirkt.

c) Vergleichen Sie Ihre Ergebnisse aus Teilaufgabe a) bei Mensch, Mäusebussard und Hauskatze mit Literaturwerten (200 000, 450 000 bzw. 27 000 Photorezeptoren/mm²). Beurteilen Sie auf dieser Basis, inwieweit jeweils eine trichterförmige Fovea vorliegen kann.

d) Recherchieren Sie, wie die Fovea bei Menschen und Mäusebussarden aussieht, und präsentieren Sie Ihre Ergebnisse.

e) Das Verhältnis von Photorezeptoren zu ableitenden Nervenzellen ist ein weiterer wesentlicher Faktor für die Winkelsehschärfe. Katzen haben in ihrer flachen Area centralis (Ort des schärfsten Sehens in der Katzenretina) vier Photorezeptoren pro Nervenzelle. Dies erhöht die Lichtempfindlichkeit. Erklären Sie damit die Abweichung von Literaturwert und geschätztem Wert bei der Photorezeptorendichte der Katze.

3\ In der Fachliteratur gibt es zum Teil sehr unterschiedliche Angaben zur Größe der Winkelsehschärfe bei verschiedenen Tierarten. Oft erfolgen auch keine Angaben zur Messunsicherheit. In der Physik werden Messwerte mit einer Messunsicherheit angegeben. Doch warum ist dies im Kontext der Winkelsehschärfe scheinbar nicht möglich bzw. nicht sinnvoll? Dies lässt sich besonders gut am Beispiel des Hundeauges nachvollziehen. In der Fachliteratur findet sich dazu eine Winkelsehschärfe von 5′–8′.

a) Hunde können sehr unterschiedlich groß sein, vom Chihuahua mit einer Größe von 17 cm bis 23 cm bis zum Bernhardiner mit einer Größe von 65 cm bis 90 cm. Beschreiben Sie, wie sich dies auf die tatsächliche Größe des Hundeauges bzw. die tatsächliche Größe der Pupillenöffnung auswirkt (vgl. dazu auch M2 auf S. 43). Stellen Sie eine Hypothese auf, wie sich das auf die tatsächlich vorhandene Winkelsehschärfe bei verschiedenen Hunderassen auswirkt.

b) Die Winkelsehschärfe wird in Tierversuchen gemessen. Dazu werden unterschiedliche Verfahren verwendet. In M2 wurde ein solches Verfahren beschrieben (S. 43). Dabei werden Tiere auf das Erkennen einer einheitlich grauen Fläche trainiert. Ein solches Vorgehen hängt ganz empfindlich davon ab, wie zuverlässig das jeweilige Individuum auf die graue Fläche reagiert. Dies kann also vom Individuum, aber auch von dessen jeweiliger Tagesform abhängen. Stellen Sie eine Hypothese auf, wie sich dies auf die Messunsicherheit bei der gemessenen Winkelsehschärfe auswirkt.

c) Hunde regulieren die Lichtmenge, die auf die Netzhaut trifft, über die Pupille. Das bedeutet, dass die Größe der Pupille variabel ist. Erklären Sie auf Basis des Rayleigh-Kriteriums, wie die gemessene Winkelsehschärfe mit der Umgebungshelligkeit zusammenhängt.

d) Beurteilen Sie auf Basis der in den Teilaufgaben a) bis c) gefundenen Zusammenhänge, ob es sinnvoll wäre, für eine bessere statistische Genauigkeit Messwerte unterschiedlicher Arbeitsgruppen zusammenzufassen und durch die Angabe eines arithmetischen Mittelwertes und der zugehörigen Standardabweichung zu ersetzen (vgl. S. 53).

Basisaufgaben

1\ Das Sandhöhlenfisch-Auge

Sandhöhlenfisch

Der 5 cm lange Sandhöhlenfisch lebt im Sand eingegraben und lauert mit herausstehenden Augen auf Beute. Hat der Fisch eine Beute erspäht, schießt er aus dem Sand hervor, reißt sein großes Maul auf und zieht mit einem Wassersog die Beute herein. Für diese gezielte Saugaktion braucht der Fisch eine genaue optische Entfernungsbestimmung. Ein besonderer Muskel kontrolliert dabei die Krümmung der Cornea. Damit kann das 2,0 mm lange Auge auf unterschiedliche Sichtweiten fokussiert werden. Der Sandhöhlenfisch kann die Entfernung der Beute aus der nötigen Muskelanspannung bestimmen.

a) Berechnen Sie, wie groß die Brechkraft des Sandhöhlenfisch-Auges sein muss, wenn sich die Beute in 25 cm Entfernung befindet und scharf auf der Retina abgebildet werden soll.

b) Berechnen Sie, wie weit die Beute entfernt ist, wenn sie bei einer Brechkraft des Sandhöhlenfisch-Auges von 690 dpt scharf auf der Retina abgebildet wird.

c) Das menschliche Auge ist ca. 1,9 cm lang. Die Brechkraft des menschlichen Auges beträgt bei Nahsicht ca. 70 dpt. Das Sandhöhlenfisch-Auge kann eine Brechkraft von bis zu 700 dpt erreichen. Nennen Sie den Grund, warum das Sandhöhlenfisch-Auge eine deutlich höhere Brechkraft als das menschliche Auge benötigt.

d) Der dioptrische Apparat eines Sandhöhlenfisches besteht aus der Cornea mit einer Brechkraft von 200 dpt und der Augenlinse mit einer Brechkraft von 500 dpt. Zum Vergleich: Beim Menschen Cornea mit einer Brechkraft von 43 dpt und Augenlinse mit einer Brechkraft von 19 dpt.

Beschreiben Sie, welche Möglichkeiten es grundsätzlich gäbe, die Brechkraft eines Auges auf 700 dpt zu erhöhen. Beurteilen Sie, welche dieser Möglichkeiten beim Sandhöhlenfisch umgesetzt wurden.

2\ Linsengleichung im Auge

Bei vielen Überlegungen zum Linsenauge wird die Näherung $b \approx f$ verwendet, wobei f für die Brennweite und b für die Bildweite steht.

Verwenden Sie im Folgenden: $b_{\text{Mensch}} = 19\,\text{mm}$, $D_{\text{Fernsicht}} \approx 60\,\text{dpt}$ und $D_{\text{Nahsicht}} \approx 75$ Dioptrien.

a) Berechnen Sie die Brechkraft, die nötig wäre, wenn im Auge exakt $b = f$ gelten würde.

b) Vergleichen Sie ihr Ergebnis aus Teilaufgabe a) mit der tatsächlichen Brechkraft des menschlichen Auges bei Fern- und Nahsicht. Entscheiden Sie begründet, ob die Näherung eher für die Fern- oder die Nahsicht oder für beide Szenarien geeignet ist.

c) Bestimmen Sie basierend auf der Linsengleichung, für welche Gegenstandsweite g die Näherung exakt gelten würde. Vergleichen Sie mit ihrem Ergebnis aus Teilaufgabe b).

d) Berechnen Sie für eine Gegenstandsweite von $g = 1{,}5\,\text{m}$ und $D = 60\,\text{dpt}$ die Bildweite b. Vergleichen Sie die Werte für Brennweite und Bildweite, die sich ergeben. Beurteilen Sie die Näherung $b \approx f$ für $g = 1{,}5\,\text{m}$.

3\ Das Gullstrand-Auge

Das Gullstrand-Auge gibt die anatomischen Verhältnisse in Auge besser wieder als das einfache Linse-Schirm-Modell. Die Cornea und die Augenlinse werden als zwei getrennte Linsen im Abstand $d = 5{,}73\,\text{mm}$ modelliert.

Die Cornea wird mit einer einzigen gekrümmten lichtbrechenden Grenzfläche modelliert, die den Luftraum ($n_{\text{Luft}} = 1$) vom Kammerwasser ($n_{\text{KW}} = 1{,}336$) trennt. Der Krümmungsradius r der Grenzfläche ist 7,8 mm. Für die Brechkraft der Cornea in diesem Modell gilt eine vereinfachte Linsenschleiferformel (vgl. S. 29 Aufgabe 3b: Dort wird eine symmetrische Linse mit zwei Grenzflächen betrachtet): $D_{\text{Cornea}} = \frac{n_{\text{KW}} - n_{\text{Luft}}}{r}$.

a) Berechnen Sie die Brechkraft der Cornea in diesem Modell. Vergleichen Sie Ihr Ergebnis mit dem Literaturwert von 43 dpt.

Die Brechkräfte von Cornea und Augenlinse können über die sogenannte Gullstrand-Formel zusammengefasst werden:

$$D_{\text{Auge}} = D_{\text{Cornea}} + D_{\text{Linse}} - \frac{d}{n_{\text{Kammerwasser}}} \cdot D_{\text{Cornea}} \cdot D_{\text{Linse}}$$

b) Berechnen Sie die Gesamtbrechkraft des Auges in diesem Modell. Gehen Sie von einer Brechkraft von 19 dpt für die Augenlinse aus.

c) In Luft wird oft vereinfachend angenommen, dass bei einem System aus zwei Linsen $D_{gesamt} = D_1 + D_2$ gilt. Nennen Sie die Voraussetzungen dafür, dass diese Näherung gut ist.

d) Nennen Sie Maßnahmen, um die Brechkraft der Cornea/des Auges in diesem Modell zu maximieren. Beurteilen Sie, ob sie in einem realen Auge umgesetzt werden können.

4\ James Bond und die Taucherbrille

Im Film „Feuerball" wird James Bond in einen Unterwasserkampf verwickelt. Beim Kampf wird Bonds Taucherbrille von einem Gegner heruntergerissen. Bond setzt nun die Taucherbrille eines toten Gegners auf. Dabei befindet sich nun aber Wasser im Inneren der Taucherbrille.

a) Nennen Sie die Sehbeeinträchtigung, der Bond ohne Taucherbrille unterliegt.

b) Begründen Sie, dass eine Taucherbrille unter Wasser die Sehbeeinträchtigung behebt.

c) Erklären Sie, warum Bond trotzdem kein scharfes Bild sieht.

5\ Doppelspalt

a) Monofrequentes Licht mit $\lambda = 400\,\text{nm}$ fällt auf einen Doppelspalt. Auf einem 2,4 m entfernten Schirm erscheint ein Interferenzmuster, bei dem der Abstand zwischen dem Hauptmaximum und dem 1. Nebenmaximum 0,5 cm beträgt. Berechnen Sie den Spaltmittenabstand *g*.

b) Beschreiben Sie die Bestimmung der Wellenlänge von Licht mittels eines Doppelspalts.

6\ Auflösungsvermögen

a) Erklären Sie den Begriff „Auflösungsvermögen". Nennen Sie jeweils einen biologischen und einen physikalischen Grund dafür, dass dieses begrenzt ist.

b) Bei einem gesunden Auge beträgt der Abstand zweier Zapfen in der Fovea ca. 2 µm. Berechnen Sie, in welcher Entfernung zwei Punkte im Abstand von 0,2 mm gerade noch getrennt wahrgenommen werden. Die Länge des Augapfels soll 1,9 cm betragen. Fertigen Sie eine Skizze an, die Ihren Ansatz erklärt.

7\ Das Auflösungsvermögen des Eulenauges

Mäusebussarde und Schleiereulen haben in etwa gleich lange Augen, wobei die Schleiereulen aufgrund ihrer großen Pupillenöffnung über ein geringfügig kleineres Verhältnis von Bildweite zu Pupillendurchmesser verfügen (siehe Abbildung).

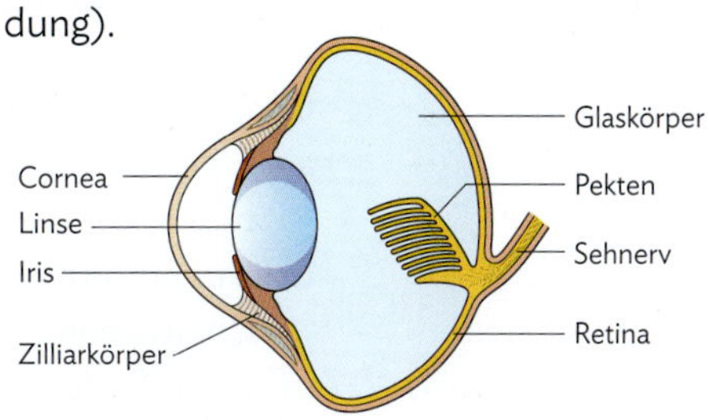

tagaktiver Raubvogel

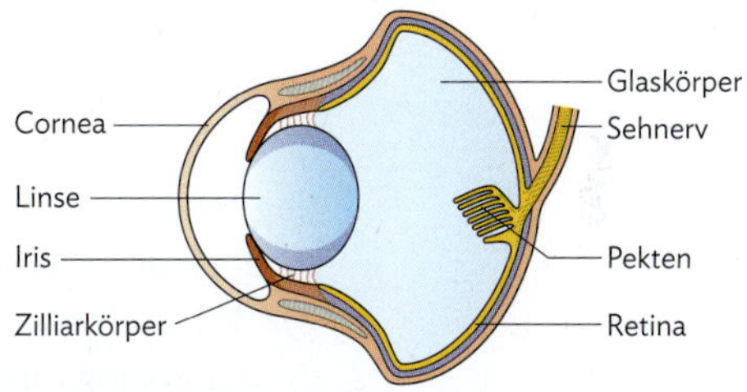

nachtaktiver Raubvogel

a) Stellen Sie aufgrund dieser Informationen und des Rayleigh-Kriteriums eine Hypothese auf, ob Mäusebussard- oder Schleiereulenaugen über ein höheres Auflösungsvermögen verfügen.

b) Tatsächlich wurden in Tierversuchen unter vergleichbaren Beleuchtungsbedingungen für Mäusebussarde $\alpha = 0{,}1'$ und für Schleiereulen $\alpha = 5'$ gemessen. Begründen Sie, dass Schleiereulenaugen trotz Ihres Ergebnisses aus a) ein schlechteres Auflösungsvermögen haben als die Augen von Mäusebussarden. Verwenden Sie dazu folgende Informationen: Schleiereulen verfügen über eine flache Fovea mit einer maximalen Sehzellendichte von 19 000/mm², wobei weniger als 50 % davon auf Zapfen entfallen. Mäusebussarde verfügen über eine trichterförmige Fovea mit einer maximalen Sehzellendichte von 450 000/mm², wobei 100 % davon auf Zapfen entfallen.

c) In Kapitel 3.4 steht folgender Satz: „Das Auflösungsvermögen wird durch den schwächsten Faktor begrenzt." Erklären Sie am Beispiel der Schleiereule die Bedeutung dieses Satzes.

Chamäleon beim Beutefang

Zusammenfassende Aufgaben

8\ Das Chamäleonauge

Das Lappenchamäleon schlägt Beutetiere im Abstand von 3 cm bis 25 cm vor der Schnauze durch Herausschnellen seiner Zunge. Doch woher weiß das Chamäleon, wie weit seine Beute entfernt ist? Das Chamäleon fokussiert dazu die Beute. Dafür muss der Ziliarmuskel angespannt werden, um die Linsenkrümmung zu erhöhen. Aus der erforderlichen Muskelanspannung schließt das Chamäleon auf den Abstand.

a) Erläutern Sie die beiden grundsätzlichen in Augen vorkommenden Akkommodationsmechanismen und ihre physikalischen Grundlagen.

b) Die Entfernung der Netzhaut von der Linse (die Bildweite b) beträgt beim Chamäleonauge etwa 1,0 cm. Berechnen Sie die Änderung der Brennweite f, wenn Beute im Abstand von 3,0 cm bis 25,0 cm fokussiert werden soll.

Das Chamäleon besitzt eine gekrümmte Cornea, die als Sammellinse wirkt. Die Linse im Augeninneren hat eine variable Brechkraft und dient der Akkommodation. Die Brechkraft der Linse im Chamäleonauge ist erstaunlicherweise negativ. Dies ist einzigartig im Tierreich. Direkte Messungen der Bildgröße auf der Netzhaut des Chamäleons ergaben einen um 15 % höheren Wert als bei einem Hühnerauge mit gleicher Augengröße und üblicher Sammellinsen-Optik.

c) Begründen Sie, dass ein vergrößertes Bild auf der Netzhaut zu einer höheren Auflösung führen kann. Nennen Sie die Voraussetzungen hierzu.

d) Der genaue Strahlenverlauf im Linsensystem aus Cornea und Augenlinse ist recht kompliziert. Erklären Sie anhand der Abbildungen unten, wie man die Position einer fiktiven Sammellinse ermitteln kann, die das Linsensystem im Chamäleonauge (Hühnerauge) vereinfachend ersetzen könnte.

Hilfestellungen zu Aufgabe 8d:

MC 67055-13

e) Das Chamäleonauge arbeitet also wie eine einzelne fiktive Sammellinse mit der Brennweite $f_{ges,\,C}$, die sich deutlich vor der Cornea befindet (Abb. (a)). Dies führt zu einer Bildweite b_C. Das Hühnerauge arbeitet bei gleichen Augenabmessungen wie eine einzelne fiktive Sammellinse mit der Brennweite $f_{ges,\,H}$, die sich zwischen Cornea und Linse befindet (Abb. (b)). Dies führt zu einer Bildweite b_H. Unterstellen Sie Fernsicht ($b \approx f$). Sofern auf der Netzhaut ein scharfes Bild entsteht, müssen die Linsengleichungen

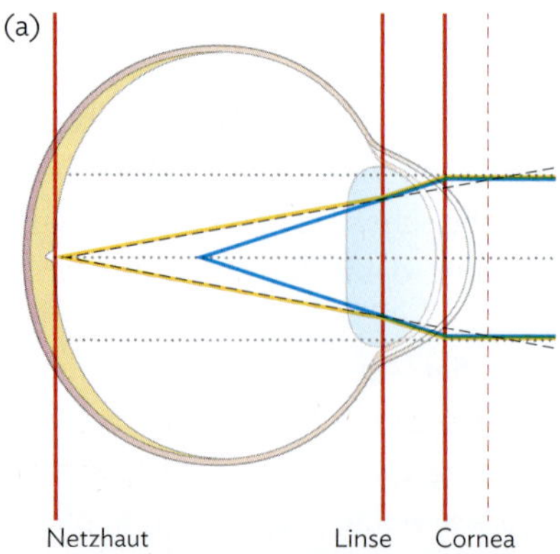

Schematische Darstellung des Strahlenverlaufs im Chamäleonauge

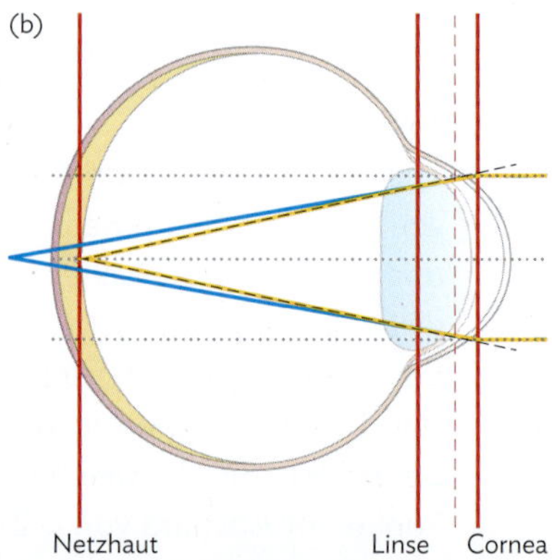

Schematische Darstellung des Strahlenverlaufs im Hühnerauge

$\frac{1}{f}=\frac{1}{g}+\frac{1}{b}$ bzw. $\frac{B}{G}=\frac{b}{g}$ gelten. Dabei gibt $\frac{B}{G}$ an, wie groß das Bild im Vergleich zum Objekt ist. Begründen Sie damit, dass ein Chamäleonauge mit Zerstreuungslinse ein größeres Retinabild erzeugt als ein vergleichbar großes Hühnerauge mit Sammellinse.

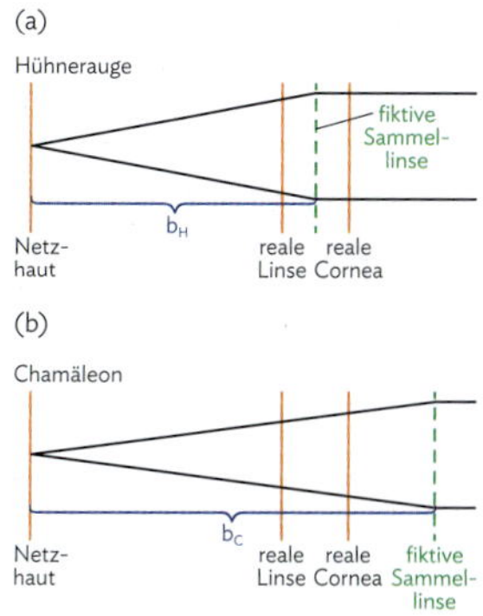

Zu 8e): Strahlenverlauf, wenn man Cornea und Augenlinse durch eine einzelne fiktive Sammellinse ersetzt

9 \ Nachtaktive Tiere

Nachtaktive Tiere (z. B. Eulen, Fledermäuse) haben fast nur Stäbchen in ihrer Netzhaut. Diese werden auf eine Nervenzelle zusammengeschaltet, was eine große Empfindlichkeit für schwaches Licht bedeutet. Außerdem gibt es bei vielen nachtaktiven Säugetieren auch lichtreflektierende Kristalle als Lichtreizverstärker im Auge (Tapetum lucidum). Lichtquanten, welche nicht absorbiert wurden, werden erneut auf die Rezeptoren zurückgeworfen. Dadurch wird die Intensität deutlich erhöht.

a) Recherchieren Sie, wie ein Tapetum lucidum die Lichtempfinddichkeit erhöht, und präsentieren Sie Ihre Ergebnisse.

b) Sowohl Katzen als auch Menschen besitzen ein Linsenauge. Das Katzenauge weist jedoch Anpassungen an die nachtaktive Lebensweise von Katzen auf. So z. B. besitzen Katzen mehr Stäbchen in ihrer Netzhaut als Menschen. Erläutern Sie die Auswirkung dieser Anpassungen auf die Winkelschärfe.

c) Tiefseefische besitzen eine Mehrschichtennetzhaut (siehe Abbildung unten). Beschreiben Sie anhand der Abbildung ihren Aufbau und begründen Sie damit, dass eine Mehrschichtennetzhaut die Lichtausbeute erhöht.

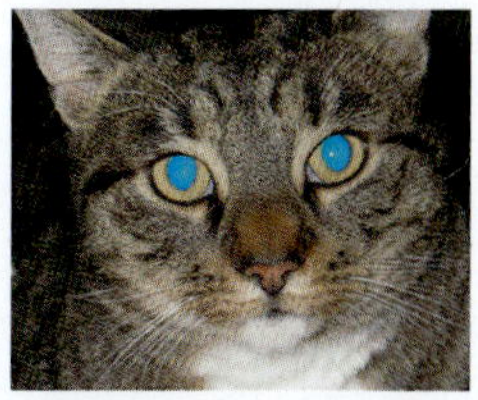

Zu 9: Steigerung der Lichtausbeute durch lichtreflektierende Kristalle (Tapetum lucidum)

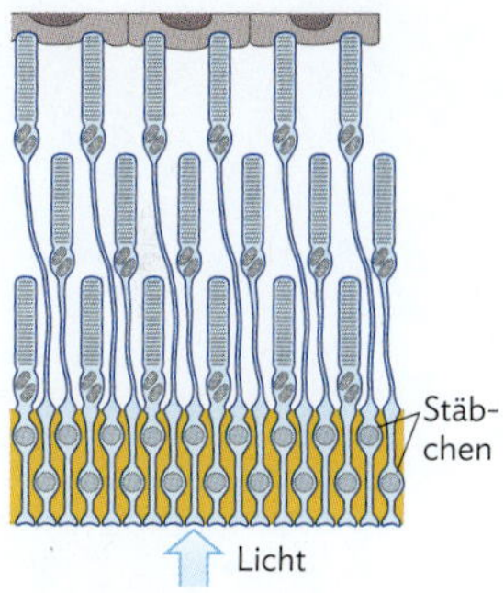

Zu 9c): Mehrschichtennetzhaut

10 \ Pinguinauge

Pinguine müssen an Land und im Meer scharf sehen. Für Felsenpinguine ist es z. B. wichtig, Entfernungen abzuschätzen, damit ihre Sprünge von Felsvorsprung zu Felsvorsprung möglich sind. Sie müssen auch Gefahren unter Wasser erkennen und ihre Nahrung unter Wasser finden. Diese Anforderungen an den Sehsinn der Pinguine brachten verschiedene Anpassungen mit sich.

a) Pinguinaugen haben eine große Akkommodationsbreite von etwa 80 dpt (zum Vergleich: 10 dpt beim erwachsenen Menschen). Begründen Sie anhand der Abbildung ganz unten, dass das Pinguinauge eine wesentlich höhere Akkommodationsbreite aufweist als das menschliche Auge.

b) Einige Pinguinarten haben eine nahezu ebene Cornea. Beschreiben Sie den Effekt, den dies beim Übergang vom Sehen unter Wasser zum Sehen an Land hat. Erklären Sie die physikalischen Grundlagen.

c) Viele Arten, z. B. Humboldt- und Felsenpinguine, weisen eine nicht zu vernachlässigende Corneakrümmung auf. Humboldtpinguine sehen unter Wasser optimal, während Felsenpinguine an Land optimal sehen. Im jeweils anderen Medium treten Beeinträchtigungen des Sehvermögens auf. Beschreiben Sie, welche Beeinträchtigungen bei Humboldt- bzw. Felsenpinguinen jeweils auftreten und worauf sie beruhen.

d) Die Pupille kann sich bei Kaiserpinguinen stark vergrößern bzw. verengen, um mehr bzw. weniger Licht ins Auge fallen zu lassen. Dies ermöglicht eine Anpassung an stark unterschiedliche Beleuchtungsstärken. Geben Sie den nachteiligen Effekt an, den dies bei geringer Beleuchtungsstärke hat. Erläutern Sie dies anhand einer Skizze.

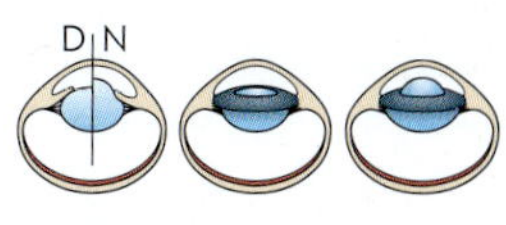

Schematischer Aufbau eines Pinguinauges:
D: Fernakkommodation,
N: Nahakkommodation

Selbsttest-Checkliste

- ✓ Bearbeiten Sie die Aufgaben schriftlich in ordentlicher Form. Die Auswertungstabelle zeigt die Kompetenzerwartungen und Hilfestellungen.
- ✓ Vergleichen Sie Ihre Lösungen mit den Lösungsskizzen unter MC 67055-14
- ✓ Bewerten Sie Ihre Lösungen selbst mit den Symbolen ☺, 😐 oder ☹.

1 Landlebende Säugetiere, Fische und Amphibien haben sehr unterschiedliche Lebensbedingungen. Dies zeigt sich auch an ihren Augen.

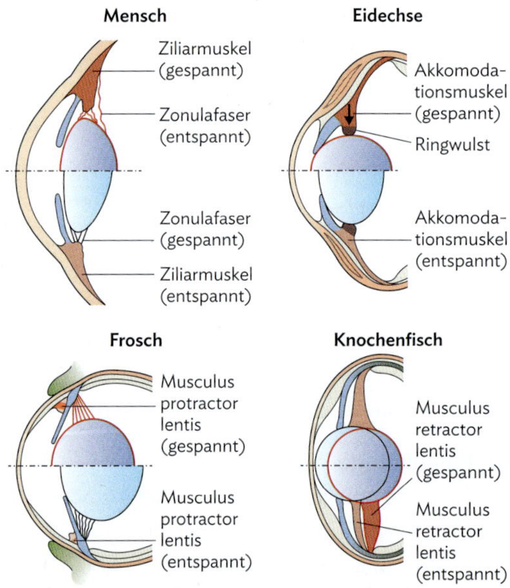

Unterschiedliche Akkommodationsmechanismen

a) Es gibt zwei Akkommodationsmechanismen. Erklären Sie deren physikalische Grundlagen und ordnen Sie anhand der Abbildung Knochenfischen, Fröschen, Menschen und Eidechsen den entsprechenden Akkommodationsmechanismus zu. Stellen Sie einen Zusammenhang zu den Lebensbedingungen der Lebewesen her.

b) Bei Fröschen wird die Linse im Falle der aktiven Akkommodation durch den musculus protractor lentis nach vorne, bei Knochenfischen durch den musculus retractor lentis nach hinten geschoben. Kontrahiert der entsprechende Muskel, ist dies für das Auge anstrengend. Entscheiden Sie mithilfe der Linsengleichung, ob Frösche bzw. Knochenfische eine entspannte Fern- oder eine entspannte Nahsicht haben.

c) Das menschliche Auge sieht entspannt in die Ferne. Beschreiben Sie die anatomischen Abläufe während der Akkommodation.

2 Das Hundeauge hat eine Akkommodationsbreite von etwa 3 dpt, das Menschenauge von etwa 10 dpt und das Mäusebussardauge von etwa 40 dpt. Dabei sind die Augen dieser Lebewesen in etwa gleich groß: Mensch 19 mm, großer Hund 22 mm und Mäusebussard 23 mm.

a) Bei Fernakkommodation ist das Auge entspannt. Lichtstrahlen von weit entfernten Objekten sind nahezu parallel und werden im Auge auf die Netzhaut fokussiert. Nehmen Sie vereinfachend an, dass $b \approx f$ gilt. Berechnen Sie damit jeweils die Brechkraft von Menschenauge, Hundeauge und Mäusebussardauge.

b) Berechnen Sie anhand der Akkommodationsbreite nun jeweils die Brechkraft im akkommodierten Auge und schätzen Sie mithilfe der Linsengleichung daraus ab, wo sich jeweils der Nahpunkt des Auges befindet.

3 Das menschliche Auge weist eine Winkelsehschärfe von $\alpha = 0{,}5'$ auf, das Hundeauge je nach Quelle einen Wert von $\alpha = 5'$ bis $\alpha = 8'$.

a) Definieren Sie den Begriff „Winkelsehschärfe".

b) Erklären Sie anhand der Abbildung, warum das Auflösungsvermögen des Hundeauges schlechter ist als das Auflösungsvermögen des menschlichen Auges.

c) In der Area centralis (Ort des schärfsten Sehens) des Hundeauges läuft die Information von vier Zapfen in einer Nervenzelle zusammen. Erklären Sie die Auswirkung auf das Auflösungsvermögen des Hundeauges.

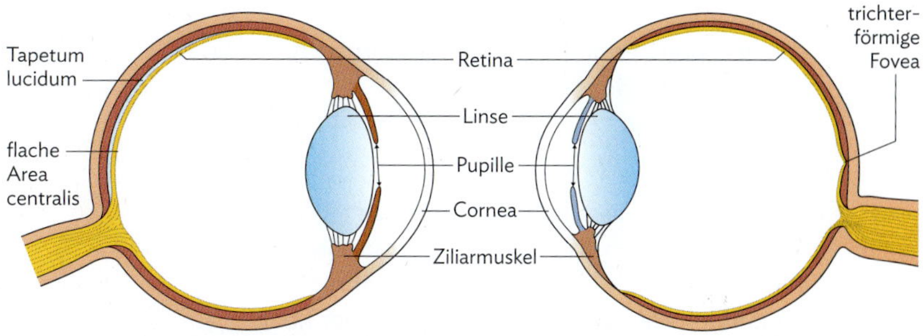

Hundeauge (links) und menschliches Auge (rechts) im Vergleich

4 a) Rotes Licht ($\lambda_{rot} = 633\,nm$) trifft senkrecht auf einen Doppelspalt. Im Abstand von 2,0 m steht parallel zur Spaltebene ein ebener Schirm. Die beiden Maxima erster Ordnung haben den Abstand 5,2 cm. Berechnen Sie den Spaltmittenabstand.

b) Nun wird der Doppelspalt mit blauem ($\lambda_{blau} = 436\,nm$) statt rotem Licht bestrahlt. Berechnen Sie nun den Abstand der beiden Maxima erster Ordnung.

c) Begründen Sie mit den Ergebnissen aus den Teilaufgaben a) und b), dass blaues Licht theoretisch eine höhere Auflösung als rotes Licht ermöglicht. Erläutern Sie, warum dies in einem realen Auge praktisch keine Rolle spielt.

5 Ein pointillistisches Bild besteht aus kleinen Farbtupfern. Ist der Betrachter weit genug entfernt, überlappen die Beugungsscheibchen im Auge. Durch additive Farbmischung entstehen dabei homogene farbige Flächen.

a) Ein Farbpunkt habe einen Durchmesser von 3,0 mm. Berechnen Sie, wie weit man vom Bild zurücktreten müsste, um den oben beschriebenen Effekt zu beobachten. Gehen Sie von grünem Licht ($\lambda = 550\,nm$) und einem Pupillendurchmesser von 5,0 mm aus. Die Länge des Auges beträgt etwa 19 mm.

b) Beschreiben Sie die zwei grundsätzlichen Möglichkeiten, die es gibt, um in einem pointillistischen Bild einen gelben Gesamtfarbeindruck zu erzeugen.

Pointillistisches Gemälde von Paul Signac

Auswertungstabelle

	Ich kann ...	Hilfe
1	mit der Linsengleichung quantitative Überlegungen zum scharfen Sehen durchführen.	S. 20/21
2	die Akkommodationsmechanismen und ihre physikalischen Grundlagen erläutern.	S. 24–27
3	die additive Farbmischung als physiologischen Effekt erklären.	S. 36–38
4	quantitative Überlegungen zu Doppel- und Einzelspalt durchführen.	S. 44–47
5	den Einfluss verschiedener Faktoren auf das Auflösungsvermögen des Linsenauges quantitativ beschreiben.	S. 54/55
6	die Passung verschiedener Augentypen im Hinblick auf ihre jeweiligen Umweltanforderungen untersuchen.	S. 26/27 S. 54/55

Zusammenfassung

Aufbau des menschlichen Auges

Als dioptrischen Apparat eines Linsenauges bezeichnet man ...
- die lichtbrechenden Flächen der Hornhaut (Cornea) und der Linse
- den Glaskörper
- die Pupillenöffnung.

Das Linsenauge lässt sich mithilfe eines einfachen Linse-Schirm-Modells aus Objekt, Linse und Sichtschirm beschreiben. Bei Bedarf kann dieses sehr einfache Modell durch Einfügen einer Lochblende oder weiterer Linsen zu einem erweiterten Linse-Schirm-Modell ergänzt werden.

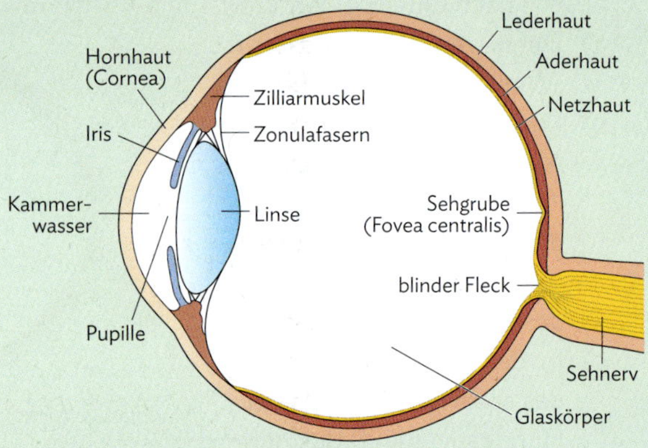

Vereinfachter Aufbau des menschlichen Auges

Abbildung auf der Netzhaut

Zur Konstruktion des Bildes verwendet man in der geometrischen Optik häufig stellvertretend für das gesamte Strahlenbündel die drei Hauptstrahlen: Mittelpunktstrahl, Parallelstrahl und Brennpunktstrahl.

Daraus lassen sich die beiden Linsengleichungen ableiten:

$\frac{B}{G} = \frac{b}{g}$ und $\frac{1}{f} = \frac{1}{g} + \frac{1}{b}$

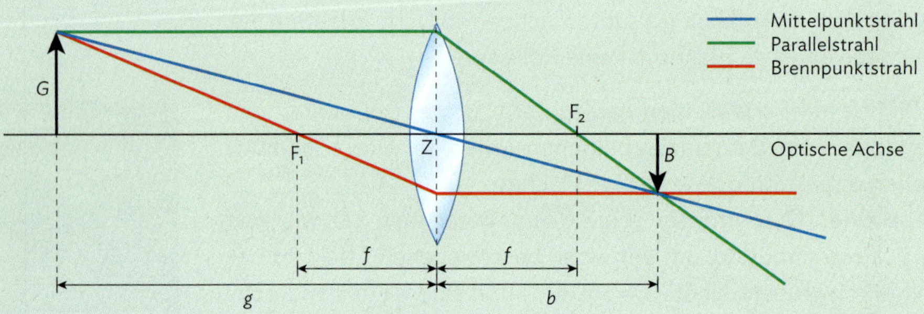

Konstruktion des Bildes über die Hauptstrahlen. Bezeichnungen: *G*: Gegenstandsgröße, *B*: Bildgröße, F_1, F_2: Brennpunkte, *f*: Brennweite, *g*: Gegenstandsweite, *b*: Bildweite

Die Anpassung des Auges an unterschiedliche Gegenstandsweiten *g* nennt man Akkommodation.
Die Brechkraft und Position der Cornea ist nicht variabel. Um Gegenstände in verschiedenen Entfernungen zum Auge scharf abbilden zu können, übernimmt die Linse die Aufgabe der Akkommodation. Aus der Linsengleichung ergeben sich dafür zwei Möglichkeiten:
- Anpassung der Brennweite *f* bei fester Bildweite *b* durch Veränderung der Linsenkrümmung
- Anpassung der Bildweite *b* bei fester Brennweite *f* durch Verschiebung der Linse.

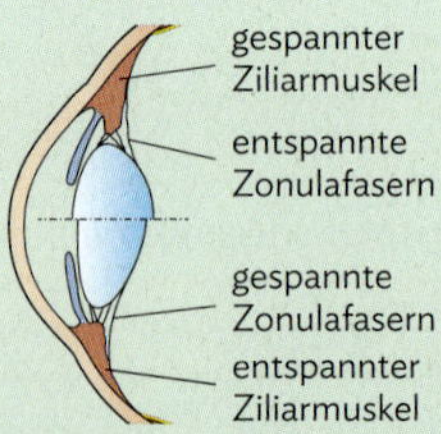

Akkommodation durch Linsenkrümmung im menschlichen Auge

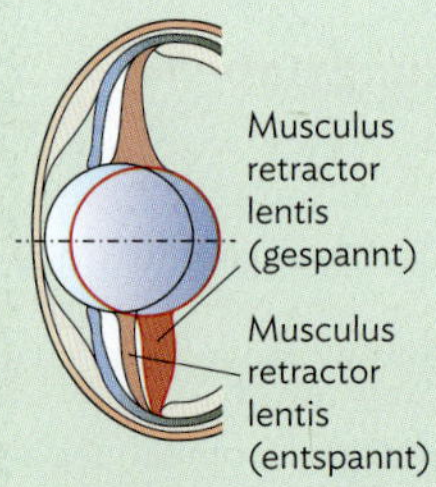

Akkommodation durch Verschiebung der Linse im Froschauge

Die fokussierende Wirkung einer Linse wird in der Physik über die Brennweite *f* beschrieben. Augenärzte und Optiker verwenden die Brechkraft *D* statt der Brennweite, um Linsen zu beschreiben. Bei Sammellinsen ist die Brechkraft der Linse positiv, bei Zerstreuungslinsen negativ.

$$\text{Brechkraft} = \frac{1}{\text{Brennweite}} \Rightarrow D = \frac{1}{f}$$

$$\text{Einheit } [D] = 1 \text{ Dioptrie} = 1\,\text{dpt} = 1\,\frac{1}{\text{m}}$$

Fehlsichtigkeiten

Kurzsichtige Menschen haben ein zu lang gebautes Auge. Die Brechkraft des dioptrischen Apparates ist zu hoch im Verhältnis zur Länge des Auges. Daher entsteht ein scharfes Bild vor der Netzhaut. Bei fernen Gegenständen ist dies besonders ausgeprägt.

Weitsichtige Menschen haben ein zu kurz gebautes Auge. Die Brechkraft des dioptrischen Apparates ist zu schwach im Verhältnis zur Länge des Auges. Daher würde das scharfe Bild hinter der Netzhaut entstehen. Bei nahen Gegenständen ist dies besonders ausgeprägt.

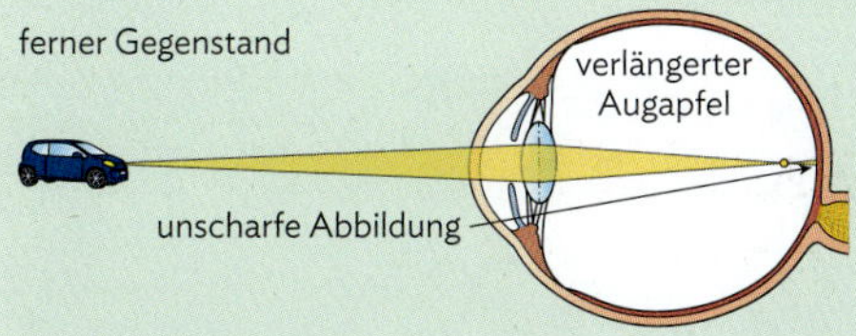

Kurzsichtiges Auge

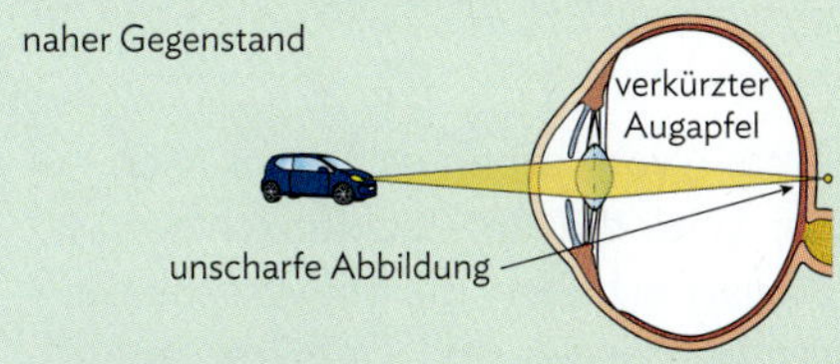

Weitsichtiges Auge

Aufbau der Netzhaut

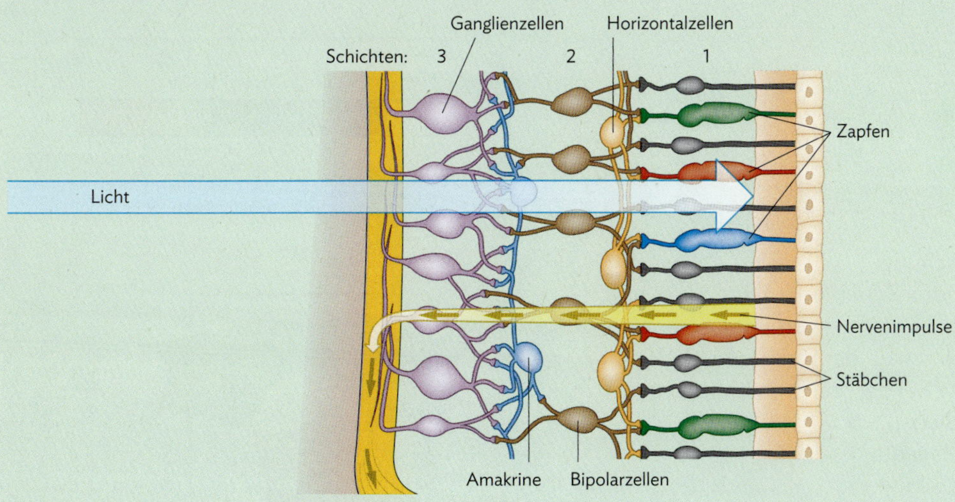

Die drei Schichten der Netzhaut: 1 Photorezeptoren, 2 Horizontalzellen, Bipolarzellen und amakrine Zellen, 3 Ganglienzellen

Zusammenfassung

Es gibt zwei Arten von Photorezeptoren:
- Die Zapfen gibt es in drei verschiedenen Unterarten (rot-, grün-, blauempfindlich). Sie sind für das Sehen bei Tageslicht und für das Farbsehen zuständig.
- Die Stäbchen sind für das Dämmerungssehen und das Schwarz-Weiß-Sehen zuständig.

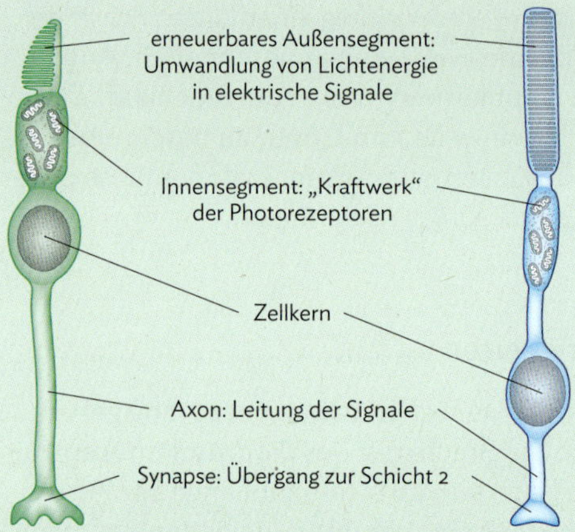

Aufbau Zapfen (rechts) und Stäbchen (links)

Farbsehen

Die Wahrnehmung von Farben ist für uns Menschen möglich, da wir drei unterschiedlich empfindliche Zapfenarten haben, die mit verschiedenen Sehfarbstoffen besetzt sind. Licht, das auf diese Sehfarbstoffe trifft, wird dabei in Abhängigkeit von der Wellenlänge von den verschiedenen Zapfenarten unterschiedlich häufig absorbiert und damit in verschieden starke Signale umgewandelt.

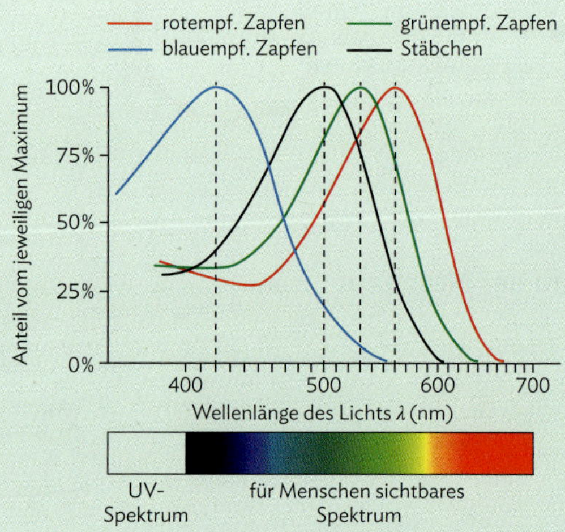

Absorptionsspektren der Photorezeptoren

Additive Farbmischung:
- Wird Licht der drei Primärfarben Rot, Grün und Blau mit gleicher Helligkeit gemischt, so entsteht auf der Netzhaut der Farbeindruck Weiß.
- Wird Licht aus zwei der drei Primärfarben gemischt, ergibt sich:
  Rot + Blau = Magenta
  Rot + Grün = Gelb
  Grün + Blau = Cyan

Subtraktive Farbmischung entsteht, wenn aus dem auftreffenden Licht durch Pigmente ein Farbanteil absorbiert wird und das restliche reflektierte Licht ins Auge trifft.

Additive Farbmischung

Interferenz am Doppel- und Einfachspalt

Doppelspalt:
Interferenzmaxima k-ter Ordnung:

$$\sin\alpha_k = \frac{k \cdot \lambda}{g} = \frac{d_k}{a} \qquad (k = 0, 1, 2, \ldots)$$

Interferenzminima k-ter Ordnung:

$$\sin\alpha_k = \frac{(2k-1) \cdot \lambda}{2 \cdot g} \approx \frac{d_k}{a} \qquad (k = 1, 2, \ldots)$$

mit g: Spaltmittenabstand
λ: Wellenlänge
a: Abstand zwischen Doppelspalt und Schirm
d_k: Abstand des k-ten Maximums/Minimums vom Hauptmaximum

Einfachspalt:
Interferenzmaxima k-ter Ordnung:

$$\sin\alpha_k = \frac{(2k+1) \cdot \lambda}{2d} \qquad (k = 0, 1, 2, \ldots)$$

Interferenzminima k-ter Ordnung:

$$\sin\alpha_k = \frac{k \cdot \lambda}{d} \qquad (k = 1, 2, 3, \ldots)$$

mit λ: Wellenlänge d: Spaltbreite

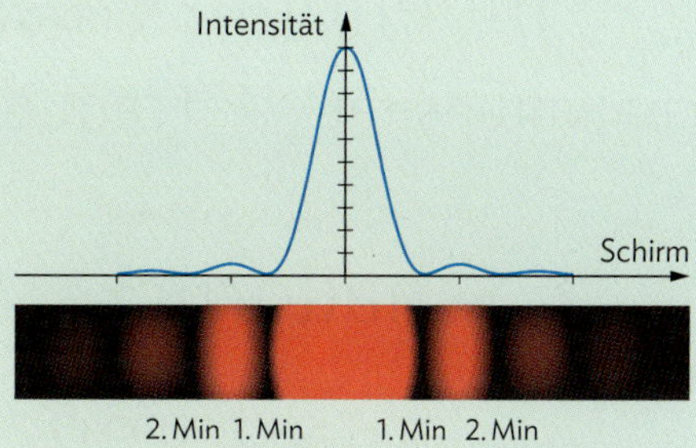

Einfach-spalt

Interferenz an der Lochblende

Minima an der Lochblende:
1. Ordnung: $\Delta s = d \cdot \sin\alpha = 1{,}22 \cdot \lambda$
2. Ordnung: $\Delta s = d \cdot \sin\alpha = 2{,}23 \cdot \lambda$
3. Ordnung: $\Delta s = d \cdot \sin\alpha = 3{,}24 \cdot \lambda$
mit d: Durchmesser der Lochblende

Beugungsbild einer kreisförmigen Öffnung

Rayleigh-Kriterium

Der Strahlensatz liefert für den Abstand d_{Max} zweier Hauptmaxima auf der Netzhaut:

$$\frac{D}{e} = \frac{d_{Max}}{b}$$

Zwei Beugungsscheibchen sind nur dann noch zu unterscheiden, wenn ihre Hauptmaxima mindestens um ihren Radius R voneinander entfernt sind. Dies ist das Rayleigh-Kriterium: $d_{Max} \geq R$.
Mithilfe der Kleinwinkelnäherung und der Interferenz an der Lochblende kann man folgern:

$$R = \frac{1{,}22 \cdot \lambda \cdot b}{d}$$

mit λ: Wellenlänge
d: Durchmesser der Pupille
d_{Max}: Abstand der Hauptmaxima

Die Winkelsehschärfe ist der Sehwinkel, bei dem zwei Objekte gerade noch getrennt wahrgenommen werden.

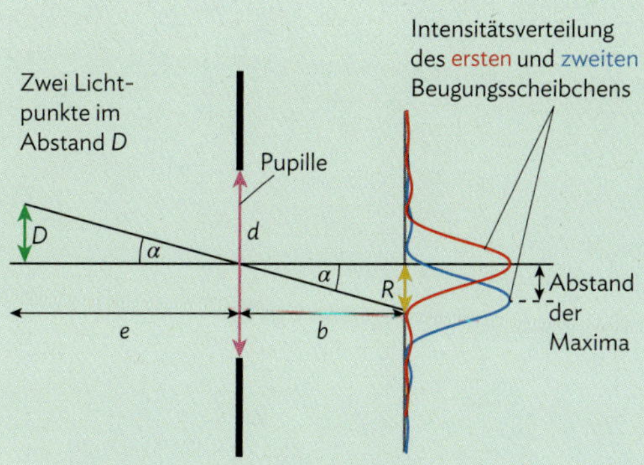

Auflösung zweier unterscheidbarer Punkte

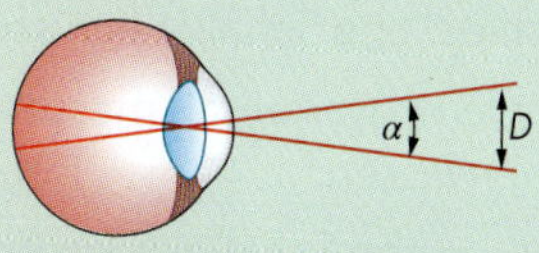

Sehwinkel α

B \ Das Ohr

Innenohr Basilarmembran

Schallintensität Frequenzspektren Lautstärke

Corti'sches Organ Hörschwelle

Dezibel Schalldruck Superposition

Außenohr Interferenz Weber-Fechner'sches Gesetz

Schallwelle Richtungshören

Resonanz Schallpegel

Sie können in diesem Kapitel entdecken …

- wie sich unterschiedliche Schallereignisse darstellen lassen.
- wie sich Lautstärken physikalisch messen lassen und wie sich Gesundheitsgefahren erkennen lassen.
- wie wir die Richtung von Schallquellen erkennen können.
- wie wir im Ohr unterschiedliche Tonhöhen und Lautstärken wahrnehmen können.

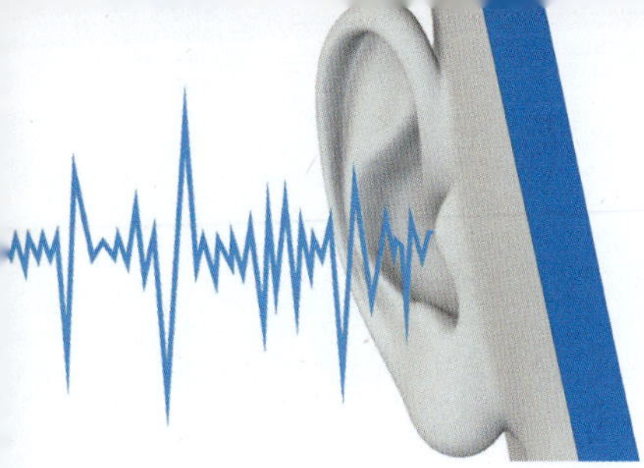

4 Grundlagen der Akustik

Materialien zu Kapitel 4.1

▶ M1 Einstieg: Frequenzanalyse verschiedener Schallsignale

Unter „Schall“ verstehen wir zunächst alle Sinneseindrücke, die unsere Ohren akustisch erfassen. Bei der Untersuchung verschiedener Arten von Schallsignalen lassen sich jedoch signifikante Unterschiede zwischen ihnen feststellen. Ein einfacher Sinuston mit einer festen Frequenz hebt sich klar vom Klang eines Musikinstruments ab, der aus einer komplexen Mischung mehrerer Frequenzen besteht.

Diese Unterschiede können mithilfe von Computerprogrammen sichtbar gemacht und analysiert werden. Solche „Frequenzanalysatoren“ sind in der Lage, einen Klang in seine einzelnen Frequenzbestandteile zu zerlegen und darzustellen, wie stark diese jeweils vertreten sind. Diesen Zerlegungsprozess bezeichnet man mathematisch als „Fourier-Analyse“.

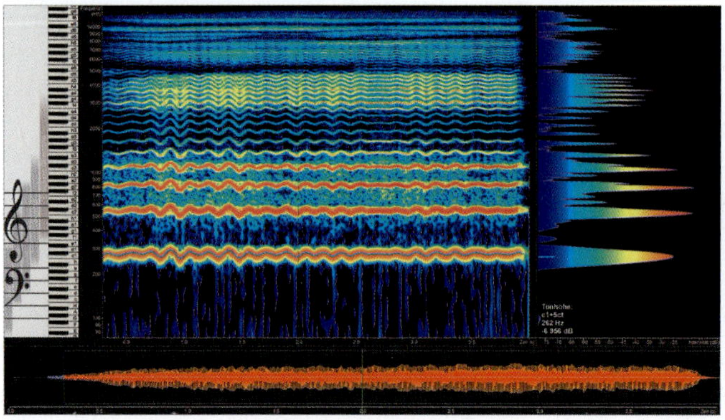

PC-Programm zur Frequenzanalyse eines Schallsignals

Es gibt zahlreiche akustische Frequenzanalysatoren als PC-Programme, von denen viele auch kostenlos sind. Mit ihnen lassen sich vielfältige Experimente durchführen, um Klänge zu analysieren und zu visualisieren. Solche Programme werden z. B. dazu verwendet, die individuellen klanglichen Eigenschaften von Stimmen verschiedener Personen zu untersuchen. Die Ergebnisse dieser Analyse, also die spezifischen Charakteristika der Stimmen, können dann z. B. zur Identifizierung von Verdächtigen in Aufnahmen oder zur Verifizierung von Stimmen in Kommunikationsdaten verwendet werden.

Arbeitsauftrag

Recherchieren Sie online nach kostenlosen Apps oder PC-Programmen, mit denen Schallsignale erzeugt, aufgezeichnet und analysiert werden können. Wählen Sie eines dieser Programme für die folgenden Aufgaben aus.

a) Stellen Sie im Kurs den Funktionsumfang des von Ihnen gewählten Programms anhand ausgewählter Tonbeispiele vor.
b) Untersuchen Sie, wie sich ein reiner Sinuston von einem Ton gleicher Frequenz unterscheidet, der mit einem Musikinstrument erzeugt wird.
c) Nehmen Sie verschiedene von Ihnen gesprochene Vokale auf und analysieren Sie diese mit Ihrem Programm. Dokumentieren Sie Unterschiede und Gemeinsamkeiten im Klangspektrum.
d) Analysieren Sie die Klangspektren von Luciano Pavarotti, einem renommierten Startenor, und Paul Potts, einem Gewinner einer Castingshow, während sie die Arie „Nessun Dorma“ singen.
e) Anna-Maria Hefele ist eine der bekanntesten Obertonsängerinnen. Nutzen Sie einen Frequenzanalysator, um herauszufinden, wie es ihr gelingt, zwei Töne scheinbar gleichzeitig zu erzeugen und welche Besonderheiten dabei im Klangspektrum auftreten.

▶ M2 Lernaufgabe: Überlagerung von Schallwellen

Treffen zwei oder mehrere gleichartige Wellen aufeinander, so überlagern sich diese zu einer neuen Welle. Sie kennen dieses Phänomen aus der 11. Klasse sowie aus Kapitel 3.1; dort haben Sie zwei besondere Überlagerungsarten unterschieden:

Konstruktive Interferenz: Hier addieren sich die Amplituden der Wellen, wodurch eine Welle mit größerer Amplitude entsteht. Dies tritt auf, wenn die Wellen in Phase sind, d.h. ihre Wellenberge und -täler zur gleichen Zeit an der gleichen Stelle auftreten.

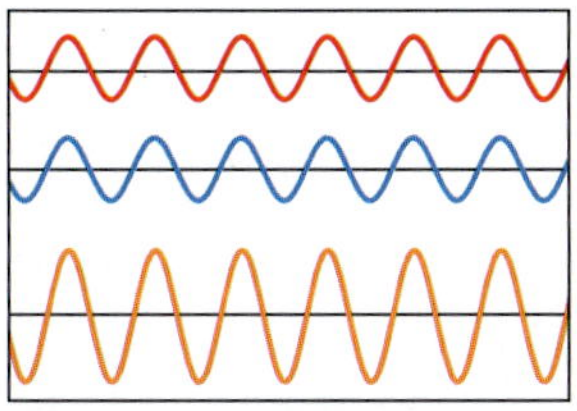

Destruktive Interferenz: Sind die Wellen gegenphasig, so trifft ein Wellenberg stets auf ein Wellental, wodurch beide Wellen sich gegenseitig auslöschen.

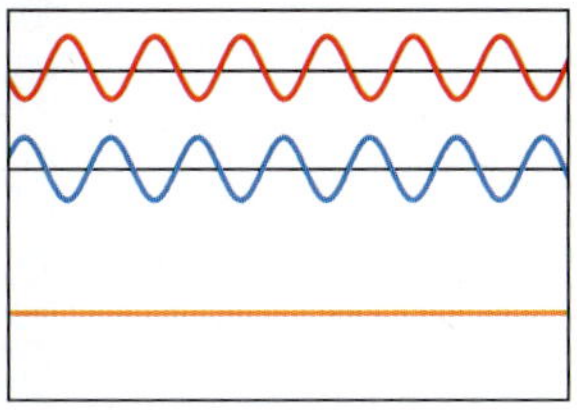

Noise-Cancelling-Kopfhörer nutzen das Prinzip der destruktiven Interferenz, um unerwünschte Hintergrundgeräusche aktiv zu reduzieren oder zu eliminieren. Sie sind mit Mikrofonen ausgestattet, die kontinuierlich die Außengeräusche aufnehmen. Diese Geräusche werden von einer internen Elektronik analysiert, die daraufhin Schallwellen erzeugt, die genau gegenphasig zu den störenden Geräuschen sind.

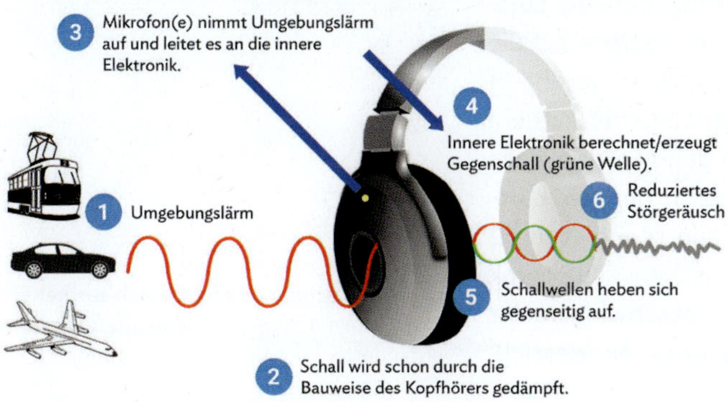

https://www.kopfhoerer-berater.de/artikel/was-ist-anc-funktionsweise

Durch die destruktive Interferenz neutralisieren diese gegenphasigen Wellen die unerwünschten Außengeräusche. Parallel zur aktiven Geräuschunterdrückung wird das gewünschte Audiosignal – z. B. Musik, Podcast oder eine andere Tonfolge – direkt über die Kopfhörerlautsprecher an den Benutzer übermittelt. Da die störenden Hintergrundgeräusche durch das Noise Cancelling reduziert werden, kann der gewünschte Ton in einer viel klareren und ungestörten Qualität gehört werden.

Arbeitsauftrag

a) Recherchieren Sie die Geschichte der aktiven Geräuschunterdrückung durch sogenannten „Antischall“ von der ersten Idee im Jahre 1878 bis zur finalen Umsetzung 1988.

b) Begründen Sie, dass geräuschreduzierende Kopfhörer am effektivsten bei konstanten, tiefen Frequenzen wie dem Brummen eines Flugzeugmotors arbeiten, bei plötzlichen Geräuschen oder variablen Frequenzen aber weniger effektiv sind.

c) Erstellen Sie eine Präsentation zum Thema „Rubens'sches Flammenrohr“. Gehen Sie dabei auf die Entstehung und Rolle der stehenden Schallwelle im Inneren des Rohrs ein.

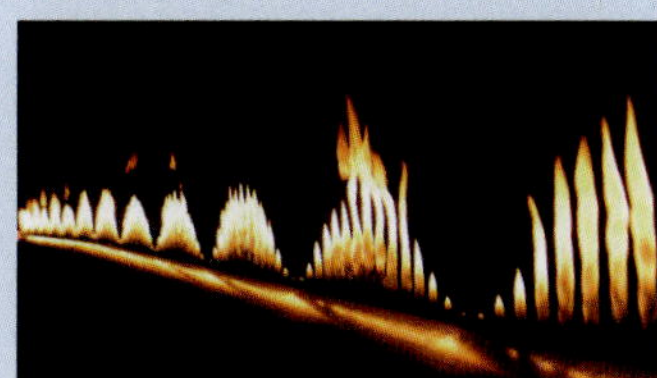

d) Recherchieren Sie das akustische Phänomen der „Schwebung“. Nehmen Sie danach zwei Stimmgabeln unterschiedlicher, aber nahe beieinanderliegender Frequenzen und schlagen Sie diese gleichzeitig an. Beschreiben Sie den Höreindruck und vergleichen Sie ihn mit Ihren Rechercheergebnissen.

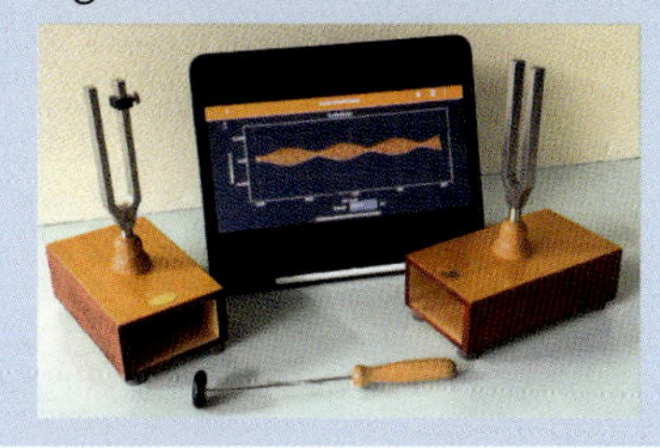

4.1 Grundlagen: Schallwellen und Frequenzspektren

Neben dem Sehen ist das Hören einer der wichtigsten Sinne des Menschen. Die Stimme als lautbildendes Organ dient Tieren schon seit Jahrmillionen zur lautlichen Verständigung innerhalb einer Horde. Vor rund zwei bis drei Millionen Jahren entwickelte sich aus dieser Tierlautsprache, die vorwiegend aus gelallten und geheulten Lauten besteht, die menschliche Sprache.

Um zu verstehen, wie Sprache über größere Entfernungen in der Luft übertragen wird, ist es nötig, die physikalischen Grundlagen des Schalls zu verstehen. Hierzu werden im Folgenden ausgewählte Bereiche der Akustik betrachtet, die sich als Teil der Physik mit der Entstehung und Erzeugung, der Ausbreitung und Messung sowie der Wahrnehmung und Wirkung des Schalls beschäftigt.

Schall als mechanische Welle

Feste Körper, aber auch Gase und Flüssigkeiten, können durch Anregung zum Schwingen gebracht werden. Beim Singen und Sprechen ist das Vibrieren des Kehlkopfes deutlich tastbar. Durch Zupfen lässt sich eine eingespannte Gitarrensaite in Schwingungen versetzen. Die periodische Bewegung der Saite erfolgt dabei so schnell, dass das Auge die Schwingung nicht auflösen kann (B1).

B1 Schwingende Saiten einer Gitarre

Befindet sich die Saite in einem elastischen Medium wie Luft, so überträgt der schwingende Körper seine Bewegung auf die ihn umgebenden Luftmoleküle. Wenn sich die Saite auf die Luftmoleküle zubewegt, so verringert sich in der Nähe der Saite der mittlere Abstand zwischen den Molekülen. Es entsteht eine Zone, in der der Luftdruck gegenüber dem schon vorhandenen atmosphärischen Luftdruck ansteigt. Beim Zurückschwingen der Saite entsteht wiederum ein Bereich, in dem der Abstand der Luftmoleküle zunimmt. Dies verursacht eine Erniedrigung des Luftdrucks in dieser Zone.

B2 Querschnitt durch eine sich ausbreitende Schallwelle mit Bereichen verdichteter bzw. verminderter Luftteilchenkonzentration

Beim Schwingen der Saite entstehen nun periodisch Zonen erhöhten bzw. verminderten Drucks, die sich von der Oberfläche des schwingenden Körpers ablösen und als Wellenbewegung nach allen Seiten in der Umgebung ausbreiten (B2). Die einzelnen Luftmoleküle führen dabei eine gedämpfte Schwingung parallel zur Ausbreitungsrichtung der Schallwellen aus. In Luft breitet sich der Schall als Längswelle (Longitudinalwelle) aus (B3).

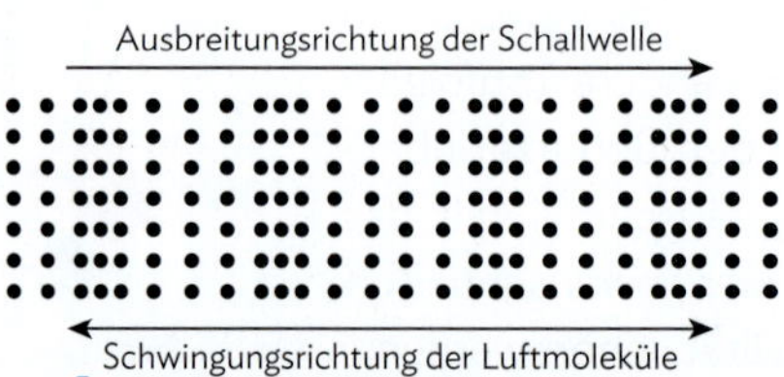

B3 Schall als Längswelle

Der Wellencharakter des Schalls zeigt sich an einer ganzen Reihe von Phänomenen, die bereits aus dem früheren Unterricht bekannt sind oder im Zusammenhang mit den Lichtwellen (Kapitel 3) aufgetreten sind.

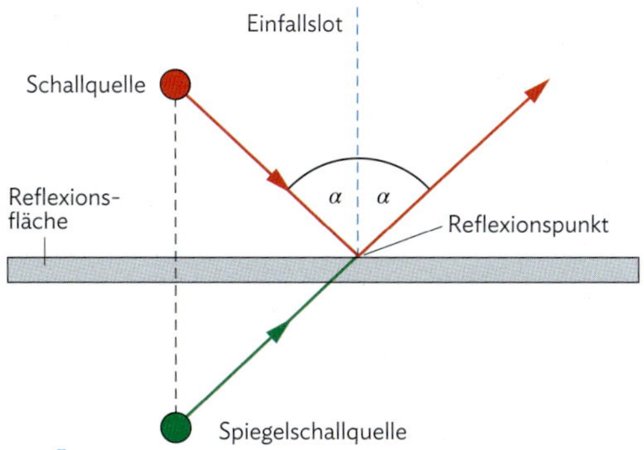

B4 \ Reflexion einer Schallwelle

Reflexion

Trifft eine Schallwelle auf eine Wand, so wird sie von dieser in den Raum zurückgeworfen. Bei glatten Oberflächen gilt das bekannte Reflexionsgesetz: Einfallswinkel und Ausfallswinkel der Welle sind gleich groß (B4).

„glatt" ist immer im Vergleich zur Wellenlänge zu verstehen. Beim Schall bedeutet das, dass Unregelmäßigkeiten, die deutlich kleiner als ein Zentimeter sind, keine Rolle spielen.

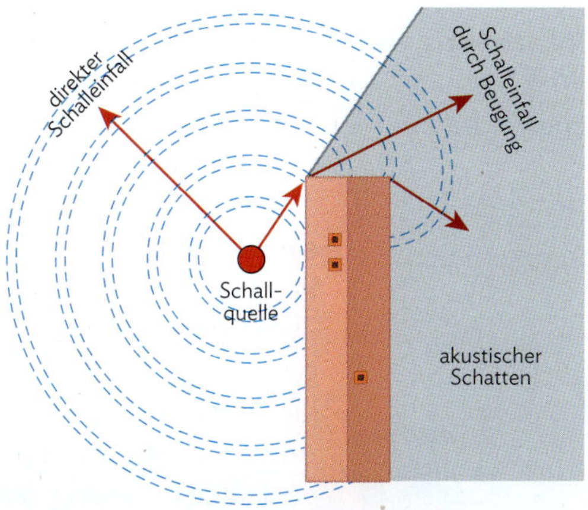

B5 \ Beugung einer Schallwelle hinter einem Gebäude

Beugung

Schallwellen werden von einem begrenzten Hindernis nicht vollständig abgeschattet. Beispielsweise kann man hinter einem Gebäude stehend den Lärm einer Straße, die vor dem Gebäude verläuft, noch gedämpft hören (B5). Die Erklärung hierfür liefert wieder das Huygens'sche Prinzip (Kapitel 3.1): Die neue Wellenfront ergibt sich als Überlagerung (Superposition) der einzelnen Elementarwellen. Dadurch wird der Schall um Kanten und Hindernisse herumgelenkt. Allgemein führt die Beugung dazu, dass sich eine Schallwelle hinter Öffnungen und Hindernissen auch in Richtungen ausbreitet, die im „akustischen Schatten" liegen. Wie stark die Welle in diesen Schattenbereich eindringt, hängt allerdings von den Größenverhältnissen ab: Nur, wenn die Wellenlänge des Schalls mindestens in der Größenordnung des Hindernisses liegt, werden Beugungseffekte deutlich. Deshalb können wir zwar um die Ecke hören, aber nicht sehen.

Brechung

Trifft eine Schallwelle auf die Grenzfläche zweier Medien (z. B. Luft und Wasser), in denen sich der Schall unterschiedlich schnell ausbreiten kann, so wird ein Teil der Welle an der Übergangsstelle reflektiert. Der andere Teil der Welle wird beim Übergang gebrochen. Die Ablenkung der Schallwelle erfolgt dabei zum Einfallslot hin, wenn die Ausbreitungsgeschwindigkeit des Schalls sich im neuen Medium verringert (B6). Im umgekehrten Fall wird der Schall vom Einfallslot weggelenkt. Wie in der Optik gilt auch für die Brechung von Schallwellen das Brechungsgesetz (Kapitel 1.2, Arbeitsauftrag 3).

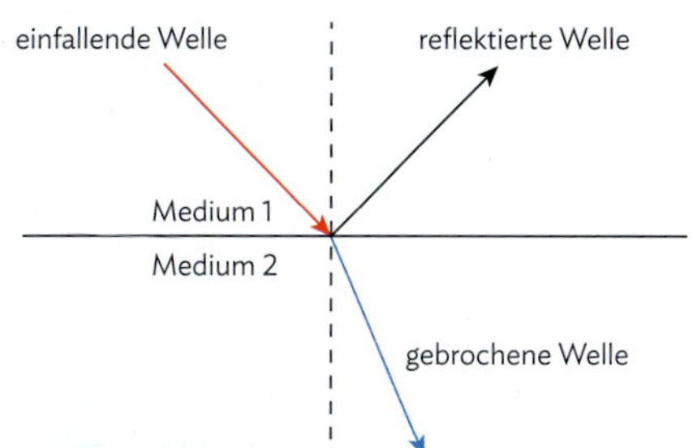

B6 \ Brechung einer Welle

4.1 Grundlagen: Schallwellen und Frequenzspektren

Wie bei allen Wellen gilt auch bei Schallwellen der Zusammenhang zwischen Wellenlänge λ, Ausbreitungsgeschwindigkeit c und Frequenz f:
$c = \lambda \cdot f$

i
Mit der Änderung der Ausbreitungsgeschwindigkeit c des Schalls geht auch eine Änderung der Wellenlänge λ des Schalls einher. Die Frequenz f der Schallwelle verändert sich hierbei jedoch nicht.
Für den Übergang der Schallwelle von Medium 1 zu Medium 2 gilt somit:
$\frac{c_1}{c_2} = \frac{\lambda_1}{\lambda_2}$

Die Schallgeschwindigkeit c in Luft beträgt dabei für Normaldruck (1013 hPa) und für eine Temperatur von 20 °C etwa 343 $\frac{\text{m}}{\text{s}}$. Die Schallgeschwindigkeit hängt vom Druck und von der Temperatur des Stoffes, in dem sich die Schallwelle ausbreitet, ab, vor allem aber von den elastischen Eigenschaften des jeweiligen Ausbreitungsmediums. In destilliertem Wasser beträgt sie (bei einer Wassertemperatur von 20 °C) etwa 1483 $\frac{\text{m}}{\text{s}}$. In festen Stoffen kann der Schall dagegen eine Geschwindigkeit von bis zu 18 000 $\frac{\text{m}}{\text{s}}$ erreichen (Diamant).

Interferenz von Schallwellen

Wellen können sich überlagern (superponieren) und dabei gegenseitig auslöschen oder verstärken (destruktive bzw. konstruktive Interferenz, vgl. M2 auf S. 71). Interferenz tritt bei allen Wellenarten auf; der folgende Versuch demonstriert, dass Schall aus zwei Quellen ebenfalls miteinander interferieren kann. Er liefert damit einen weiteren Beleg für die Wellennatur des Schalls.
Zwei Lautsprecher werden an demselben Sinusgenerator angeschlossen und senden in die gleiche Richtung Schallwellen identischer Frequenz aus. Verschiebt man nun parallel zu der Anordnung der Lautsprecher ein Mikrophon und registriert damit den resultierenden Gesamtschall, so durchläuft dieser periodisch Maxima und Minima der Lautstärke. Die von den Lautsprechern ausgestrahlten Schallwellen interferieren also genauso wie Lichtwellen, die einen Doppelspalt durchlaufen.

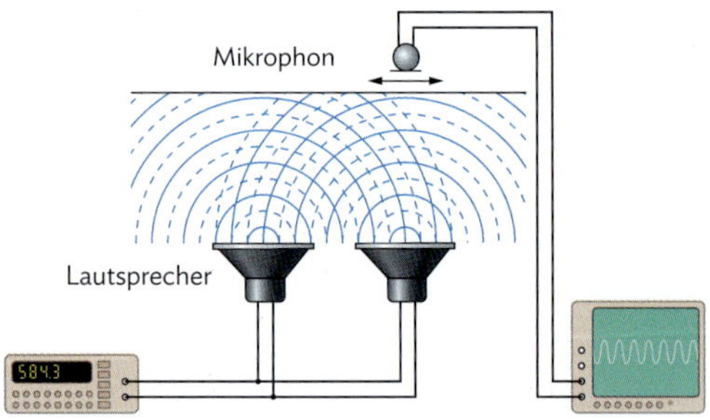

B7 Versuch zum Nachweis der Interferenz von Schallwellen

Zusammenhang zwischen Druck und Kraft

Mit der Größe Druck haben Sie in der 9. Klasse zunächst den Zustand einer Flüssigkeit oder eines Gases beschrieben. Anschaulich kann man sich den Druck als Maß für das Gepresstsein eines Stoffes vorstellen. Für eine quantitative Definition des Drucks p wird der Betrag der Kraft F pro Flächeneinheit A bestimmt, die das Gas auf eine Begrenzungsfläche ausübt.

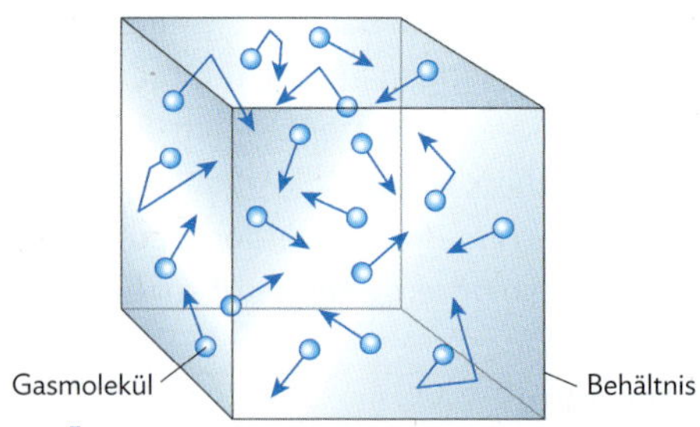

B8 Bewegung der Gasteilchen in einem Behältnis

Der Druck wird quantitativ definiert als der Quotient von Kraft und Flächenstück, auf das diese Kraft senkrecht einwirkt: $p = \frac{F}{A}$

Die Einheit des Drucks ist ein Pascal: $[p] = 1\,\text{Pa}$. Aus der Definition ergibt sich: $1\,\text{Pa} = 1\,\frac{\text{N}}{\text{m}^2}$.

Mathematische Beschreibung von Schallwellen

Die einfachste Form einer Schallwelle stellt eine harmonische Welle dar, wie sie in der 11. Klasse ausschließlich betrachtet wurde. Dabei folgt die Auslenkung der Luftteilchen einer Sinuskurve; man spricht deshalb auch von einer Sinuswelle. Weil für Messgeräte der Schalldruck leichter zugänglich ist, wird meist diese Größe als Funktion der Zeit aufgetragen (B9). An einer festen Stelle (z. B. dem Messgerät oder dem Ohr) ist dann der Druckverlauf:

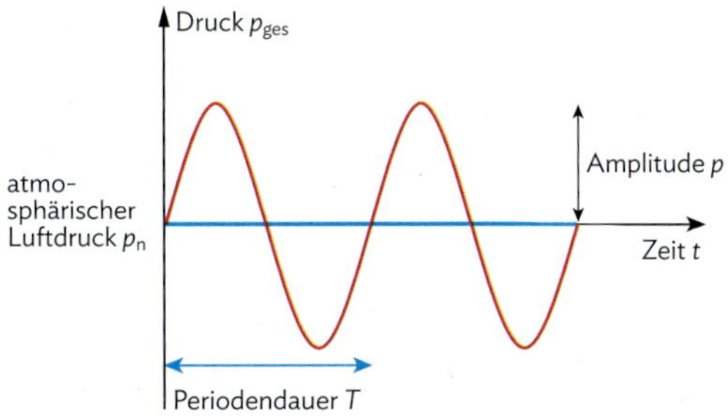

B9 \ Schwingungsdiagramm einer sinusförmigen Schwingung

$$p_{ges}(t) = p_n + p_W(t) = p_n + p \cdot \sin(\omega t)$$

mit der Kreisfrequenz $\omega = \frac{2\pi}{T} = 2\pi f$. Der Gesamtdruck p_{ges} zu einer bestimmten Zeit t setzt sich also aus dem zeitlich konstanten, statischen Luftdruck p_n (Normaldruck im Medium) und dem überlagerten, sinusförmigen Schalldruck $p \cdot \sin(\omega t)$ zusammen. Der Schalldruck ist dabei für übliche Töne und Geräusche um etliche Größenordnungen kleiner als der statische Luftdruck.

Zur Beschreibung der Tonhöhe eines Sinustons gibt man seine Frequenz f an, die der Anzahl der Schwingungen pro Sekunde entspricht. Töne mit einer großen Frequenz empfinden wir als hoch, solche mit einer geringen Frequenz als tief. Unser Gehör kann Töne in einem Frequenzbereich von 16 Hz bis etwa 20 kHz wahrnehmen. Im Alter nimmt der Hörbereich des Menschen jedoch ab. Frequenzen unterhalb des Hörbereichs liegen im Infraschallbereich, Töne oberhalb im Ultraschallbereich. Das Hörvermögen vieler Tiere ist bezüglich der Wahrnehmung sehr hoher oder sehr tiefer Töne dem des Menschen überlegen (B10).

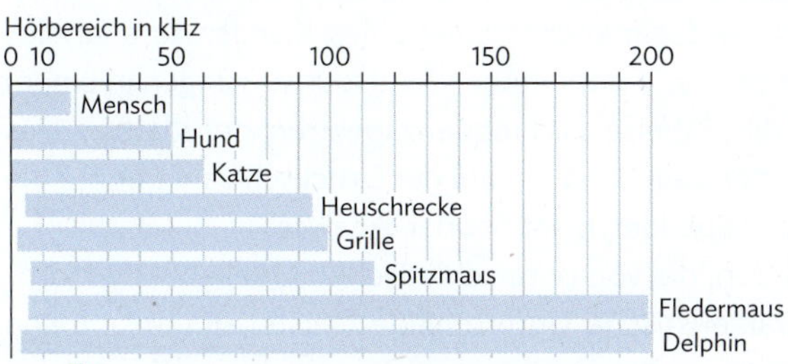

B10 \ Hörbereiche des Menschen und verschiedener Tiere

Musikinstrumente (z. B. Klarinetten, Geigen, Gitarren) erzeugen Schall, der aus einer Überlagerung von mehreren Sinustönen besteht. Dies lässt sich verstehen, wenn man betrachtet, wie der Klang z. B. bei einer Geigensaite erzeugt wird. Als Modell kann man ein Gummiband oder eine lange Schraubenfeder der Länge l einsetzen und periodisch auslenken. Weil die Saite an zwei Stellen befestigt ist und sich dort nicht bewegen kann, gibt es für ihre Schwingungen nur ganz bestimmte Muster („stehende Wellen", B11). Für die zugehörigen Wellenlängen können deshalb nur bestimmte Werte auftreten. Aus der Grafik ergibt sich die Bedingung: $\frac{\lambda_k}{2} = \frac{l}{k+1}$ mit $k = 0, 1, 2, \ldots$

i Reine Töne in Form einer Sinuswelle kommen in der Natur nicht vor. Näherungsweise lässt sich eine Sinuswelle aber mit einer Stimmgabel erzeugen.

i Für den Luftdruck p_n der Atmosphäre auf Meereshöhe hat man den empirisch ermittelten Normwert von 1013 hPa festgelegt; je nach Wetterlage schwankt der aktuell gemessene Luftdruck um diesen Wert.

i Erinnerung: Die Frequenz f einer Schwingung ist der Kehrwert der Periodendauer T: $f = \frac{1}{T}$. Die Einheit der Frequenz ist 1 Hz (Hertz) = 1/s.

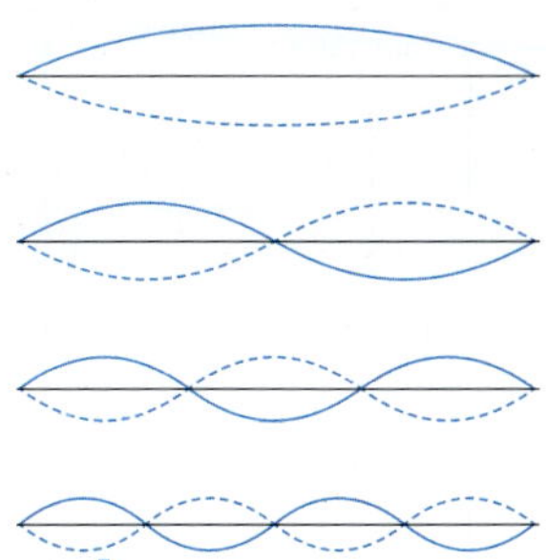

B11 \ Schwingungsmuster einer Geigensaite

i

Vorsicht, in der Formel steht c_{Saite} für die Ausbreitungsgeschwindigkeit in der Saite, nicht für die Schallgeschwindigkeit in der Luft. c_{Saite} kann beim Stimmen durch die Saitenspannung beeinflusst werden.

Töne und Klänge

Weil bei jeder Welle die Wellenlänge und die Frequenz über die Ausbreitungsgeschwindigkeit verknüpft sind, kann eine Saite mit bestimmter, fest eingestellter Spannung nur mit festen, genau bestimmten Frequenzen schwingen: $f_k = \frac{c_{Saite}}{\lambda_k} = \frac{c_{Saite}}{2 \cdot l} \cdot (k + 1)$. Diese Frequenzen sind die gleichen wie die der Schallwellen, die von der Saite angeregt werden. Mit $f_0 = \frac{c_{Saite}}{2 \cdot l}$ gilt:

Durch eine schwingende Saite können verschiedene Töne erzeugt werden, deren Frequenzen dem Gesetz $f_k = f_0 \cdot (k + 1)$ gehorchen. Dabei beschreibt $k = 0$ die Grundschwingung, die Schwingungen mit $k = 1, 2, \ldots$ heißen Oberschwingungen.

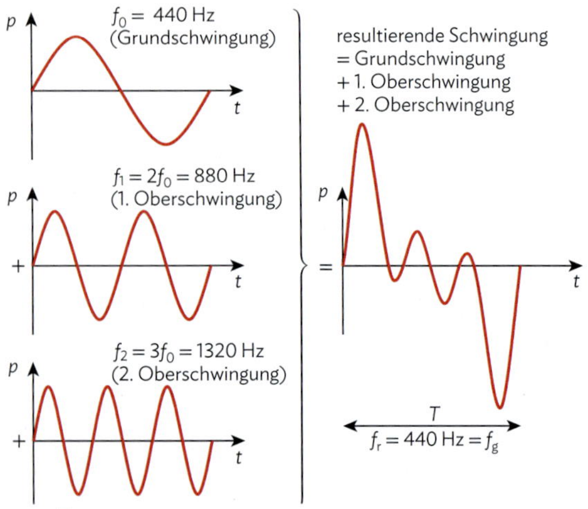

B12 Aufbau eines einfachen Klangs aus Grundschwingung und zwei Oberschwingungen. *p*: Schalldruck

Die Frequenzen der Oberschwingungen sind also ganzzahlige Vielfache der Grundfrequenz. Je nach Art der Anregung schwingt die Geigensaite in verschiedenen dieser Muster gleichzeitig. Der zeitliche Verlauf eines solchen Klangs ist im Vergleich zum einfachen Sinuston deutlich komplizierter. Ähnlich wie bei der Interferenz ergibt sich der Schwingungsverlauf aus der Überlagerung mehrerer Grund- und Oberschwingungen. Im Schwingungsdiagramm werden zu jedem Zeitpunkt die einzelnen Werte des Schalldrucks addiert (B12). Das Ergebnis stellt also eine Superposition mehrerer Schwingungen dar. Dabei bleibt die Periodendauer der Grundschwingung erhalten. Man hört im gezeigten Beispiel immer noch den Grundton mit der Frequenz 440 Hz (musikalisch: Kammerton a[1]), allerdings in einer für das Instrument charakteristischen Klangfarbe.

Um die Zusammensetzung eines Klanges zu analysieren, trägt man die Amplituden der darin enthaltenen Sinusschwingungen in einem Diagramm auf. Man erhält auf diese Weise das Frequenzspektrum des Klanges. Das mathematische Verfahren, das den zeitlichen Verlauf der Druckschwankung auf die Stärke der einzelnen Frequenzen abbildet, heißt Fourier-Analyse.

i

Die „Lautstärke" wird in Kapitel 4.2 genauer definiert; physikalisch exakt spricht man vom „Schallpegel".

Betrachtet man Frequenzspektren, die von unterschiedlichen Quellen aufgenommen wurden, lassen sich charakteristische Unterschiede feststellen (B13): Reine

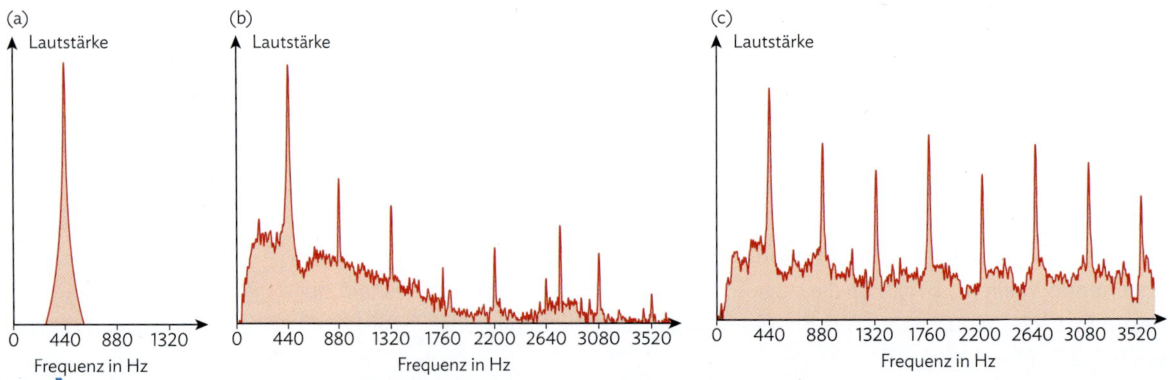

B13 Frequenzspektren eines (a) reinen Sinustons, (b) einer Stimmgabel und (c) einer Geige.

Töne sind in der Darstellung senkrechte Linien, deren Länge ihre Amplitude angibt. Klänge dagegen zeigen eine mehr oder weniger große Anzahl von abgesetzten Linien; man spricht von einem diskreten Spektrum.
Im Gegensatz zu einem Ton oder Klang ist die Wellenform eines Geräusches nicht periodisch (B14 links). Einem Geräusch kann daher auch keine eindeutige Tonhöhe zugeordnet werden. Geräusche setzen sich aus sehr vielen Einzelschwingungen zusammen, die aber anders als bei harmonischen Klängen keine Vielfachen einer Grundfrequenz sind; die Frequenzabstände der einzelnen Schwingungen können dabei unendlich klein werden. Man spricht hier von einem „kontinuierlichen Spektrum" des analysierten Geräusches (B14 rechts).

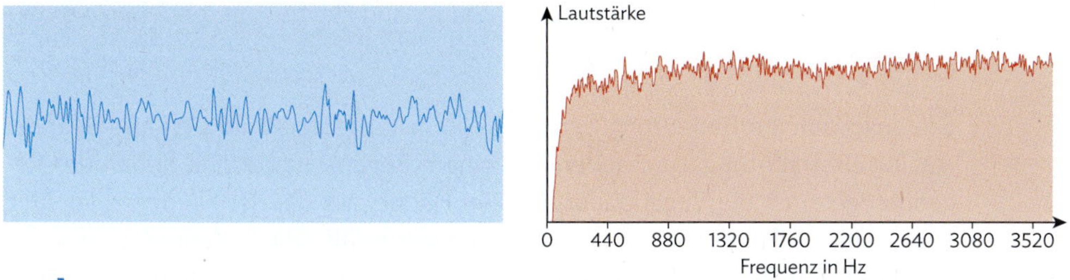

**B14 ** Wellenform eines Geräusches (Zerknüllen von Papier) und das zugehörige Frequenzspektrum

Arbeitsaufträge

**1 ** Nennen Sie die Eigenschaften einer Schallwelle und geben Sie jeweils eine Beobachtung an, die diese Eigenschaften verdeutlicht.

**2 ** a) Eine Stimmgabel mit dem Kammerton a¹ hat die Frequenz 440 Hz. Berechnen Sie Periodendauer und Wellenlänge der von ihr in die Luft abgestrahlten Schallwelle ($c_{Luft} = 343\,m/s$).
b) Atmet man Heliumgas ein, dann verändert sich die Stimmlage beim Sprechen oder Singen. Erklären Sie das mit der anderen Schallgeschwindigkeit in Helium ($c_{Helium} = 981\,m/s$).

**3 ** Fliegen, Mücken und Bienen können wir anhand ihrer verschiedenen Summtöne unterscheiden.

Flügelschlag einer Mücke

a) Recherchieren Sie die Entstehung dieser Töne und stellen Sie Ihre Ergebnisse vor.
b) Zur Bestimmung des Tons einer Stechmücke wurde in einem Experiment ihr Flügelausschlag $y(t)$ aufgezeichnet.
Bestimmen Sie aus dem Messergebnis die Frequenz des Tons dieser Mücke.
c) Begründen Sie, dass wir den Flügelschlag eines Schmetterlings nicht hören können.

**4 ** Mit einem Oszilloskop können Klänge und Geräusche sichtbar gemacht werden. Ordnen Sie die Aufnahmen in der Abbildung den folgenden Schallereignissen zu und begründen Sie:
- Stimmgabel
- zwei gleichzeitig angeschlagene Stimmgabeln
- Knall
- gesungener Ton

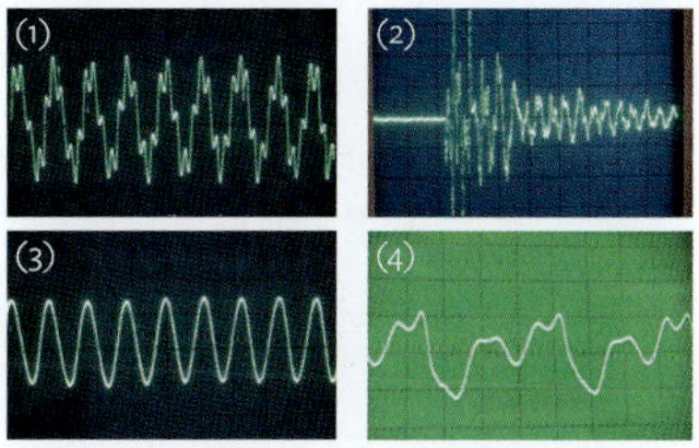

Schallereignisse am Oszilloskop

Schallintensität

Neben der Frequenz eines Tons ist die Lautstärke von besonderem biologischem Interesse. Eine geeignete physikalische Größe, die die „Schallstärke" beschreibt, ist die Schallintensität I. Sie ist definiert als Schallleistung P pro aufnehmender Fläche A.

Wenn die Schallleistung gleichmäßig in alle Richtungen abgegeben wird, ist die aufnehmende Fläche eine Kugelfläche mit Radius r und Flächeninhalt $A = 4\pi r^2$. Bei gerichteten Schallquellen reduziert sich diese Fläche.

Schallintensität $I = \frac{P}{A}$

Die Einheit der Schallintensität ist $[I] = 1\ \frac{\text{W}}{\text{m}^2}$. Da die Schallleistung die aufgenommene Energiemenge ΔE pro Zeit Δt angibt, kann die Schallintensität auch als aufgenommene Energiemenge ΔE pro Zeit Δt und Fläche A geschrieben werden:

$$I = \frac{\Delta E}{\Delta t \cdot A}$$

Die anschauliche Bedeutung der Schallintensität I kann man sich an folgender Analogiebetrachtung klarmachen: Bei einem Regenschauer sind neben der Regenmenge auch die Regendauer und die Fläche, auf die der Niederschlag fällt, entscheidend. Für die Stärke des Niederschlags ist also die Regenmenge pro Zeit und Fläche maßgebend. So können 3 Liter je nach Zeit und Fläche Starkregen oder Nieselregen bedeuten. Analog dazu gibt die Schallintensität die z. B. von der Fläche des Trommelfells aufgenommene Schallenergie pro Zeiteinheit an.

Da eine Schallwelle die räumliche Ausbreitung einer Schwingung des Mediums (in der Regel Luft) ist, wechselt die von der Welle mit der Schallgeschwindigkeit c transportierte Energiemenge ΔE zwischen der kinetischen Energie des schwingenden Mediums und der potentiellen Energie des durch die Druckamplitude p komprimierten Mediums (B1).

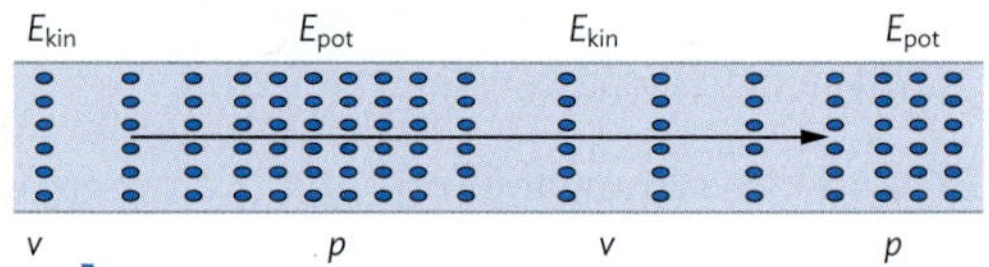

B1 Wechsel der Form der transportierten Schallenergie

Nimmt man vereinfachend an, dass zu einem bestimmten Zeitpunkt die transportierte Energiemenge ΔE in einem bestimmten Volumen $V = A \cdot \Delta x$ nur in Form von kinetischer Energie der schwingenden Teilchen vorliegt, so gilt: $\Delta E = \frac{1}{2} m v^2$.

Hierbei steht m für die Gesamtmasse aller in dem Volumen V befindlichen Teilchen und v für deren Maximalgeschwindigkeit bei ihrer Schwingungsbewegung – nicht zu verwechseln mit der Schallgeschwindigkeit c. Diese Energiemenge ΔE legt im Zeitintervall Δt die Strecke Δx mit der Schallgeschwindigkeit c zurück (B2).

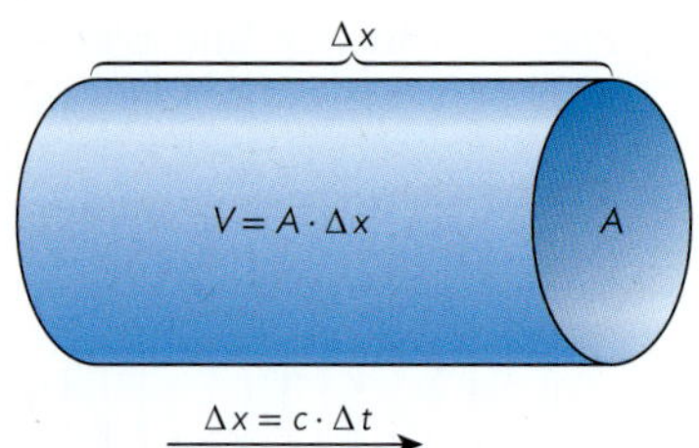

B2 Ausbreitung der in dem Volumen V befindlichen Schallenergie

Unter Verwendung von $m = \rho \cdot V$ und $V = A \cdot \Delta x$ sowie $c = \frac{\Delta x}{\Delta t}$ ergibt sich damit für die Schallintensität I:

$$I = \frac{m \cdot v^2}{2 \cdot A \cdot \Delta t} = \frac{\rho \cdot A \cdot \Delta x \cdot v^2}{2 \cdot A \cdot \Delta t} = \frac{1}{2} \cdot \rho \cdot c \cdot v^2$$

Die beschriebene kinetische Energie ΔE wird bei der weiteren Ausbreitung der Schallwelle in potentielle Energie umgewandelt, die dann im komprimierten Medium gespeichert ist (B2). Ähnliche Überlegungen zur potentiellen Energie (Aufgabe 10 auf S. 101) führen damit zu einer alternativen Darstellung der Schallintensität:

$I = \frac{1}{2} \cdot p \cdot v$ mit der Amplitude p des Schalldrucks (Kapitel 4.1).

Setzt man die beiden erhaltenen Darstellungen für die Schallintensitäten gleich, erhält man: $\rho \cdot c \cdot v = p$. Die oben angegebene Schallintensität lässt sich somit auch mit p beschreiben:

Die Intensität einer Schallwelle in einem verlustfreien akustischen Medium ist
$I = \frac{1}{2 \cdot \rho \cdot c} \cdot p^2$

Schallpegel

Obwohl die Lautstärke physikalisch sinnvoll durch die Schallintensität beschrieben werden kann, bringt dies doch zwei Nachteile mit sich:

- Unser Ohr kann Druckschwankungen in einem Bereich von 10^{-5} Pa (Hörschwelle) bis etwa 10^2 Pa (Schmerzgrenze) wahrnehmen; dies entspricht Schallintensitäten von $10^{-12}\,\mathrm{W/m^2}$ bis $10^2\,\mathrm{W/m^2}$. Dies ist eine erstaunliche Wahrnehmungsleistung unseres Gehörs – kein technisches Messgerät kann ohne entsprechende Umschaltvorrichtung einen so weiten Messbereich abdecken. Eine lineare Lautstärkeskala über diesen ganzen Bereich erweist sich aber als sehr unpraktisch.
- Die menschliche Hörempfindung ist weder direkt proportional zu I noch zu p. Eine Verdoppelung der Schallintensität eines Sinustons empfinden wir nicht als Verdoppelung seiner Lautstärke. Dies hängt damit zusammen, dass für unsere Empfindung nicht der absolute Wert einer Reizänderung entscheidend ist, sondern der relative: Eine Reizerhöhung wird schwächer empfunden, wenn der Reiz vorher schon hoch war (Weber-Fechner'sches Gesetz).

Aus diesen Gründen führt man den Schallpegel L als logarithmischen Maßstab für die Beschreibung der Stärke des Schalls ein. Er berechnet sich aus dem Verhältnis von vorliegender Schallintensität I zur Hörschwelle $I_0 = 10^{-12} \frac{\mathrm{W}}{m^2}$.

Der Schallintensitätspegel ist ein dem menschlichen Höreindruck angepasstes Maß für die Lautstärke. Es gilt: $L_I = 10\ \mathrm{dB} \cdot \log_{10} \frac{I}{I_0} = 10\ \mathrm{dB} \cdot \lg \frac{I}{I_0}$

Der Schallpegel wird in Dezibel (dB) angegeben; dabei ist ein Dezibel der zehnte Teil eines Bels (B). Diese nach dem amerikanischen Ingenieur Alexander Graham Bell benannte Maßeinheit hat aber einen anderen Charakter als die bisher bekannten physikalischen Einheiten wie Meter oder Kilogramm. Die „Hilfseinheit" Bel bzw. Dezibel weist nur darauf hin, dass es sich bei dem errechneten Zahlenwert für L um den Logarithmus eines Verhältnisses handelt.

B3 \ Alexander Bell (1847–1922) erhielt 1876 das erste Patent auf das Telefon und entwickelte dieses zur Serienreife.

4.2 Die Lautstärke und ihre Messung

Musteraufgabe

Ein Hund bellt mit einer Schallleistung von 1,0 mW. Bestimmen Sie den Schallintensitätspegel im Abstand von 5,0 m sowie den Schallintensitätspegel im gleichen Abstand von zwei solchen Hunden.

Lösung

Unter der Annahme, dass sich die Schallleistung gleichmäßig in alle Richtungen verteilt, ist die „beschallte" Fläche eine Kugeloberfläche mit dem gegebenen Radius. Es ist dann:

$$I_1 = \frac{P}{4\pi r^2} = \frac{1{,}0 \cdot 10^{-3}\,\text{W}}{4\pi \cdot (5{,}0\,\text{m})^2} = 3{,}2 \cdot 10^{-6}\,\frac{\text{W}}{\text{m}^2}$$

Der Schallintensitätspegel berechnet sich zu

$$L_1 = 10\,\text{dB} \cdot \lg\frac{I_1}{I_0} = 10\,\text{dB} \cdot \lg\frac{3{,}2 \cdot 10^{-6}}{10^{-12}} = 65\,\text{dB}.$$

Bei zwei Hunden verdoppelt sich die Schallintensität. Der zugehörige Schallintensitätspegel wird dann:

$$L_2 = 10\,\text{dB} \cdot \lg\frac{I_2}{I_0} = 10\,\text{dB} \cdot \lg\frac{6{,}4 \cdot 10^{-6}}{10^{-12}} = 68\,\text{dB}.$$

Der Schallpegel verdoppelt sich nicht, er steigt nur um 3 dB.

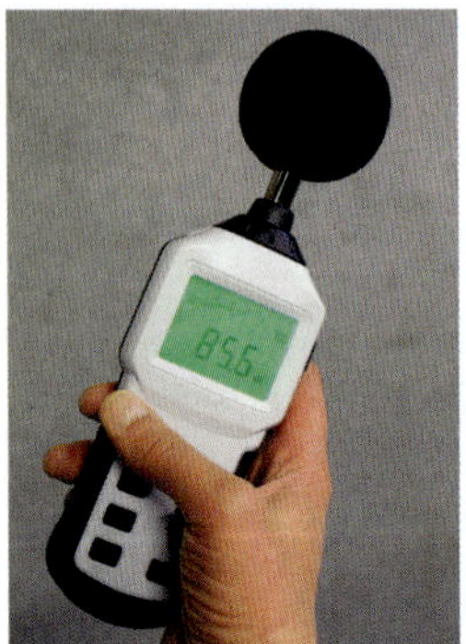

B4 Die Schallintensität wird mit einem Schallpegelmessgerät gemessen, das den Schalldruck am Messort erfasst.

Statt Intensitäten kann man auch Schalldrücke vergleichen. Weil die Schallintensität quadratisch von p abhängt, findet man:

$$L_p = 10\,\text{dB} \cdot \lg\frac{p^2}{p_{\text{Bezug}}^2} = 10\,\text{dB} \cdot \lg\left(\frac{p}{p_{\text{Bezug}}}\right)^2 = 20\,\text{dB} \cdot \lg\frac{p}{p_{\text{Bezug}}} = 20\,\text{dB} \cdot lg\frac{p_{\text{eff}}}{p_0}$$

und spricht vom Schalldruckpegel. In der Praxis können mit Schallpegelmessgeräten nicht die Amplituden p bestimmt werden, sondern die sogenannten Effektivwerte p_{eff}. Der Bezugswert ist hier $p_0 = 20\,\mu\text{Pa}$.

i In allen hier betrachteten Situationen liefern Schallintensitätspegel und Schalldruckpegel den gleichen Wert; wir sprechen deshalb oft auch nur von „Schallpegel".

Schallquelle	$\frac{I}{I_0}$	$\frac{p_{\text{eff}}}{p_0}$	dB	Bemerkung
	10^0	10^0	0	Hörschwelle
normales Atmen	10^1		10	kaum hörbar
raschelnde Blätter	10^2	10^1	20	
leises Flüstern (5 m entfernt)	10^3		30	sehr leise
Bibliothek	10^4	10^2	40	
ruhiges Büro	10^5		50	leise
normale Unterhaltung (1 m entfernt)	10^6	10^3	60	
betriebsamer Verkehr	10^7		70	
Fabrikdurchschnittswert	10^8	10^4	80	
Schwertransporter (15 m entfernt); Wasserfall	10^9		90	Dauerbelastung (Hörschäden)
alte Untergrundbahn	10^{10}	10^5	100	
Baulärm (3 m entfernt)	10^{11}		110	
Rockkonzert (2 m entfernt); Abheben eines Düsenflugzeugs	10^{12}	10^6	120	Schmerzgrenze
Presslufthammer; Maschinengewehrfeuer	10^{13}		130	
Abheben eines Düsenflugzeugs (in unmittelbarer Nähe)	10^{15}	10^7	150	
großes Raketentriebwerk (in unmittelbarer Nähe)	10^{18}		180	

T1 Relative Intensitäten und Schallpegel einiger Schallquellen ($I_0 = 10^{-12}\,\frac{\text{W}}{\text{m}^2}$; $p_0 = 20\,\mu\text{Pa}$)

Die Verwendung der Dezibel-Skala für den Schallpegel führt zu zahlenmäßig gut handhabbaren Werten und entspricht eher unserem nichtlinearen Hörempfinden. So werden z. B. die beiden Hunde in der Musteraufgabe (S. 80) eben nicht als doppelt so laut wie ein Hund wahrgenommen. Entsprechend ändert sich der Schallpegel lediglich um 3 dB. In Tabelle T1 sind einige Schallquellen und die Größenordnungen ihrer jeweiligen Schallintensitäten bzw. Schallpegel aufgelistet. Die Schallintensität steigt jeweils um den Faktor 100, wenn der Schallpegel um 20 dB zunimmt.

i

Dies lässt sich auch allgemein zeigen:

$10\,\text{dB} \cdot \lg\frac{100 \cdot I}{I_0}$

$= 10\,\text{dB} \cdot \left(\lg 100 + \lg\frac{I}{I_0}\right)$

$= 10\,\text{dB} \cdot \left(2 + \lg\frac{I}{I_0}\right)$

Am oberen Ende liegt die Schmerzgrenze bei einem Schallpegelwert von rund 130 dB. In unmittelbarer Nähe des Ohrs abgefeuerte Schusswaffen, aber auch Spielzeugpistolen oder Knallkörper erreichen Spitzenwerte von mehr als 150 dB. Die Intensität des Schalls ist hier so groß, dass es zu einem Knalltrauma kommen kann, bei dem das Ohr dauerhaft geschädigt wird.

Musteraufgabe

Eine Lautsprecherbox steht im Abstand von 2,0 m.

a) Bestimmen Sie die Schallleistung, die die Box maximal haben darf, um auch in längerer Dauer keine Hörschäden zu verursachen. Geben Sie die Voraussetzungen an, die dieser Rechnung zugrunde liegen, und entscheiden Sie, ob sie hier erfüllt sind.

b) Berechnen Sie den Effektivwert des Schalldrucks, der bei der Schallleistung aus a) auftritt.

Lösung

a) Die Grenze, ab der eine Dauerbelastung zu Hörschäden führt, ist in Tabelle T1 mit 90 dB angegeben. Für die zugehörige Schallintensität gilt:

$\frac{L_I}{10\,\text{dB}} = \frac{90\,\text{dB}}{10\,\text{dB}} = 9{,}0 = \lg\frac{I}{I_0} \quad \Rightarrow \quad \frac{I}{I_0} = 1{,}0 \cdot 10^9$

Es darf also höchstens

$I = 1{,}0 \cdot 10^9 \cdot 10^{-12}\,\frac{\text{W}}{\text{m}^2} = 1{,}0 \cdot 10^{-3}\,\frac{\text{W}}{\text{m}^2}$ sein.

Die Schallleistung darf dann maximal

$P = I \cdot 4\pi \cdot r^2 = 1{,}0 \cdot 10^{-3}\,\frac{\text{W}}{\text{m}^2} \cdot 4\pi \cdot (2{,}0\,\text{m})^2 = 50\,\text{mW}$

betragen.

Bei Lautsprechern ist allerdings die Voraussetzung einer gleichmäßigen Schallabgabe vermutlich nicht erfüllt. Wenn die Schallleistung gerichtet ist, dann muss der sichere Wert deutlich unter den berechneten 50 mW liegen.

b) Der Effektivwert des Schalldrucks berechnet sich analog zur Schallintensität:

$\frac{L_p}{20\,\text{dB}} = \frac{90\,\text{dB}}{20\,\text{dB}} = 4{,}5 = \lg\frac{p_{\text{eff}}}{p_0} \quad \Rightarrow \quad \frac{p_{\text{eff}}}{p_0} = 10^{4{,}5} = 3{,}16 \cdot 10^4$

Es ist also dann $p_{\text{eff}} = 3{,}16 \cdot 10^4 \cdot 20 \cdot 10^{-6}\,\text{Pa} = 0{,}63\,\text{Pa}$

Die Hörkurve des Menschen

Bei einem Hörtest (B5) spielt man einem Probanden Messtöne unterschiedlicher Frequenz mit variabler Lautstärke vor. Bei der Bestimmung des Schallpegels, bei dem die Testperson den Ton einer bestimmten Frequenz gerade noch hört, stellt man erhebliche Unterschiede für die Hörschwelle bei hohen und tiefen Tönen fest. Die empfundene Lautstärke eines Schallereignisses hängt nicht nur von der Größe des Schalldrucks, sondern auch stark von der Frequenz des jeweiligen Tons ab.

B5 Hörtest

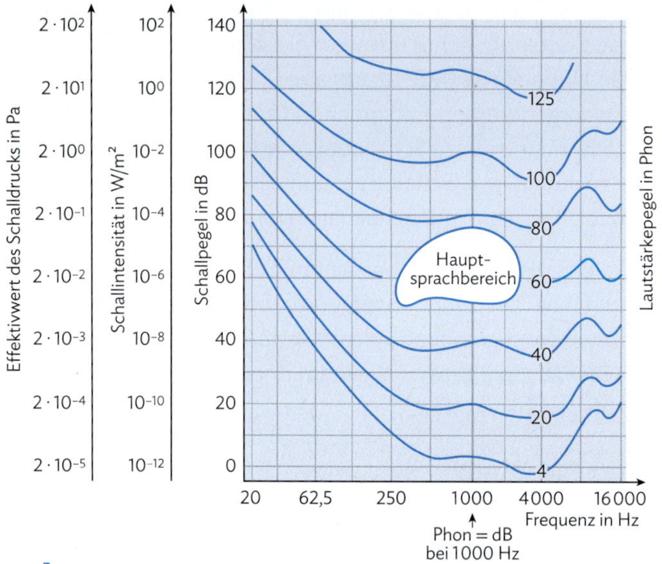

B6 Hörfläche mit Kurven gleicher Lautstärkeempfindung

i Die Frequenz ist so aufgetragen, dass sich ihr Wert mit jedem Kästchen verdoppelt.

Das Ergebnis eines Hörtests wird in der Hörkurve festgehalten. Die untere Kurve in B6 zeigt für jede Frequenz, wie groß der Schallpegel eines Messtons sein muss, damit eine durchschnittliche Testperson den Ton gerade noch wahrnehmen kann. Ein junger Mensch mit gesundem Gehör kann aber durchaus auch Töne der Frequenz 1 kHz hören, deren Schalldruck kleiner als 20 µPa ist. In diesem Fall erhält man für den Schalldruckpegel L_p einen negativen Wert.

Am empfindlichsten ist unser Ohr für Töne im Frequenzbereich von 200 Hz bis 4 kHz. Dies ist gerade der Bereich, der für unsere sprachliche Kommunikation am wichtigsten ist. Er umfasst die Hauptfrequenzen der Konsonanten und der Obertöne der Vokale. Im Gegensatz dazu muss der Schallpegel sehr tiefer und sehr hoher Töne um bis zu 60 dB größer sein, damit sie überhaupt wahrgenommen werden.

Soll bei einem Hörtest die Probandin oder der Proband alle Töne gleichlaut, d. h. „isophon", empfinden, so muss der Schallpegel frequenzabhängig angepasst werden. Durch Befragung vieler Testpersonen kann man Linien gleicher Lautstärkeempfindung (Isophone) statistisch ermitteln. Der aus vielen Versuchen ermittelte Durchschnittswert solcher Isophonen ist in B6 ebenfalls dargestellt.
In dem Koordinatensystem von B6 lassen sich jedem Ton die physikalischen Größen Frequenz und Schallpegel zuordnen. Je nachdem, auf welcher Isophone der Ton liegt, lässt sich jetzt auch die Hörempfindung als physiologische (d. h. an unsere Sinneswahrnehmung angepasste) Größe beschreiben. Dazu misst man die Lautstärke in der Einheit „Phon" und legt fest: Für einen Sinuston der Frequenz 1000 Hz stimmen die Einheiten Phon und Dezibel überein.
Bei der Beurteilung der Lautstärkeempfindung tritt aber eine weitere Schwierigkeit auf: In Kapitel 4.1 wurde dargestellt, dass sich ein natürlicher Ton bzw. ein Klang aus einer großen Anzahl einzelner Sinusschwingungen zusammensetzt. Die bisherige Betrachtung bezieht sich aber nur auf Töne mit fester Frequenz. Eine Quantifizierung der empfundenen Lautstärke eines natürlichen Schallereignisses in Phon ist daher nicht sinnvoll.

Arbeitsaufträge

1\ Stellen Sie die Größen der Analogiebetrachtung zur Schallintensität und Niederschlagsintensität tabellarisch gegenüber und erläutern Sie die Bedeutung der meteorologischen Angabe: „8 mm Niederschlag pro Stunde".

2\ Erläutern Sie den Unterschied der beiden Geschwindigkeiten v und c, die in der Formel $I = \frac{1}{2} \cdot \rho \cdot c \cdot v^2$ für die Schallintensität vorkommen.

3\ In einem Schulatlas werden Städte unterschiedlicher Größe mit verschiedenen Symbolen gekennzeichnet.

a) Geben Sie die Intervalle der Einwohnerzahlen an, die dabei in einer konkreten Einteilung zusammengefasst werden. Erörtern Sie die Sinnhaftigkeit dieser Einteilung.

b) Geben Sie weitere Beispiele für Größen an, bei denen eine nichtlineare Einteilung sinnvoll ist, und begründen Sie diese.

4\ a) Erläutern Sie, dass zur Messung von Schallereignissen die physikalische Größe „Schallpegel" eingeführt wurde.

b) Ein Staubsauger in 1,0 m Entfernung erzeugt einen Schallpegel von 70 dB. Berechnen Sie den Schallpegel zweier solcher Staubsauger in 1,0 m Entfernung.

c) Berechnen Sie die Intensität und den Schalldruck eines Geräuschs mit Schallpegel $L = -0{,}45$ dB.

5\ Brüllaffen gehören zu den lautesten Lebewesen. Ein Brüllaffe schreit mit 100 dB.

a) Berechnen Sie das Verhältnis zwischen der Schallintensität eines Brüllaffen und der Hörschwelle des Menschen.

b) Berechnen Sie dieses Verhältnis bei einer Herde von sechs Brüllaffen und bestimmen Sie den Schallpegel der gesamten Herde.

c) Ein Marktschreier („Wurst-Achim") bringt es auf 110,2 dB. Schätzen Sie die Anzahl der Brüllaffen ab, die nötig sind, um ihn zu übertönen.

6\ a) Suchen Sie nach Programmen, die eine Lautstärkemessung mit dem Handy ermöglichen.

b) Begründen Sie, dass für sinnvolle Messungen eine Kalibration nötig ist. Erläutern Sie die Bedeutung dieses Wortes und recherchieren Sie die konkrete Durchführung für das von Ihnen gewählte Programm.

c) Messen Sie mit dem kalibrierten Programm verschiedene Schallquellen in Ihrer Umgebung aus und beurteilen Sie mögliche Gesundheitsgefährdungen. Beschreiben Sie Konsequenzen, die sich daraus für Ihren Umgang mit diesen Schallquellen ergeben.

7\ Mobile Geräte (z. B. Smartphones), die über Kopfhörer auch zum Musikhören verwendet werden, müssen laut einer EU-Richtlinie aus Gehörschutzgründen auf 85 dB begrenzt sein.

a) Die Leistung eines Ohrhörers beträgt 50 mW. Nehmen Sie an, dass er gleichmäßig eine Halbkugel mit Radius 2 cm „beschallt" (Abstand zum Trommelfell). Entscheiden Sie damit, ob er der genannten Richtlinie entspricht.

b) Berechnen Sie die maximale Leistung des Ohrhörers, um unter den Bedingungen aus a) die EU-Richtlinie nicht zu verletzen.

c) Bewerten Sie, ob der Einsatz von Ohrhörern, die außerhalb der EU verkauft werden, für Sie in Frage kommt.

8\ Lärm im Beruf ist ein wichtiges Thema, da an vielen Arbeitsplätzen hohe Lärmpegel auftreten, die die Gesundheit und das Wohlbefinden der Arbeitnehmer beeinträchtigen können. Erstellen Sie eine Präsentation zum Thema „Lärmschutz am Arbeitsplatz". Erläutern Sie dabei auch die Begriffe „aurale und extraaurale Lärmquellen".

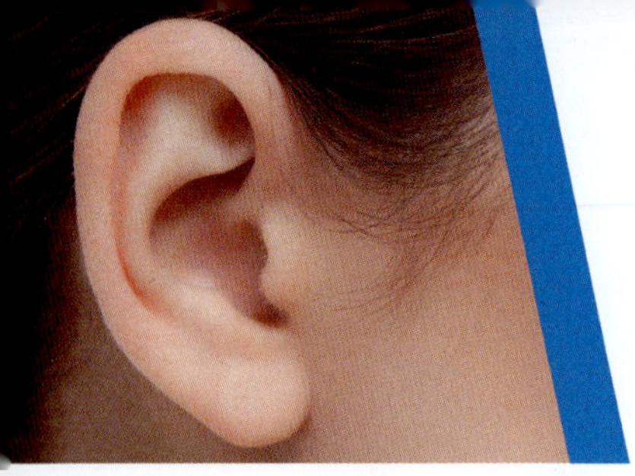

5 EVA: Ohr und Gehör

Fahrplan für dieses Kapitel

Überblick

Dieses Kapitel widmet sich dem Hörvorgang im Ohr als Anwendung der Akustik. Ziel des eigenverantwortlichen Arbeitens (EVA) ist es, dass Sie sich einen Teilbereich der Theorie innerhalb einer Arbeitsgruppe anhand vorgegebener Materialien erarbeiten, dabei auch selbst nach geeigneten Materialien recherchieren und Ihre Ergebnisse präsentieren.
Bearbeiten Sie zunächst die folgenden Methodenseiten, die Ihnen die notwendigen Grundlagen zu der Bearbeitung der Materialien der jeweiligen Gruppe vermittelt.

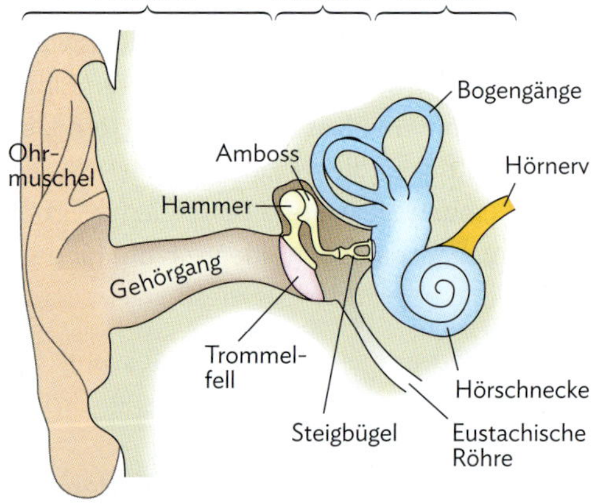

Aufbau des menschlichen Ohrs

Kapitel 5.1: Funktion des Außenohrs

Das Außenohr hat neben der Leitung des Schalls durch den Gehörgang an das Trommelfell zwei weitere wichtige Aufgaben zu erfüllen: die Lokalisierung von Schallquellen und die Verstärkung bestimmter Frequenzen.
In zwei Arbeitsgruppen (entsprechend M1 und M2) widmen Sie sich diesen Themen, recherchieren eigenständig und bearbeiten jeweils den Arbeitsauftrag 1 oder 2. Im Anschluss bilden Sie jeweils Paare aus den beiden Arbeitsgruppen, führen in Partnerarbeit eine Ergebnissicherung durch und bearbeiten den abschließenden Arbeitsauftrag für die Partnerarbeit auf S. 92.

Kapitel 5.2: Aufbau und Funktion des Innenohrs

Im Innenohr findet die eigentliche Umsetzung der Schallwellen in Nervenpulse statt. Dabei werden sowohl Informationen über die Tonhöhe, d. h. die Frequenz, als auch über die Lautstärke, d. h. die Amplitude, gewonnen. Zuvor wurde im Mittelohr die Schallwelle vom Medium Luft auf das Medium Flüssigkeit übertragen; dabei wurde der Schalldruck mechanisch deutlich verstärkt.
Auch diesen Abschnitt erschließen Sie sich in zwei Arbeitsgruppen (entsprechend M3 und M4). Um die Wirkungsweise des Innenohrs verstehen zu können, machen sich beide Arbeitsgruppen zunächst mit dem Aufbau des Innenohrs vertraut (M1) und werten ein mechanisches Analogieexperiment aus (M2). Im Anschluss an die Arbeit mit M3 bzw. M4 bilden Sie wieder Paare aus den beiden Gruppen und erstellen eine gemeinsame Präsentation mithilfe selbst gewählter, auch digitaler Medien. Achten Sie dabei auch auf ästhetische Gestaltungskriterien.

Lösungen zu Kapitel 5:

MC 67055-96

Methode

Gruppenarbeit organisieren

Eine gelingende Gruppenarbeit funktioniert nach folgenden Regeln (nach H. Meyer):

- Sie sind erstens *für sich* und zweitens *für Ihre Gruppe* verantwortlich.
- Wenn Sie etwas stört, sagen Sie es den anderen Gruppenmitgliedern deutlich und verständlich.
- *Verstecken Sie sich nicht hinter anderen.* Wenn Sie etwas wollen, sagen Sie deutlich: „Ich will das so, weil ...“ Achten Sie auf die Argumente der anderen und beziehen Sie sich in Ihren Begründungen darauf.
- *Bestimmen Sie eine Gruppenleitung.* Sie ist für Absprachen mit der Lehrkraft und mit den anderen Gruppen zuständig. Sie achtet darauf, dass die Arbeitsplanung eingehalten und dass gemeinsame Arbeiten gerecht verteilt werden.
- *Achten Sie auf die Zeit.* Wenn Sie nicht bis zum abgesprochenen Zeitpunkt fertig werden, melden Sie dies der Lehrkraft rechtzeitig.
- Jede Gruppe muss dafür sorgen, dass die *Arbeitsergebnisse festgehalten* werden. Wenn im Arbeitsauftrag nichts anderes festgelegt worden ist, können Sie sich selbst aussuchen, wie Sie die Arbeitsergebnisse festhalten (vgl. Methode: Produkte für Präsentationen).

Methode

Quellen suchen

In der wissenschaftlichen Praxis sind ausschließlich *Texte* und *Abbildungen* als *Quellen* zugelassen. Wie finden Sie zuverlässige Quellen zu physikalischen Themen?

- Achten Sie bei Quellen im Internet darauf, dass die Seiten von ausgewiesenen *Bildungsorganisationen* sind, etwa öffentlichen Einrichtungen, *Fachzeitschriften* oder redaktionell betreuten *Bildungsportalen*. Ein Blick ins Impressum der Seite hilft Ihnen bei der Einordnung.
- *Wissenschaftliche Suchmaschinen* helfen Ihnen, wissenschaftliche Bücher oder Zeitschriftenartikel zu finden. Manche von ihnen sind frei verfügbar, manche erhalten Sie nur über eine Bibliothek.
- Sehen Sie sich mindestens *eine weitere zuverlässige Quelle* zu dem Thema an. Decken sich die Informationen mit Ihrer ersten Quelle? Falls nicht, müssen Sie noch einmal genauer recherchieren.
- Achten Sie darauf, dass Ihre *Quellen nicht zu alt* sind und somit eventuell nicht den aktuellen Stand der Forschung widerspiegeln.

Methode

Texte erschließen

Die wichtigste Quelle in der EVA-Zeit sind Sachtexte. Um einen Sachtext besser zu verstehen, können Sie dieses Fünf-Phasen-Schema anwenden:

1. **Orientieren Sie sich im Text**
   - Suchen Sie das Thema.
   - Machen Sie sich mit den Abbildungen vertraut.
   - Überfliegen Sie den Text („skimming“ – sich einen Überblick über den Text verschaffen).
   - Trennen Sie offensichtliche Sinnabschnitte mit einem Strich voneinander.
2. **Suchen Sie „Verstehensinseln“ im Text**
   - „Verstehensinseln“ sind die Teile eines Textes, die Sie verstehen und von denen die Erschließung ausgeht. Beginnen Sie von hier aus.
   - Markieren Sie alle Fachnomen, Fachverben und Adjektive/Adverbien farblich.
3. **Erschließen Sie den Text abschnittsweise**
   - Erstellen Sie ein Begriffsnetz (Concept Map), indem Sie die Nomen aufschreiben und mit Pfeilen verbinden. Die Beschriftung der Pfeile orientiert sich an den Verben und Adjektiven.
   - Setzen Sie die Verstehensinseln zueinander in Beziehung. Gehen Sie hier gründlich vor!
4. **Suchen Sie den roten Faden**
   - Lesen Sie den Text noch einmal und verbinden Sie die Sinnabschnitte geistig miteinander.
   - Fassen Sie den Text kompakt zusammen.
5. **Reflektieren Sie abschließend**
   - Ordnen Sie den Sinn des Texts für sich neu.
   - Überprüfen Sie, was Sie verstanden haben.
   - Notieren Sie offene Fragen.

Methode

Quellen angeben

Sie müssen stets die Quellen angeben, die Sie für Ihre Arbeit verwenden. Damit belegen Sie Ihre Aussagen und machen sie nachprüfbar. Beispielhaft gibt es auf S. 240 ein Quellenverzeichnis zu ausgewählten Inhalten, auf das auch an den entsprechenden Stellen im Text verwiesen wird.

- Bei Büchern wird dabei mindestens der Name der Autoren, das Erscheinungsjahr, der Titel und der Verlagsort und die einzelne Seite angegeben. Beispiel:
  Quelle: Hanslmeier, A. (2020), Einführung in Astronomie und Astrophysik, Berlin, S. 129
- Internetseiten zitiert man mit dem Namen der Autoren (oder Herausgebern, Institution, Stiftung, Website, ...), Titel der Quelle, Abrufdatum und URL. Beispiel:
  Quelle: LEIFIphysik, Grundwissen Reversible und Irreversible Vorgänge, zuletzt aufgerufen am 02.05.2023, https:/www.leifiphysik.de/uebergreifend/energieentwertung/grundwissen/reversible-und-irreversible-vorgaenge
- Zeitschriftenartikel werden – auch, wenn Sie sie online abgerufen haben – angegeben mit Name, Erscheinungsjahr, Titel, Zeitschriftennamen, Jahrgang (Heftnummer), Seitenzahl. Beispiel:
  Quelle: Janssen, M., Renn, J. (2015), Einsteins Weg zur allgemeinen Relativitätstheorie, Spektrum der Wissenschaft, 15(10), S. 48–55

Methode

Produkte für Präsentationen erstellen

Machen Sie sich vor dem Erstellen einer Präsentation klar, an wen Sie sich damit wenden möchten. Richten Sie die Präsentation an dieser Zielgruppe aus. So z. B. unterscheidet sich eine Präsentation für Experten eines Fachs deutlich von einer für Laien, die Sie für das Thema begeistern wollen.
Beantworten Sie im Vorfeld z. B. folgende Fragen:

- Wie alt ist die Zielgruppe? Das ist z. B. dafür wichtig, wie Sie die Informationen visualisieren (vgl. auch Methode auf S. 87).
- Welches Vorwissen hat die Zielgruppe? Ggf. müssten Sie einige Grundlagen erklären.
- Welche Interessen hat die Zielgruppe? Das kann dabei helfen, die Zielgruppe stärker für das Thema zu begeistern.
- Welche Erwartungen hat die Zielgruppe an Ihre Darstellung? (Erweiterung des Wissens, Einholen eines Ratschlags, Überblick erhalten, ...)

Zentrale Elemente einer Präsentation sind eine *klare inhaltliche Struktur* sowie *Visualisierungen und Abbildungen*, die von erklärenden Stichpunkten oder Textbausteinen begleitet werden. Dabei müssen alle verwendeten *Quellen angegeben* werden.

- **Klassisches Plakat:** Auf einem DIN-A2- oder DIN-A1-Karton können Sie Ihre Ergebnisse darstellen, zum Beispiel auch als zweidimensionale Mindmap oder Concept Map. Ein Poster muss selbsterklärend sein, das heißt, die Inhalte müssen sich alleine durch das Lesen der Texte und Betrachten der Abbildungen erschließen lassen.
- **Flyer** (Faltprospekt): Mit einem Flyer können Inhalte ansprechend und übersichtlich aufbereitet werden, und Ihre Mitschülerinnen und Mitschüler erhalten ein Produkt, das sie als Sicherung mitnehmen können. Eine Form des Flyers sind Minibooks (vgl. Mediencode), die digital erstellt, ausgedruckt und so gefaltet werden, dass ein kleines Buch entsteht. MC 67055-15
- **Digitale Pinnwand:** Eine Variante zum klassischen Plakat sind digitale Arbeitsflächen, auf denen Sie kollaborativ arbeiten, aber auch Ihre Informationen entsprechend aufbereiten können (Beispiele siehe Mediencode). Es gelten die gleichen Gestaltungsprinzipien wie beim klassischen Poster. MC 67055-16
- **Erklärvideo:** In einem Erklärvideo können Sie Ihre Inhalte multimedial präsentieren. Grundlage kann eine klassische Folienpräsentation sein, deren Folien einzeln mit einem Audiokommentar besprochen und anschließend als Video exportiert werden. Eine Alternative sind Erklärvideos, die mit der Legetechnik erstellt werden. Beim Sprechen ist vor allem darauf zu achten, dass die Intonation und Modulation der Stimme abwechslungsreich und anregend sind.

Methode

Informationen visualisieren

Visualisierungen dienen dazu, Informationen leichter erfassbar zu machen. Einen Text oder einen Zusammenhang zu visualisieren, ist eine große Hilfe für das eigene Verständnis und für Präsentationen unerlässlich.

Mindmap

Fachinhalte werden hierarchisch gegliedert. Diese Darstellung eignet sich sehr gut für Kategorisierungen. Sie ermöglicht einen schnellen Überblick.

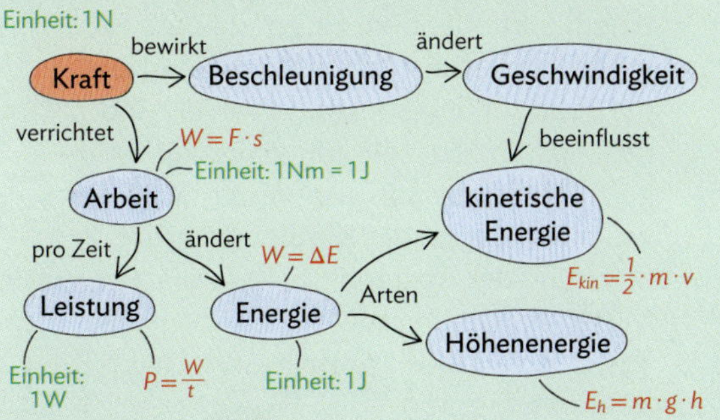

Conceptmap (Begriffsnetz)

Fachnomen werden durch beschriftete Pfeile miteinander verbunden, die die Beziehung zwischen den Begriffen ausdrücken. Diese Darstellung eignet sich, um wechselseitige und komplexe Beziehungen zum Ausdruck zu bringen.

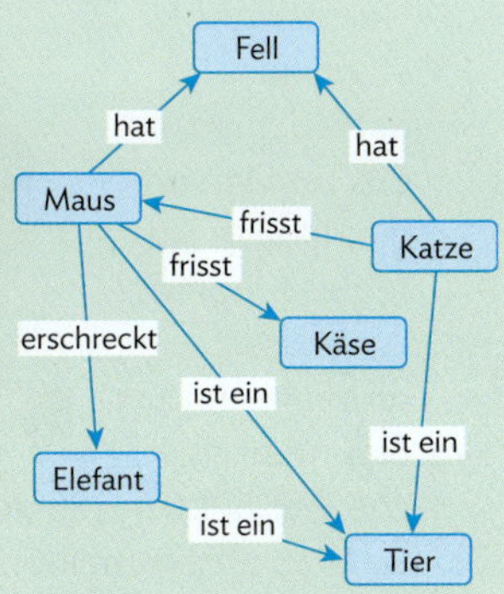

Flussdiagramm

Auch hier werden Fachbegriffe mit Pfeilen verbunden. Es stehen Wirkrichtungen, Gabelungen durch Entscheidungen oder Prozesse im Vordergrund. Diese Darstellung eignet sich, um Abläufe, Wirkrichtungen und Varianten zu veranschaulichen.

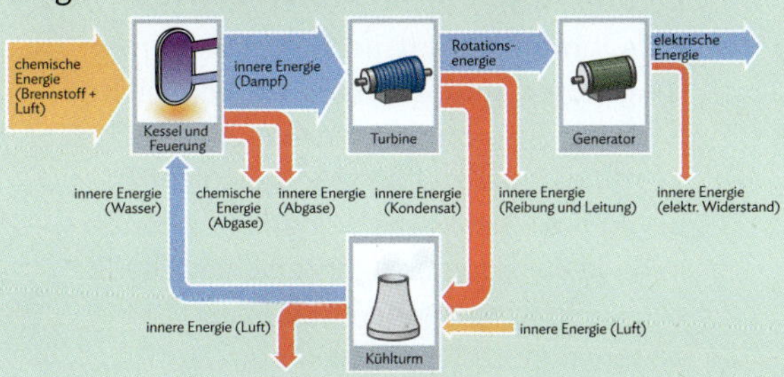

Video/Animationen

Mit Videos oder Animationen lassen sich insbesondere Prozesse veranschaulichen, die nichtstatisch sind. Dieses Mittel ist allerdings nur digitalen Visualisierungen vorbehalten.

Diagramm

Ein Kurvendiagramm zeigt den qualitativen oder quantitativen Zusammenhang zwischen zwei Größen auf. Balken-, Säulen- oder Tortendiagramme veranschaulichen Zahlen oder Verhältnisse.

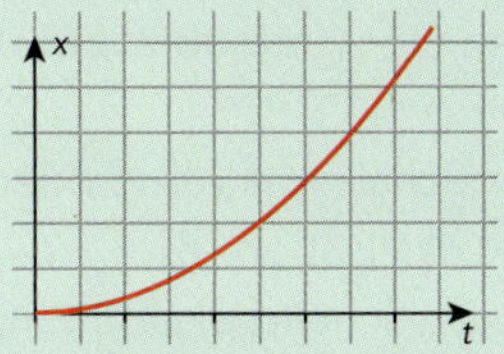

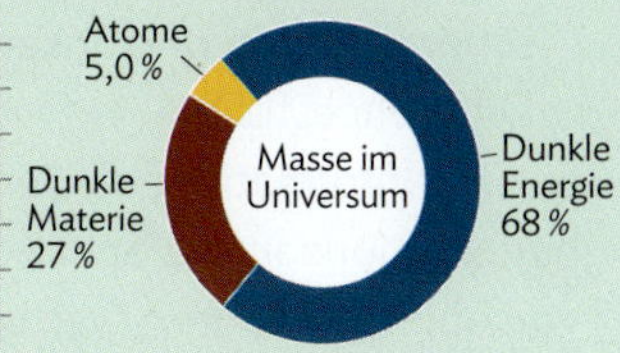

Illustration (Schaubild)

Ein Schema ist eine bildliche Vereinfachung von realen Gegenständen, kann aber auch Elemente enthalten, die in der Realität nicht sichtbar sind. In einer Illustration findet sich nur, was wichtig für das Verstehen ist. Die Kunst ist es, geeignete Reduktionen vorzunehmen. Beschriftungen sollten sich immer in unmittelbarer Nähe der bezeichneten Elemente befinden.

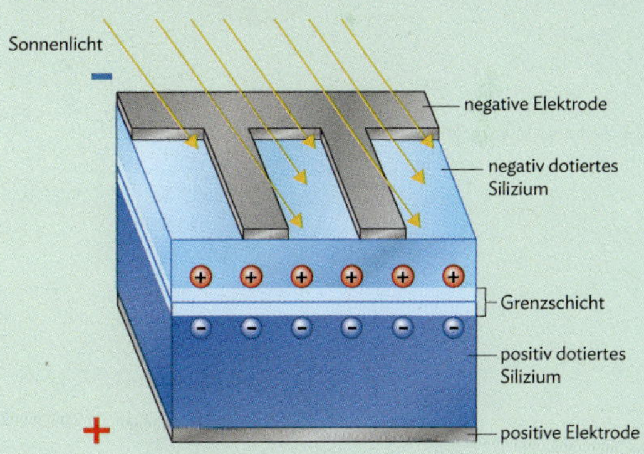

Foto

Natürlich ist auch das Foto eines Gegenstands oder eines Vorgangs eine Visualisierung.

M1: Möglichkeiten zum Richtungshören

Für die Information, ob der Schall von rechts oder links kommt, werden beim Menschen die Unterschiede der akustischen Signale im rechten und linken Ohr ausgewertet (B1a). Abhängig von der Position der Schallquelle sind folgende Effekte denkbar:

- Die Laufzeiten von der Schallquelle bis zum rechten bzw. linken Ohr unterscheiden sich (Interaural Time Difference, ITD).
- Die wahrgenommenen Lautstärken unterscheiden sich, hervorgerufen durch akustischen Schatten und geometrische Abschwächung, zwischen rechtem und linkem Ohr (Interaural Level Difference, ILD).

Für die Information, ob der Schall von vorne oder hinten (horizontale Schall-Lokalisation, B1b) bzw. von oben oder unten (vertikale Schall-Lokalisation, B1c) kommt, können außerdem Frequenzveränderungen des Schalls durch die Form der Ohrmuschel ausgewertet werden.

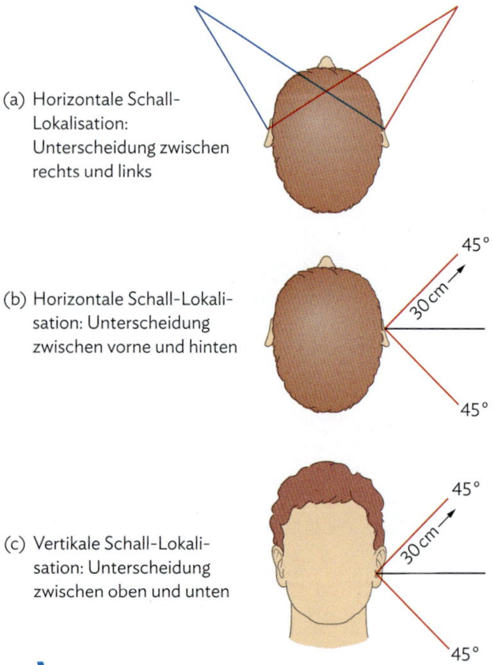

B1 Formen der Schall-Lokalisation

Die Funktionsweise der Ohrmuschel bei der Schallquellenlokalisierung beruht auf Reflexion, Beugung und Interferenz (Kap. 4.1). Der auf die Ohrmuschel treffende Schall wird – je nach Frequenz – von den knorpeligen Windungen der Ohrmuschel unterschiedlich stark gebeugt bzw. reflektiert und in den

Arbeitsauftrag 1

a) Erstellen Sie eine Übersicht zu den im Text erläuterten Hypthesen zur Funktion des Richtungshörens.

b) Verbinden Sie einen ca. 1 m langen **V** Schlauch mit zwei Trichtern und markieren Sie die Schlauchmitte. Stülpen Sie dann diese Vorrichtung über die beiden Ohren der Versuchsperson (siehe Abbildung). Der Partner der Testperson klopft nun mit einem Stift oder dem Finger auf den Schlauch, wobei er bei jeder Wiederholung die Seite zur Schlauchmitte variiert und den Abstand zur Mittenmarkierung verringert. Die Testperson gibt jedes Mal an, auf welcher Seite sie das Klopfen hört. Die Seite und der Abstand des Klopfens zur Mittenmarkierung sowie die Aussage der Testperson werden protokolliert. Leiten Sie aus Ihren Messdaten ab, bis zu welchem Abstand zur Schlauchmitte die Testperson die richtige Seite des Klopfens zuverlässig zuordnen kann.

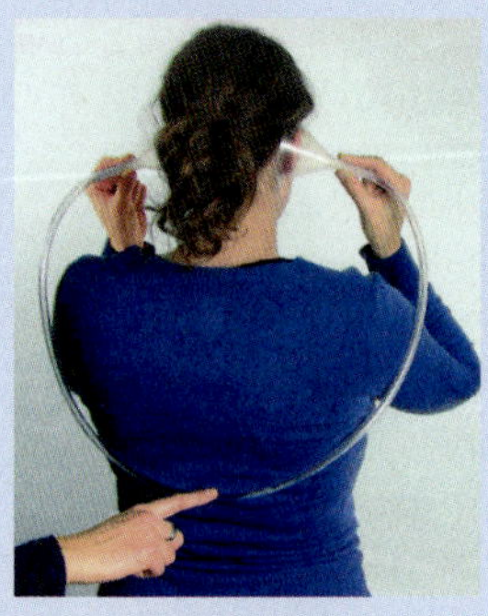

c) Das menschliche Gehör kann Laufzeitunterschiede bis zu 10 µs unterscheiden. Prüfen Sie durch Rechnung, ob Ihre Ergebnisse aus b) mit diesem Wert erklärbar sind.

d) Ob ITD oder ILD den stärkeren Beitrag zum Richtungshören leistet, ist frequenzabhängig. Recherchieren Sie dazu im Internet.

e) Beurteilen Sie, ob Interferenzeffekte an der Ohrmuschel tatsächlich zum Richtungshören beitragen können. Vergleichen Sie dazu die erreichbaren Gangunterschiede mit den maßgeblichen Wellenlängen.

f) Berechnen Sie für die beiden Situationen in B3 jeweils den Gangunterschied sowie die Wellenlängen und Frequenzen, bei denen ein Interferenzmaximum auftritt. Daten: $D = 5{,}0\,\text{m}$, $d = 3{,}0\,\text{m}$

Gehörgang geleitet. Hohe Frequenzen werden besser reflektiert, während tiefere Frequenzen stärker gebeugt werden. Dadurch nimmt Schall unterschiedlicher Frequenz im Außenohr einen anderen Weg, obwohl der Schall auf die gleiche Stelle auftrifft. Als Folge kommt es zu frequenzabhängigen Laufzeitunterschieden (B2). Im Gehörgang interferieren diese Schallwellen, was zu einer Veränderung des Klangspektrums führt. Je nach der Position, an der der Schall im Außenohr auftrifft, ist dieser Effekt stärker oder schwächer ausgeprägt. Das Außenohr wirkt also wie ein Filtersystem, welches je nach Richtung einem Geräusch eine andere Klangfärbung verleiht. Schallquellen kommen nie isoliert im Raum vor. Es gibt immer Gegenstände, die den Schall reflektieren. Somit können im Ohr auch direkt einfallende und reflektierte Schallanteile interferieren. B3 zeigt dies für eine Schallquelle, die immer gleich weit vom Ohr entfernt ist, sich aber in unterschiedlichen Richtungen befindet. Für die Interferenz ist der Gangunterschied zwischen den beiden Anteilen entscheidend. Er lässt sich leichter durch Betrachtung einer „Spiegelschallquelle" (Kap. 4.1) bestimmen. Je nach Richtung ergeben sich ein anderer Gangunterschied und damit auch andere Wellenlängen, für die ein Interferenzmaximum vorliegt.

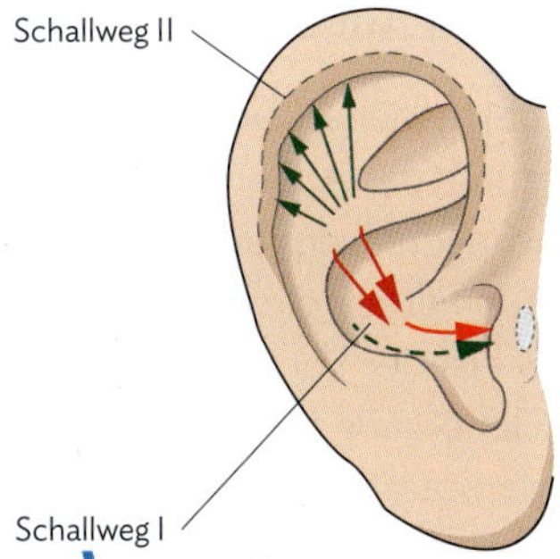

B2 \ Entstehung frequenzabhängiger Laufzeitunterschiede

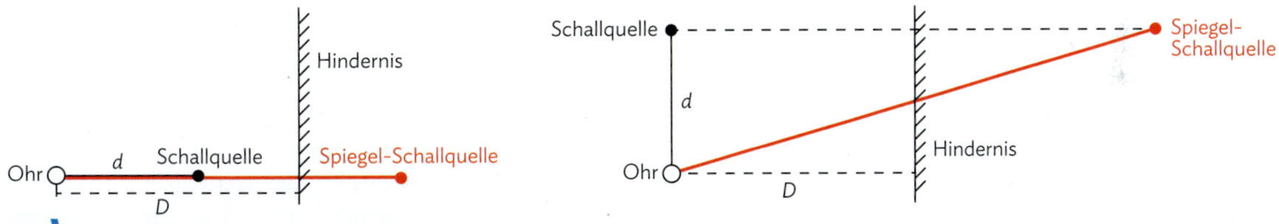

B3 \ Superposition von direkt einfallenden und reflektierten Schallanteilen

Arbeitsauftrag 2

a) Für das folgende Experiment benötigen Sie: 4 kleine Kugeln aus Plastilin, Knetmasse oder Ohrstöpsel, V 24 Spielkarten, davon 12 schwarze und 12 rote (ein Skatblatt ohne 7 und 8), Rassel oder kleine Dose mit etwa 20 Reiskörnern, Augenbinde, Uhr mit Sekundenzeiger.
Durchführung:
- Jeweils vier Personen bilden eine Versuchsgruppe. Ein Gruppenmitglied nimmt als Versuchsperson auf einem Stuhl Platz. Der Versuchsperson werden die Augen verbunden.
- Die zweite Person mischt die Karten und deckt für jeden von 24 Einzeltests (für jede Karte einen) im 5-Sekunden-Takt eine Karte auf. Je nach Versuchsvariante bedeutet eine rote Karte oben oder vorne. Eine schwarze Karte steht entsprechend für unten oder hinten.
- Die dritte Person rasselt kurz zweimal hintereinander etwa 30 cm vom rechten Ohr entfernt. Für die vertikale Schall-Lokalisation wird das Geräusch im Winkel von etwa 45° über bzw. unter der geraden Hörachse erzeugt (B1c), für die horizontale Schall-Lokalisation vor bzw. hinter der Geraden (B1b). Der Ortswechsel der Schallquelle zwischen zwei Tests sollte möglichst geräuschlos erfolgen.
- Eine Protokollantin oder ein Protokollant notiert jeweils den Ort des Schallereignisses und die Angabe der Versuchsperson, wo sie das Geräusch gehört hat.

b) Wenn der Stapel Karten verbraucht ist, folgt ein zweiter Durchgang mit neu gemischten Karten. Diesmal bekommt die Versuchsperson in beide Ohren an die in der Abbildung dargestellten Stellen (1) und (2) Plastilin oder Ohrstöpsel.

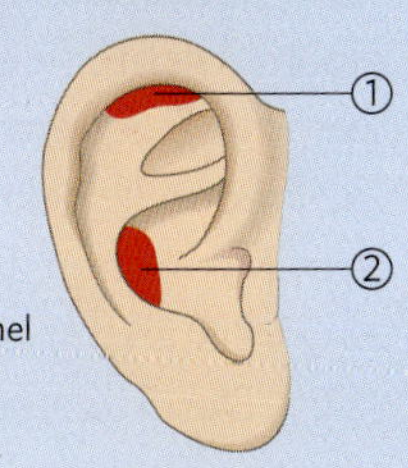

Partieller Verschluss von Concha-Höhle und Tunnel

c) Werten Sie Ihre Daten aus und formulieren Sie ein Ergebnis.

M2: Das Außenohr als selektiver Frequenzfilter

Bei manchen Tierarten werden die Geräusche von Beutetieren durch das Außenohr verstärkt. Diese Verstärkung ist allerdings je nach Frequenz unterschiedlich und wird unter anderem auch durch die Form der Ohrmuscheln der Jäger bestimmt. In B4 ist der Verstärkungseffekt durch die Ohrmuschel bzw. den Gehörgang für die australische Gespenstfledermaus (Macroderma gigas) dargestellt. Deutlich zu erkennen ist die Verstärkung im Bereich zwischen 4 kHz und 30 kHz. Dies entspricht genau dem Frequenzbereich von typischen Raschelgeräuschen, die von Beutetieren der Fledermaus erzeugt werden.

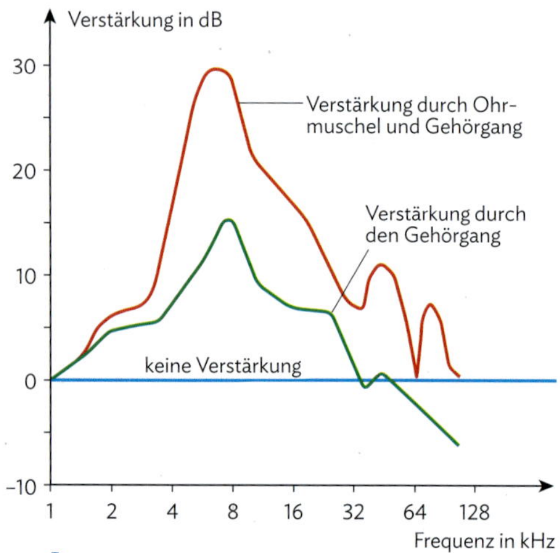

B4 Verstärkung bestimmter Frequenzen durch Ohrmuschel und Gehörgang

Die Verstärkung einzelner Frequenzen beruht auf Beugung und Interferenz von Schallwellen. Zusätzlich führen hier aber auch Resonanzeffekte (Kap. 5.2) zu einer Verstärkung bestimmter Frequenzen, denn die verschiedenen Eigenfrequenzen der schallleitenden Elemente des Außenohrs wirken ebenfalls frequenzselektiv. So wird z. B. beim Menschen im Gehörgang eine Resonanz bei ungefähr 3,3 kHz angeregt, die genau im Frequenzbereich der menschlichen Stimme liegt. Dort besitzt unser Ohr zudem die größte Empfindlichkeit (B6 auf S. 82).

Der Einfluss der Ohrmuschel und des Gehörgangs auf die Klangfärbung eines Geräuschs ist also bei der Verstärkung bestimmter Frequenzen bedeutsam. Er kann experimentell mit einem Trichter, einem Mikrophon und entsprechender Software zur Frequenzanalyse simuliert werden (B5).

Im Frequenzspektrum eines Geräusches ohne und mit auf dem Mikrophon aufgesetztem Trichter erkennt man deutlich eine Verstärkung des Schalldruckpegels bei hohen Frequenzen (B6). Der Trichter, der die Ohrmuschel simuliert, verändert also das Klangspektrum des Geräusches.

Arbeitsauftrag 1

a) Beurteilen Sie, ob die Betrachtungen bei der Fledermaus ohne Weiteres auf den Menschen übertragbar sind. Gehen Sie dabei insbesondere auf die zugrunde liegenden Frequenz- bzw. Wellenlängenbereiche ein.

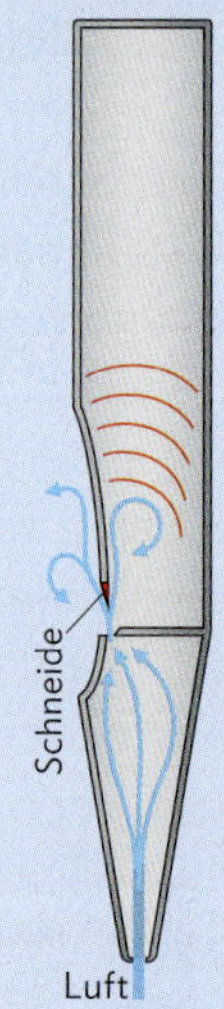

b) Viele Orgelpfeifen erzeugen den Ton, indem ein Luftstrom auf eine Schneide geleitet wird. Die dort entstehenden Luftwirbel regen die Luftsäule im Inneren der Pfeife periodisch an. Die resultierende stehende Welle besitzt in der Regel nur einen Knoten (vgl. S. 230 „Beugung und Interferenz von Wellen"). Begründen Sie damit den Zusammenhang zwischen der Länge l der Orgelpfeife und der Wellenlänge λ der stehenden Welle: $l = \frac{\lambda}{4}$.

c) In einem einfachen Modell wird der Gehörgang als Röhre der Länge 2,5 cm betrachtet. Er ist an einer Seite offen und an der anderen Seite durch das Trommelfell abgeschlossen, entspricht also der abgebildeten Orgelpfeife. Berechnen Sie die Frequenz der stehenden Welle im Gehörgang; verwenden Sie dabei den Zusammenhang zwischen λ und f sowie die Schallgeschwindigkeit $c = 343\,\frac{\text{m}}{\text{s}}$. Vergleichen Sie Ihr Ergebnis mit der Angabe im nebenstehenden Text.

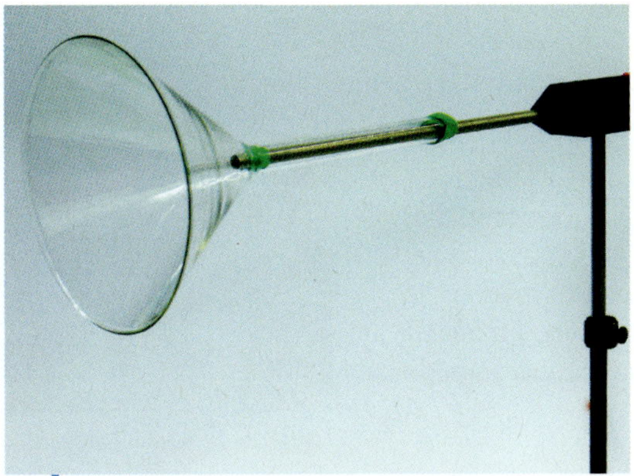

B5 \ Simulationsexperiment zum Einfluss des Außenohrs auf die Klangfärbung eines Geräusches

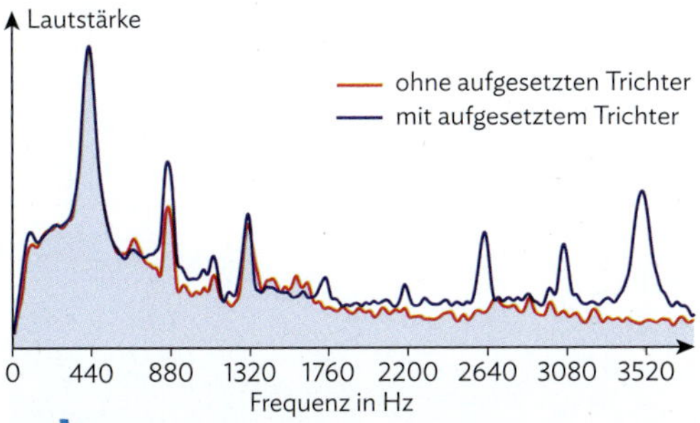

B6 \ Frequenzanalyse eines Geräusches ohne und mit auf dem Mikrophon aufgesetztem Trichter

Die selektive Verstärkung bzw. Abschwächung bestimmter Frequenzen kann auch zum Richtungshören beitragen. Abhängig von der Position der Schallquelle in der vertikalen Ebene verändern sich die Klangspektren auf charakteristische Weise. Dies erlaubt Rückschlüsse auf die vertikale Position der Schallquelle (B7).

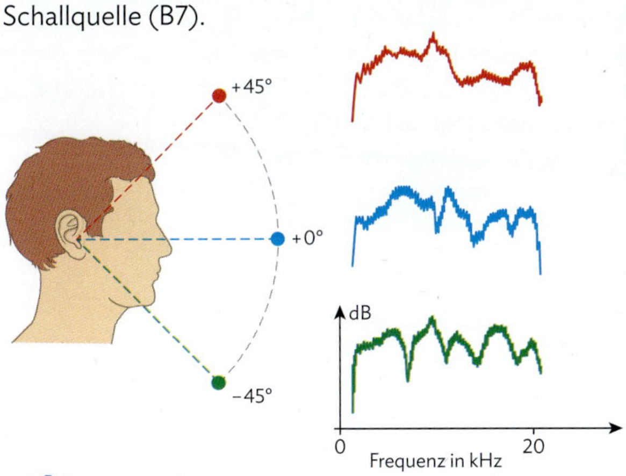

B7 \ Charakteristische Änderung des Klangspektrums abhängig von der vertikalen Position der Schallquelle
Quelle der Abbildung: siehe S. 240.

Arbeitsauftrag 2

a) Führen Sie das folgende Experiment durch: Nehmen Sie mithilfe Ihres Smartphones das Frequenzspektrum eines gut reproduzierbaren Geräusches mit vielen unterschiedlichen Frequenzanteilen auf. Vergleichen Sie das Spektrum dieses Geräusches mit Spektren des gleichen Geräusches, wenn das Tonsignal durch einen Trichter oder eine zylinderförmige Rolle geleitet wird, bevor es auf das Smartphone trifft. Achten Sie darauf, dass das Schallsignal im Wesentlichen über den Trichter bzw. die Rolle an das Mikrophon gelangt. Suchen Sie dazu die Position des Mikrophons und dichten Sie die Anordnung eventuell mit etwas Knetgummi ab. Falls möglich, wiederholen Sie das Experiment mit einem Trichter anderer Größe und vergleichen Sie.

b) Erstellen Sie eine Mindmap mit den wesentlichen Zusammenhängen und Begriffen im Kontext der Beugung und Interferenz. Gehen Sie dabei insbesondere auf den Gangunterschied, die Interferenzbedingungen für konstruktive und destruktive Interferenz, die Beugung und das Huygens'sche Prinzip ein.

c) Erläutern Sie die Bedingungen, die die Wellenlänge des Schalls und die Abmessung von Hindernissen oder Strukturen erfüllen müssen, damit Beugung bzw. Interferenz beobachtbar sind.

d) Führen Sie zur Überprüfung Ihrer Überlegungen aus Teilaufgabe c) folgendes Experiment durch: Erzeugen Sie mit zwei Smartphones über eine geeignete Tongenerator-App zwei Sinustöne gleicher Frequenz, z. B. 440 Hz. Platzieren Sie beide Smartphones im Abstand von 1,5 m voneinander und entfernen Sie sich etwas. Bewegen Sie sich vor den Smartphones und halten Sie sich dabei ein Ohr zu. Achten Sie auf Lautstärkeunterschiede. Wiederholen Sie das Experiment, wenn die Smartphones direkt nebeneinander liegen.

MC 67055-17

Abschließender Arbeitsauftrag für die Partnerarbeit

Bilden Sie jeweils Paare aus den beiden Arbeitsgruppen und arbeiten Sie gemeinsam.

Das Außenohr der Fledermaus Hilfe: MC 67055-99

Die Ohren vieler Fledermausarten weisen eine Rillung auf. Die Abbildung unten zeigt ein stark vereinfachtes Modell der Ohrmuschel. Dabei wird der von der Fledermaus erzeugte und an der Beute reflektierte Ultraschall an den Rillen reflektiert und in Richtung Trommelfell geleitet. Rot markiert ist diejenige Wegstrecke, die für den Gangunterschied relevant ist. Zu beachten ist, dass im rechten Teil der Abbildung dieser Gangunterschied um die grüne Wegstrecke reduziert wird.

Ohren des Braunen Langohrs

Berechnen Sie aus der Geometrie für beide Fälle den Gangunterschied zwischen Schallwellen, die an benachbarten Rillen gebeugt werden. Bestimmen Sie dann die Frequenzen im Bereich von 20 kHz bis 300 kHz, bei denen eine konstruktive bzw. destruktive Interferenz zu erwarten ist. Die Rillen haben einen Abstand von ca. 2,0 mm; die Formeln zum Doppelspalt gelten auch wie hier bei mehr Wellenzentren.

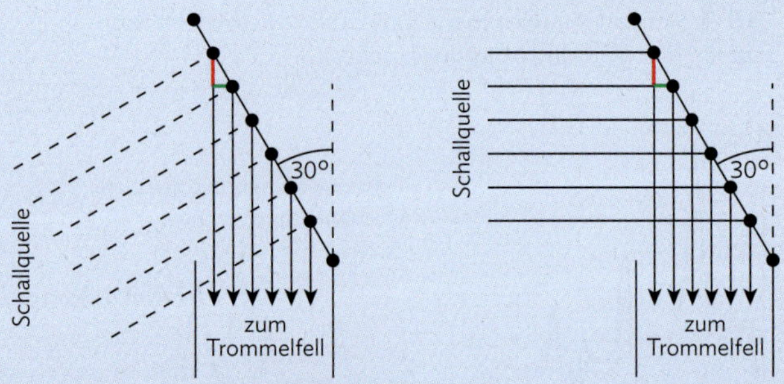

links: senkrecht einfallender Schall,
rechts: horizontal einfallender Schall

Skizzieren Sie qualitativ die am Trommelfell ankommenden Spektren bei senkrechtem und horizontalem Einfall im Vergleich. Gehen sie dabei davon aus, dass die Schallquelle alle Frequenzen im angegebenen Bereich gleichmäßig aussendet. Markieren Sie in den beiden Spektren zunächst die zuvor bestimmten Frequenzen, die verstärkt bzw. abgeschwächt werden.

Erläutern Sie auf Basis ihrer Ergebnisse, wie die Fledermaus diese Interferenzen zur Lokalisation nutzt.

Das Außenohr des Menschen Hilfe: MC 67055-99

Berechnen Sie die maximalen Laufzeit- und Schallintensitätspegelunterschiede durch geometrische Abschwächung, die sich am linken und rechten Ohr ergeben. Verwenden Sie dabei folgende Informationen: Kopfbreite Mensch: 16 cm, Entfernung der Schallquelle vom rechten Ohr: 8,0 m.

Das menschliche Gehör kann Laufzeitunterschiede bis zu 10 µs und (je nach Quelle) Pegelunterschiede von 0,3 dB bis 1,0 dB gerade noch wahrnehmen. Beurteilen Sie anhand ihrer obigen Ergebnisse, ob das menschliche Gehör in dieser Situation sowohl Laufzeit- als auch Pegelunterschiede auswerten kann.

Bei hohen Tönen ergeben sich zusätzlich zu den Pegelunterschieden durch geometrische Abschwächung auch Pegelunterschiede durch den beugungsbedingten akustischen Schatten. Dieser Effekt tritt auf, sobald der Spalt oder das Hindernis größer als die fünffache Wellenlänge ist. Schätzen Sie auf Basis dieser Informationen ab, ab welcher Grenzfrequenz beim menschlichen Kopf ein akustischer Schatten auftritt.

Exkurs: Entfernungslokalisation und Echoortung

Um die Position einer Schallquelle zu bestimmen, sind nicht nur Informationen über die Richtung, sondern auch Informationen zur Entfernung der Schallquelle nötig. Diese Informationen können passiv (Lokalisation) oder aktiv (Ortung) erlangt werden.

Im Gegensatz zum Richtungshören werden zur Entfernungslokalisation die Signale vorwiegend mit erlernten Reizmustern verglichen. Daher funktioniert die Entfernungslokalisation nur bei bekannten Schallereignissen zuverlässig. Das Schallereignis wird unter anderem folgendermaßen verändert:

- Hohe Frequenzen werden stärker von der Luft absorbiert als tiefe.
- Tiefe Frequenzen werden an Hindernissen stärker gebeugt als hohe Frequenzen.
- Der Schallintensitätspegel nimmt mit der Entfernung ab.

Arbeitsauftrag

Überprüfen Sie diese Aussagen in Partnerarbeit experimentell. Sie benötigen zwei Smartphones.
Partner 1 spielt mithilfe einer Tongenerator-App einen tiefen Ton mit fester Frequenz und Lautstärke ab. Partner 2 misst mithilfe einer App die Lautstärke (Schalldruckpegel) dieses Tons.
Partner 2 entfernt sich nun von Partner 1 und misst dabei kontinuierlich den Schalldruckpegel.
Partner 2 bleibt nun in einiger Entfernung zu Partner 1 stehen. Partner 1 erhöht nun schrittweise die Frequenz des Tones, während Partner 2 kontinuierlich den Schalldruckpegel misst. Der Versuch wird nun wiederholt. Dieses Mal wird die subjektive Lautstärkeempfindung von Partner 2 betrachtet. Vergleichen Sie die subjektiv wahrgenommenen Lautstärkeunterschiede mit ihren Messungen. Erklären Sie ihren Befund mithilfe der Hörkurve aus Kapitel 4.2.
Partner 1 spielt mit der Tongenerator-App einen sehr tiefen Ton ab und stellt sich an eine Ecke. Partner 2 geht um die Ecke herum und stellt sich so hin, dass kein Sichtkontakt besteht. Partner 2 misst den Schalldruckpegel. Nun wird die Frequenz des Tones erhöht.

Da die Entfernungslokalisation nur bei bekannten Klangereignissen zuverlässig funktioniert, verwenden Tiere, die im Dunkeln jagen wie z. B. Fledermäuse (B8) und Zahnwale (B9), die Echoortung. Bei der Echoortung werden aktiv Schallwellen ausgesendet und anschließend die reflektierten Schallwellen ausgewertet. Somit ist sichergestellt, dass das ausgesendete Klangmuster bekannt ist und zuverlässig mit dem ankommenden Klangmuster verglichen werden kann. Zur Echoortung werden meist hochfrequente, oft im Ultraschall liegende Laute verwendet, da diese durch ihre kurze Wellenlänge auch von kleinen Objekten zurückgeworfen werden und eine höhere Auflösung ermöglichen. Zusätzlich kann auch der Zeitverzug zwischen dem ausgesendeten und reflektierten Signal bestimmt und damit die Entfernung ermittelt werden. Einige Aufmerksamkeit hat ein Video der blinden Mädchen Tatiana und Krista erlangt. Sie haben die Fähigkeit zur Echoortung erlernt, indem sie Geräusche aus ihrer Umgebung verwenden, um sich zu orientieren und ihre Umgebung wahrzunehmen. Diese Fähigkeit wird auch als menschliche Echoortung (human echolocation) bezeichnet und ist bei einigen blinden Menschen weltweit bekannt.

B8 \ Fledermaus

B9 \ Zahnwal

Arbeitsauftrag

Recherchieren Sie im Internet über die menschliche Echoortung. Beziehen Sie auch englischsprachige Quellen in Ihre Recherche mit ein.
Versuchen Sie, sich über Echoortung zu orientieren. Verwenden Sie eine geeignete App auf Ihrem Smartphone, die Ihnen ein Chirp-Geräusch bereitstellt. Schließen Sie die Augen und versuchen Sie, sich über Klang- und Lautstärkeveränderungen des Chirp-Geräusches zu orientieren. Am besten funktioniert dies, wenn die Pause zwischen den einzelnen Klangimpulsen sehr kurz ist. Ihr Partner hilft Ihnen, nicht über Hindernisse zu stolpern.

MC 67055-18

M1: Aufbau des Innenohrs

Das Innenohr schließt über das ovale Fenster an das Mittelohr an und besteht aus den Bogengängen, in denen das Gleichgewichtsorgan untergebracht ist, und aus der Hörschnecke (lateinisch: cochlea). In der Hörschnecke wird der eingehende Schall je nach Frequenz und Amplitude in elektrische Nervenimpulse umgewandelt. Sie werden über den Hörnerv ins Gehirn geleitet und dort zu einem Höreindruck verarbeitet. Ein Ausschnitt aus der Hörschnecke ist links in der Abbildung unten dargestellt, rechts sieht man die Hörschnecke aus Gründen der besseren Übersichtlichkeit im ausgerollten Zustand. Man erkennt in der Abbildung drei Gänge. Der obere Gang (scala vestibuli) beginnt am ovalen Fenster und geht an der Spitze der Hörschnecke in den unteren Gang (scala tympani) über, welcher am runden Fenster der Hörschnecke endet. Der mittlere Gang (scala media) ist durch Membranen (unten: Basilarmembran; oben: Reißnermembran) von den anderen Gängen getrennt und beherbergt das Corti'sche Organ mit den Haarzellen, welche die mechanischen Schwingungen in elektrische Reize umwandeln. Drückt der Steigbügel das ovale Fenster nach innen, so bewegt sich die Flüssigkeit im oberen Gang Richtung Spitze der Gehörschnecke, kehrt dort beim Übergang in den unteren Gang die Richtung um, um an der Basis der Gehörschnecke das runde Fenster nach außen zu drücken.

Arbeitsauftrag

a) In der Biologiesammlung Ihrer Schule existiert ein plastisches Modell des Ohrs und/oder des Innenohrs. Fotografieren Sie dieses Modell, beschriften Sie das Foto mit den Fachbegriffen aus dem nebenstehenden Text und machen Sie dieses Dokument dem Kurs auf einer geeigneten digitalen Plattform zugänglich. Achten Sie beim Fotografieren auf günstige Perspektiven und Lichtverhältnisse.

b) Die Abbildung unten zeigt ein Funktionsmodell des Mittel- und Innenohrs; der Mediencode verlinkt ein Video dazu, in dem sich unterschiedliche Bewegungsmuster im rechten orangen Teil (dem Innenohr) erkennen lassen. Beschreiben Sie die Vereinfachungen, die in diesem Modell gemacht werden, indem Sie das Funktionsmodell mit dem biologischen Modell aus a) vergleichen. Erklären Sie, dass dennoch beide Modellarten ihre Berechtigung haben.

MC 67055-19

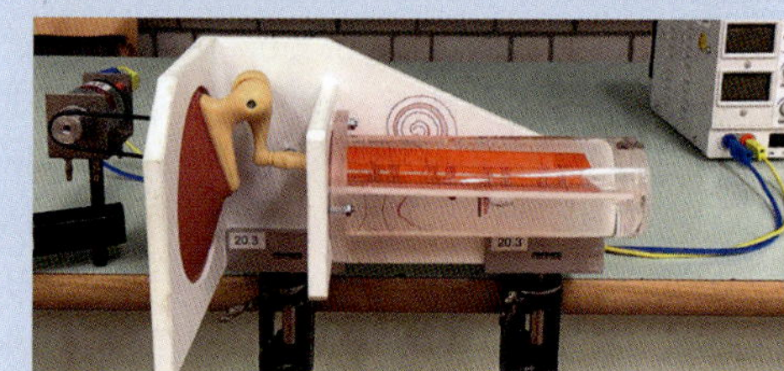

Funktionsmodell des Mittel- und Innenohrs

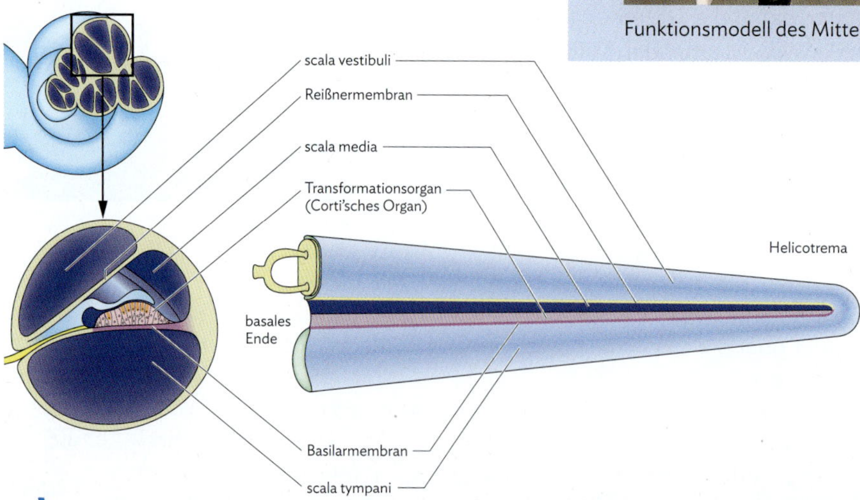

B1 \ Hörschnecke (links: senkrechter Schnitt durch den Schneckengang; rechts: „ausgerollter" Zustand)

M2: Mechanisches Analogieexperiment: Resonanz

In Kapitel 4.1 haben Sie verschiedene Schwingungsformen einer Geigensaite betrachtet. Im Physiksaal lassen diese sich mit einem Gummiband demonstrieren, das quer durch den Raum gespannt ist und an einer Seite durch einen Motor mit Exzenter in Schwingungen versetzt wird. Nur bei bestimmten Drehzahlen des Motors entstehen stabile Schwingungsmuster wie in B3. Die Frequenzen des Motors, die zur Grund- und Oberschwingung gehören, heißen Eigenfrequenzen.

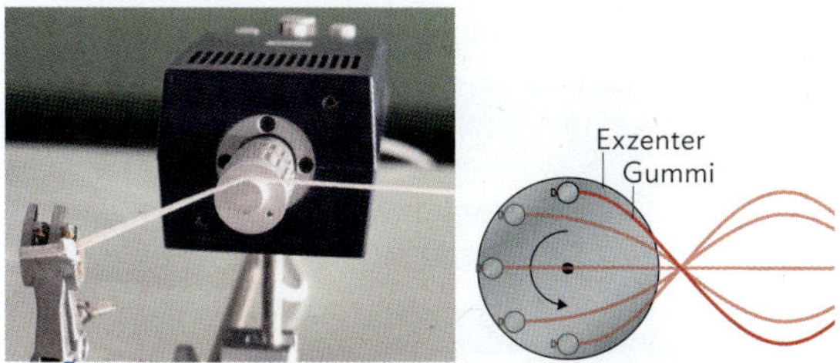

B2 Antrieb mit Exzenter

B3 Stehende Welle

Bei einem einfachen Federpendel ist die Eigenfrequenz diejenige, die sich bei einmaliger Anregung von außen ergibt. In der 11. Klasse haben Sie diese bereits untersucht; es gilt für diesen Fall: $f_0 = \frac{1}{2\pi} \cdot \sqrt{\frac{D}{m}}$. Die Eigenfrequenz hängt von der Pendelmasse *m* und der Federhärte *D* ab.

Regt man umgekehrt das Federpendel periodisch mit einer beliebigen Anregungsfrequenz *f* an, so schwingt es im Takt der Anregungsfrequenz. Jedoch ist die Amplitude dieser erzwungenen Schwingung je nach Anregungsfrequenz unterschiedlich. Sie ist am größten, wenn $f = f_0$ gilt (B4). Dieses Phänomen nennt man Resonanz.

Die Resonanzerscheinung ist umso ausgeprägter, je kleiner die Dämpfung des Oszillators ist. Unter Dämpfung versteht man einen hemmenden Einfluss wie z. B. den Luftwiderstand bei einem Pendel.

Resonanz kann nicht nur beim Federpendel, sondern bei allen schwingungsfähigen Systemen auftreten, weshalb z. B. sehr hohe Hochhäuser vor Resonanzschwingungen durch Windanregung geschützt werden („Dämpfungspendel"). Beim Innenohr wird Resonanz für das frequenzselektive Hören ausgenützt.

Arbeitsauftrag

a) Führen Sie das Experiment mit dem Gummiband selbst durch. Verändern Sie die Anregungsfrequenz durch den Motor so, dass Sie die Grundschwingung und möglichst viele Oberschwingungen erzeugen können.

b) Der Exzenterantrieb (B2) kann auch verwendet werden, um ein einfaches Federpendel mit unterschiedlicher Frequenz anzutreiben. Führen Sie dieses Experiment durch und erstellen Sie ein Diagramm ähnlich wie im Text. Anstelle der Anregungsfrequenz können Sie nach rechts auch den Spannungswert am Motor auftragen.

c) Beschreiben Sie die Extremfälle sehr kleiner und sehr großer Erregerfrequenz und demonstrieren Sie sie in einem geeigneten Freihandexperiment.

d) Suchen Sie im Internet nach Filmen zum Stichwort „Tacoma Bridge" und erklären Sie das dort sichtbare Phänomen.

e) Sammeln und beschreiben Sie weitere Situationen, in denen Resonanz eine Rolle spielt.

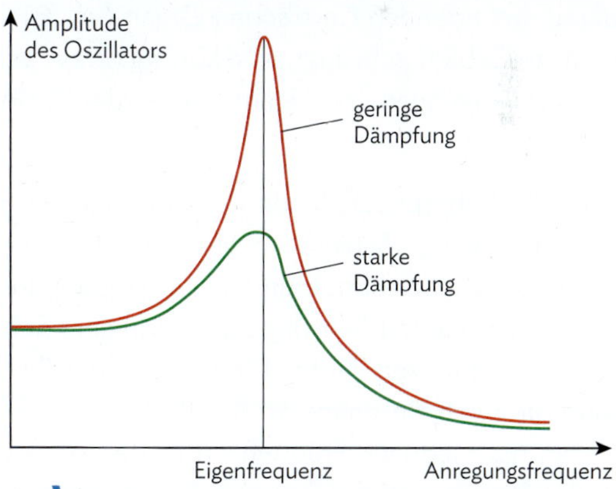

B4 Resonanzkurven – Abhängigkeit der Schwingungsamplitude von der Anregungsfrequenz

M3: Die Basilarmembran

Unser Ohr arbeitet sowohl frequenzselektiv als auch amplitudenselektiv, das heißt, wir können sowohl Tonhöhen als auch Lautstärken unterscheiden.

Text 1

Die Frequenzselektivität des Innenohrs lässt sich mit der Wanderwellentheorie erklären. Das Prinzip kann mit dem in B5 dargestellten Analogieexperiment veranschaulicht werden. Nur diejenigen Federpendel, deren Eigenfrequenzen nahe bei der Anregungsfrequenz des Kolbens liegen, schwingen stark, die anderen nehmen kaum Energie aus der Anregung auf. Man sagt, die Oszillatoren wirken frequenzselektiv.

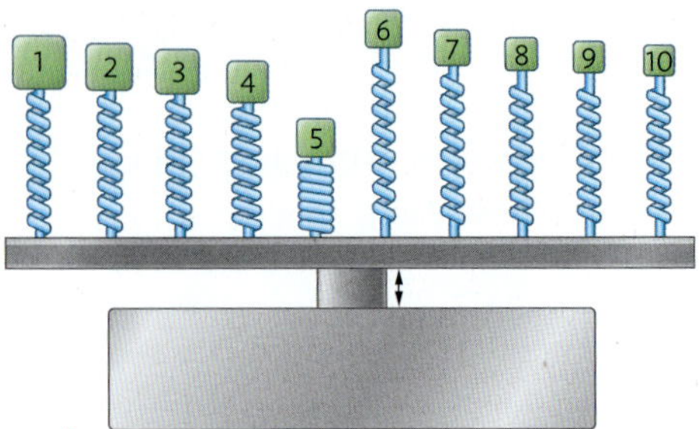

B5 Analogieexperiment zur Wanderwellentheorie

Im Fall des Innenohrs besteht das schwingungsfähige System nicht aus einzelnen Oszillatoren wie im Analogieexperiment, sondern aus der scala media mit der Basilarmembran und dem sich darauf befindenden Corti'schen Organ (vgl. B1). Obwohl dieses ganze Gebilde schwingt, wird künftig vereinfachend nur von den Schwingungen und Eigenschaften der Basilarmembran die Rede sein.

Die von den Gehörknöchelchen im Mittelohr auf das ovale Fenster übertragenen Schwingungen lösen Flüssigkeitsbewegungen in der scala vestibuli und scala tympani aus, welche die Basilarmembran zu Schwingungen anregen. Schallwellen mit großen Frequenzen (hohe Töne) regen die Basilarmembran aufgrund von Resonanz an der Basis zu Schwingungen an, Wellen mit niedrigen Frequenzen (tiefe Töne) versetzen die Basilarmembran an der Spitze in Resonanzschwingungen (B6). Dies bedeutet, dass die Basilarmembran entlang ihrer Ausdehnung das Frequenzspektrum von Klängen und Geräuschen in ein „Ortsspektrum" umwandelt, indem frequenzabhängig Sinneszellen an unterschiedlichen Orten der Membran angeregt werden. So ermöglicht die Ausnützung von Resonanz frequenzselektives Hören.

Zum Verständnis der Wanderwellentheorie kann man sich die Basilarmembran als eine kontinuierliche Aneinanderreihung

Arbeitsauftrag

a) Lesen Sie die Texte 1 und 2 und erschließen Sie sie sich nach der Methode auf S. 85. Klären Sie vorab unbekannte Wörter aus dem englischen Text.

b) Mit sogenannten Zungenfrequenzmessern wurden früher Abweichungen der Frequenz im Stromnetz gemessen. Informieren Sie sich im Internet über ihre Funktionsweise.

c) Der Begriff „Wanderwelle" stammt aus der Biologie. Beurteilen Sie, ob diese Sprechweise mit der in der Physik gebräuchlichen übereinstimmt. Wiederholen Sie dazu gegebenenfalls die Definition zum Begriff „Welle" aus der 11. Klasse.

d) Fassen Sie beide Texte zu einer Präsentation für Ihre Mitschülerinnen und Mitschüler zusammen. Wählen Sie eines der vorgestellten Analogieexperimente aus und beschreiben Sie damit das Schwingungsverhalten der Basilarmembran. Erläutern Sie die Fähigkeit des Ohrs zu einer frequenzselektiven Wahrnehmung. Beachten Sie in Ihrer Präsentation die Fachsprache und formulieren Sie in Kausalketten (Methode auf S. 233). Belegen Sie verwendete Quellen und kennzeichnen Sie – falls vorhanden – wörtliche Zitate (Methode auf S. 86).

von Geigen- oder Harfensaiten vorstellen. Jede von ihnen besitzt sogar mehrere Eigenfrequenzen, die von der Länge l der Saite und der Ausbreitungsgeschwindigkeit c_S in der Saite abhängen (vgl. Kap. 4.1). Die kleinste dieser Eigenfrequenzen beträgt $f_0 = \frac{c_S}{2l}$.

Abbildung B6 zeigt, dass die Breite der Basilarmembran von der Basis zur Spitze hin zunimmt, sich also vergrößert. Gleichzeitig nimmt die Steifigkeit und mit ihr c_S ab. Beides führt zu einem Abnehmen der Resonanzfrequenz, je näher die Schallwelle der Spitze kommt.

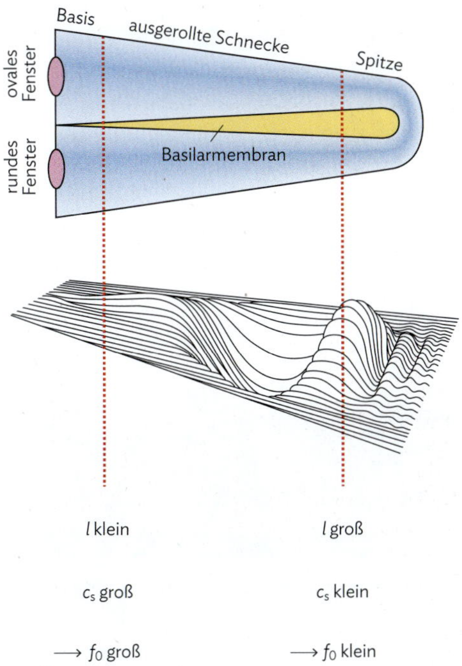

B6 \ Verteilung der Eigenfrequenzen f_0 entlang der Basilarmembran und Zusammenhang mit der Breite der Basilarmembran l und der Ausbreitungsgeschwindigkeit von Schwingungen in der Membran c_S

e) Die Basilarmembran soll durch eine Reihe von eingespannten Saiten modelliert werden. Diese sind am Anfang der Gehörschnecke kurz und werden dann immer länger.
(1) An der Stelle, an der Töne mit $f = 20$ kHz wahrgenommen werden, ist die Basilarmembran etwa 0,1 mm breit. Bestätigen Sie, dass dort die Ausbreitungsgeschwindigkeit in der „Saite" etwa 4 m/s beträgt.
(2) Berechnen Sie die Breite der Basilarmembran an der Stelle, an der Töne mit $f = 20$ Hz wahrgenommen werden.
(3) Tatsächlich beträgt die entsprechende Breite nur ca. 0,5 mm. Erläutern Sie im Rahmen des verwendeten Modells die Auflösung dieses scheinbaren Widerspruchs.

Text 2

"These components allow for sound detection and sound frequency analysis in the following fashion. The inner ear represents a closed tube (both confining windows are elastic membranes). However, an excitation at the oval window cannot form resonances along this tube because that would limit the frequencies we hear to a set of harmonics, as discussed in the previous section. Instead, the excitation at the oval window leads to a one-dimensional travelling wave, similar to the single bulge you form on a rope stretched between your hand and the wall if you briefly swing your hand up and down. [...] For each sound frequency, a specific point exists, between the oval window and the apex, where the travelling wave amplifies in the perilymph and causes the basilar membrane to vibrate. This process is controlled by the stiffness of the basilar membrane, which reduces for a factor of 10^4 along its entire length. This is caused by a thickness variation of the basilar membrane. It starts with a thickness of 0.04 mm at the oval window and ends with a thickness of 0.5 mm at the apex."

Quelle: Martin Zinke-Allmang (2009), *Physics for the Life Sciences*, Nelson Education Ltd., Toronto, 1. Auflage, S. 554

M4: Das Corti'sche Organ

Unser Innenohr arbeitet sowohl frequenzselektiv als auch amplitudenselektiv, das heißt, wir können sowohl Tonhöhen als auch Lautstärken unterscheiden.

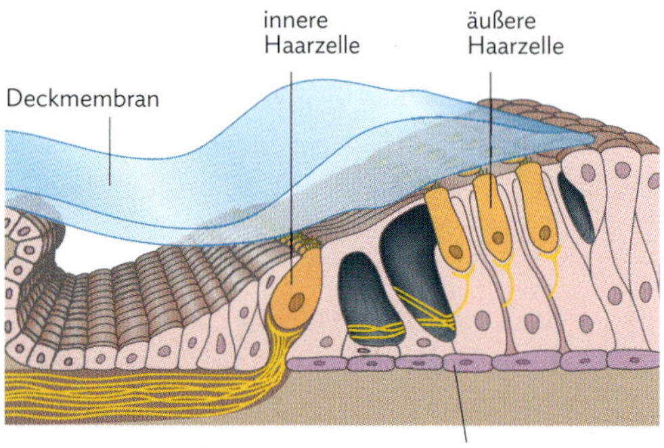

B7 \ Das Corti'sche Organ mit inneren und äußeren Haarzellen

Text 1

Die amplitudenselektive Umwandlung der Schwingungen in elektrische Signale erfolgt durch die sogenannten Haarzellen im Corti'schen Organ auf der Basilarmembran. Der Name der Haarzellen kommt von den haarartigen Fortsätzen der Zellen, die teilweise bis zur darüber liegenden Deckmembran reichen und bei einer Relativbewegung zwischen Basilarmembran und Deckmembran Scherkräfte erfahren. Eine Schädigung der Haarzellen, z. B. durch eine zu große Schallamplitude, ist beim Menschen irreversibel. In B7 erkennt man, dass es im Corti'schen Organ unter der Deckmembran zwei Arten von Haarzellen gibt, die inneren Haarzellen (IHCs: inner hair cells) und die äußeren Haarzellen (OHCs: outer hair cells).

Die Rolle der äußeren Haarzellen (B7, B8) besteht darin, die relativ schwachen Schwingungen der Basilarmembran zu verstärken. Dies geschieht durch einen Rückkopplungseffekt: Werden die OHCs durch eine Schwingung der Basilarmembran gereizt, so beginnen sie sich im Takt der Erregung zusammenzuziehen und wieder zu strecken. Das Innenohr erzeugt sozusagen selbst Schallwellen. Da die OHCs mit der Basilarmembran fest verbunden sind, wird somit deren Schwingung durch die Bewegungen der OHCs verstärkt (B9).

Die inneren Haarzellen erzeugen die Nervensignale, die über den Hörnerv an das Gehirn weitergeleitet werden. Dies geschieht, indem die IHCs zwischen Deckmembran und Basilarmembran seitlich ausgelenkt (geschert) werden. Diese Auslenkung führt an der Wurzel der Haarzellen zu einer mechanischen Öffnung von Ionenkanälen, durch die positive K^+-Ionen in die Zelle

Arbeitsauftrag

a) Lesen Sie die Texte 1, 2 und 3 und erschließen Sie sie sich nach der Methode auf S. 85. Klären Sie vorab unbekannte Wörter aus dem englischen Text.

b) Die Millennium Bridge in London ist eine Fußgängerbrücke, die im Jahr 2000 eröffnet wurde. Es zeigte sich sehr schnell, dass Personen durch ihre Gangweise kleine Schwingungen der Brücke so sehr verstärken konnten, dass die Brücke kurz nach der Einweihung wieder geschlossen werden musste. Recherchieren Sie nach Filmaufnahmen und Erklärungen für diesen auch für Fachleute unerwarteten Effekt.

c) Fassen Sie die drei Texte zu einer Präsentation für Ihre Mitschülerinnen und Mitschüler zusammen. Gehen Sie dabei auch auf die Schwingungsverstärkung der Millennium Bridge als Analogiebeobachtung ein und erläutern Sie damit die Verstärkungswirkung der Haarzellen. Erläutern Sie die Fähigkeit des Ohrs zu einer amplitudenselektiven Wahrnehmung. Beachten Sie in Ihrer Präsentation die Fachsprache und formulieren Sie in Kausalketten (Methode auf S. 233). Belegen Sie verwendete Quellen und kennzeichnen Sie – falls vorhanden – wörtliche Zitate (Methode auf S. 86).

strömen (Kapitel 9). Das Zellinnere wird auf diese Weise positiv geladen. Je lauter der Ton, desto stärker die Scherung der IHCs und infolgedessen desto größer die Änderung des Ladungszustandes der Zelle. Diese Stärke der Ladungsänderung wird in den nachgeschalteten Nervenzellen in eine entsprechende Anzahl von Nervensignalen übersetzt, so dass ein lauter Ton in der gleichen Zeit mehr Nervensignale auslöst als ein leiser. Somit sind die IHCs für das amplitudenselektive Hören verantwortlich.

Bei einem länger anhaltenden Ton gelangen viele solcher Abfolgen von Nervensignalen nacheinander ins Gehirn. Ihre Frequenz entspricht der Tonfrequenz. Das Gehirn kann aber beide Anteile voneinander trennen und einmal als Information über die Amplitude und einmal als Information über die Frequenz interpretieren.

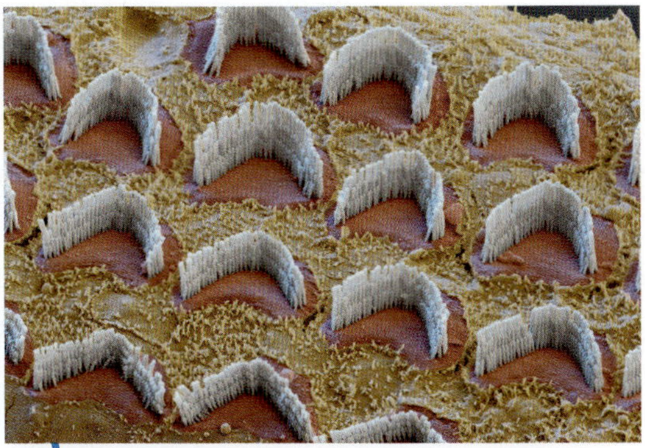

B8 \ Mikroskopaufnahme der äußeren Haarzellen. Die Zellfortsätze jeder einzelnen Haarzelle sind in bogenförmigen Bündeln angeordnet.

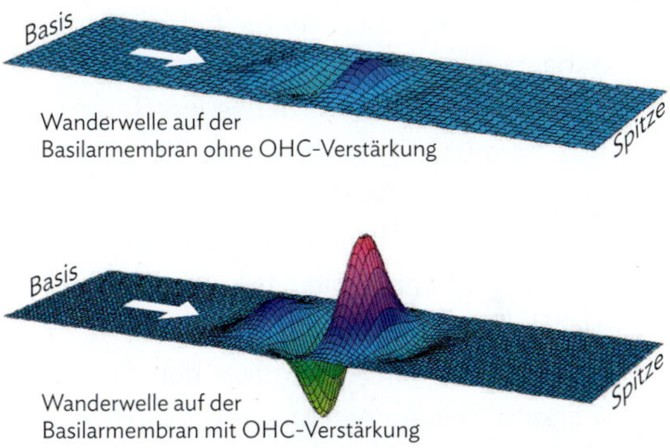

B9 \ Verstärkung der Schwingung der Basilarmembran durch die OHCs

Text 2

„What is reported to the brain? Two components of the vibrational motion of the basilar membrane are encoded in the sequence of the nerve impulses:

- Tonotopic Mapping (Frequency-to-Place Mapping). The response of a particular dendrite identifies the position along the cochlea where the resonance in the basilar membrane has occurred. If the travelling wave contains different frequencies, they are separately and concurrently detected by different dendrites along the cochlea, pretty much in the same fashion that Fourier analysis is developed mathematically. This mechanism was already proposed by Georg Ohm and Hermann von Helmholtz in the 19th century.
- Temporal Coding of Frequencies. The frequency at which the dendrites in the organ of Corti send their signals to the brain is synchronized with the actual frequency of the sound wave."

Quelle: Martin Zinke-Allmang (2009), *Physics for the Life Sciences*, Toronto, S. 556

Text 3

„Unterschiedliche Schallfrequenzen werden entlang der Kochlea und im Verlauf der Hörbahn an bestimmten Orten repräsentiert (tonotope Gliederung). Jede Nervenfaser, die die Kochlea verlässt, wird durch eine bestimmte Schallfrequenz am stärksten erregt. [...] Die Empfindung der Tonhöhe wird neben der Ortsanalyse zusätzlich durch eine sogenannte Periodizitätsanalyse ermöglicht. Sie beruht darauf, dass in einer einzelnen Nervenfaser die ausgelöste Aktionspotenzialfrequenz mit der Schallwellenfrequenz nicht 1 : 1 übereinstimmen muss, sondern oft nur ein periodisches Abbild darstellt. Aus der Analyse der Aktivität mehrerer paralleler Fasern kann das Gehirn die Schallfrequenz dann errechnen."

Quelle: Jens Huppelsberg und Kerstin Walter (2005), *Kurzlehrbuch Physiologie*, Thieme Verlag, Stuttgart, 2. korr. Auflage, S. 361

Basisaufgaben

1\ Hufeisennasen-Fledermaus

Hufeisennasen-Fledermäuse stoßen zur Orientierung und zum Beutefang Ultraschallwellen der Frequenz $f = 86\,\text{kHz}$ aus, die von Objekten als Reflexionen zurückgeworfen werden. Sie emittieren die Schallwellen aus den beiden Nasenlöchern ihrer hufeisenförmigen Nase.

a) Berechnen Sie die Wellenlänge dieser Ultraschallwellen ($c_{\text{Schall}} = 343\,\frac{\text{m}}{\text{s}}$).

b) Erstellen Sie eine Skizze mit den beiden Schallquellen und den Richtungen, in denen konstruktive bzw. destruktive Interferenz auftritt. Formulieren Sie zu diesen Richtungen jeweils einen mathematischen Zusammenhang zwischen dem Abstand der Nasenlöcher, dem Winkel und der Wellenlänge der Ultraschallwellen.

c) Schätzen Sie den Abstand ab, den die Nasenlöcher voneinander haben müssen, damit sich die Ultraschallsignale nirgendwo im Raum vor der Fledermaus gegenseitig auslöschen.

2\ Geigentöne

Neben dem gespielten Grundton sind bei einer Geige auch Obertöne hörbar.

a) Zeichnen Sie die Schwingungsform der Saite für den Grundton sowie für den zweiten Oberton.

b) Begründen Sie rechnerisch, in welchem Verhältnis die zugehörigen Frequenzen zueinander stehen.

c) Bei höheren Temperaturen nimmt die Schallgeschwindigkeit in der Saite geringfügig zu. Beschreiben Sie die Konsequenzen, die dies für den Ton dieser Geige hat.

3\ Komplizierte Schwingungsmuster

Aus der Kombination von Grund- und Oberschwingungen lassen sich beliebig komplizierte Schwingungsmuster aufbauen.

a) Verwenden Sie ein Programm, mit dem sich Graphen von Funktionen darstellen lassen, und erzeugen Sie schrittweise die Graphen zu folgenden Funktionstermen.

$$f(x) = \frac{\sin x}{1} + \frac{\sin 2x}{2} + \frac{\sin 3x}{3} + \ldots$$

$$g(x) = \frac{\sin x}{1} + \frac{\sin 3x}{3} + \frac{\sin 5x}{5} + \ldots$$

b) Experimentieren Sie und erzeugen Sie weitere Überlagerungen von Grund- und Oberschwingungen.

4\ Schwebung

Bei der Überlagerung von zwei Sinuswellen mit minimal verschiedenen Frequenzen ergibt sich eine Schwebung.

a) Beschreiben Sie das Zustandekommen der überlagerten Schwingung (unten) aus den beiden Einzelschwingungen (oben). Gehen Sie dabei insbesondere auf Zeiten mit konstruktiver und destruktiver Interferenz ein.

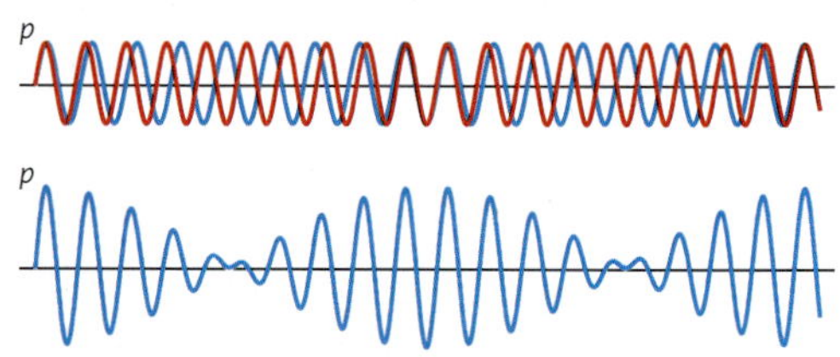

b) Erklären Sie den Unterschied zu den bisher betrachteten Interferenzerscheinungen.

c) Eine Schwebung kann experimentell mit zwei gleichen Stimmgabeln erzeugt werden, bei denen eine – z.B. durch eine Zusatzmasse – leicht verstimmt ist. Führen Sie das Experiment durch und beschreiben Sie Ihren Höreindruck. Erklären Sie ihn mit dem Schwingungsdiagramm.

5\ Schallpegel-Reduktion

Bestimmen Sie den Bruchteil, um den die akustische Leistung eines Geräusches gesenkt werden muss, um seinen Schallpegel von 90 dB auf 70 dB zu reduzieren.

6\ Playback-Sänger

Ein Chorsänger singt mit einer Schallintensität von $1{,}0\,\frac{\text{mW}}{\text{m}^2}$. Entscheiden Sie mit einer geeigneten Rechnung, ob es auffällt, wenn im Chor statt sechs Leuten nur fünf tatsächlich singen. Das menschliche Ohr kann Schallpegel als verschieden erkennen, die sich um 1 dB unterscheiden.

7\ Isophone

Erklären Sie knapp die Bedeutung der dick gezeichneten Linien im Diagramm B6 auf S. 82. Ergänzen Sie dann die folgenden Sätze:

(1) Ein Ton mit 250 Hz und 80 dB wird genauso laut wahrgenommen wie ein Ton von 8000 Hz und ... dB.

(2) Ein Ton mit 250 Hz und 40 dB wird ... wahrgenommen als ein Ton mit 4000 Hz und 40 dB.

8 \ Außenohr

a) Erläutern Sie die Verstärkung bestimmter Frequenzen durch das Außenohr mithilfe von Interferenz und Resonanz.

b) „Sowohl für die Schallquellenlokalisierung als auch für die Verstärkung bestimmter Frequenzen ist es von Vorteil, wenn die Abmessungen der Ohrmuschel und des Gehörgangs in der Größenordnung der zu verstärkenden bzw. zu lokalisierenden Wellenlängen liegen. Im für den Menschen besonders gut hörbaren Frequenzbereich liegen die Wellenlängen zwischen 8,25 cm und 1,65 m. Daher ist die Bedeutung der menschlichen Ohrmuschel noch umstritten. Neueste Untersuchungen deuten an, dass hier auch den Schultern eine stärkere Bedeutung zukommt."
Untermauern Sie diese Aussage, indem Sie die Größen der menschlichen Ohrmuschel und der Schulter mit dem Wellenlängenbereich der menschlichen Stimme vergleichen.

9 \ Gespenstfledermaus

Berechnen Sie aus der Größe der Ohrmuschel der australischen Gespenstfledermaus (ca. 3–4 cm) den Frequenzbereich, für den Beugung an Hindernissen dieser Größenordnung effektiv wird, und vergleichen Sie Ihr Ergebnis mit B4 auf S. 90.
Hinweis: Zum Ausmaß von Beugungseffekten wiederholen Sie den Lehrtext auf S. 73.

Australische Gespenstfledermaus (Macroderma gigas)

Zusammenfassende Aufgaben

10 \ Herleitung der Formel $I = \frac{1}{2} \cdot p \cdot v$

Bei einer – von links nach rechts laufenden – Schallwelle wechseln sich Luftbereiche hoher Dichte (mittlere Teilchengeschwindigkeit in Ausbreitungsrichtung gering) mit Bereichen geringer Dichte (mittlere Teilchengeschwindigkeit groß) ab. Die linke Begrenzung des Zylinders (Flächeninhalt A) in der Abbildung markiere die Grenzfläche zwischen zwei solchen Bereichen. Die im Mittel schnelleren Teilchen links dieser Grenzfläche schieben diese Grenzfläche nach rechts, komprimieren dadurch das Volumen in der Zeit Δt um $\Delta V = A \cdot s$ und erhöhen damit die potentielle Energie des rechten Bereichs. Um den gleichen Betrag wird die kinetische Energie des linken Bereiches erniedrigt. Die Zunahme der potentiellen Energie ergibt sich ähnlich wie beim Spannen einer Feder mit $\Delta E = \bar{F} \cdot s$, wobei $\bar{F} = \frac{1}{2} \cdot F$ die mittlere Druckkraft ist (F ist die Kraft am Ende der Kompression).
Leiten Sie damit unter Verwendung von $F = p \cdot A$ und $s = v \cdot \Delta t$ die Formel $I = \frac{1}{2} \cdot p \cdot v$ her.

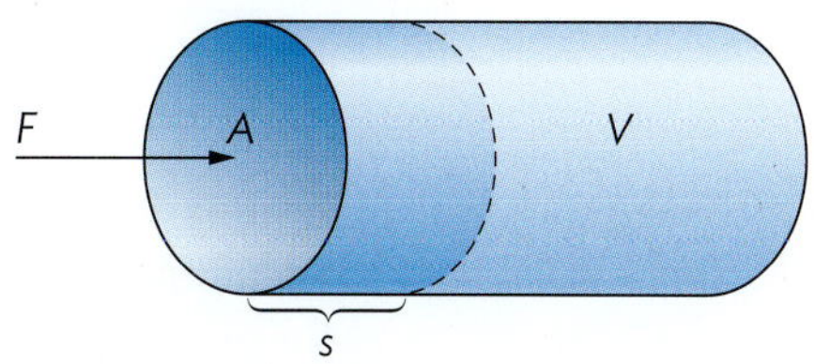

11\ Frequenzspektren von Vokalen

Auch die menschliche Stimme kann mithilfe der Fourier-Analyse eingehend untersucht werden. Bei der Analyse unserer Sprache zeigt sich, dass Vokale wie Klänge aufgebaut sind: Sie besitzen eine Grundschwingung und eine charakteristische Obertonreihe.

Die hier aufgezeichneten Frequenzspektren von Vokalen haben alle die gleiche Grundschwingung (bei 220 Hz), die in allen Fällen gleich stark ausgeprägt ist. Deutlich unterscheiden sich die einzelnen Vokale jedoch in der Stärke ihrer Obertöne. Daraus kann man schließen, dass wir Vokale nur aufgrund der verschiedenen Lautstärke ihrer Obertöne unterscheiden können.

Sprechen Sie selbst verschiedene Vokale und bestimmen Sie mit einem geeigneten Programm die relative Stärke der enthaltenen Frequenzen. Vergleichen Sie mit der Abbildung und mit den Ergebnissen Ihrer Mitschülerinnen und Mitschüler. Versuchen Sie anschließend, die abgebildeten Frequenzspektren bestimmten Vokalen zuzuordnen.

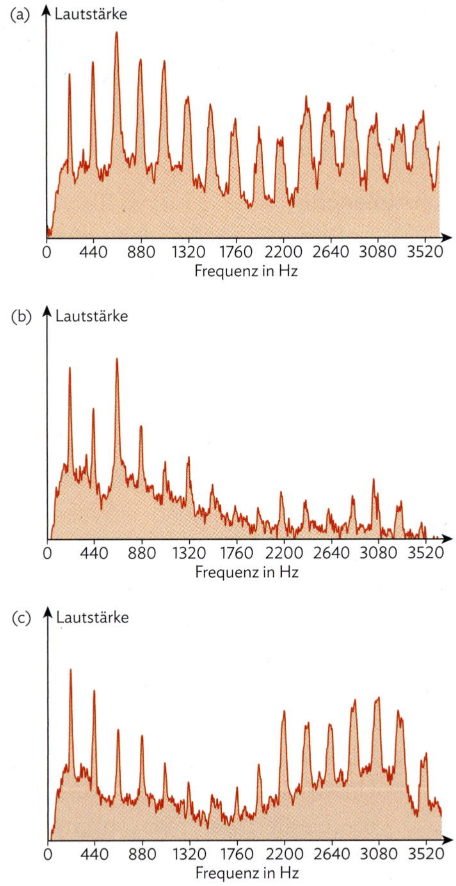

Frequenzspektren unterschiedlicher gesungener Vokale

12\ Schallintensität von Musikinstrumenten

Für Orchestermusiker ist der Schallschutz sehr wichtig, weil sie sowohl beim Proben als auch bei Aufführungen für lange Zeit exponiert sind. Das Diagramm zeigt Werte für die Schallpegel an beiden Ohren beim individuellen Üben, also für einen Musiker alleine.

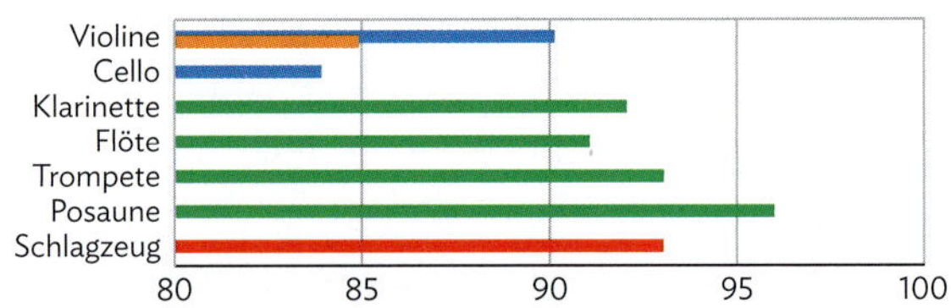

Schallpegel einiger Musikinstrumente in dB.
Bei der Violine sind die unterschiedlichen Schallpegel an den beiden Ohren des Spielers eingezeichnet.

a) Bei der Violine fällt auf, dass die Schallpegel an den beiden Ohren sehr unterschiedlich sind. Berechnen Sie für die beiden Werte jeweils die Schallintensität und bilden Sie ihr Verhältnis.

b) Geben Sie den Zusammenhang zwischen der Schallintensität und der Entfernung zur Schallquelle an. Bestätigen Sie, dass sich das in a) berechnete Verhältnis ergibt, wenn das rechte Ohr des Geigers 1,8-mal so weit von der Geige entfernt ist wie das linke Ohr. Es darf angenommen werden, dass die Schallabstrahlung gleichmäßig in alle Richtungen geschieht.

c) In Publikumsentfernung beträgt die Schallintensität einer Trompete etwa $1{,}60 \cdot 10^{-5}\,\frac{W}{m^2}$. In einem Orchester spielen drei Trompeter, die zusammen einen Schallpegel von 76,8 dB erzeugen (diese Angabe muss nicht nachgeprüft werden). Entscheiden Sie mit einer geeigneten Rechnung, ob es auffällt, wenn einer der Trompeter „aussetzt" und nur scheinbar spielt. Berechnen Sie dazu den entsprechenden Schallpegel für zwei Trompeten. Das menschliche Ohr kann Schallpegel als verschieden erkennen, die sich um 1 dB unterscheiden.

d) In Publikumsentfernung beträgt die Schallintensität einer Posaune $I_P = 2{,}30 \cdot 10^{-5}\,\frac{W}{m^2}$, die einer Trompete hat den Wert $I_T = 1{,}60 \cdot 10^{-5}\,\frac{W}{m^2}$. Der Dirigent des Orchesters möchte, dass die Trompeten insgesamt lauter zu hören sind als die Posaunen. Hierzu sollen die Trompeten mindestens 2,00 dB lauter sein als die Posaunen. Berechnen Sie die Anzahl der Trompeten, die mindestens vorhanden sein müssen, damit diese 2,00 dB lauter zu hören sind als drei Posaunen (Zwischenergebnis: $L_{\text{Posaunen gesamt}} = 78{,}4$ dB).

13 \ Cone of Confusion

Liegt eine Schallquelle auf dem sogenannten „Cone of Confusion" (siehe Abbildung), so kommt es zu Beeinträchtigungen bei der exakten Lokalisation. Erläutern Sie mithilfe der Abbildung den Grund für diese Beeinträchtigungen. Beschreiben Sie anschließend andere Mechanismen zur räumlichen Wahrnehmung von Geräuschen, die eine solche falsche Lokalisation verhindern.

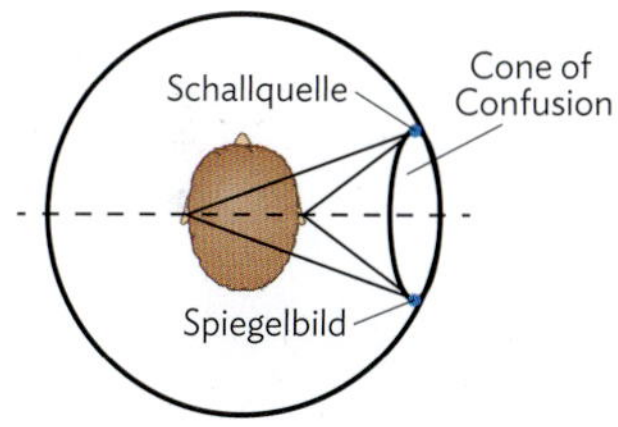

14 \ Schwerhörigkeit

Schallwellen können nicht nur durch die Luft des Gehörgangs zum Innenohr übertragen werden, sondern auch über den Schädelknochen. Bei der Diagnose einer Schwerhörigkeit werden deshalb beide Übertragungswege getestet. Je nach Befund lassen sich unterschiedliche Ursachen der Schwerhörigkeit angeben:

Bei der Schallleitungs-Schwerhörigkeit liegen die Probleme im Außen- und Mittelohr, z. B. kann die Beweglichkeit der Hörknöchelchen eingeschränkt sein. Bei der Schallempfindungs-Schwerhörigkeit sind Strukturen im Innenohr betroffen, z. B. können Haarzellen oder Nerven geschädigt sein. Bei dauerhafter Einwirkung von Lärm über 85 dB werden zunächst Haarzellen an der Basis der Cochlea irreversibel zerstört.

Die Abbildungen zeigen eine normale, ungestörte Tonempfindung (1), daneben zwei typische Verläufe bei Schwerhörigkeit. Ordnen Sie die Diagramme (2) und (3) den beschriebenen Arten der Schwerhörigkeit zu und begründen Sie Ihre Entscheidung.

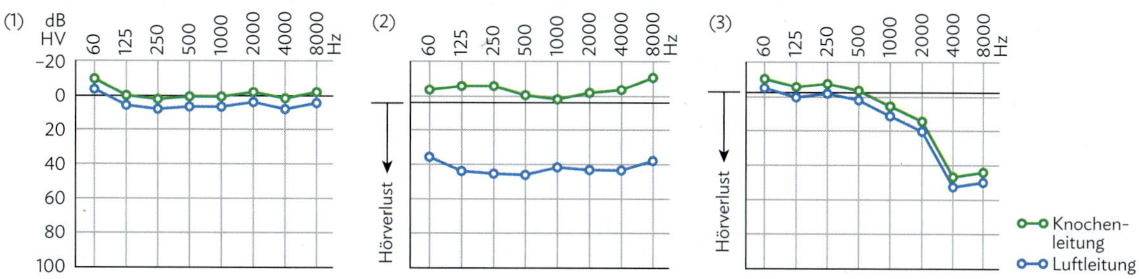

Selbsttest: Überprüfen Sie Ihre Kenntnisse und Kompetenzen

Selbsttest-Checkliste

- ✓ Bearbeiten Sie die Aufgaben schriftlich in ordentlicher Form. Die Auswertungstabelle zeigt die Kompetenzerwartungen und Hilfestellungen.
- ✓ Vergleichen Sie Ihre Lösungen mit den Lösungsskizzen unter MC 67055-20
- ✓ Bewerten Sie Ihre Lösungen selbst mit den Symbolen ☺, 😐 oder ☹.

1 Zwei Lautsprecher stehen im Abstand von 2,0 m vor einer Wand und spielen den gleichen Ton einer Stimmgabel ab.

a) Stellen Sie die Situation mit einer Skizze dar. Beschreiben Sie Ihre Wahrnehmung, wenn Sie sich parallel zur Wand vor den Lautsprechern bewegen.

b) Erklären Sie die Wahrnehmung mit physikalischen Fachbegriffen und begründen Sie, dass es ausgezeichnete Stellen gibt, an denen besondere Höreindrücke herrschen.

c) Geben Sie für diese besonderen Stellen einen allgemeinen mathematischen Zusammenhang zwischen geeigneten geometrischen Abmessungen und der Wellenlänge des Tons an. Stellen Sie auch die physikalischen Voraussetzungen dar, die für diesen Zusammenhang gegeben sein müssen.

d) Begründen Sie, dass sich die besonderen Stellen bei einem höheren Ton verschieben. Erklären Sie, ob das auch für einen leiseren Ton gilt.

e) Beschreiben Sie die Veränderung Ihrer Beobachtungen, wenn statt des ursprünglichen Tons ein musikalischer Klang, z. B. einer Geige, abgespielt wird.

f) Erklären Sie allgemein das Superpositionsprinzip im Zusammenhang mit akustischen Schwingungen.

2 Die Abbildung zeigt den Druckverlauf bei einer akustischen Schwingung, die mit einem Mikrofon aufgenommen wurde.

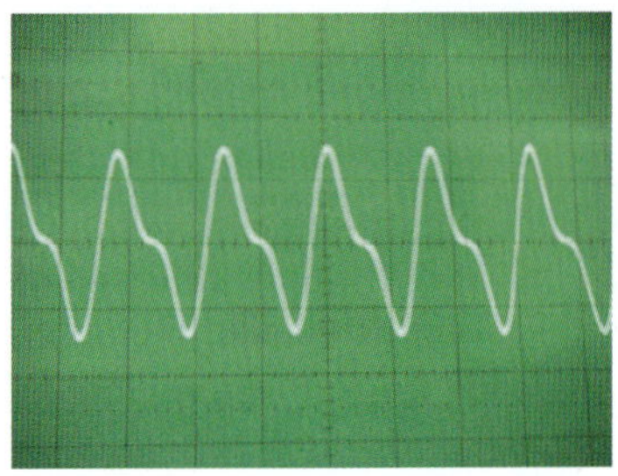

a) Geben Sie die Art der dargestellten Schwingung an und begründen Sie, dass im zugehörigen Frequenzspektrum nicht nur eine einzige Frequenz enthalten sein kann.

b) Stellen Sie eine begründete Vermutung über die Art der Schallquelle an.

c) Eine Gitarrensaite kann in verschiedenen Arten schwingen. Zeichnen Sie drei mögliche Schwingungen auf und geben Sie jeweils einen allgemeinen Zusammenhang zwischen den physikalischen Größen und der Schwingungsfrequenz an.

d) Erstellen Sie ein Frequenzspektrum für einen Klang, in dem die drei Schwingungsformen aus c) gleichzeitig vorhanden sind.

3 Eine Trompete kann in 1,0 m Entfernung einen Schallpegel von 93 Dezibel erzeugen.

a) Berechnen Sie die Schallintensität an dieser Stelle und die Schallleistung der Trompete. Es darf angenommen werden, dass die Schallabstrahlung gleichmäßig in alle Richtungen geschieht.

b) Ein Zuhörer befindet sich 10 m von der Trompete entfernt. Berechnen Sie die Abnahme des Schallintensitätspegels im Vergleich zur Entfernung von 1,0 m.

c) Beurteilen Sie, ob mit dem Trompetenspiel gesundheitliche Gefährdungen verbunden sind und nennen Sie gegebenenfalls mögliche Schutzmaßnahmen. Betrachten Sie dabei die Situation ...
- für den Trompeter/die Trompeterin selbst.
- für eine Person, die in der angegebenen Entfernung ein Trompetenkonzert besucht.

4 a) Nennen Sie drei Anforderungen, die an das Ohr als Warnsystem vor Gefahren gestellt werden.
b) Beschreiben Sie zwei mögliche Mechanismen, die zur Erklärung des Richtungshörens herangezogen werden können. Gehen Sie dabei insbesondere auf die dafür verantwortlichen physikalischen Phänomene ein.

5 a) Erklären Sie anhand der Abbildung den Begriff der Resonanz. Beschreiben Sie dazu einen geeigneten mechanischen Versuch.
b) Die Basilarmembran ist am Anfang der Gehörschnecke schmal und wird dann immer breiter. Berechnen Sie die Breite der Basilarmembran, wenn dort die Ausbreitungsgeschwindigkeit von Schwingungen 3,7 m/s beträgt und die Resonanzfrequenz 18 kHz ist. Es wird angenommen, dass die Membran an der vorgegebenen Stelle in der Grundschwingung schwingt.
c) Erläutern Sie den Begriff „frequenzselektive Wahrnehmung" und ihre biologische Realisierung im Innenohr.

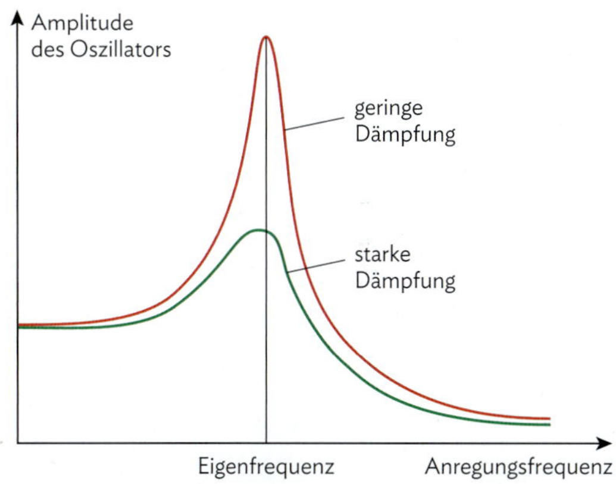

6 a) Skizzieren Sie den Aufbau des Corti'schen Organs und beschreiben Sie seine Lage innerhalb des Innenohrs.
b) Erläutern Sie jeweils die Bedeutung der inneren und äußeren Haarzellen bei der Wahrnehmung unterschiedlicher Amplituden. Verfassen Sie diesen Text einmal für eine Mitschülerin, die sich in einem Biologie-Kurs auf das Abitur vorbereitet und einmal für einen Patienten, der wegen Schwerhörigkeit des Innenohrs in Behandlung ist, aber über keine biologische oder medizinische Ausbildung verfügt.

Auswertungstabelle

	Ich kann ...	Hilfe
1	experimentelle Ergebnisse zur Interferenz von Schallwellen mit dem Superpositionsprinzip erklären.	S. 72–74
2	Frequenzspektren von Tönen und Klängen unterscheiden und Zusammenhänge mit den zugehörigen Schwingungsdiagrammen herstellen.	S. 75–77
3	Berechnungen zur Lautstärke in Alltagssituationen durchführen und Gesundheitsgefährdungen, die von hohen Schalldruckpegeln ausgehen, beurteilen.	S. 78–82
4	die Funktion des Außenohrs erklären und verschiedene Hypothesen zum Richtungshören beurteilen.	S. 88–93
5	Resonanzexperimente beschreiben und damit die Funktion der Basilarmembran im Innenohr plausibel machen. Dabei sind die Formulierungen fachsprachlich korrekt und sinnvoll strukturiert.	S. 94–97
6	die Funktionsweise des Corti'schen Organs ziel- und sachgerecht darstellen, dabei Schwerpunkte setzen und die Darstellungsformen an unterschiedliche Adressaten anpassen.	S. 98–99

Zusammenfassung

Schallwellen

Reflexion

Es gilt das Reflexionsgesetz: Einfallswinkel und Ausfallswinkel der Schallwelle sind gleich groß.

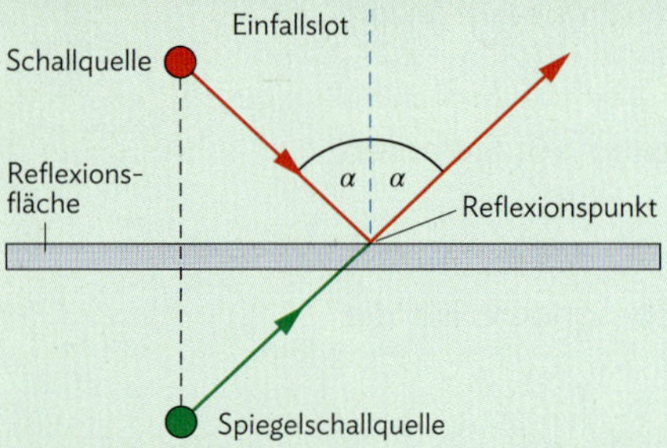

Brechung

Ein Teil einer Schallwelle wird an der Grenzfläche zweier Medien mit unterschiedlichen Schallgeschwindigkeiten reflektiert, der andere Teil wird beim Übergang gebrochen.

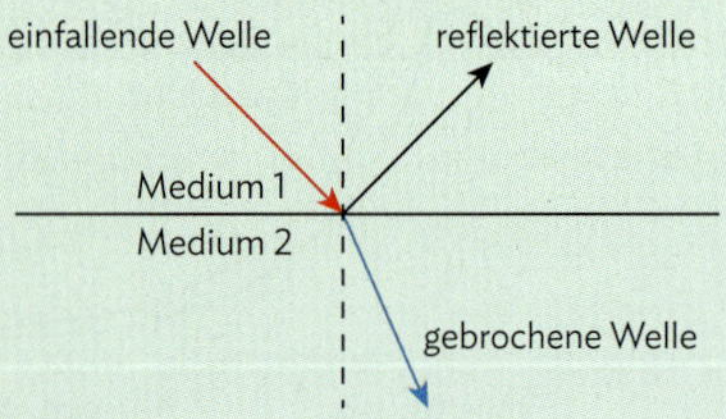

Beugung

Schallwellen werden von einem Hindernis nicht vollständig abgeschattet, wenn die Wellenlänge des Schalls mindestens in der Größenordnung des Hindernisses liegt.

Für Schallwellen gilt allgemein der Zusammenhang zwischen Ausbreitungsgeschwindigkeit, Wellenlänge und Frequenz:

$$c = \lambda \cdot f$$

Schalldruck an einer festen Stelle:

$$p_{\text{ges}}(t) = p_{\text{n}} + p \cdot \sin(\omega t)$$

p_{n}: Normaldruck im Medium

Durch eine schwingende Saite können Töne mit festen Frequenzen $f_k = f_0 \cdot (k+1)$ erzeugt werden. Dabei beschreibt $k = 0$ die Grundschwingung, die Schwingungen mit $k = 1, 2, \ldots$ heißen Oberschwingungen. f_0 bestimmt sich aus der Länge der Saite l und der Ausbreitungsgeschwindigkeit von Wellen in der Saite c_{Saite}: $f_0 = \frac{c_{\text{Saite}}}{2 \cdot l}$.

Lautstärke

Schallintensität

Schallintensität $I = \frac{P}{A}$ $\quad [I] = 1\,\frac{W}{m^2}$

P: Schallleistung
A: aufnehmende Fläche

Bei gleichmäßiger Schallabstrahlung in alle Raumrichtungen gilt im Abstand r von der Schallquelle:

$$I(r) = \frac{P}{4\pi \cdot r^2}$$

Intensität einer Schallwelle in einem verlustfreien akustischen Medium:

$$I = \frac{1}{2 \cdot \rho \cdot c} \cdot p^2$$

Schallintensitätspegel:

$$L_I = 10\text{ dB} \cdot \log_{10}\frac{I}{I_0} = 10\text{ dB} \cdot \lg\frac{I}{I_0}$$

Schalldruckpegel:

$$L_p = 20\text{ dB} \cdot lg\frac{p_{\text{eff}}}{p_0}$$

Hörkurve des Menschen

Kurven gleicher Lautstärkeempfindung:

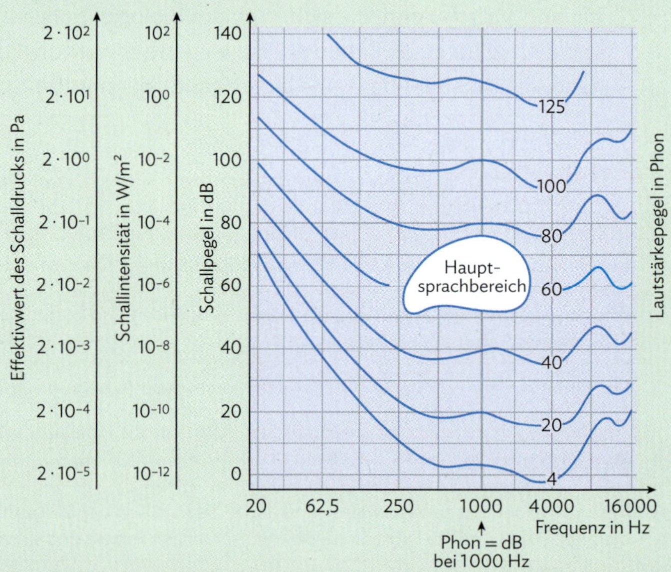

Außenohr

Aufbau des menschlichen Ohrs

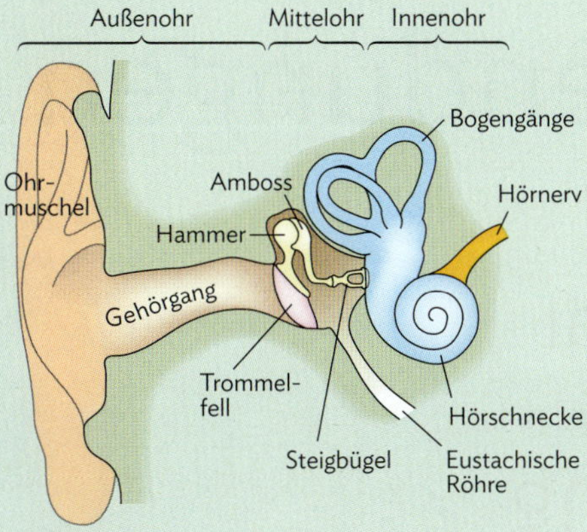

Verstärkung bestimmter Frequenzen durch Ohrmuschel und Gehörgang

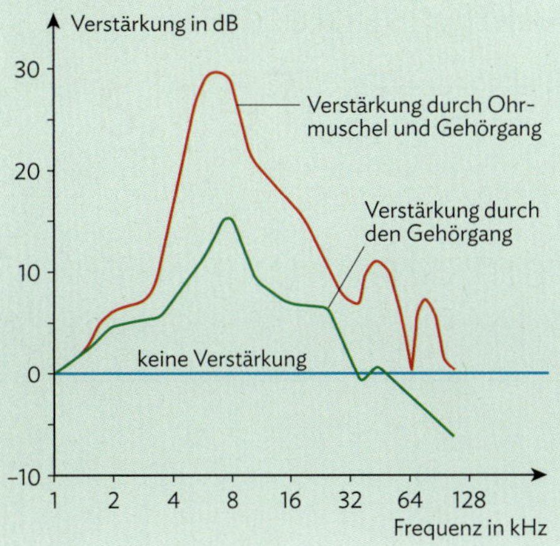

Richtungshören und Schall-Lokalisation

(a) Horizontale Schall-Lokalisation: Unterscheidung zwischen rechts und links

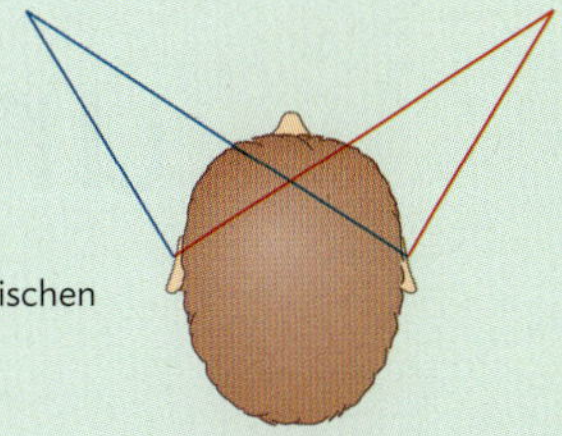

(b) Horizontale Schall-Lokalisation: Unterscheidung zwischen vorne und hinten

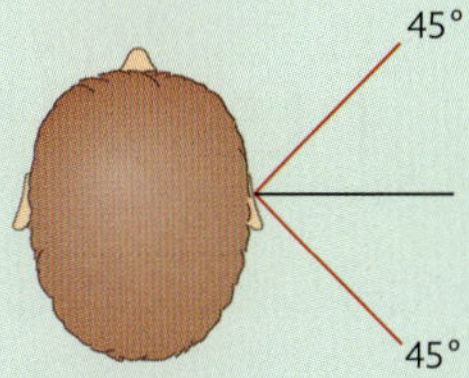

(c) Vertikale Schall-Lokalisation: Unterscheidung zwischen oben und unten

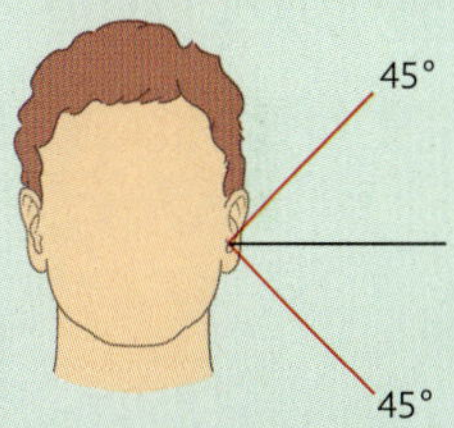

Die wesentlichen Mechanismen sind Laufzeitunterschiede zu den beiden Ohren (ITD) und Lautstärkeunterschiede an den beiden Ohren (ILD).

Innenohr

Hörschnecke

Senkrechter Schnitt durch den Schneckengang (links), „ausgerollter" Zustand (rechts)

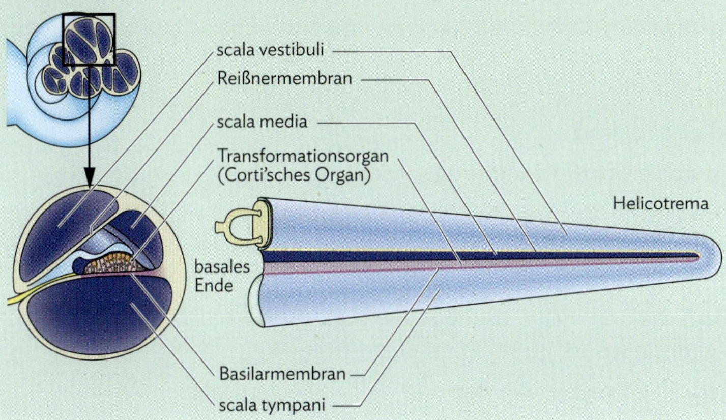

Basilarmembran und Corti'sches Organ

Das menschliche Ohr ist sowohl frequenzselektiv als auch amplitudenselektiv, d. h. wir können Tonhöhen und Lautstärken unterscheiden. Schallwellen versetzen die Basilarmembran in Abhängigkeit von ihrer Frequenz durch Resonanz in unterschiedliche Schwingungen. Die amplitudenselektive Umwandlung der Schwingungen in elektrische Signale erfolgt durch die Haarzellen im Corti'schen Organ auf der Basilarmembran.

C \ Strahlenphysik und Anwendungen

Potential
Feldlinie
Kondensator
Äquipotentiallinie
Zyklotron
Dipolfeld
Spannung
elektrisches Feld
Kapazität
Protonentherapie
Aktionspotential
elektrische Feldstärke
EKG
Lorentzkraft
Tesla
Tiefendosis
Röntgenstrahlung
magnetische Flussdichte
Bremsstrahlung
ionisierende Strahlung
Äquivalentdosis

Sie können in diesem Kapitel entdecken …

- wie biologische Sachverhalte durch elektrische und magnetische Felder modelliert werden können.
- wie in einem EKG Informationen über die Ladungsverteilung des Herzens gewonnen werden.
- wie bei Strahlentherapien elektrische und magnetische Felder zur Beschleunigung von Teilchen genutzt werden.
- wie Röntgenstrahlen in der Medizin eingesetzt werden und welche Folgen dabei zu bedenken sind.

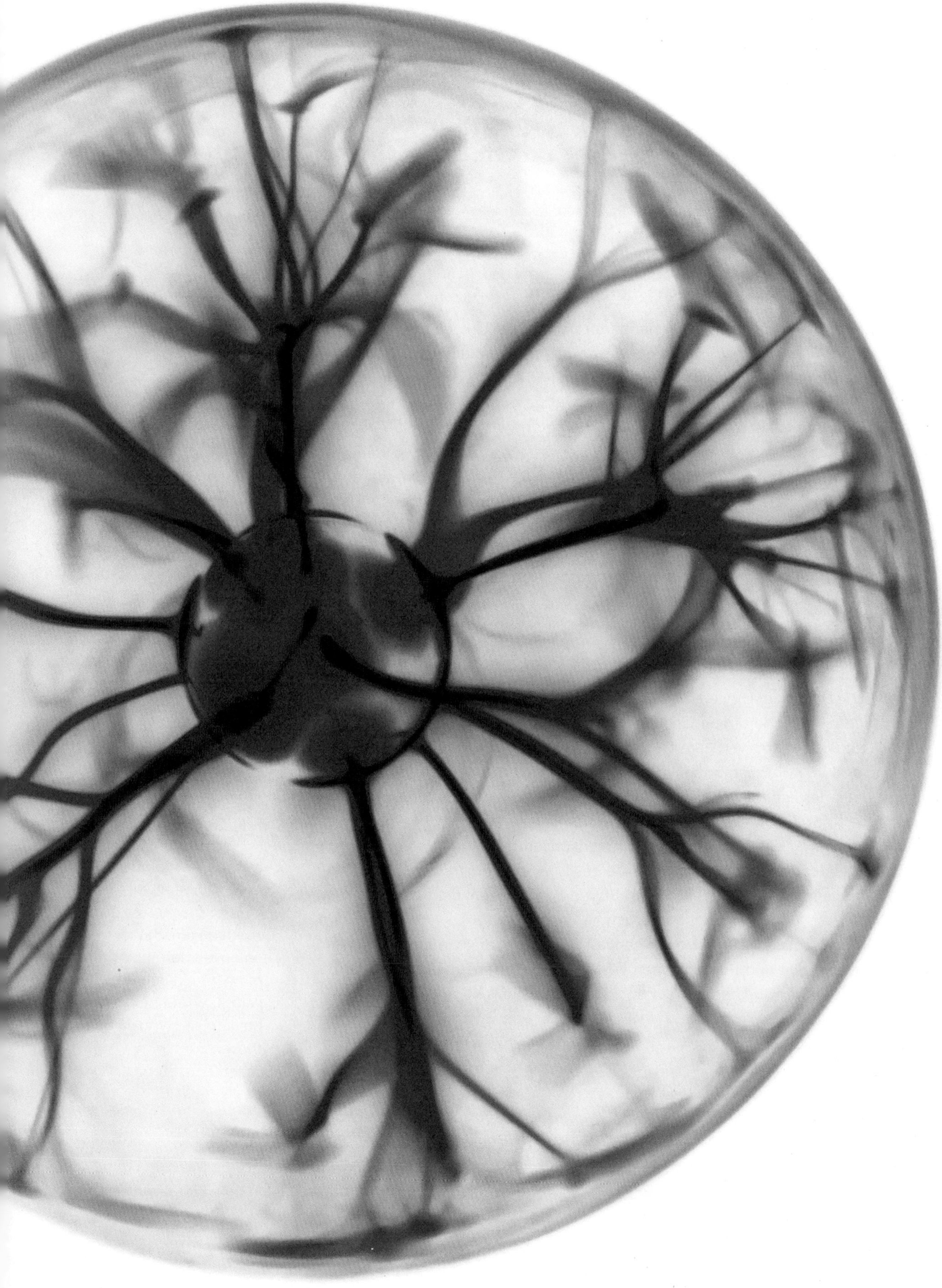

6 Elektrische Felder

Materialien zu Kapitel 6.1

▶ M1 Lernaufgabe: Elektrische Sinnesorgane

Die meisten höheren Tiere orientieren sich in ihrer Umgebung mit Augen und Ohren. Praktisch alle Lebewesen besitzen daneben noch weitere Sinnesorgane. So können etwa Haie mithilfe der sehr empfindlichen Lorenzini-Ampullen elektrische Felder wahrnehmen.

Diese schlauchartigen Einstülpungen befinden sich an der Oberfläche der Kopfhaut und sind mit einer gallertartigen Flüssigkeit gefüllt. An ihrem Ende befinden sich Elektrorezeptoren, die den Spannungsabfall an der Haut messen. Durch das elektrische Feld öffnen sich Ionenkanäle in der Zellmembran (Kapitel 9), und die dadurch ausgelöste Erregung wird ins Gehirn des Hais weitergeleitet.

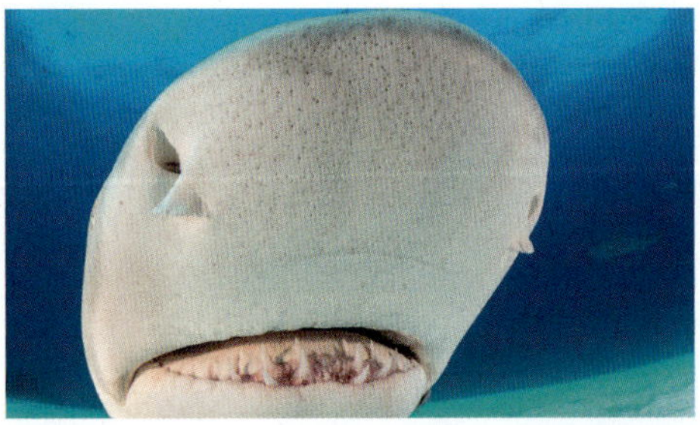
Haischnauze mit Lorenzini-Ampullen

Dieser weitere Sinn ist bei der Jagd sehr nützlich: Die Muskeln von Beutefischen ändern bei der Bewegung (Kontraktion) das elektrische Feld in der Umgebung. Diese Feldänderungen lassen sich nicht verbergen. Sogar im Ruhezustand sendet jedes Lebewesen durch die Kontraktion des Herzens elektrische Signale aus. Hinzu kommt, dass sich durch die unterschiedliche Ionenkonzentration im Fisch und dem umgebenden Salzwasser stets eine gewisse Spannung einstellt. Der Hai kann alle diese Felder erkennen; aufgrund der Vielzahl der Rezeptoren ist auch eine Ortung im Raum möglich.

In den großen Meeresströmungen lassen sich ebenfalls Änderungen von elektrischen und magnetischen Feldern nachweisen. Haie können auch diese spüren und besitzen somit einen „natürlichen Kompass“.

Taucher mit Schutzgerät

Die Empfindlichkeit der Haie für elektrische Felder lässt sich zum Schutz von Tauchern nutzen. Der Taucher trägt ein Gerät mit sich, das ein leichtes elektrisches Feld erzeugt. Dieses ist ungefährlich für den Taucher und die meisten Fische in seiner Nähe. Haie empfinden das von dem Gerät erzeugte Feld als unangenehm und drehen ab.

Arbeitsauftrag

a) Stellen Sie die Vorteile zusammen, die Haie durch ihre elektrischen Sinnesorgane gegenüber anderen Meerestieren haben.

b) Die Abbildung eines Tauchers unten ist einer Werbebroschüre nachempfunden. Stellen Sie Vermutungen über die Bedeutung der Linien auf. Berücksichtigen Sie Darstellungsweisen, die Sie aus anderen Zusammenhängen, z. B. bei magnetischen Feldern, kennen.

c) Beschreiben Sie Möglichkeiten, um ein elektrisches Feld zu erzeugen. Beurteilen Sie deren Eignung für ein Schutzgerät für Taucher. Stellen Sie Hypothesen zur technischen Ausführung des Geräts auf.

Materialien zu Kapitel 6.5

▶ M2 Einstieg: Muskelfunktion und Elektrizität

Der italienische Anatom Luigi Galvani (1737–1798) entdeckte den Zusammenhang zwischen Elektrizität und Muskelbewegung. Froschschenkel, die er nach dem Sezieren aufgehängt hatte, begannen zu zucken. Galvani konnte das gleiche Resultat auch durch das Verbinden verschiedener Metalle erzielen. Alessandro Volta erkannte, dass die Bewegung des Froschschenkels durch Spannungen von außen hervorgerufen wurde und nicht, wie Galvani annahm, durch „animalische Elektrizität".

Heute ist bekannt, dass Muskelfasern aus Myofibrillen bestehen, die aus Myosin- und Aktinfilamenten aufgebaut sind. Die Moleküle der Myosinfilamente sind gelenkartig aufgebaut. Die Köpfe besitzen eine starke Affinität, mit dem Aktin eine Verbindung einzugehen, da der Abstand zwischen ihnen mit etwa 5 nm sehr gering ist. Die Muskelkontraktion läuft nach der Filament-Gleittheorie ab, bei der Aktin- und Myosinfilamente aneinander vorbeigleiten und ineinander hineingezogen werden. Die Kontraktion startet mit einem Nervenimpuls, der dafür sorgt, dass Kalziumionen ausgeschüttet werden. Diese verbinden sich mit dem Troponin so, dass eine Brückenbindung zwischen Aktin und Myosin nicht länger verhindert wird. Das Myosin-Köpfchen knickt um und zieht den Aktin-Strang mit sich. Da jede Muskelkontraktion von Nervenimpulsen begleitet ist und Ladungen in den Muskelzellen verschoben werden, entstehen dabei elektrische Felder. Diese Felder und die zugehörigen Potentiale von 50 µV bis 5 mV können an der Körperoberfläche gemessen werden.

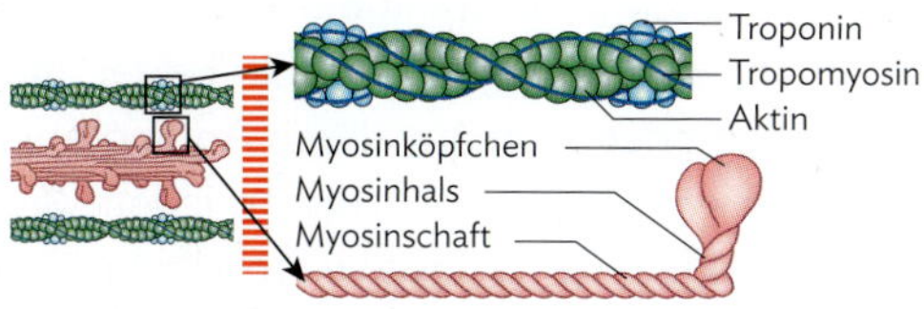

Detail eines Aktin- und Myosinfilaments

Eine spezielle Muskelkontraktion ist die des Herzmuskels. Durch die Verbindung zwischen zwei benachbarten Muskelzellen wird eine Weiterleitung von Zelle zu Zelle ermöglicht. Die Erregung läuft in einer charakteristischen Reihenfolge ab und das resultierende elektrische Feld ändert sich periodisch. Das Feld bzw. das entsprechende Potential kann an der Körperoberfläche mit Elektroden gemessen werden.

Beim Elektrokardiogramm (EKG) interessiert die genaue Form der Messkurve; bei der Pulsmessung wird nur festgestellt, nach welcher Zeit sich das Signalmuster wiederholt. Bei Erwachsenen geschieht das mit einer Frequenz von ca. 60 Hz bis 80 Hz, bei Kleinkindern mit bis zu 120 Hz. Körperliche Belastung lässt die Herzfrequenz bis auf das Vierfache ansteigen; eine Kontrolle, z. B. beim Sport, ist deshalb sinnvoll.

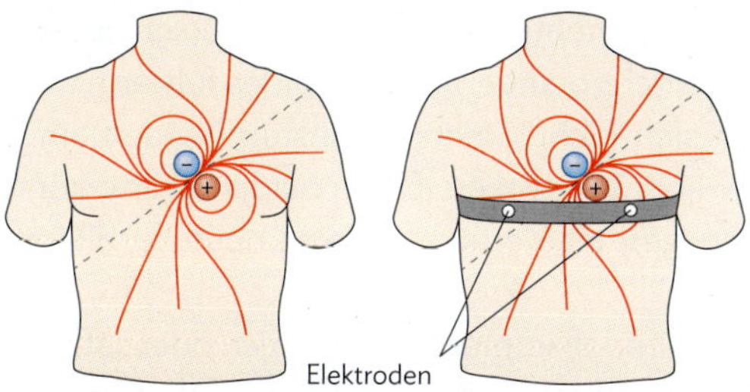

Schematische Darstellung eines Pulsmessers

Arbeitsauftrag

a) Recherchieren Sie den genauen Ablauf einer Muskelkontraktion. Beschreiben Sie die Rolle der Kalziumionen und erklären Sie, dass sich bei einer Kontraktion der elektrische Zustand der Myofibrillen ändert. Verwenden Sie die Zeichnungen (Mediencode). MC 67055-21

b) Wenn Sie Zugang zu einem Pulsmesser haben, der mit Elektroden arbeitet, testen Sie seine Funktionsweise. Dokumentieren Sie die Messwerte vor und nach körperlicher Betätigung. Verändern Sie auch die Position der Elektroden.

c) Geben Sie auf die Elektroden des Pulsmessers aus b) ein (schwaches!) periodisches Spannungssignal und testen Sie die Anzeige.

Darstellung von elektrischen Feldlinien

Aus der 10. Klasse ist Ihnen der Begriff des magnetischen Feldes vertraut. Die damit verbundene Vorstellung lässt sich verallgemeinern: Immer dann, wenn in einem Raumbereich Kraftwirkungen auf Gegenstände oder Teilchen zu beobachten sind, kann man auf das Vorhandensein eines physikalischen Feldes schließen. So werden beispielsweise Watteballchen in der Nähe einer geladenen Kugel ausgerichtet. Elektrische Ladungen erzeugen in ihrer Umgebung ein elektrisches Feld.

B1 Nachweis des elektrischen Feldes in der Nähe einer geladenen Kugel

Um diesen besonderen Zustand des Raumes zu veranschaulichen, stellt man elektrische Felder meist durch Feldlinien oder alternativ durch Äquipotentiallinien (Kapitel 6.2) dar. Dabei sind Feldlinien gedachte Linien, die an jedem Punkt des elektrischen Feldes die Richtung der Kraft auf eine positive Probeladung angeben.
Um nicht nur die Richtung, sondern auch die Stärke des elektrischen Feldes anschaulich darzustellen, legt man fest: Sind in einer Abbildung die Linien eng beieinander, so bedeutet dies, dass das Feld dort sehr stark ist. Umgekehrt bedeutet ein großer Abstand der Feldlinien ein schwaches Feld mit geringer Feldstärke.

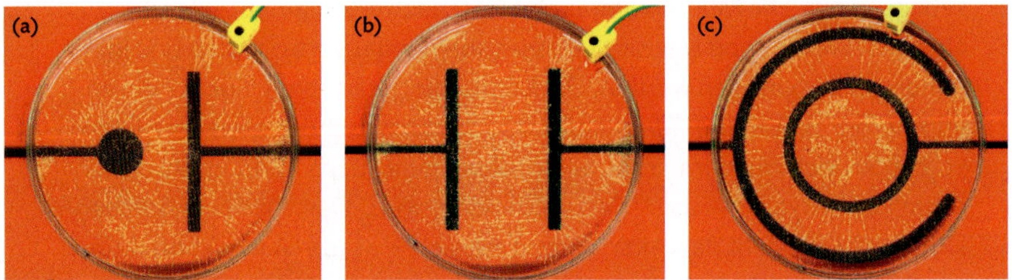

B2 Experimentelle Darstellung von elektrischen Feldlinien

Eigenschaften elektrischer Felder

Mit Grießkörnchen in Öl lassen sich in einem einfachen Experiment Feldlinienbilder erzeugen (B2). In den Grießkörnern werden dabei positive und negative Ladungen gegeneinander verschoben und sie richten sich nach dem vorgegebenen Feld aus. In den Anordnungen werden wichtige Eigenschaften statischer (zeitlich unveränderlicher) elektrischer Felder und ihrer Darstellungen sichtbar:

- Elektrische Feldlinien stehen auf Leiterflächen senkrecht. Da Feldlinien Kraftrichtungen angeben, könnte man einer nicht senkrecht auf dem Leiter stehenden Feldlinie zwei Kraftkomponenten zuordnen: eine senkrecht zum Leiter und eine parallel dazu. Die parallele Kraftkomponente würde zu einer Verschiebung von Ladungen im Leiter und damit zu einer Veränderung des Feldes führen.
- Elektrische Feldlinien schneiden sich nicht. Denn ansonsten würden auf eine Probeladung im Schnittpunkt zwei Kräfte wirken. Diese beiden Kräfte könnten zu einer einzigen Kraft zusammengesetzt werden, die eine neue, resultierende Feldlinie definieren würde.
- Elektrische Feldlinien beginnen und enden immer auf Ladungen oder setzen sich bis ins Unendliche fort, da zeitlich unveränderliche Felder nur von Ladungen hervorgerufen werden können.

i
Hier wird auch noch einmal der Modellcharakter der Feldlinien deutlich.

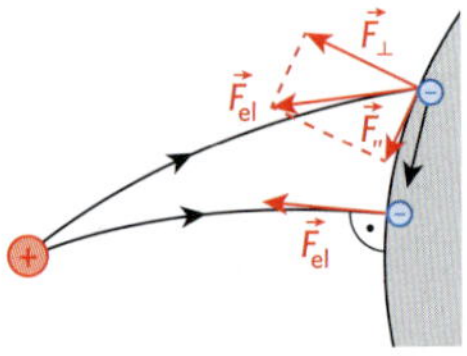

i
Weil die Grießkörnchen ausgedehnt sind, kann man dort – im Gegensatz zu den idealisierten Feldlinien – durchaus gelegentliche „Verästelungen“ feststellen.

- Im Inneren eines Leiters existiert kein Feld, egal, ob er selbst geladen ist oder nicht. Dies zeigen auch Versuche mit dem Faraday-Käfig: Befindet sich ein neutraler Leiter in einem elektrischen Feld, so werden in ihm Ladungen verschoben. Diese Verschiebung verläuft so, dass das Feld im Inneren kompensiert wird (B3).
- Ladungen in Leitern konzentrieren sich dort, wo das Feld am stärksten ist, d. h. wo die meisten Feldlinien auftreffen. Dies wird z. B. beim Blitzableiter verwendet (B4).
- Außerdem definiert man: Elektrische Felder zeigen aufgrund der Definition der Feldlinien (Kraftwirkung auf positiv geladene Teilchen) von der positiven Elektrode zur negativen.

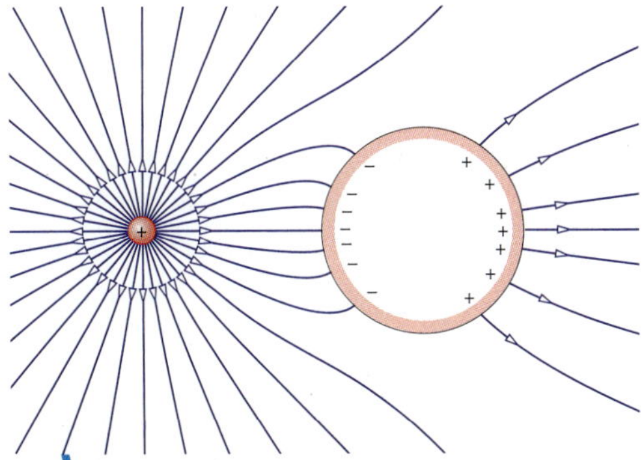

B3 \ Feldfreier Raum im Inneren eines Leiters

Die beschriebenen Eigenschaften gelten für statische Felder. Bei stromdurchflossenen Leitern oder bei sich rasch ändernden elektromagnetischen Feldern liegt eine andere Situation vor. Langsame Bewegungen von Ladungen, wie z. B. im Fall des Tauchers (S. 110) können jedoch in guter Näherung durch ein statisches elektrisches Feld dargestellt werden.

B4 \ Blitzeinschlag

Die Felder in B2b und B2c lassen sich besonders einfach beschreiben und werden daher häufig für Modellierungen oder Berechnungen verwendet:

Homogenes Feld (B5a): Im homogenen Feld hat das Feld überall die gleiche Richtung und auch die gleiche Stärke. Im Feldlinienbild wird dies durch parallele Linien, die alle den gleichen Abstand zueinander haben, dargestellt. Zwischen zwei geladenen, parallelen Leiterplatten herrscht in sehr guter Näherung ein homogenes elektrisches Feld.

Radialsymmetrisches Feld (B5b): Die Feldlinien verlaufen gleichmäßig radial. Dabei nimmt die Stärke des Feldes nach außen hin ab. Das radialsymmetrische Feld kann entweder mit zwei gegensätzlich geladenen konzentrischen Kreiselektroden verwirklicht werden oder mit einer Kugelladung, bei der sich die zweite Elektrode „im Unendlichen“ befindet.

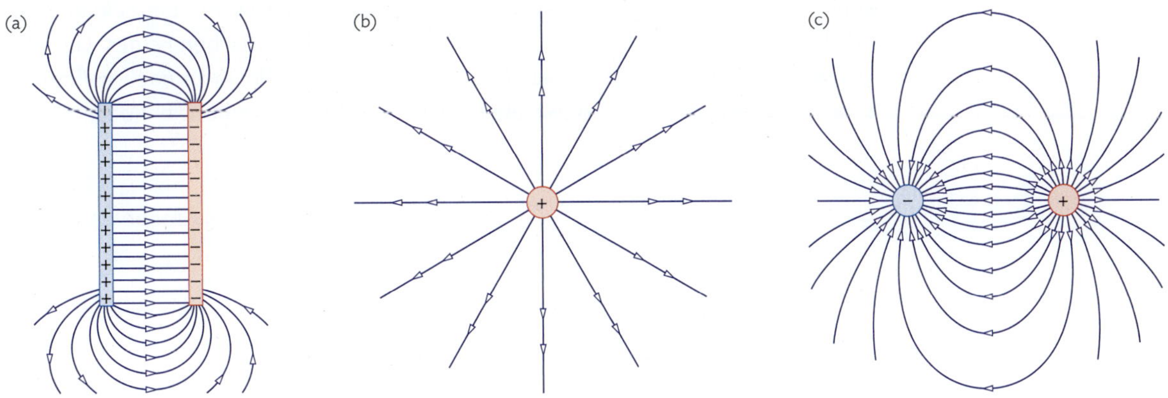

B5 \ Elektrische Feldlinien für ein (a) homogenes Feld, (b) ein radialsymmetrisches Feld und (c) ein Dipolfeld

Speziell in der Biophysik tritt eine weitere Feldart häufig auf, das **Dipolfeld**. Es wird erzeugt durch eine positive und eine negative (Punkt-)Ladung, die sich in einem bestimmten Abstand gegenüber stehen (B5c). Es tritt immer dann auf, wenn in einem ursprünglich neutralen Objekt Ladungen leicht verschoben werden. So strömen beispielsweise Ca^{2+}-Ionen aus der Umgebung in eine Muskelzelle ein und lösen eine Kontraktion aus. Weil diese positiven Ladungen an anderer Stelle fehlen und dort eine negative „Restladung" zurücklassen, hat das elektrische Feld in der Umgebung dieser Zelle dann die Struktur eines elektrischen Dipols.

Definition der elektrischen Feldstärke

Elektrische Feldlinien wurden so eingeführt, dass sie an jedem Punkt des Feldes mit der Kraftrichtung auf eine positive Probeladung übereinstimmen. Daraus lässt sich eine quantitative Beschreibung entwickeln. Weil das Feld umso stärker ist, je größer die Kraft ist, die es auf die gleiche Probeladung ausübt, ist der Quotient aus dieser Kraft und der Probeladung eine sinnvolle Größe für die Stärke des elektrischen Feldes. Man spricht von der elektrischen Feldstärke $\vec{E}$.

i

Hier wird die Ladung mit q bezeichnet, um zu betonen, dass die Probeladung möglichst klein sein sollte. Andernfalls würde nämlich durch die Probeladung das betrachtete elektrische Feld merklich verändert.
Die genaue Größe der Probeladung spielt hingegen keine Rolle: Experimentell lässt sich nachweisen, dass F_{el} und q zueinander direkt proportional sind; ihr Quotient ist also immer konstant.

Elektrische Feldstärke: $\vec{E} = \frac{\vec{F}_{el}}{q}$

Für die Einheit von $\vec{E}$ ergibt sich aus der Definition zunächst $[\vec{E}] = \frac{1\,\text{N}}{1\,\text{C}}$. Wir werden in Kapitel 6.3 sehen, dass dies gleichbedeutend ist mit der gebräuchlicheren Einheit $[\vec{E}] = 1\,\frac{\text{V}}{\text{m}}$. Beispiele für Größenordnungen gibt die Tabelle T1.

Situation/elektrisches Gerät	E in V/m
Sinnesorgane von Haien (minimale Empfindlichkeit)	$1 \cdot 10^{-6}$
Glühbirne (im Abstand von 30 cm)	5
Föhn (im Abstand von 30 cm)	80
Kühlschrank (im Abstand von 30 cm)	120
Hochspannungsleitung (1 m über dem Boden)	$1 \cdot 10^3$ bis $6 \cdot 10^3$

T1 Beispiele für elektrische Feldstärken

Die Feldstärke ist in hohem Maße abhängig von der Entfernung zu den felderzeugenden Ladungen. In den Feldlinienbildern ist das an der Dichte der Feldlinien zu erkennen. Besonders einfach ist der Fall des radialsymmetrischen Feldes. Um eine geladene Kugel (Ladungsmenge Q) herum nimmt die Feldstärke nach außen hin, also mit zunehmendem Radius r, ab. Eine genauere Untersuchung ergibt:

$$E = \frac{1}{4\pi\varepsilon_0} \cdot \frac{Q}{r^2}$$

Die Größe $\varepsilon_0 = 8{,}8542 \cdot 10^{-12}\,\frac{\text{As}}{\text{Vm}}$ ist dabei eine universelle Naturkonstante und heißt elektrische Feldkonstante oder Permittivität des Vakuums.

Die elektrische Feldstärke besitzt wie die elektrische Kraft eine Richtung, sie ist also eine vektorielle Größe. Feldstärken können deshalb auf die gleiche Weise wie Kräfte vektoriell addiert werden. Das ist hilfreich, um in komplizierteren Ladungsanordnungen zunächst die Feldstärken zu bestimmen, die von den Einzelladungen erzeugt werden. Aus ihnen ergibt sich dann die Gesamtfeldstärke.

Musteraufgabe

In einem Koordinatensystem befindet sich eine negative Ladung an der Stelle Q_1 (0 | 0) und eine betragsgleiche positive Ladung an der Stelle Q_2 (6 | 0). Der Punkt P befindet sich jeweils 5,0 cm von Q_1 und Q_2 entfernt; dort sind die Feldstärken, die die jeweiligen Ladungen hervorrufen, $E_1 = E_2 = 2{,}0\ \text{V/m}$. Bestimmen Sie graphisch Betrag und Richtung der Gesamtfeldstärke im Punkt P.

Lösung

Die Pfeile der Einzelfeldstärken $\vec{E}_1$ und $\vec{E}_2$ sind jeweils entlang der Verbindungslinien zwischen P und den Ladungen orientiert. Weil sie über die Kraft auf eine positive Probeladung definiert sind, zeigt $\vec{E}_1$ auf Q_1 zu und $\vec{E}_2$ von Q_2 weg. In einer Zeichnung wählt man z. B. den Maßstab $1\,\frac{\text{V}}{\text{m}} \mathrel{\hat{=}} 1\,\text{cm}$. Dann erhält man $\vec{E}_{ges}$ durch Pfeiladdition („Kräfteparallelogramm"). Der Betrag ist $E_{ges} = 2{,}4\,\frac{\text{V}}{\text{m}}$.

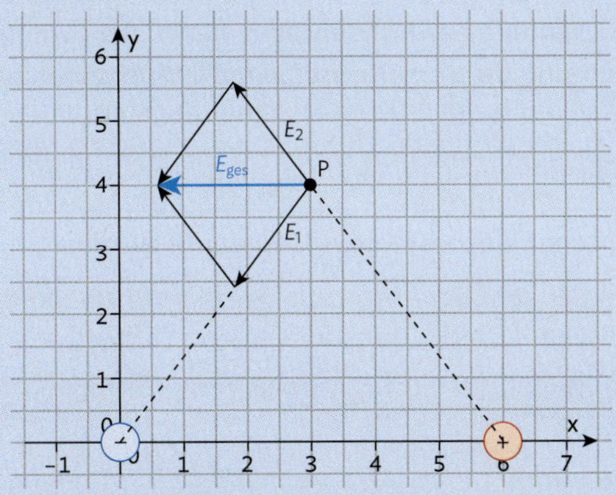

Ladungen in einem Koordinatensystem

i

Das allgemeine physikalische Prinzip heißt Superposition. Sie sind ihm schon mehrfach begegnet, z. B. bei zweidimensionalen Bewegungen oder bei der Interferenz von Wellen.

Arbeitsaufträge

1 Erklären Sie die Eigenschaften elektrischer Feldlinien jeweils mit einer Skizze.

2 Mit dem Mediencode gelangen Sie zu einer Simulation, mit der die elektrischen Feldlinien zu beliebigen Ladungsanordnungen dargestellt werden können.

MC 67055-22

a) Bestätigen Sie damit die Feldlinienbilder in Abbildung B5.

b) Erstellen Sie weitere Ladungsanordnungen. Skizzieren Sie zunächst den von Ihnen erwarteten Verlauf der Feldlinien und überprüfen Sie Ihre Hypothese mit der Simulation.

3 a) Bestätigen Sie rechnerisch, dass mit den Angaben aus der Musteraufgabe der Betrag der beiden felderzeugenden Ladungen $Q = 5{,}6 \cdot 10^{-13}\ \text{C}$ ist.

b) Bestimmen Sie damit die Beträge der Einzelfeldstärken in den Punkten A (3 | 0) und B (0 | 4).

c) Zeichnen Sie die in b) berechneten Feldstärkepfeile maßstabsgerecht in ein Koordinatensystem ein. Bestimmen Sie dann zeichnerisch Betrag und Richtung der Gesamtfeldstärke in den Punkten A und B.

4 Eine geladene metallische Kugel (Radius R) erzeugt in ihrer Umgebung ein elektrisches Feld. Direkt an der Kugeloberfläche lässt es sich berechnen durch $E = \frac{5{,}0 \cdot 10^2}{R^2}\ \text{V} \cdot \text{m}$.

a) Ab einer Feldstärke von $3{,}0\,\frac{\text{kV}}{\text{mm}}$ können durch die Luft Funken überschlagen. Bestimmen Sie die Mindestgröße der Kugel so, dass dies nicht geschieht.

b) Begründen Sie durch Argumentation mit dem Feldlinienbild, dass die Gefahr eines Funkenüberschlags bei kleinen Kugeln höher ist als bei großen.

Kapazität

Jeder Leiter, der mit einem Pol einer Spannungsquelle verbunden wird, lädt sich auf. Die Kapazität C ist ein Maß dafür, wie viel Ladung bei einer bestimmten Spannung gespeichert werden kann. Man definiert deshalb:

$$C = \frac{Q}{U}$$

Die Einheit der Kapazität ist: $[C] = \frac{1\,\text{C}}{1\,\text{V}} = 1\,\text{F}$ (Farad). Die Benennung erfolgte nach dem englischen Physiker Michael Faraday (1791–1867).

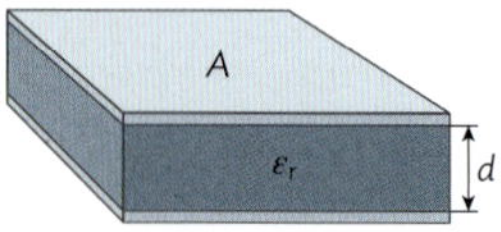

Plattenkondensator

Ein Bauteil für die Speicherung von elektrischer Ladung heißt Kondensator. Weil die gespeicherten Ladungen einen sehr geringen Betrag haben, liegen typische Kapazitäten von Kondensatoren im Bereich Pikofarad bis Mikrofarad.
Die Kapazität eines Kondensators hängt stark von seiner geometrischen Form ab. Einfach sind die Verhältnisse beim Plattenkondensator, bei dem sich zwei Metallplatten der Fläche A gegenüberstehen und durch einen kleinen Spalt der Breite d getrennt sind. Verändert man im Experiment diese beiden Größen, so findet man den Zusammenhang $C \sim \frac{A}{d}$. Die Proportionalitätskonstante ergibt sich wieder als die elektrische Feldkonstante ε_0. Insgesamt gilt also:

Kapazität eines Plattenkondensators (luftgefüllt bzw. im Vakuum):
$$C = \varepsilon_0 \cdot \frac{A}{d}$$

i

Kapazitäten werden auch später wichtig bei der Modellierung von Nervenzellen. Dort befindet sich zwischen den „Kondensatorflächen" allerdings das Membrangewebe. Die Formel muss dann um einen Faktor ε_r („Dielektrizitätszahl") ergänzt werden: $C = \varepsilon_r \cdot \varepsilon_0 \cdot \frac{A}{d}$.

Musteraufgabe

Ein typischer Plattenkondensator für die Schule hat runde Platten mit einem Durchmesser von 26 cm. Berechnen Sie die Kapazität bei einem Plattenabstand von 2,5 cm.

Lösung

Der Radius der Platten beträgt $r = 13\,\text{cm}$.

$$C = \varepsilon_0 \cdot \frac{A}{d} = \varepsilon_0 \cdot \frac{\pi \cdot r^2}{d}$$
$$= 8{,}8542 \cdot 10^{-12}\,\frac{\text{As}}{\text{Vm}} \cdot \frac{\pi \cdot (0{,}13\,\text{m})^2}{0{,}025\,\text{m}}$$
$$= 1{,}9 \cdot 10^{-11}\,\text{F} = 19\,\text{pF}$$

Energie eines Kondensators

Von der Kapazität eines Kondensators hängt auch ab, wie viel Energie er speichern kann. Wir betrachten dazu das folgende Experiment (B1):
Im elektrischen Feld eines Plattenkondensators ist eine Kugel mit leitender Oberfläche aufgehängt und kann von einer Platte zur anderen schwingen. Wenn sie eine Platte berührt, lädt sie sich entsprechend auf und wird von der anders gepolten Platte angezogen. Beim Bewegen wird eine kleine Ladungsmenge ΔQ transportiert und die Ladung an den Platten verringert sich um diesen Betrag.
Die Energie des Kondensators nimmt ebenfalls ab, denn beim geschilderten Ladungstransport wurde eine Arbeit $W = U \cdot \Delta Q$ verrichtet. Wenn der Kondensator von der Spannungsquelle getrennt ist, verringert sich also bei jedem Hin- und Herschwingen der Kugel die Energie des Kondensators um $\Delta E = U \cdot \Delta Q$. Gleichzeitig wird jedoch auch die Plattenspannung U geringer. Das Diagramm in B1 zeigt die Situation: Spannung und Ladung am Kondensator sind direkt proportional zu-

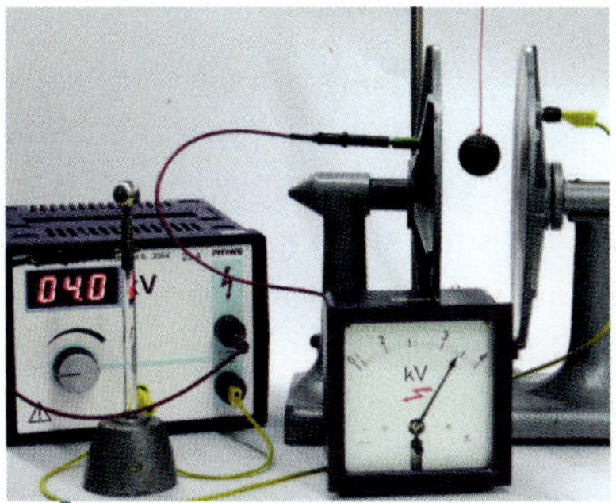

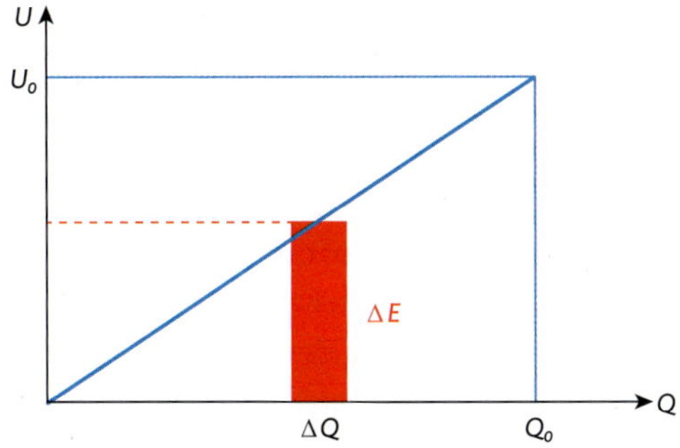

B1 \ Entladung eines Kondensators durch schrittweisen Ladungstransport

Das Diagramm enthält keine zeitliche Information. Beim Entladevorgang beginnt die Messwertaufnahme am rechten Ende der Ursprungsgeraden und verläuft dann bis zum Ursprung.

einander; die farbige Fläche gibt die Abnahme der Energie an. Die gesamte Änderung der Energie erhält man als Fläche unter dem *Q*-*U*-Graphen. Sie entspricht genau der Energie, die zuvor im Kondensator gespeichert war.

Energieinhalt eines Kondensators: $E_{\text{Kond}} = \frac{1}{2} \cdot U_0 \cdot Q_0 = \frac{1}{2} \cdot \frac{Q_0^2}{C} = \frac{1}{2} \cdot U_0^2 \cdot C$

Musteraufgabe

Der in der vorhergehenden Aufgabe betrachtete Plattenkondensator wird mit einer Spannung von $U_0 = 200\,\text{V}$ aufgeladen. Berechnen Sie die gespeicherte Energie.

Lösung

Mit $C = 19\,\text{pF}$ ergibt sich:

$E_{\text{Kond}} = \frac{1}{2} \cdot U_0^2 \cdot C$

$= \frac{1}{2} \cdot (200\,\text{V})^2 \cdot 19 \cdot 10^{-12}\,\text{F} = 3{,}8 \cdot 10^{-7}\,\text{J}$

Arbeitsaufträge

1\ a) Berechnen Sie die Kapazität eines Kondensators mit Fläche $0{,}020\,\text{m}^2$ und Plattenabstand 0,010 m.

b) Ein Dielektrikum erhöht die Kapazität des Kondensators aus a) um das 4-Fache. Geben Sie die zugehörige Dielektrizitätszahl an.

c) Der Kondensator aus b) wird nun mit einer Spannung von 20 V betrieben. Berechnen Sie die Ladungsmenge, die der Kondensator maximal speichern kann.

2\ a) Ein Elektrolytkondensator hat die Aufschrift „22 000 µF, 63 V". Bestimmen Sie die im Kondensator gespeicherte Ladungsmenge und seinen Energieinhalt.

b) Recherchieren Sie den Aufbau eines Elektrolytkondensators. Begründen Sie, dass bei seinem Einsatz die richtige Polung wichtig ist.

3\ Die Abbildung zeigt den prinzipiellen Aufbau eines Fingerabdrucksensors. Er stellt einen Kondensator dar, bei dem eine „Platte" durch die Hautrillen der Fingerspitze gebildet wird. Beschreiben Sie seine Funktionsweise; beziehen Sie sich dabei auf die Abbildung und auf die Formel für die Kapazität eines Plattenkondensators.

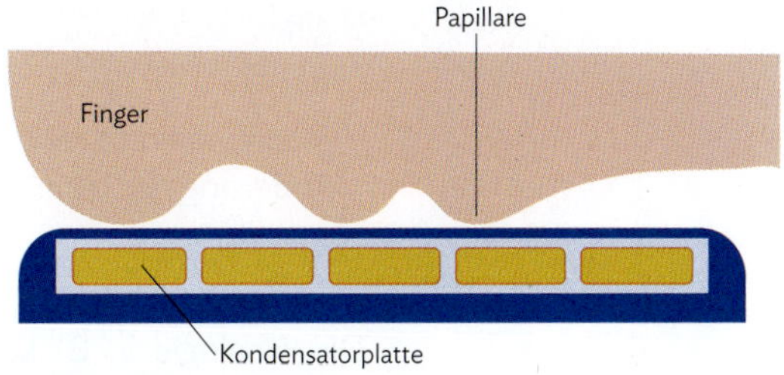

Fingerabdrucksensor

6.3 Potential und Feldstärke

Spannung und elektrische Feldstärke

Bereits in der 9. Jahrgangsstufe haben Sie einen weiteren elektrischen Begriff kennengelernt, den des elektrischen Potentials. Ausgehend von dem Wasserrutschenmodell oder einem ähnlichen Modell haben Sie die Vorstellung entwickelt, dass in einem Stromkreis die Elektronen durch die Spannungsquelle „angehoben" werden und im weiteren Verlauf des Stromkreises wieder auf das Ausgangsniveau „zurückfallen". Einen einfachen Fall zeigt B1. Längs eines Drahtes bleibt der Potentialwert φ dabei gleich, innerhalb der Spannungsquelle und der Glühlämpchen ändert er sich um einen Wert, der der Spannung am jeweiligen Bauteil entspricht: $\Delta\varphi = U$. Die Einheiten des Potentials und der Spannung sind also gleich, nämlich 1 V.

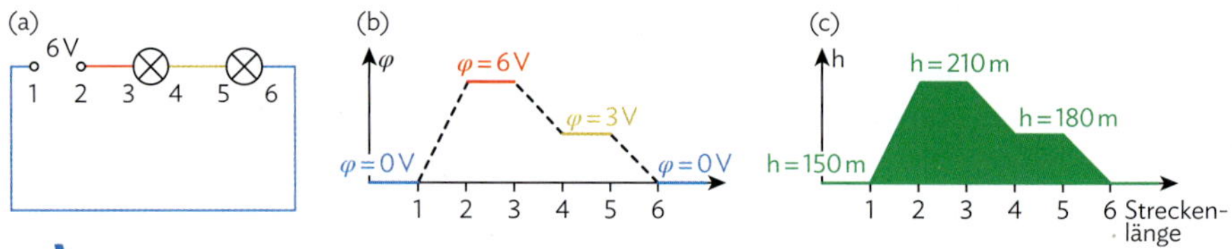

B1 (a) Elektrischer Stromkreis, (b) Potentialverlauf, (c) mechanische Analogie

Das Potentialdiagramm in B1b kann analog gesehen werden zum Streckenprofil z. B. einer Bergwanderung (B1c). Die jeweils nach oben aufgetragenen Größen sind dabei ein Maß für die potentielle Energie der Ladung q bzw. der Masse m. Im Gravitationsfeld ist $E_{pot} = m \cdot g \cdot h$, im elektrischen Feld längs der Schaltung ist $E_{pot} = q \cdot \varphi$.

Das gilt auch dann noch, wenn der Stromkreis an einer Stelle unterbrochen ist. Das ist insbesondere dann der Fall, wenn eines der beiden Lämpchen in B1 durch einen Plattenkondensator ersetzt wird. Stromfluss kann in einer solchen Situation nur durch eine freie Ladung erfolgen, die sich von einer Platte zur anderen bewegt, genauso wie in Abbildung B1 im Kapitel 6.2. Die Energie der Ladung ändert sich um $\Delta E_{pot} = q \cdot \Delta\varphi = q \cdot U$. Diese Energie stammt aus dem elektrischen Feld; in ihm wirkt längs des gesamten Plattenabstands d die elektrische Kraft F_{el}. Die verrichtete Arbeit kann mit der Energieänderung gleichgesetzt werden:

$$F_{el} \cdot d = q \cdot U$$

Umstellen ergibt $\frac{F_{el}}{q} = \frac{U}{d}$; dabei steht auf der linken Seite die elektrische Feldstärke $E = \frac{F_{el}}{q}$.

Die elektrische Feldstärke im homogenen Feld eines Plattenkondensators hängt nur von der anliegenden Spannung U und dem Plattenabstand d ab. Es gilt:

$$E = \frac{U}{d}$$

In allgemeinen elektrischen Feldern kann die Feldstärke aus der Potentialänderung $\Delta\varphi$ längs eines kurzen Wegstücks Δx bestimmt werden:

$$E = \frac{\Delta\varphi}{\Delta x}$$

Die Analogie in B1 kann auf zweidimensionale Situationen übertragen werden. Äquipotentiallinien entsprechen dabei den Höhenlinien auf einer Karte (B2).
Die Höhenlinien in B2b sind für Wanderer interessant, weil sie auf ihnen stets die gleiche potentielle Energie besitzen. Der genaue Zahlenwert dieser potentiellen

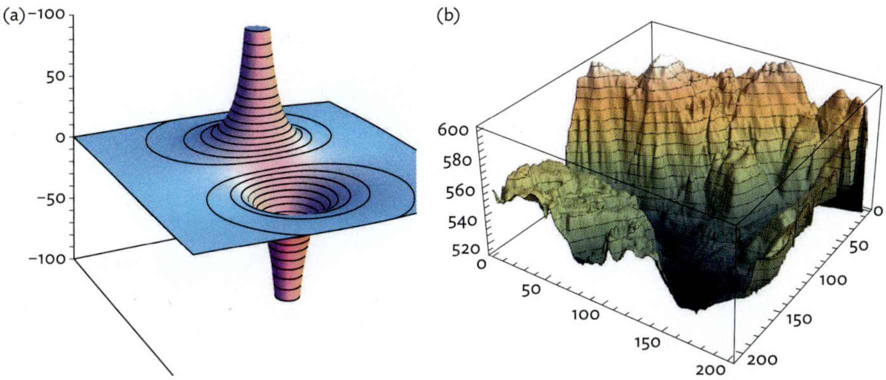

**B2 ** (a) Darstellung des elektrischen Feldes eines Dipols durch Äquipotentiallinien und (b) Analogie mit Höhenlinien

Energie hängt vom Nullpunkt der Höhenmessung ab; für geographische Zwecke verwendet man meist den mittleren Meeresspiegel („Höhe über NN").

Übertragen auf das elektrische Feld bedeutet das: Bewegungen auf den Äquipotentiallinien (d. h. bei konstantem φ) erfolgen ohne Energieänderung. Wie bei den Höhenlinien muss man zur konkreten Berechnung einen Bezugspunkt mit $\varphi = 0$ vereinbaren. In der Regel wählt man dafür eine Elektrodenfläche oder einen unendlich weit entfernten Punkt. Das Potential kann dann auch negativ werden.

Zusammenhang zwischen Feldlinien und Äquipotentiallinien

Rein anschaulich drückt sich die Stärke eines elektrischen Feldes in der „Steilheit" des „Potentialgebirges" aus. Es lässt sich auch mathematisch zeigen, dass die Feldlinien an jedem Punkt in die Richtung des stärksten „Gefälles" zeigen. Dies ist diejenige Richtung, in der die Äquipotentiallinien die geringste Entfernung voneinander haben.

Feldlinien und Äquipotentiallinien stehen überall aufeinander senkrecht. Weil Feldlinien in Richtung der elektrischen Kraft zeigen, müsste es bei einem Schnittwinkel $\neq 90°$ eine Kraftkomponente entlang der Äquipotentiallinie geben. Dies kann aber nicht sein, denn eine Äquipotentiallinie verhält sich wie ein Stück Draht, an dem überall die gleiche Spannung anliegt und längs dem es deshalb auch keine Kräfte auf die Ladungen gibt.

Arbeitsaufträge

1\ Begründen Sie, dass sich die Einheit der elektrischen Feldstärke sowohl als $1\,\frac{\text{N}}{\text{C}}$ schreiben lässt als auch als $1\,\frac{\text{V}}{\text{m}}$.

2\ Mit der Simulation in Kapitel 6.1, Aufgabe 2, lassen sich auch Äquipotentiallinien darstellen.
Zeichnen Sie diese für Ihre Anordnungen aus 6.1 und bestätigen Sie, dass Feldlinien und Äquipotentiallinien sich stets rechtwinklig schneiden.

3\ a) Erklären Sie, dass die Fallbeschleunigung g als „Gravitationsfeldstärke" betrachtet werden kann.
b) Beschreiben Sie für die beiden Situationen in B2 jeweils die Bedeutung der Steigung in einem bestimmten Punkt.
c) Diskutieren Sie mit diesem Hintergrund die Grenzen der Analogie zwischen Äquipotentiallinien und Höhenlinien.

6.4 Schülerexperiment: Äquipotentiallinien eines Dipols

V1 Messverfahren zur Bestimmung des elektrischen Potentials

Zur Potentialbestimmung kann man sich den Zusammenhang zwischen Potential und Spannung zunutze machen: Spannungen in einem Stromkreis lassen sich leicht messen. Aus zwei gemessenen Spannungen ergibt sich eine Potentialdifferenz $U = \Delta\varphi = \varphi_A - \varphi_B$. Legt man nun eine beliebige Stelle zu $\varphi_B = 0$ fest, so ist durch diese Messvorschrift φ_A an allen Punkten A festgelegt.

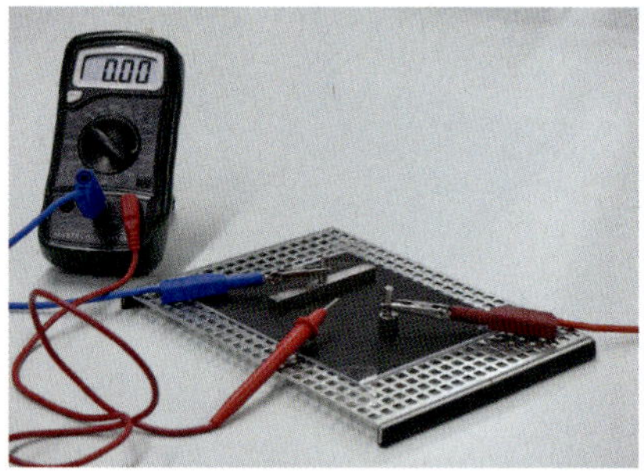

Versuchsaufbau

Will man Anordnungen wie in B5 auf S. 113 untersuchen, wird man allerdings zwischen den Elektroden zunächst gar keine Spannung messen können, weil die beiden Anschlüsse voneinander isoliert sind. Nötig ist also eine schwach leitfähige Verbindung zwischen den felderzeugenden Elektroden und der Messstelle. Diese kann durch eine leitfähige Flüssigkeit (Ionenlösung) oder leitfähiges Papier hergestellt werden.

Auch normales Leitungswasser ist schwach leitfähig. Deshalb eignet sich für die Versuche hier auch ein feuchtes Papierhandtuch, das blasenfrei auf die Tischfläche gelegt und mit der Elektrodenanordnung in Kontakt gebracht wird. Für die Untersuchung eines elektrischen Dipols kann dabei ein 9-Volt-Block mit den Anschlüssen auf das Papierhandtuch gestellt werden.

Arbeitsauftrag

a) Verbinden Sie die Enden einer Bleistiftmine mit den Polen einer 1,5-Volt-Batterie. Messen Sie die Spannung zwischen einem Pol der Batterie und verschiedenen Stellen längs der Mine. Beschreiben Sie Ihre Beobachtungen.

b) Legen Sie auf ein mit Kohlenstoff imprägniertes Papier zwei parallele Metallstreifen und schließen Sie diese an eine Gleichspannungsquelle an. Eine Stahlplatte mit Isolierung als Unterlage kann helfen, um die Elektroden mit Neodymmagneten zu fixieren (unveränderliche elektrische und magnetische Felder beeinflussen sich gegenseitig nicht). Das elektrische Potential einer bestimmten Stelle auf dem Papier können Sie mit einem normalen Voltmeter messen. Geben Sie dazu die Positionen an, an denen Sie die beiden Messspitzen aufsetzen müssen. Beschreiben Sie auch die Veränderungen dieser Positionen, um das elektrische Potential einer weiteren Stelle zu messen. Vergleichen Sie Ihre Messwerte mit denen Ihrer Mitschülerinnen und Mitschüler und erklären Sie eventuelle Unterschiede.

c) Positionen mit dem gleichen elektrischen Potential werden durch eine Äquipotentiallinie verbunden. Beschreiben Sie eine Vorgehensweise, mit der Sie zu möglichst aussagekräftigen Äquipotentialdarstellungen gelangen können.

d) Wiederholen Sie die Messung mit verschieden geformten und unterschiedlich angeordneten Elektroden. Tragen Sie dann jeweils den Verlauf einiger Äquipotentiallinien ein. Dieser Versuch eignet sich für ein arbeitsteiliges Vorgehen in Ihrem Kurs.

e) Vergleichen Sie Ihre Ergebnisse mit denen des im Mediencode hinterlegten Simulationsprogramms.

MC 67055-23

V2 Statischer Dipol

Ein Dipolfeld lässt sich sehr einfach mit einer Blockbatterie erzeugen. Es dient als erste Annäherung an die elektrischen Eigenschaften des menschlichen Herzens. Beim EKG wird dieses elektrische Feld durch festsitzende Elektroden an der Körperoberfläche erfasst.

Arbeitsauftrag

Stellen Sie eine 9-V-Blockbatterie mit den Kontakten nach unten in die Mitte eines feuchten Tuchs. Klemmen Sie mit einer Krokodilklemme das Kabel zur COM-Buchse eines Multimeters so an einer Tuchseite fest, dass die Verbindungslinie zur Batterie senkrecht zur Verbindungslinie der beiden Kontakte der Batterie steht. Ermitteln Sie ähnlich wie in V1 die Äquipotentiallinien dieses statischen Batterie-Dipols.

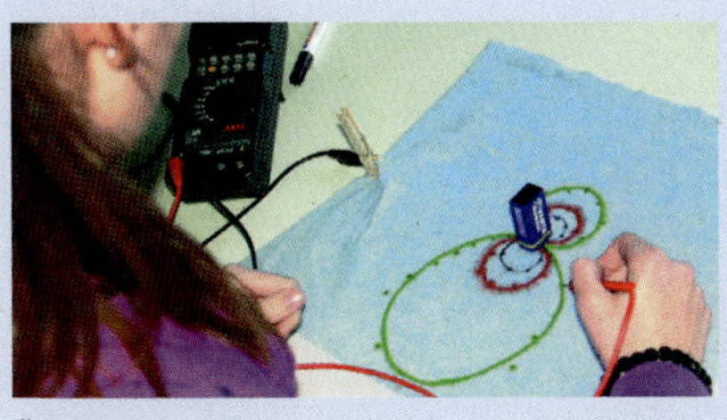
Äquipotentiallinien eines statischen Dipols

V3 Dynamischer Dipol

Für dieses Experiment benötigen Sie ein Datenerfassungssystem, mit dem der zeitliche Verlauf der Spannung direkt aufgezeichnet werden kann. Sie können so die Aufnahme eines EKGs in einem Modellexperiment nachvollziehen.

Mit den beiden Polen einer Spannungsquelle wird der dynamische Herz-Dipol im Modellversuch durch Abfahren der Vektorschleifen erzeugt.

Arbeitsauftrag

a) Verfassen Sie eine knappe Zusammenstellung über die wesentlichen physikalischen Vorgänge im Laufe eines Herzschlags. Erklären Sie eine Möglichkeit, diese Vorgänge durch geeignete Messungen sichtbar zu machen. Verwenden Sie für diese Aufgaben das Informationsmaterial aus Kapitel 6.5.

b)* Schneiden Sie aus Stoff eine ca. 50 cm große menschliche Figur mit abstehenden Armen und Beinen aus und befeuchten Sie sie mit Wasser. Malen Sie auf die Brust der Figur wie in der Abbildung die drei Schleifen, die von der Spitze des Summendipolvektors innerhalb eines Herzzyklus durchlaufen werden (B3 auf S. 124). Befestigen Sie dann die Elektroden eines Spannungssensors entsprechend der Ableitung II nach Einthoven an den Extremitäten der Figur.

c)* Ein Pol einer Gleichspannungsquelle (ca. 9 V) wird auf den gemeinsamen Schnittpunkt der drei Schleifen gehalten. Erzeugen Sie dann den dynamischen Herz-Dipol, indem Sie mit dem anderen Pol nacheinander die Schleifen für P-Welle, QRS-Komplex und T-Welle nachfahren. Zeichnen Sie den Spannungsverlauf auf. Vergleichen Sie die gemessene „EKG-Kurve“ des Datenerfassungssystems mit dem Verlauf in B2 auf S. 123. Nennen Sie Gründe für die Abweichungen.

d)* Wenn Sie über einen EKG-Sensor zu Ihrem Messwerterfassungssystem verfügen, können Sie auch ein (vereinfachtes) EKG Ihres eigenen Herzens aufnehmen. Ordnen Sie dort die einzelnen Bereiche den drei Schleifen zu.

Bearbeiten Sie e) und f) mit der Anwendung „Vom Dipol zum EKG-Signal“.

MC 67055-24

e) Verändern Sie die Richtung und den Betrag des Dipolvektors. Beschreiben Sie qualitativ den Zusammenhang dieser beiden Größen mit dem Spannungswert des EKG-Signals und gehen Sie dabei insbesondere auf die Lage der Projektionsachse ein.

f) Legen Sie für jede Erregungssituation Richtung und Betrag des Dipolvektors so fest, dass die entsprechenden Werte im EKG-Signal reproduziert werden. Begründen Sie die Richtung des Dipolvektors mit der dargestellten momentanen Erregungssituation des Herzgewebes.

Zelluläre Grundlagen des EKG-Signals

Der Zellinnenraum und der Zellaußenraum einer Herzmuskelzelle unterscheiden sich in der Konzentration von Ionen, insbesondere von Na^+, Ca^{2+} und K^+. Wie auch im Falle der Nervenzellen (Kapitel 9) ist die Zellmembran unterschiedlich gut durchlässig für diese Ionensorten. So stellen sich unterschiedliche Ionenkonzentrationen im Zellinnenraum und Zellaußenraum ein. Spezielle Membranproteine, die Ionen aktiv durch die Membran transportieren (z. B. die Na-K-Pumpe), sorgen dafür, dass diese Konzentrationsverhältnisse konstant bleiben und sich eine Potentialdifferenz („Ruhepotential") einstellt. Wenn die Zellmembran elektrisch erregt wird, ändern sich die Ionendurchlässigkeiten und damit die Konzentrationsverhältnisse und die Potentialdifferenz in charakteristischer Weise („Aktionspotential"). Da benachbarte Herzmuskelzellen gegeneinander nicht isoliert, sondern über kleine Kanäle („Gap-Junctions") leitend verbunden sind, breiten sich elektrische Erregungen über den gesamten Herzmuskel aus. Die erwähnten Membranproteine sorgen anschließend wieder für eine Wiederherstellung des Ruhepotentials.

Erregungsausbreitung und Kontraktion

Herzmuskelzellen ziehen sich bei elektrischer Erregung zusammen und sind so für die Kontraktion des Herzmuskels und damit für seine Pumpwirkung verantwortlich („elektromechanische Kopplung"). Die elektrische Erregung des Herzmuskels hat ihren Ursprung im Sinusknoten im rechten Vorhof, einem Bereich spezialisierter Zellen (dem „Reizleitungssystem"), die kein Ruhepotential ausbilden, sondern laufend Aktionspotentiale generieren. Das Aktionspotential breitet sich zuerst über den rechten und linken Vorhof aus und führt zur deren Kontraktion. Danach wird es über den AV-Knoten und das Reizleitungssystem sehr schnell zur Herzspitze geleitet, wo es auf die Herzmuskelzellen übergeht, sich in Richtung Herzbasis über beide Herzkammern ausbreitet und deren Kontraktion „von unten nach oben" bedingt, sodass das Blut aus den Herzkammern herausgepumpt wird. Die elektrische Erregung hat für jeden Gewebetyp eine charakteristische Form (B1).

i

Die Bezeichnung der Herzkammern und Vorhöfe (links, rechts) erfolgt aus Sicht des untersuchten Menschen; die Zeichnung hier gibt die Lage aus Sicht des Untersuchenden an.

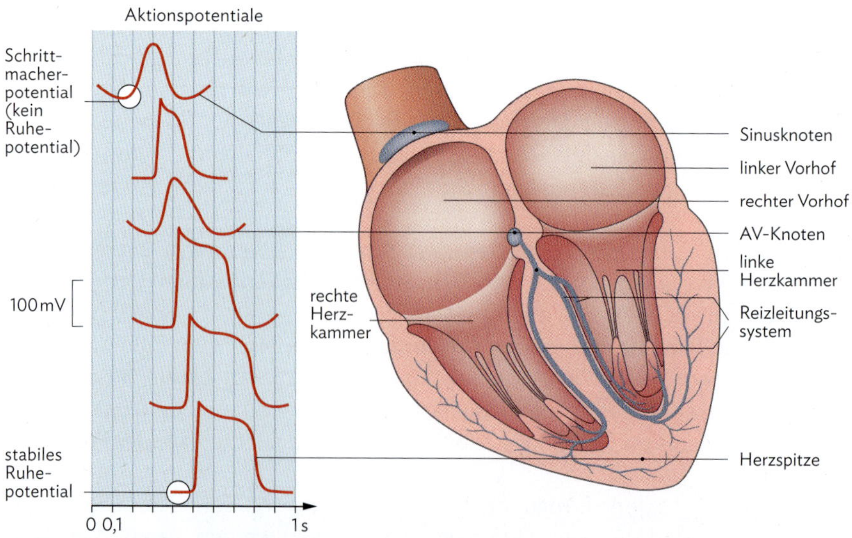

B1 Aktionspotentiale unterschiedlicher Bereiche des Herzens; das Diagramm zeigt auch die zeitlichen Verzögerungen bei der Erregungsausbreitung.

Das Herz als dynamischer Dipol

Befindet sich eine Herzmuskelzelle im nicht erregten Zustand, so ist ihr Außenbereich aufgrund der hohen Konzentration von Na^+-Ionen elektrisch positiv geladen. Beim Ausbilden eines Aktionspotentials ändern sich die Ionenverhältnisse zwischen Innen- und Außenbereich der Zelle so, dass die Spannung an der Zellmembran ihr Vorzeichen ändert. Der Zellaußenbereich ist dann negativ geladen. Breitet sich also eine Erregungsfront über den Herzmuskel aus, so grenzen sich die gerade erregten, negativ geladenen Zellaußenbereiche scharf von den noch nicht erregten, positiv geladenen Bereichen ab.

Ein eng benachbartes Paar von positiven und negativen Ladungen lässt sich physikalisch als elektrischer Dipol beschreiben (B5c auf S. 113). Man stellt es abgekürzt als Dipolvektor dar, der vom negativen zum positiven Ladungsschwerpunkt zeigt. Die einzelnen Dipole an der Erregungsfront können mittels Pfeiladdition überlagert werden. Auf diese Weise erhält man einen resultierenden Dipolvektor aller Zellen in der unmittelbaren Umgebung der Erregungsfront. Er weist grob von der Erregungsfront (negativer Ladungsschwerpunkt) zu den nicht erregten Zellbereichen (positiver Ladungsschwerpunkt).

Während sich die Erregungsfront im Laufe eines Herzzyklus über den kompletten Herzmuskel bewegt und dabei zu dessen Kontraktion führt, ändert der resultierende Dipolvektor („Summendipolvektor") permanent seinen Ursprung, seine Richtung im dreidimensionalen Raum und auch seinen Betrag. Durch Richtung und Betrag des Summendipolvektors ist die Erregungssituation des Herzens zu jedem Zeitpunkt charakterisiert. Abbildung B2 zeigt die Erregungssituationen des Herzmuskels zu verschiedenen Punkten während eines Herzzyklus zusammen mit den entsprechenden Summendipolvektoren.

i

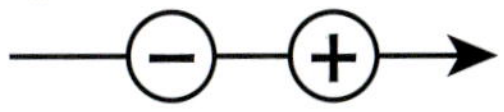

Elektrischer Dipolvektor. Außerhalb der Ladungsschwerpunkte stimmt seine Richtung mit der des resultierenden elektrischen Feldes überein. Sein Betrag ist umso größer, je größer die beiden Ladungen sind und je weiter sie auseinander liegen.

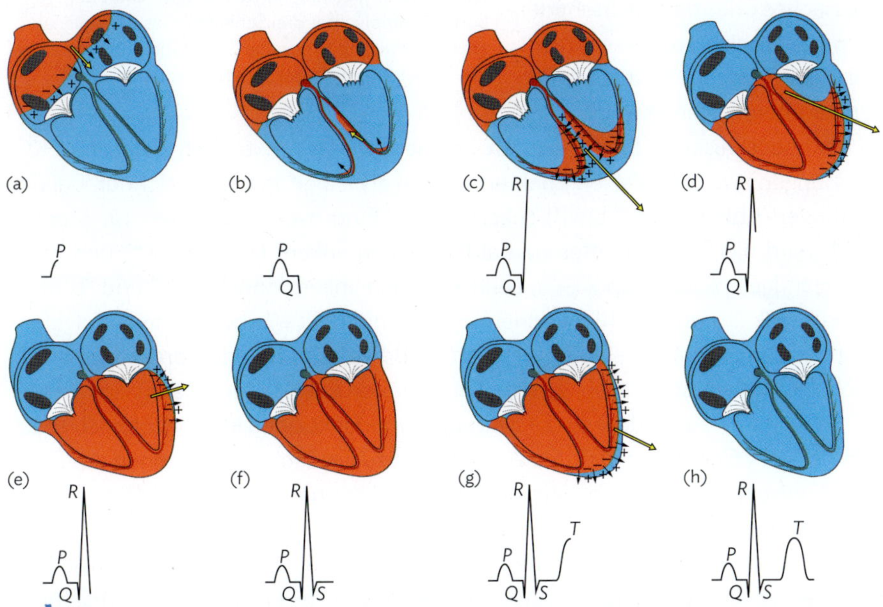

B2 \ Im dreidimensionalen Fall ändert der Summendipolvektor ständig seinen Ursprung, seine Richtung und seinen Betrag. Darunter: EKG-Verlauf in der Ableitung II nach Einthoven mit der medizinischen Bezeichnung der charakteristischen Punkte P, Q, R, S, T. Rot gekennzeichnet sind die erregten Bereiche.

EKG-Messung als Vektorprojektion

Das durch den Summendipol erzeugte elektrische Feld auf der Körperoberfläche ist die Grundlage für die EKG-Messung. Das EKG-Signal ist die zeitabhängige Potentialdifferenz (d. h. die Spannung) zwischen zwei Messpunkten auf der Körperoberfläche.

Verschiebt man alle nacheinander auftretenden Summendipolvektoren in einen gemeinsamen Ursprung, so beschreibt ihre Spitze im Verlauf eines Herzzyklus eine Bahn im dreidimensionalen Raum. Sie besteht aus drei Schleifen, welche den charakteristischen Merkmalen einer typischen EKG-Kurve zugeordnet werden können. Abbildung B3 zeigt die drei Vektorschleifen im Zentrum eines Dreiecks, das von den Hand- und Fußgelenken gebildet wird.

Bei der einfachsten Form eines EKG misst man die Spannung zwischen jeweils zwei Eckpunkten in diesem Dreieck; dort liegen an der zu untersuchenden Person Elektroden an. Die momentanen Spannungswerte ergeben sich dabei anschaulich als Projektion des Summendipolvektors auf die Verbindungslinie dieser Messelektroden. Dabei werden positive Spannungen gemessen, wenn die Vektorspitze des projizierten Vektors auf den positiven Pol der Messung zeigt (linker Knöchel in B3). Vektorprojektionen, deren Spitze vom positiven Pol weg zeigt, führen zu negativen Messwerten. Der Betrag der gemessenen Spannung ist umso größer, je stärker parallel der Summendipolvektor zur Messachse orientiert ist. Steht der Summendipolvektor senkrecht auf dieser Linie, so wird keine Potentialdifferenz gemessen.

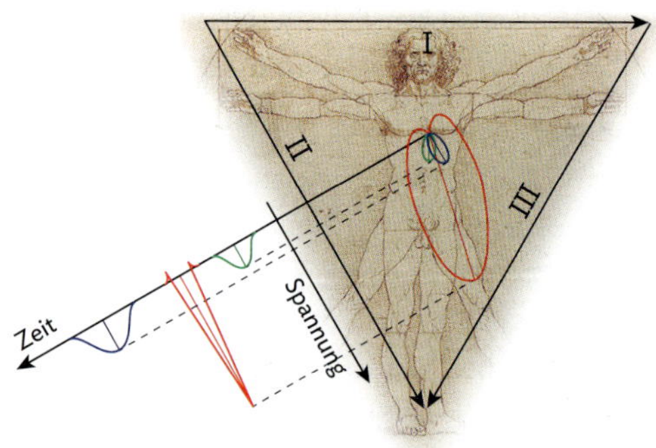

B3 Während einer Herzaktion durchläuft der Summendipolvektor drei Schleifen. Das EKG-Signal ergibt sich als Projektion der Summendipolvektoren auf die Verbindungslinie der Messelektroden.

In der medizinischen Praxis wurden definierte Messpunkte festgelegt; die EKG-Messungen zwischen diesen Punkten werden als Ableitungen bezeichnet. Bei den Einthoven-Ableitungen I bis III (nach Willem Einthoven, Nobelpreis für Medizin 1924) wird die Potentialdifferenz bei I zwischen linkem (Pluspol „+") und rechtem Handgelenk (Minuspol „–"), bei II zwischen linkem Knöchel (+) und rechtem Handgelenk (–) und bei III zwischen linkem Knöchel (+) und linkem Handgelenk bestimmt. Das klinische EKG in Abbildung B4 zeigt neben den drei Ableitungen nach Einthoven noch drei weitere Extremitätenableitungen (nach Goldberger: aVR, aVL, aVF). Außerdem sind Ableitungen mit Elektroden im Brustbereich (nach Wilson: V1–V6) gebräuchlich. Sie entsprechen zusätzlichen Projektionen des Summendipolvektors, mit deren Hilfe weitere Informationen über den lokalen Zustand des Herzgewebes gewonnen werden können.

Die Beschreibung der elektrischen Aktivität des Herzens als dreidimensionaler elektrischer Dipolvektor ist ein physikalisches Modell des Herzens. Es enthält nicht alle biologischen Details. Weil aber alle EKG-Messungen stets an der Körperoberfläche, d. h. in größerer Entfernung vom Herzen, durchgeführt werden, ist die Betrachtung eines einzigen Summendipolvektors ausreichend.

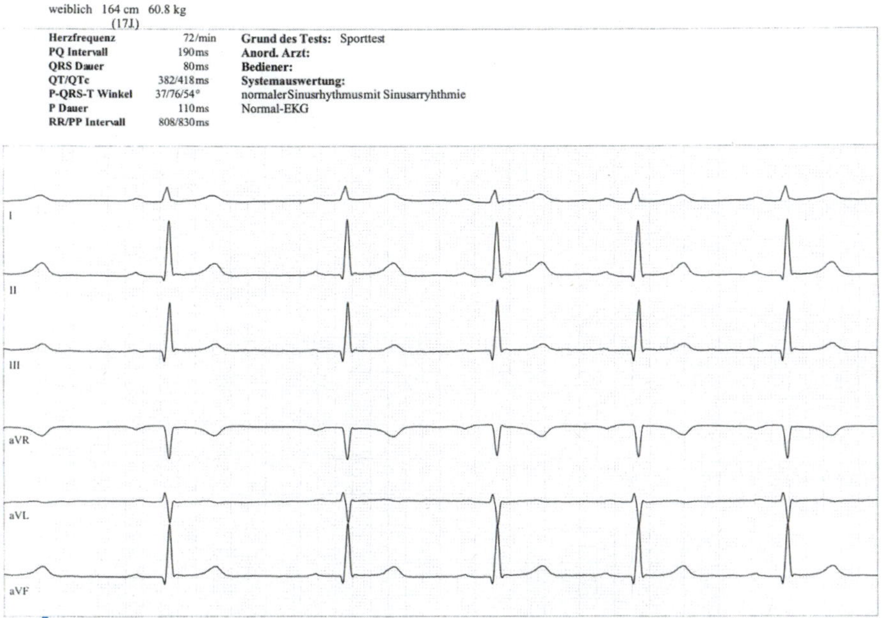

B4 \ Die drei Abteilungen nach Einthoven (oben) bzw. Goldberger (unten) entsprechen unterschiedlichen Projektionen der Dipolvektorschleifen. Sie enthalten wichtige Informationen über den Zustand des Herzmuskels.

Methode

Modellierung von biologischen Sachverhalten

Eine physikalische Modellierung versucht, die wesentlichen Aspekte von biologischen Objekten und deren Wechselwirkungen untereinander mit Konzepten der Physik zu beschreiben. Dabei sind oftmals Details des biologischen Objekts nicht bekannt bzw. werden bei der Modellbildung außer Acht gelassen. Wie der Schatten eines Objekts, so ist eine Modellvorstellung nur ein informationsreduziertes Abbild des eigentlichen Objekts und nicht in der Lage, sämtliche Eigenschaften des Objekts zu beschreiben bzw. zu erklären. Jedes Modell hat somit seine Grenzen.

Das ist aber kein Nachteil. In der Biologie ist es sogar sinnvoll, denn die Vielzahl von Details verstellt oft den Blick auf die wesentlichen Prinzipien und Funktionsweisen. Es hat sich bewährt, zunächst eine möglichst starke Vereinfachung vorzunehmen und die Konsequenzen (z. B. Werte für die Messgrößen) in diesem Modell zu betrachten. Wenn sie ausreichend nahe an den tatsächlich im Experiment ermittelten Werten liegen, dann ist das Modell für den gewählten Zweck brauchbar. Sollen Feinheiten in den experimentellen Resultaten ebenfalls erklärt werden, dann muss die Modellierung genauer erfolgen, z. B. indem weitere biologische Details im Modell abgebildet werden. Das Modell wird dann genauer, es wird aber auch schwieriger, damit zu arbeiten.

Auf einer weiteren Ebene sind auch alle physikalischen Theorien (z. B. Newton'sche Mechanik, Quantenphysik, Relativitätstheorie) theoretische Modelle, d. h. sie machen uns bestimmte Aspekte unserer erfahrbaren Umgebung zugänglich und beschreibbar, bleiben aber immer nur mehr oder weniger stimmige und unvollständige Abbilder der Realität.

7 Magnetische Felder

Materialien zu Kapitel 7.1 und 7.2

▶ M1 Einstieg: Magnetische Felder

Das magnetische Feld von Permanentmagneten lässt sich mit Hilfe von Eisenfeilspänen darstellen. Dazu wird der Magnet zunächst unter eine Glasscheibe gelegt und diese dünn mit Eisenspänen bestreut. Durch leichtes Klopfen auf die Glasscheibe richten sich die Eisenspäne im Magnetfeld aus.

Beachten Sie, dass das Magnetfeld eines Magneten im ganzen Raum verläuft, im Experiment aber nur das Feld in einer Ebene dargestellt wird.

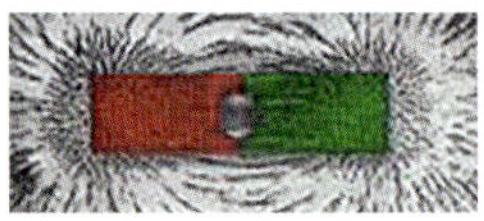

Feld eines Stabmagneten

Auch ein stromdurchflossener Leiter erzeugt ein magnetisches Feld. Im Allgemeinen ist dieses Feld sehr schwach. Um diese Art eines Magneten zu nutzen, verwendet man deshalb meist eine Spule. Dazu umwickelt man einen Eisenkern mit dem Leiter. Dadurch können sehr starke Magnetfelder entstehen, die den zusätzlichen Vorteil besitzen, dass sie ein- und ausgeschaltet werden können.

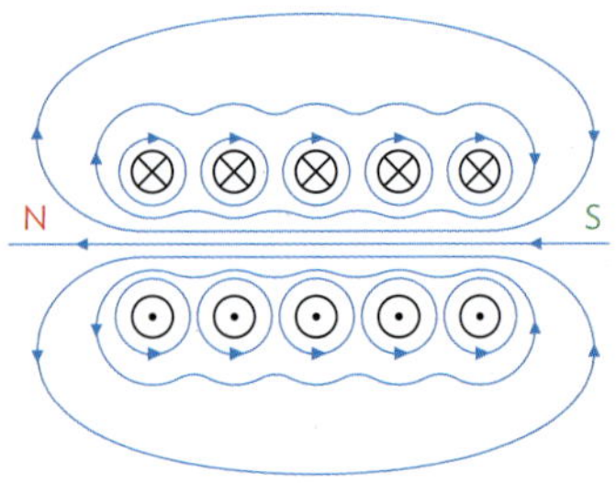

Spule als Elektromagnet (Querschnitt)

Arbeitsauftrag

a) Führen Sie den Versuch für einen Stab- und einen Hufeisenmagneten durch und skizzieren Sie die jeweiligen Felder. Vergleichen Sie Ihre Ergebnisse mit der Simulation (Mediencode). MC 67055-25

V Untersuchen Sie das Magnetfeld eines Elektromagneten und vergleichen Sie es mit dem des Stabmagneten. Nutzen Sie für Ihr Experiment einen Eisennagel, der mit einem stromdurchflossenen Leiter umwickelt ist.

b) Beschreiben Sie Gemeinsamkeiten und Unterschiede eines elektrischen und eines magnetischen Feldes.

▶ M2 Einstieg: Magnetotaktische Bakterien

Es gibt viele verschiedene Lebewesen, die Magnetfelder wahrnehmen können; zu ihnen zählen magnetotaktische Bakterien. Diese Bakterien leben im schlammigen Grund von Gewässern, da sie dort eine ganz bestimmte, geringe Sauerstoffkonzentration vorfinden, die sie zum Überleben brauchen. Ihren Weg in den schlammigen Grund finden die Bakterien, indem sie den Magnetfeldlinien der Erde folgen, die – fern vom Äquator – schräg zur Erdoberfläche verlaufen.

Die magnetotaktischen Bakterien besitzen lange Ketten von Nanopartikeln aus Magnetit (Fe_3O_4), sogenannte Magnetosomen, die sich im äußeren Magnetfeld ausrichten können. Dadurch drehen sich die Bakterien in Richtung des Erdmagnetfeldes und können sich sehr effektiv in die optimale Wassertiefe bewegen.

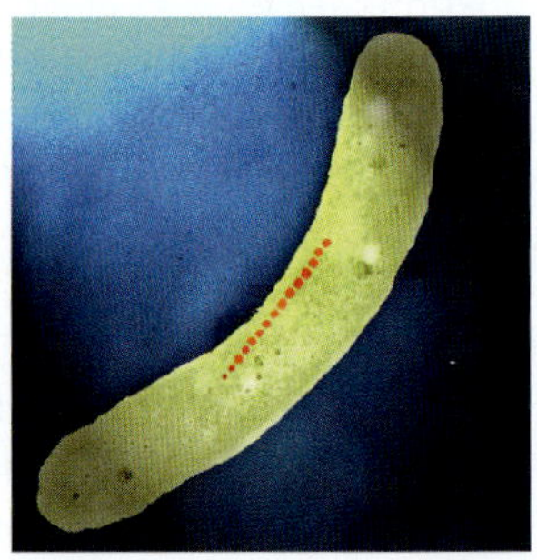

Das Bakterium Magnetospirillum magnetotacticum mit Magnetosomen

Arbeitsauftrag

a) Recherchieren Sie nach weiteren Tieren, die sich am Erdmagnetfeld orientieren, und beschreiben Sie den Nutzen, den diese Tiere daraus ziehen. Präsentieren Sie Ihre Ergebnisse.
b) Das Erdmagnetfeld verläuft fern vom Äquator schräg in die Erdoberfläche. Begründen Sie dies durch eine Skizze des gesamten Erdmagnetfeldes. Erklären Sie dann mit dieser Skizze, dass es zwei unterschiedliche Varietäten der magnetotaktischen Bakterien gibt, je eine auf der Nord- und eine auf der Südhalbkugel.

Materialien zu Kapitel 7.3

▶ M3 Lernaufgabe: Therapie mit ionisierender Strahlung

In der Medizin werden Ionenstrahlen zur Diagnose und Behandlung von Krankheiten verwendet. Die Ionen werden mithilfe von elektrischen und magnetischen Feldern beschleunigt, gebündelt und abgelenkt, so dass energiereiche Ionenstrahlen entstehen.
In der Tumorbehandlung ist die Bestrahlung neben Operation und Chemotherapie eine gängige Therapieform. 70 % der Krebspatienten werden operiert, 50 % bis 60 % bekommen eine Chemo- und 50 % bis 60 % eine Strahlentherapie. Somit werden häufig mehrere Therapiemethoden kombiniert angewendet.
Bei der Bestrahlung nutzt man die Tatsache, dass Krebszellen nicht so gut regenerieren wie gesundes Gewebe. Zunächst wird der Tumor kurzzeitig mit geringer Energiedosis, d. h. ans Gewebe abgegebener Energie pro Masse, bestrahlt. Bis zur nächsten Bestrahlung erholt sich das gesunde Gewebe besser als die Krebszellen. In der nächsten Bestrahlung wird das Tumorgewebe weiter geschwächt. Der Vorgang wird über einen längeren Zeitraum wiederholt. Diese Art der Bestrahlung nennt man „fraktionierte Bestrahlung“.
Zur Bestrahlung müssen die Strahlenart, die Energie der Strahlung und die an den Körper abgegebene Energiedosis so gewählt werden, dass möglichst viel Energie an das Tumorgewebe abgegeben wird und dieses zerstört oder zumindest dessen Wachstum eingeschränkt oder gestoppt wird. Dabei soll das gesunde Nachbargewebe möglichst wenig geschädigt werden und die Strahlenspätfolgen sollen gering sein. Um das optimal planen zu können, muss man wissen, wie Strahlung vom Körper absorbiert wird und wie weit sie eindringen kann. Dazu betrachtet man die Tiefendosisprofile verschiedener Teilchen. Mit der Tiefendosis bezeichnet man die Energiedosis, die in einer bestimmten Gewebetiefe im Körper abgegeben wird. Sie ist einerseits von der Art der Strahlung abhängig, andererseits auch von der Energie der Strahlung.

Arbeitsauftrag

a) Recherchieren Sie zur „fraktionierten Bestrahlung“ und erstellen Sie eine Präsentation dazu. Gehen Sie auch auf mögliche Nebenwirkungen ein.
b) Beurteilen Sie die Eignung der Strahlenarten in der Abbildung für eine Tumorbehandlung. Berücksichtigen Sie dabei verschiedene Kriterien.
c) Begründen Sie, dass mithilfe einer Protonenbestrahlung eine gezielte Behandlung von Hirntumoren möglich ist, bei einer Bestrahlung mit Elektronen oder Photonen hingegen nicht.

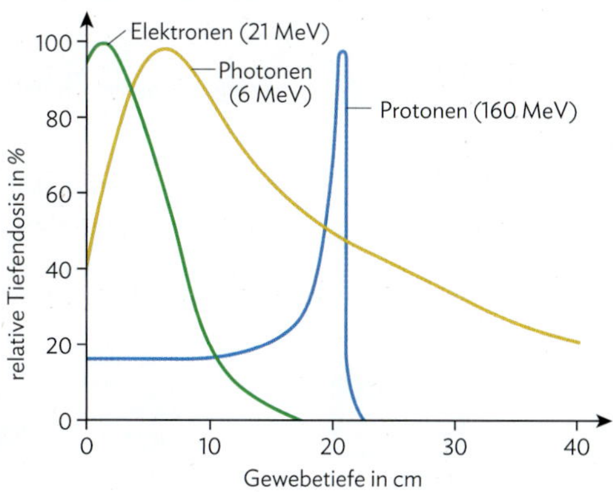

Tiefendosisprofile von Photonen- und Teilchenstrahlung im Vergleich. Der genaue Verlauf ist abhängig von den jeweiligen Energien. Quelle: siehe S. 240

i

Elektrische Feldstärke E
Kraft F_{el} auf eine Ladung q:
$E = \frac{F_{el}}{q}$
Einheit: $\frac{V}{m} = \frac{N}{C}$

Magnetische Flussdichte

Richtung und Stärke eines Magnetfeldes lassen sich anschaulich im Feldlinienbild angeben (M1). Daraus lässt sich jedoch keine quantitative physikalische Größe entwickeln. Stattdessen knüpft man an die Definition der elektrischen Feldstärke in Kapitel 6.1 an. Weil jedoch keine „magnetischen Ladungen“ existieren, quantifiziert man die Stärke des zu vermessenden Magnetfeldes stattdessen über die Kraft F, die ein gerader Leiter erfährt, durch den ein Strom der Stärke I fließt (B1) und der senkrecht zu den Feldlinien verläuft.

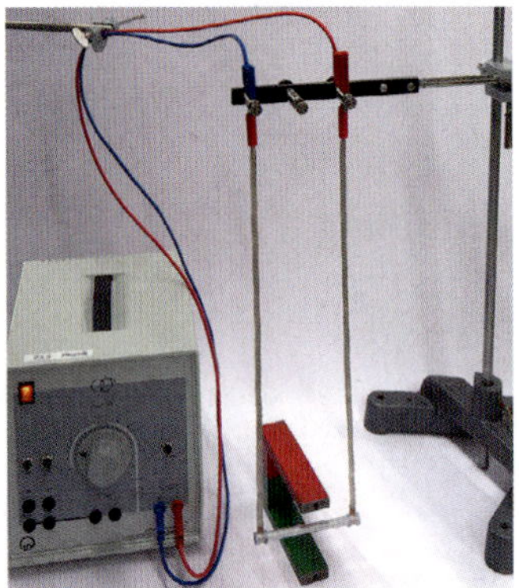

B1 Fließt Strom durch ein Leiterstück senkrecht zu den Magnetfeldlinien, so wird es ausgelenkt.

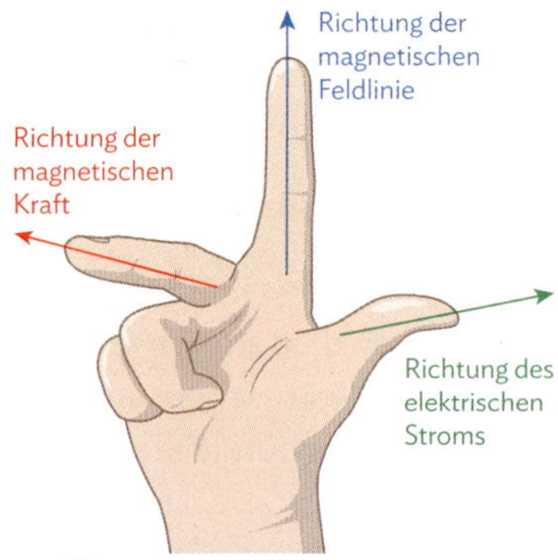

B2 Die Richtung der Auslenkung (= Kraftrichtung) lässt sich mit der Drei-Finger-Regel bestimmen.

i

Die Einheit der magnetischen Flussdichte ist benannt nach dem serbisch-amerikanischen Physiker Nikola Tesla (1856–1943).

i

Beispiele für Flussdichtewerte:
- Gehirnaktivität 10^{-13} T
- Erdmagnetfeld 0,05 mT
- Magnete und Spulen in Schulen < 1 T
- Starkmagnete in Forschung und Technik bis zu 100 T
- Neutronensterne 10^8 T

Besser als mit der Leiterschaukel lässt sich die magnetische Kraft F_m mit einer sogenannten Stromwaage messen (B3). Der Betrag von F_m hängt von der Stärke des Magnetfeldes ab. Außerdem findet man, dass F_m direkt proportional zur Stromstärke I (bei konstanter Drahtlänge) und direkt proportional zur Länge s des Leiterstücks ist (bei konstanter Stromstärke).
Es ist deshalb sinnvoll, als neue Größe die magnetischen Flussdichte B zu definieren:

Magnetische Flussdichte: $B = \frac{F_m}{I \cdot s}$ $[B] = 1\,\frac{N}{Am} = 1\,\frac{Vs}{m^2} = 1\,T$ (Tesla)

Ihr Betrag gibt die Stärke des Magnetfeldes an. Ihre Richtung entspricht der der magnetischen Feldlinien (M1). $\vec{B}$ wird als vektorielle Größe definiert; die Vektoren $\vec{I}$, $\vec{B}$ und $\vec{F_m}$ sind verknüpft über die Drei-Finger-Regel der rechten Hand (B2).

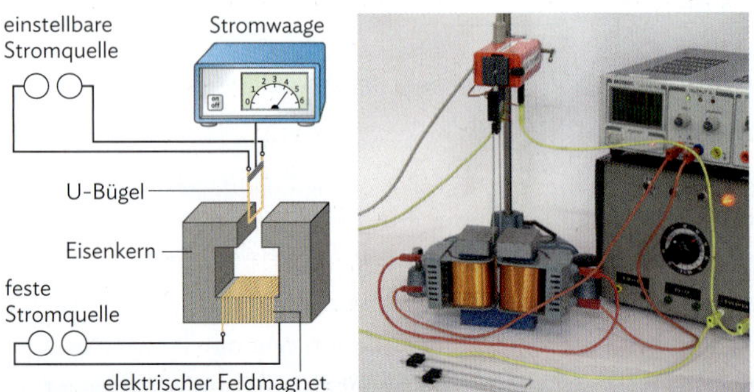

B3 Die Stromwaage misst die Kraft F_m auf das Leiterstück im homogenen Magnetfeld.

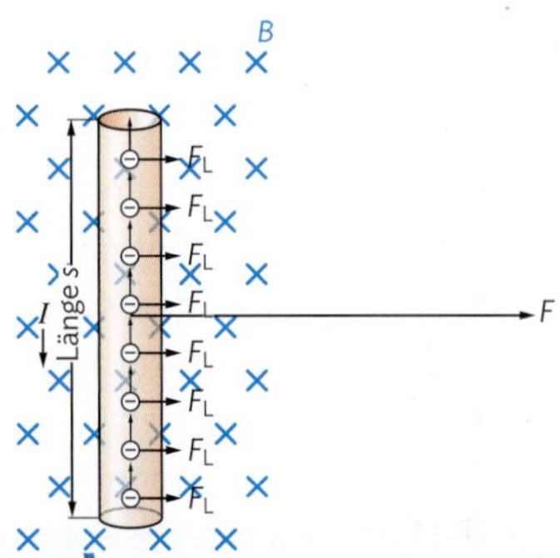

B4 Kräfte auf bewegte Leitungselektronen im Magnetfeld, stark vereinfachend ist $N = 8$.

Die Lorentzkraft

Die in dem Versuch von B3 makroskopisch messbare Kraft F_m auf den stromführenden Leiter im Magnetfeld ist die Summe der Kräfte, die die Leitungselektronen erfahren. Wenn sich im Leiter N Elektronen befinden, gilt $F_m = N \cdot F_L$ (B4). Die Kraft auf ein einzelnes Elektron heißt Lorentzkraft F_L.

Entscheidend für die Stromstärke I sind jeweils die Ladungen e (Ladung eines Elektrons; Elementarladung), die sich mit der Geschwindigkeit v durch den Leiter der Länge s bewegen. In der Zeit $\Delta t = \frac{s}{v}$ durchläuft die Ladung $\Delta Q = N \cdot e$ den Leiter. Aus der Definition der Flussdichte folgt: $F_m = N \cdot F_L = B \cdot I \cdot s$. Mit $I = \frac{\Delta Q}{\Delta t} = \frac{N \cdot e}{\Delta t}$ ergibt sich $N \cdot F_L = B \cdot \frac{N \cdot e}{\Delta t} \cdot v \cdot \Delta t$, nach Vereinfachen also $F_L = B \cdot e \cdot v$.

Für beliebige bewegte Ladungen der Größe q ist die Lorentzkraft: $F_L = q \cdot v \cdot B$.

Das bedeutet: Bewegt sich eine Ladung vom Betrag q mit der Geschwindigkeit v senkrecht zu den Feldlinien eines Feldes der Flussdichte B, so erfährt sie die Lorentzkraft vom Betrag $F_L = q \cdot v \cdot B$. Die Richtung von F_L ergibt sich für positive bewegte Ladungen aus der Drei-Finger-Regel der rechten Hand (B2), denn die dort eingezeichnete Stromrichtung entspricht der Bewegungsrichtung einer positiven Ladung. Bewegen sich negative Ladungen, z. B. Elektronen, in einem Draht, so muss der Daumen der rechten Hand entgegen der Geschwindigkeitsrichtung weisen. Bei einer Bewegung der Ladung parallel zu den Feldlinien wirkt keine Lorentzkraft.

Musteraufgabe

Ein waagrechter Draht der Masse $m = 50\,\text{g}$ und der Länge $s = 1{,}0\,\text{m}$, durch den der Strom $I = 30\,\text{A}$ fließt, wird von einem Magnetfeld in der Schwebe gehalten. Berechnen Sie die Stärke des Magnetfeldes.

Lösung

$F_G = F_m$

$m \cdot g = B \cdot I \cdot s$

$$B = \frac{m \cdot g}{I \cdot s} = \frac{0{,}050\,\text{kg} \cdot 9{,}81\,\frac{\text{N}}{\text{kg}}}{30\,\text{A} \cdot 1{,}0\,\text{m}} = 0{,}016\,\text{T}$$

Arbeitsaufträge

1\ Berechnen Sie die Stromstärke, die durch ein Leiterstück der Länge $s = 0{,}30\,\text{m}$ fließt, wenn darauf in einem Magnetfeld, das senkrecht zum Leiter orientiert ist und die Flussdichte $B = 0{,}65\,\text{T}$ hat, die Kraft $F_m = 2{,}5\,\text{N}$ wirkt.

2\ Bei einem Experiment analog zu B3 werden keine Leiterrähmchen, sondern rechteckige Spulen (Spulenbreite 5 cm) in das homogene Magnetfeld eingebracht. Zwei Durchführungen eines solchen „Tauchspulenexperiments" liefern (1) mit 50 Windungen bzw. (2) mit 100 Windungen die folgenden Messwerte:

I/A	0,00	0,25	0,50	0,75	
F/mN	0,0	2,5	4,0	6,0	(1)
F/mN	0,0	4,5	7,5	13	(2)

Ermitteln Sie die Flussdichte des Magnetfeldes.

3\ Mit einer Stromwaage wird die Kraft auf einen stromdurchflossenen Leiter gemessen (B3). Beschreiben Sie die drei Größen, die im Experiment variiert werden können, um die Kraft F zu vergrößern bzw. zu verkleinern. Gehen Sie auf die Möglichkeiten ein, die Größen jeweils im Versuchsaufbau zu variieren.

4\ Begründen Sie, dass auf eine ruhende Ladung im Magnetfeld keine Kraft wirkt.

7.2 Bewegung geladener Teilchen

Einsatz geladener Teilchen in der Strahlentherapie

Die Strahlentherapie arbeitet mit elektromagnetischer Strahlung wie z. B. Röntgenstrahlung (Kapitel 8). Aber auch Teilchenstrahlen werden verwendet, um Krebszellen gezielt zu zerstören (B1). Dabei kommen geladene Teilchen wie Elektronen, Protonen oder auch positive Kohlenstoff-Ionen zum Einsatz.

i

Die Geschwindigkeit bzw. die Energie der Teilchen bestimmt die Eindringtiefe. Diese ist entscheidend, um möglichst nur den Tumor zu treffen und die Umgebung weitgehend zu verschonen.

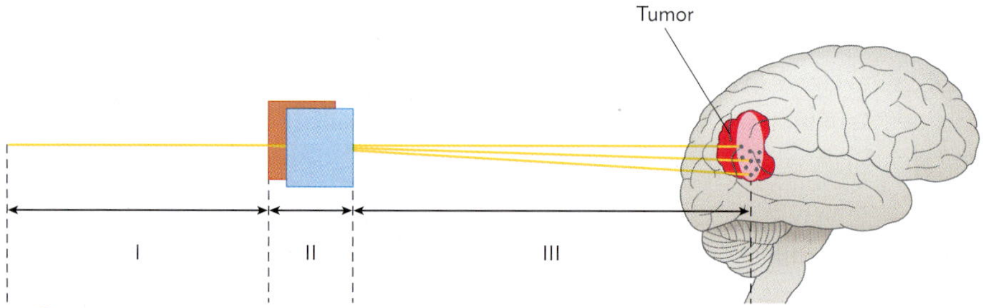

B1 Geladene Teilchen treffen mit einer bestimmten Geschwindigkeit exakt den Ort des Tumors.

Um den Tumor des Patienten exakt zu treffen, müssen zuerst geladene Teilchen erzeugt, dann auf einen bestimmten Geschwindigkeitsbetrag und anschließend in eine genau bestimmte Richtung gebracht werden.

Bewegung geladener Teilchen im homogenen elektrischen Längsfeld

Um den Betrag der Geschwindigkeit geladener Teilchen zu beeinflussen, dient ein Plattenkondensator. Im Inneren des Plattenkondensators sind die elektrischen Feldlinien parallel und gleichgerichtet, d. h. es herrscht ein homogenes elektrisches Feld (Kapitel 6.1). Die elektrische Feldstärke E kann mit $E = \frac{U}{d}$ berechnet werden. Dabei sind U die angelegte Spannung und d der Plattenabstand.

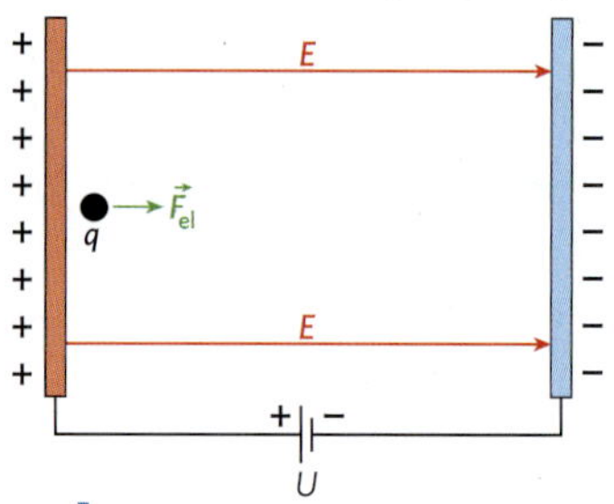

B2 Auf ein positiv geladenes Teilchen im Kondensator wirkt eine Kraft F_{el}.

Im homogenen elektrischen Feld wirkt auf ein Teilchen mit der Ladung q überall die konstante elektrische Kraft $F_{el} = q \cdot E$ (B2). Hat es eine negative Ladung, so wirkt die Kraft entgegen der elektrischen Feldlinien; hat es positive Ladung, so wirkt die Kraft in Richtung der elektrischen Feldlinien. Hatte das Teilchen bereits eine Anfangsgeschwindigkeit, wird der Geschwindigkeitsbetrag kleiner bzw. größer, ohne Anfangsgeschwindigkeit wird das Teilchen entsprechend in die eine oder andere Richtung beschleunigt.

i

Hier finden Sie genauere Informationen, wie ein Elektronenstrahl erzeugt wird:

MC 67055-26

Beim Verschieben des geladenen Teilchens um einen bestimmten Weg s längs der elektrischen Feldlinien ändert sich die potentielle Energie des geladenen Teilchens um den Betrag $E_{pot} = F_{el} \cdot s$, da Kraft und Weg parallel sind und die Kraft konstant bleibt. Bei einer Verschiebung senkrecht zu den Feldlinien, also auf den Äquipotentiallinien, ändert sich die potentielle Energie nicht (Kapitel 6.2).

In der Situation von B2 hat das geladene Teilchen auf der linken Kondensatorplatte eine potentielle Energie vom Betrag $E_{pot} = F_{el} \cdot d = q \cdot E \cdot d = q \cdot U_B$. Dabei sind F_{el} die elektrische Kraft, q die Ladung des Teilchens, E die elektrische Feldstärke, d der Plattenabstand und U_B die Beschleunigungsspannung (= angelegte Spannung am Kondensator). Der beliebig wählbare Nullpunkt der potentiellen Energie wurde dabei auf die rechte Kondensatorplatte gelegt.

i

In der 9. Klasse haben Sie diese Situation in Analogie zur Höhenenergie im Gravitationsfeld betrachtet: $E_h = F_G \cdot h = m \cdot g \cdot h$.

Startet das geladene Teilchen auf einer Platte mit der Geschwindigkeit $v = 0$ in Richtung der gegenüberliegenden Kondensatorplatte, wird dabei der Betrag der Geschwindigkeit größer und entsprechend auch die kinetische Energie E_{kin}. Gleichzeitig nimmt die potentielle Energie E_{pot} im elektrischen Feld ab. Nach dem Energieerhaltungssatz ist die Gesamtenergie am Ende und die Gesamtenergie am Anfang gleich:

Gesamtenergie $E_{ges} = E_{kin} + E_{pot}$

am Anfang: $E_{ges} = 0 + E_{pot} = q \cdot U_B$ am Ende: $E_{ges} = E_{kin} + 0 = \frac{1}{2} \cdot m \cdot v^2$

Also gilt: $$\frac{1}{2} \cdot m \cdot v^2 = q \cdot U_B \quad \Rightarrow \quad v = \sqrt{\frac{2 \cdot q \cdot U_B}{m}}$$

v ist der Geschwindigkeitsbetrag nach Durchlaufen des Kondensators. Dieser kann für ein Teilchen der Ladung q und der Masse m durch die angelegte Spannung U_B am Kondensator variiert werden. Je größer die Masse des Teilchens ist, umso geringer ist bei fest angelegter Beschleunigungsspannung der Geschwindigkeitsbetrag v.

In einem elektrischen Längsfeld kann der Geschwindigkeitsbetrag v eines geladenen Teilchens verändert werden. Zur Berechnung von v kann der Energieerhaltungssatz verwendet werden. Beim Start aus der Ruhe ist

$$v_{Ende} = \sqrt{\frac{2 \cdot q \cdot U_B}{m}}.$$

Hier finden Sie weitere Informationen:

MC 67055-27

Bewegung geladener Teilchen im homogenen elektrischen Querfeld

Schießt man geladene Teilchen nicht entlang der Feldlinien in den Kondensator ein, sondern senkrecht dazu, so ändern sie ihre Flugrichtung. Auf sie wirkt ebenfalls die elektrische Kraft F_{el} in Richtung der Feldlinien; die Kraftrichtung stimmt jetzt aber nicht mehr mit der Bewegungsrichtung überein. Als Folge werden positive Ladungen in Richtung auf die negativen Platte abgelenkt (B3a) und negative Ladungen in Richtung auf die positive Platte (B3b).

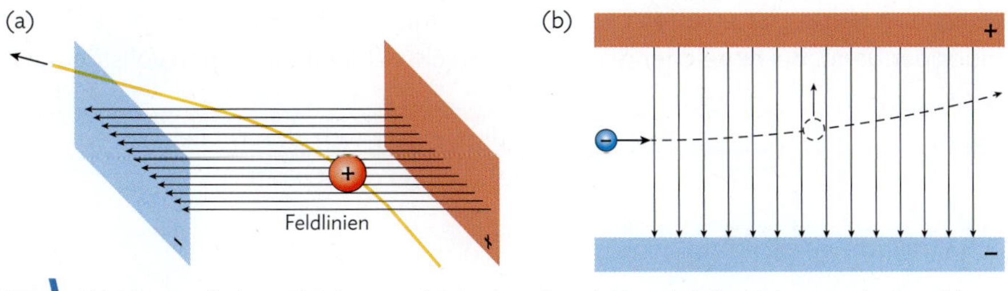

B3 \ Ablenkung geladener Teilchen im elektrischen Querfeld nach links (a) bzw. nach oben (b)

In einem elektrischen Querfeld kann die Richtung der geladenen Teilchen beeinflusst werden.

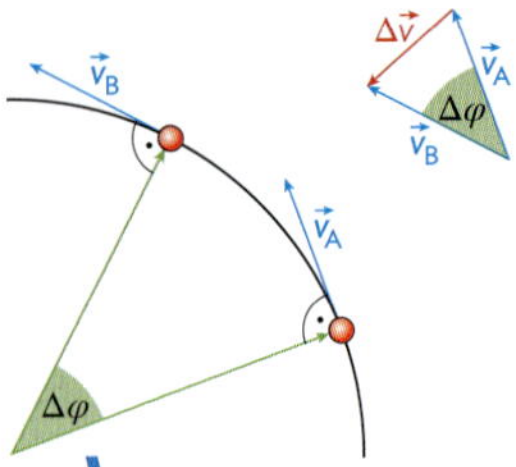

B4 Kreisbewegung

i

$\Delta\vec{v}$ und $\Delta\vec{F}$ zeigen laut dem Newton'schen Bewegungsgesetz immer in die gleiche Richtung. Bei einer Kreisbewegung muss also eine Kraft in Richtung Kreismittelpunkt wirken. Diese Kraft wird Zentripetalkraft genannt:

$F_Z = m \cdot \frac{v^2}{r}$

$\vec{F_Z} \perp \vec{v}$

m: Masse des Körpers
v: Betrag der Geschwindigkeit des Körpers
r: Radius der Kreisbahn

Bewegung geladener Teilchen im homogenen Magnetfeld – Fadenstrahlrohr

In einem homogenen Magnetfeld wirkt die Lorentzkraft $F_L = q \cdot v \cdot B$ auf geladene Teilchen. Allerdings tritt sie im Gegensatz zur elektrischen Kraft F_{el} nur dann auf, wenn sich die geladenen Teilchen bewegen, d.h. eine von null verschiedene Geschwindigkeit $\vec{v}$ haben. Weil die Lorentzkraft $\vec{F_L}$ senkrecht zu $\vec{v}$ steht, ändert sie nicht den Betrag der Geschwindigkeit $|\vec{v}|$, sondern nur deren Richtung. Das bedeutet aber auch, dass sich der Betrag der Lorentzkraft nicht ändert. Damit hat die Lorentzkraft genau die Eigenschaften, die eine Zentripetalkraft bei einer Kreisbewegung haben muss (B4). Werden geladene Teilchen senkrecht zu den Feldlinien in ein homogenes Magnetfeld eingeschossen, so bewegen sie sich also auf einer Kreisbahn.

Beobachten lässt sich diese Kreisbahn sehr gut im folgenden Experiment, in dem Elektronen als geladene Teilchen verwendet werden.

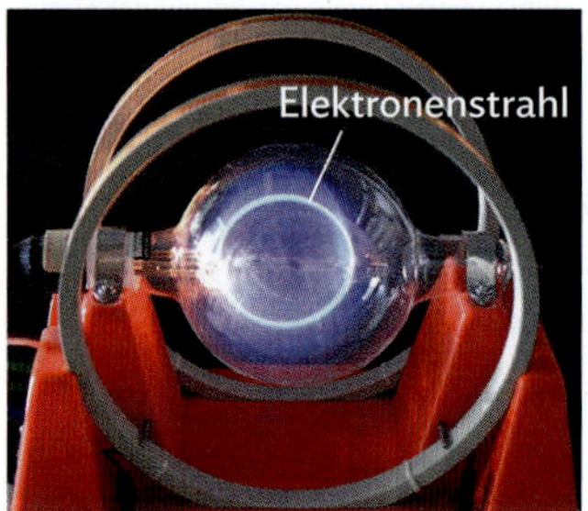

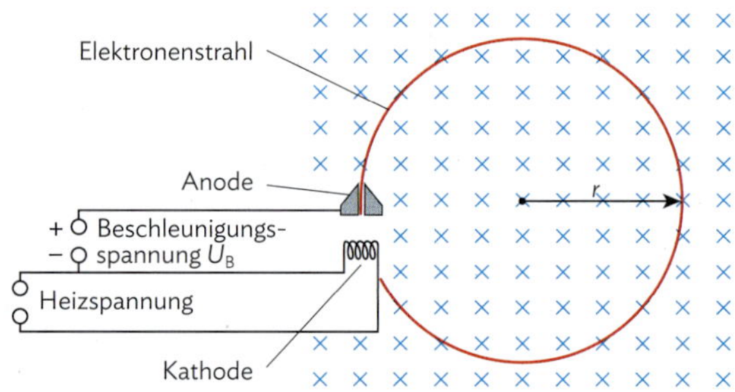

B5 Fadenstrahlrohr: Realexperiment und schematische Versuchsanordnung

Ein Fadenstrahlrohr (B5) ist ein luftevakuierter Glaskolben, der ein Leuchtgas unter sehr geringem Druck enthält und in dem sich eine Glühkathode befindet. Die von ihr ausgesandten Elektronen werden von einer Beschleunigungsspannung U_B auf die Geschwindigkeit *v* gebracht und treten durch ein Loch in der Anode aus. Die Elektronen kollidieren zufällig entlang der Kreisbahn mit Atomen des Leuchtgases und bilden so eine „Leuchtspur". Wird das Fadenstrahlrohr von einem Magnetfeld durchsetzt, das senkrecht zur Anfangsgeschwindigkeit der Elektronen gerichtet und geeignet orientiert ist, so erfolgt wegen der Lorentzkraft F_L eine kreisförmige Krümmung der Bahn. Bei hinreichend großer Flussdichte *B* sieht man einen vollständigen Kreis.

i

Mehr Informationen zu Elektronen im *B*-Feld:

MC 67055-28

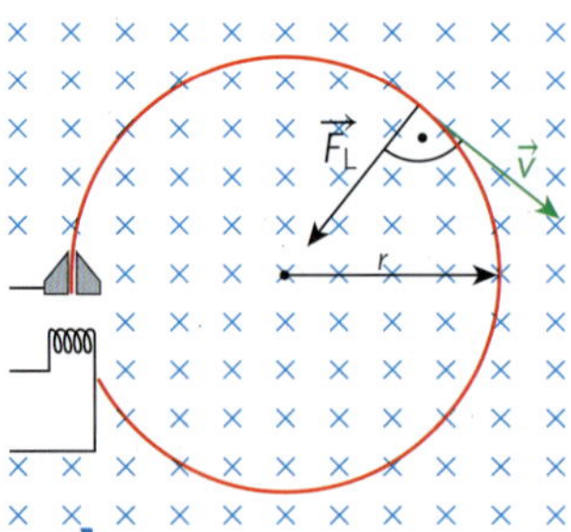

B6 Die Lorentzkraft F_L wirkt senkrecht zur Bewegungsrichtung und bewirkt eine Richtungsänderung des Elektrons.

Sein Radius ergibt sich durch Gleichsetzen von Zentripetal- und Lorentzkraft:

$$F_Z = F_L$$

$$\frac{m_e \cdot v^2}{r} = e \cdot v \cdot B \quad \Rightarrow \quad r = \frac{m_e \cdot v}{e \cdot B} \quad (2)$$

r ist von der Masse der Teilchen abhängig, was bedeutet, dass bei der Verwendung von Teilchen größerer Masse wie z. B. Protonen der Radius größer ist. Ebenso ist der Bahnradius von der Geschwindigkeit der Elektronen abhängig, d. h. wenn die Geschwindigkeit der Elektronen zunimmt, wird der Bahnradius größer.

In einem homogenen Magnetfeld können senkrecht dazu bewegte geladene Teilchen durch die Lorentzkraft auf eine Kreisbahn gezwungen werden. Es ändert sich die Richtung der Geschwindigkeit, nicht aber ihr Betrag.
Um den Bahnradius r zu bestimmen, betrachtet man die auf das geladene Teilchen wirkende Lorentzkraft als Zentripetalkraft:

$$F_Z = F_L \qquad \frac{m_e \cdot v^2}{r} = e \cdot v \cdot B \quad \Rightarrow \quad r = \frac{m_e \cdot v}{e \cdot B}$$

Musteraufgabe

Um aus einer Quelle nur Ionen (mit gleicher Ladung) einer einheitlichen Geschwindigkeit v zu erhalten, kombiniert man ein homogenes magnetisches Feld mit einem homogenen elektrischen Feld.
Zeigen Sie, dass bei bekannter Feldstärke E und Flussdichte B nur Ionen einer bestimmten Geschwindigkeit diese Anordnung ohne Ablenkung durchlaufen. Begründen Sie, dass dies unabhängig vom Ladungsvorzeichen der Ionen der Fall ist.

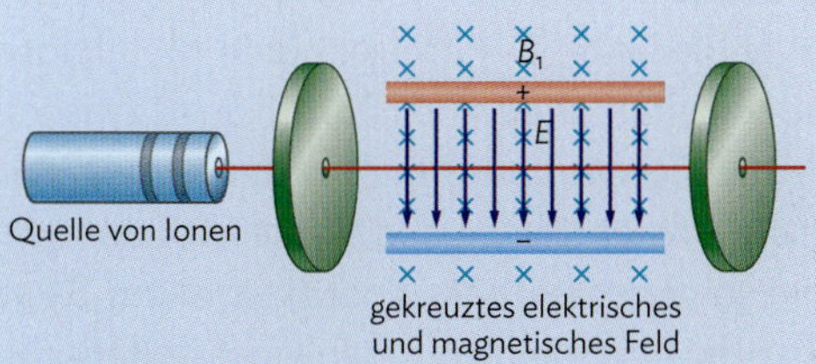

Geschwindigkeitsfilter

Lösung
Auf die fliegenden Ionen wirken sowohl die Lorentzkraft F_L als auch die elektrische Kraft F_{el}. Nur wenn beide gleich groß und entgegen gerichtet sind, wird ein Ion nicht abgelenkt und kann so die Austrittsöffnung passieren.

$F_L = F_{el}$

$q \cdot v \cdot B = q \cdot E$

$v = \frac{E}{B}$

In der gezeigten Anordnung wirkt auf positive Ionen F_{el} nach unten und F_L nach oben (Dreifingerregel). Bei negativen Ionen ist es genau umgedreht, d. h. in beiden Fällen heben sich die Kräfte bei der berechneten Geschwindigkeit auf.

i
Simulation zum Wien'schen Geschwindigkeitsfilter:
MC 67055-29

i
Diese Anordnung wird nach ihrem Erfinder „Geschwindigkeitsfilter von Wien" genannt (Wilhelm Wien, 1864–1928, deutscher Physiker).

Arbeitsaufträge

1\ Mit einer Elektronenkanone wird ein Elektronenstrahl erzeugt. Die Beschleunigungsspannung U_B beträgt 110 V. Berechnen Sie die Endgeschwindigkeit der Elektronen.

2\ 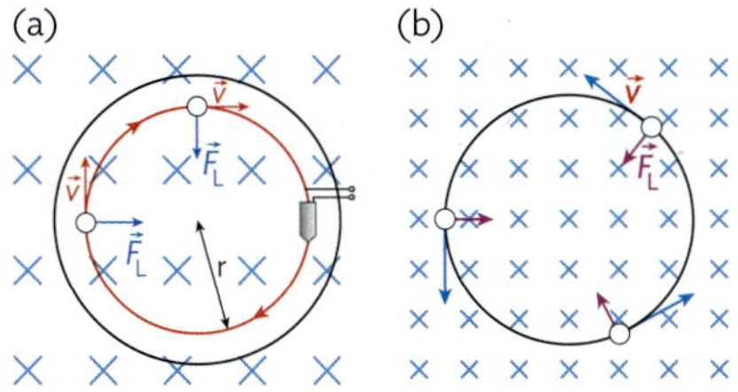

Bewegte geladene Teilchen im Magnetfeld

Begründen Sie für die beiden Situationen in der Abbildung, ob es sich bei den bewegten Teilchen um Protonen oder Elektronen handelt.

3\ Einfach negativ geladene Ionen eines zu bestimmenden Isotops durchlaufen mit der Geschwindigkeit 293 m/s ein Geschwindigkeitsfilter (siehe Musteraufgabe) unabgelenkt.

a) Skizzieren Sie den Aufbau des Geschwindigkeitsfilters. Gehen Sie dabei auf sämtliche Polungen und Feldrichtungen ein.
b) Berechnen Sie die magnetische Flussdichte B im Filter, wenn die elektrische Feldstärke 3,0 kV/m beträgt.
c) Nach Verlassen des Filters durchlaufen die Ionen ein senkrecht orientiertes magnetisches Feld der Flussdichte $B = 0{,}738$ mT auf einem Halbkreis mit dem Radius 35 cm. Berechnen Sie die Masse der Ionen und bestimmen Sie, um welche Isotope es sich handeln könnte.

Teilchenbeschleuniger in der Medizin

In der Medizin werden Elektronen- oder Ionenstrahlen für diagnostische Zwecke, aber auch zur Behandlung von Patienten verwendet. Für beide Zwecke werden energiereiche, also schnelle Teilchen benötigt. Geladene Teilchen können mithilfe eines Wechselspannungsbeschleunigers auf die gewünschte Geschwindigkeit beschleunigt werden. Es gibt zwei Arten dieser Beschleuniger: Linear- und Kreisbeschleuniger. Beide bestehen aus einer Teilchenquelle, einer Beschleunigungseinheit und einem Wechselwirkungsbereich. Die Teilchen, die aus der Teilchenquelle ausströmen, treten in die Beschleunigungseinheit ein. Dort werden sie in einem wechselnden elektrischen Feld beschleunigt. Dieser Vorgang wird nachfolgend für den Kreisbeschleuniger genauer beschrieben. Im Wechselwirkungsbereich wird der Teilchenstrahl so aufbereitet, dass er zur Therapie genutzt werden kann. Zur Bestrahlung kann die Teilchenstrahlung direkt verwendet werden oder im Wechselwirkungsbereich mit ihr Röntgenstrahlung erzeugt werden, die dann zur Bestrahlung genutzt werden kann. Oft wendet man Mischungen aus beiden Strahlungsarten an. Bei der Erzeugung von Röntgenstrahlung verwendet man meist Elektronenstrahlen. Da in der neueren Medizin zur Krebstherapie verstärkt schwere Teilchen zum Einsatz kommen, wird im Folgenden nur der Vorgang beschrieben, Ionenstrahlen zu erzeugen und diese direkt zur Behandlung zu nutzen.

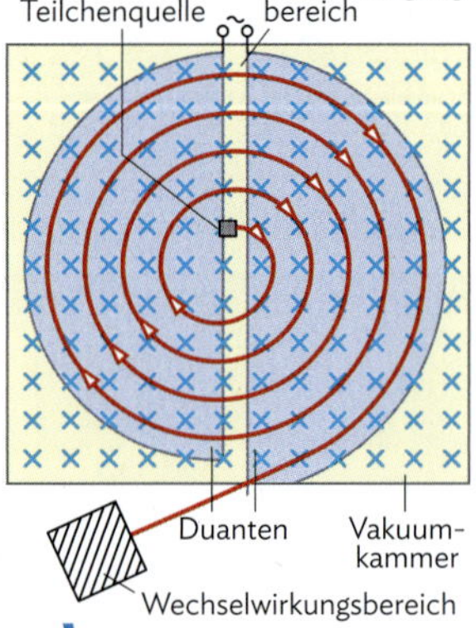

B1 Aufbau eines Zyklotrons

Aufbau und Funktion eines Zyklotrons

Das Zyklotron ist ein Kreisbeschleuniger, der zwei D-förmige, hohle Metalldosen (die Duanten) enthält, die an den geraden Seiten offen sind (B1). Im Spalt zwischen den Duanten befindet sich die Teilchenquelle. Die gesamte Anordnung liegt in einem homogenen Magnetfeld, das zeitlich konstant ist, dessen Stärke aber verändert werden kann. Das Magnetfeld ist dabei so gerichtet, dass es senkrecht zur Bewegungsrichtung der Ionen steht. Die Duanten sind die Elektroden eines elektrischen Feldes, das im Spalt senkrecht zum Magnetfeld verläuft. Dieses Feld zwischen den Duanten beschleunigt die Teilchen abwechselnd in einen der Duanten hinein, es muss also nach einem halben Umlauf die Richtung ändern („Wechselfeld"). Im Inneren der Duanten herrscht kein elektrisches Feld. Die Ionen werden darin also nur vom magnetischen Feld auf eine Kreisbahn abgelenkt. Dabei wirkt die Lorentzkraft als Zentripetalkraft (Kapitel 7.2). Für den Radius der Kreisbahn gilt $r = \frac{m \cdot v}{q \cdot B}$, wobei m die Masse des Teilchens, v seine Geschwindigkeit und q seine Ladung ist. Die Flussdichte B gibt die Stärke des magnetischen Feldes an. Der Radius nimmt also proportional zur Geschwindigkeit v des Teilchens zu. Bei jedem Umlauf wird die vom Teilchen durchlaufene Strecke länger, aber die Zeit T für einen Umlauf bleibt gleich: $v = \frac{\Delta s}{T} = \frac{2\pi \cdot r}{T} = \frac{2\pi}{T} \cdot \frac{m \cdot v}{q \cdot B}$. Daraus folgt $T = \frac{2\pi \cdot m}{q \cdot B}$, unabhängig von v. Der Kehrwert $\frac{1}{T} = f$ ergibt die Frequenz, mit der das elektrische Wechselfeld betrieben werden muss.

Für die Zyklotronfrequenz gilt: $f = \frac{q \cdot B}{2\pi \cdot m}$.

Wählt man für die Frequenz der Wechselspannung diesen Wert, so erreichen die Ionen genau nach einer halben Periode des elektrischen Wechselfeldes wieder den Spalt zwischen den Duanten. Da das Feld nun umgepolt ist, werden die Ionen zum anderen Duanten hin beschleunigt. So durchlaufen die Teilchen eine Art Spiralbahn.

Am äußeren Rand eines Duanten befindet sich eine Ablenkelektrode, die die Ionen aus der spiralartigen Bewegung herauslöst und auf das Ziel hinleitet.

Exkurs: Synchrotron

Das Prinzip des Zyklotrons stößt an seine Grenzen, wenn die Teilchengeschwindigkeiten so groß werden, dass sich relativistische Effekte bemerkbar machen. Diese führen dazu, dass die auf S. 134 angegebene Formel für die Zyklotronfrequenz nicht mehr gültig ist. Insbesondere ist sie nicht mehr unabhängig von *v*. Die Teilchen würden nach einigen Umläufen nicht mehr rechtzeitig am Beschleunigungsspalt ankommen. Da in der Medizin Energien bis 550 MeV benötigt werden, müssen die Teilchen extrem schnell werden. Deswegen hat man weitere Formen von Kreisbeschleunigern entwickelt. Die Kreisbeschleuniger, die geladene Teilchen in hochrelativistische Bereiche bringen, heißen Synchrotron.

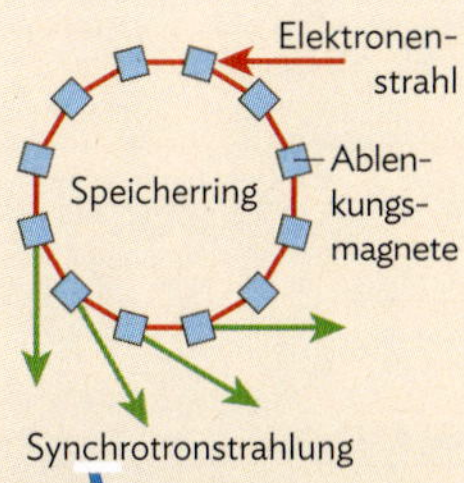

B2 \ Prinzip eines Synchrotrons

Protonentherapie

Wie auf S. 127 in M3 beschrieben, passt man die Diagnose und Behandlung individuell an den Patienten an, indem man unter anderem das Tiefendosisprofil verschiedener Teilchenarten betrachtet.

Als Tiefendosis *T* bezeichnet man die Energiedosis in einer bestimmten Tiefe innerhalb des Körpers. Ein Diagramm, in dem die Tiefendosis über der Gewebetiefe aufgetragen wird, heißt Tiefendosisprofil oder Tiefendosiskurve (B3). Unter der relativen Tiefendosis versteht man das Verhältnis T/T_{max}, das meist in Prozent angegeben wird. T_{max} ist dabei der Maximalwert der Tiefendosis; die Eindringtiefe an dieser Stelle wird auch Bezugspunkt genannt.

i
Energiedosis: ans Gewebe abgegebene Energie pro Masse

Der Maximalwert sowie der Bezugspunkt hängen sowohl von der Strahlenart als auch von der Energie der Strahlung und der Art des durchstrahlten Gewebes ab.

Die Tumorbehandlung wurde lange Zeit mit Elektronen- oder Gammastrahlung durchgeführt. In den letzten Jahrzehnten wendete sich die Forschung der Bestrahlung mit Protonen und schweren Ionen, z. B. ^{12}C-Ionen, zu. Diese schwereren Teilchen zeichnen sich durch eine besondere Art der Energieabgabe im Gewebe aus: Protonen und Schwerionen geben nahezu ihre gesamte Energie nur bei einer ganz bestimmten Eindringtiefe an das Gewebe ab. Auf diese Weise kann nahezu die vollständige Energie der Strahlung zur Tumorbekämpfung genutzt werden. Nach dem Erreichen dieses sogenannten „Bragg-Peaks" (B4) fällt die Tiefendosiskurve sehr steil ab. Die Eindringtiefe in das Gewebe ist bei den schwereren Teilchen im Vergleich zu Photonen- oder Elektronenstrahlung deutlich höher, so dass auch tiefliegende Tumore, z. B. im Gehirn, hinter dem Auge oder in der Lunge gezielt behandelt werden können, ohne dass das umliegende Gewebe nennenswert belastet wird. Dadurch ist es auch möglich, eine höhere Strahlendosis zu verwenden, was die Wahrscheinlichkeit der Heilung deutlich erhöht. Des Weiteren haben Protonen und Schwerionen eine höhere biologische Wirkung als Photonen oder Elektronen, da sie

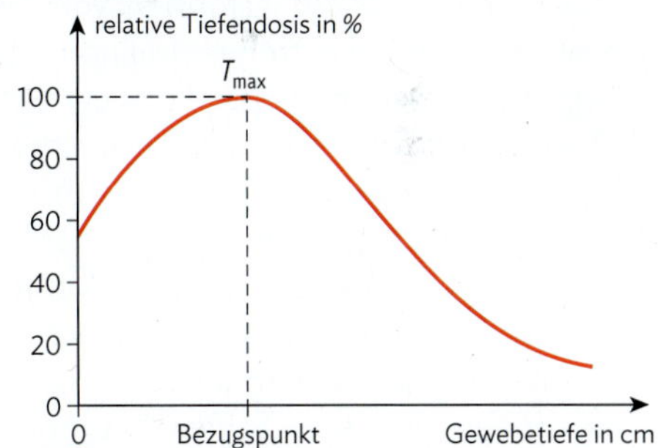

B3 \ Typischer Verlauf eines Tiefendosisprofils eines Elektrons oder Photons

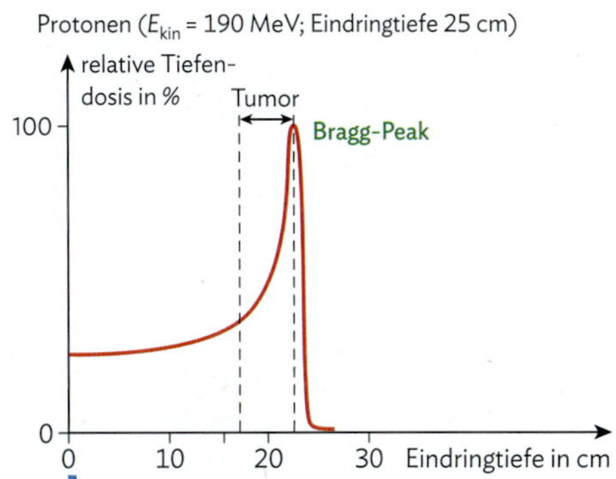

B4 \ Tiefendosiskurve mit Bragg-Peak

aufgrund ihrer Größe die DNA-Stränge des Tumors leichter durchschlagen können, so dass sich der Tumor nicht mehr reproduzieren kann.
Die Therapie mit Protonen oder Schwerionen hat aber nicht nur Vorteile: Ein Problem dabei ist die Erzeugung der Strahlung. Die erforderlichen Teilchenbeschleuniger sind sehr aufwändig und teuer. Im Jahr 2009 wurde am Heidelberger Ionenstrahl-Therapiezentrum (HIT) auf einer Grundfläche von 60 mal 80 Metern die damals weltweit einzige Bestrahlungsanlage ihrer Art eingeweiht (B5):
Im Bereich (1) befinden sich die Ionenquellen. Es werden Kohlenstoff-, Sauerstoff- oder Heliumionen erzeugt. Die Ionen werden in einem Linearbeschleuniger (2) auf die kinetische Energie 7 MeV gebracht und durchlaufen dann eine sogenannte Stripperfolie, in der sie ihre gesamte Elektronenhülle abstreifen. Die Elektronen würden bei der Bestrahlung stören. Daraufhin treten die Ionen in einen Ringbe-

Methode

Nutzwertanalyse

Herr Maier hat einen Tumor hinter dem Auge. Sein Arzt rät ihm zu einer Strahlentherapie. Für die Heilung muss eine Gesamtstrahlendosis von 60 Gray (Gy) – nach dem Physiker L. H. Gray – aufgebracht werden. Bei einer fraktionierten Behandlung würde man pro Sitzung eine Strahlendosis von 2,0 Gy verabreichen. Im Allgemeinen gilt: Je kleiner die Einzeldosis ist, umso geringer ist das Risiko von Spätkomplikationen. Der Arzt schlägt Herrn Maier drei Behandlungsformen vor: fraktionierte Bestrahlung mit Elektronen, fraktionierte Behandlung mit Schwerionen oder Radiochirurgie, d. h. die Gesamtdosis wird an einem Tag verabreicht.
Die Behandlung mit Elektronenstrahlen kann ambulant in Herr Maiers Heimatstadt Passau erfolgen. Herr Maier wird dabei täglich von Montag bis Freitag bestrahlt. Die Bestrahlung dauert nur wenige Minuten, so dass die Strahlenbelastung gering ist. Es können sich aber Schleimhautentzündungen, Erbrechen oder Durchfall als Nebenwirkungen einstellen. Da der Tumor tief am Auge sitzt, kann es sein, dass die Bestrahlung mit Elektronen allein nicht ausreicht und sich eine andere Behandlungsmethode anschließen muss.
Für die Behandlung mit Schwerionen muss Herr Maier nach Heidelberg ans HIT fahren. Die Behandlung läuft ähnlich ab wie die Behandlung mit Elektronen; die Nebenwirkungen sind ebenfalls vergleichbar. Die Schwerionentherapie ist gut geeignet, um tief liegende Tumore zu bekämpfen.
Die radiochirurgische Behandlung besteht aus einer einmaligen Bestrahlung mit Röntgenstrahlen, die ambulant an einer Klinik in München durchgeführt wird. Die Dauer der Bestrahlung beträgt je nach Lage und Größe des Tumors 30 min bis 24 Stunden. An Nebenwirkungen treten vereinzelt Kopfschmerzen, Übelkeit und Müdigkeit auf.
Herr Maier erstellt mithilfe seines Arztes eine Nutzwertanalyse, um sich für eine Behandlung zu entscheiden:

Kriterium	Gewichtung	Elektronentherapie	Schwerionen-therapie	Radiochirurgie
Genesung	5	1	3	2
geringe Belastung pro Bestrahlung	4	3	2	1
Erreichbarkeit der Klinik	3	3	2	1
geringe Nebenwirkungen	2	2	1	3
kurze Dauer der Behandlung	1	2	3	1
Summe		32	34	24

Herr Maier entscheidet sich in Absprache mit seinem Arzt für die Schwerionentherapie, obwohl er für die gesamte Behandlungsdauer nach Heidelberg fahren muss. Der erwartete Erfolg und die geringen Strahlenschäden überzeugen ihn.

schleuniger, ein Synchrotron (3), ein. Sein Radius beträgt 10 m. Die Teilchen werden hier auf die gewünschte Endenergie beschleunigt. Es können Energiewerte zwischen 50 und 439 MeV erreicht werden, was einer Eindringtiefe zwischen 2 und 30 cm entspricht. Ein Leitungssystem (4) lenkt den Strahl in einen der drei Behandlungsräume. In zwei Räumen, den Horizontalbestrahlplätzen (5), befinden sich horizontale Strahlerköpfe, die nicht bewegt werden können. Im dritten Behandlungszimmer (8) befindet sich ein sogenanntes Gantry (7). Dieses hochkomplexe System macht einen beweglichen Therapiestrahl möglich. Das Gantry wiegt 600 t und kann hochpräzise eingestellt werden, sodass eine gut positionierte Bestrahlung möglich ist.

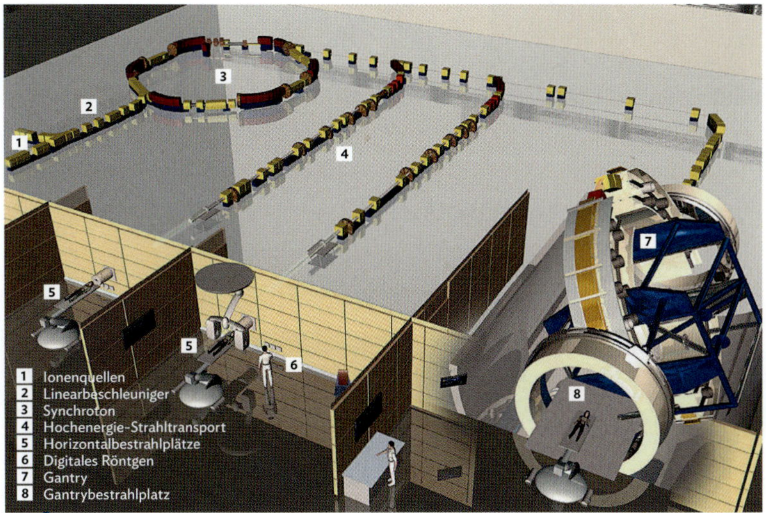

B5 \ Schwerionentherapieanlage des Universitätsklinikums Heidelberg

Arbeitsaufträge

1 \ a) Untersuchen Sie die Nutzwertanalyse im Methodenkasten auf S. 136. Rufen Sie sich dazu das allgemeine Vorgehen bei einer Nutzwertanalyse in Erinnerung (vgl. Grundlagen S. 233). Gehen Sie dann die einzelnen Schritte anhand des Beispiels durch und prüfen Sie die Nachvollziehbarkeit der Entscheidung.

b) Führen Sie die Nutzwertanalyse mit Ihrer eigenen Gewichtung durch. Überlegen Sie sich, ob es noch weitere Kriterien, wie z. B. Behandlungskosten, gibt, die Sie in Ihrer Entscheidung beeinflussen können.

2 \ Herr Maier ist nach seiner Nutzwertanalyse noch immer zögerlich, da er Angst vor der Behandlung hat. Er bespricht seine Ängste, sowie die Vor- und Nachteile der drei Behandlungsmethoden mit seiner Frau. Schreiben Sie einen passenden Dialog.

3 \ An einer Klinik wird die Therapie mit Schwerionen neu eingeführt. Erstellen Sie einen Flyer für künftige Patienten, der Vorteile und Risiken der Therapie darstellt, und präsentieren Sie Ihren Flyer.

4 \ Mit einem klassischen Zyklotron lassen sich Teilchengeschwindigkeiten von bis zu 0,1 c erreichen.

a) Bestimmen Sie das Ladungsvorzeichen der Teilchen, die in B1 beschleunigt werden.

b) Zeigen Sie, dass die Umlaufdauer unabhängig vom jeweiligen Bahnradius ist.

c) Protonen sollen auf die Geschwindigkeit 0,1 c gebracht werden. Die Flussdichte des durchdringenden Magnetfeldes beträgt 0,40 T. Berechnen Sie die Zyklotronfrequenz, den notwendigen Durchmesser des Zyklotrons sowie die erreichte kinetische Energie in MeV.

d) Bestimmen Sie die Anzahl der Umläufe, die dazu nötig sind. Die wirksame Beschleunigungsspannung beträgt 10 kV.

5 \ Für eine medizinische Anwendung werden Protonen mit einem Zyklotron beschleunigt.

a) Berechnen Sie die Zyklotronfrequenz für Protonen ($m = 1{,}67 \cdot 10^{-27}$ kg; $q = 1{,}602 \cdot 10^{-19}$ C) in einem Magnetfeld der Flussdichte 1,0 T.

b) Der maximale Radius des Zyklotrons beträgt 30 cm. Berechnen Sie die maximale Geschwindigkeit, die die Protonen in diesem Zyklotron erreichen können.

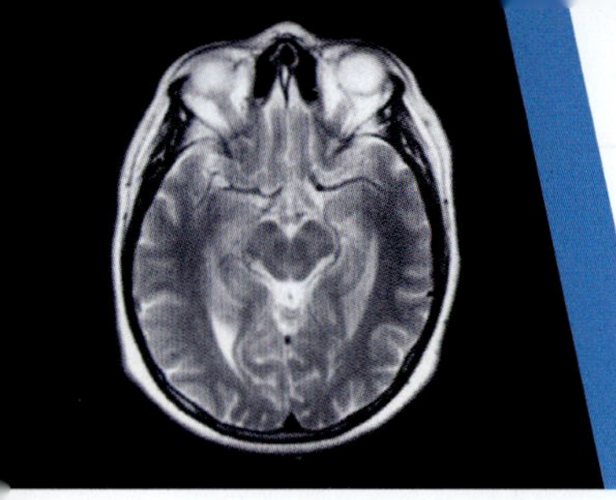

8 Röntgenstrahlung

Materialien zu Kapitel 8.1

▶ M1 Einstieg: Elektromagnetische Wellen

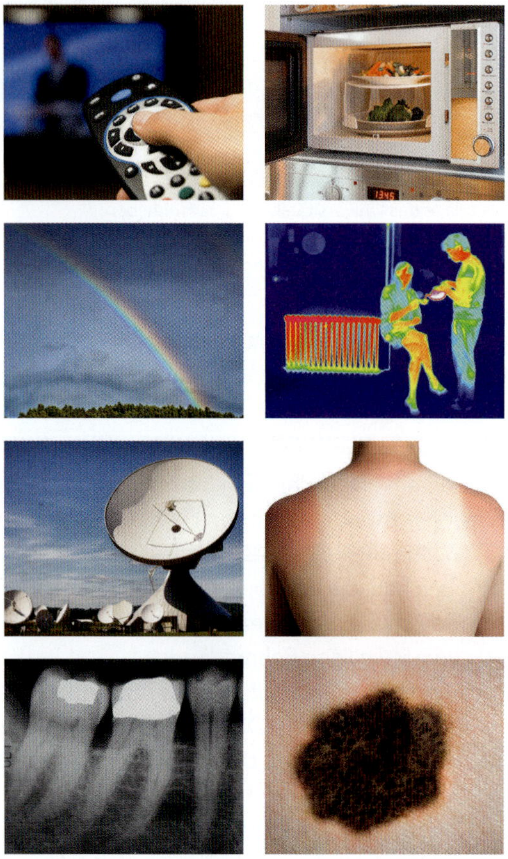

Situationen im Zusammenhang mit elektromagnetischen Wellen

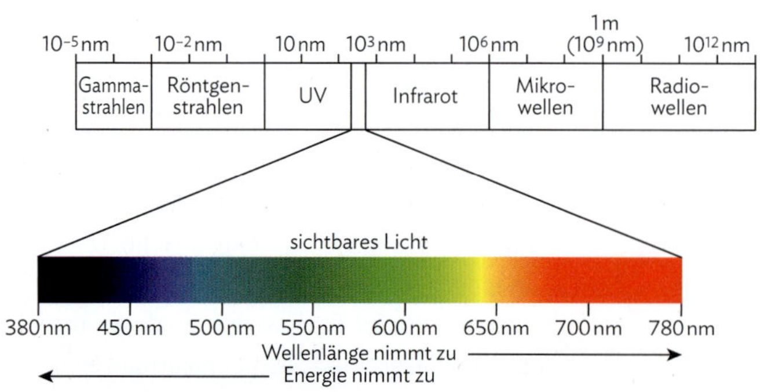

Elektromagnetisches Spektrum

Arbeitsauftrag

a) Ordnen Sie den abgebildeten Anwendungen den richtigen Wellenlängenbereich zu und begründen Sie Ihre Auswahl kurz.

b) Benennen Sie die für den Menschen gefährlichen bzw. ungefährlichen Bereiche und begründen Sie Ihre Entscheidung.

c) Ordnen Sie die vom Handy ausgehende elektromagnetische Strahlung in das Spektrum ein. Recherchieren Sie dazu den genutzten Wellenlängenbereich.

d) Strahlentherapie kann zum einen bedeuten, dass mit einem Teilchenstrahl der Tumor beschossen wird (Kapitel 7). Zum anderen kann bei einer Strahlentherapie auch elektromagnetische Strahlung verwendet werden. Recherchieren Sie den Wellenlängenbereich, der in der Strahlentherapie eingesetzt wird.

e) Infrarotstrahlung wird ebenfalls in der Medizin eingesetzt. Beschreiben Sie zwei Einsatzgebiete.

f) Bestimmen Sie mithilfe der Abbildung B2 auf S. 140 die Wellenlänge elektromagnetischer Strahlung, die von der Erdatmosphäre stark bzw. nur wenig absorbiert wird.

Materialien zu Kapitel 8.2

M2 Lernaufgabe: Einsatz von Röntgenstrahlung

In der Medizin gibt es zwei grundlegende Anwendungen von Röntgenstrahlen:
Strahlentherapie, zur Behandlung von Krankheiten (hauptsächlich Krebs) und
Diagnose von Krankheiten wie z. B. Röntgenaufnahmen und Computertomographie.

Strahlentherapie: Röntgenstrahlen können Krebs verursachen, sie können aber auch zu dessen Behandlung eingesetzt werden. Schnell wachsende Krebszellen sind besonders strahlungsempfindlich. Dennoch werden große Dosen zum Abtöten der Krebszellen benötigt und einige der umgebenden Gewebezellen werden unvermeidlich mit zerstört. Das ist der Grund dafür, weshalb Krebspatienten, die mit Röntgenstrahlen bestrahlt werden, häufig unter den für die Strahlenkrankheit charakteristischen Nebenwirkungen leiden. Um die Zerstörung der normalen Zellen zu minimieren, wird häufig ein schmaler Röntgenstrahl eingesetzt, wenn das Krebsgeschwür gut lokalisiert ist. Der Strahl wird direkt auf das Geschwür gerichtet, und die Quelle oder der Körper rotiert, so dass der Strahl durch verschiedene Körperregionen läuft. So erreicht man, dass die Dosis an jedem Ort so gering wie möglich ist – abgesehen von dem Tumor und dem diesen unmittelbar umgebenden Gewebe, das der Strahl die ganze Zeit trifft.

Röntgenaufnahmen: Bei einer konventionellen medizinischen Röntgenaufnahme werden die Röntgenstrahlen in einer speziellen Röhre erzeugt, durchdringen dann den Körper und werden auf einem Filmmaterial festgehalten. Die Strahlen verlaufen nahezu parallel, da es bei Röntgenstrahlung kaum Beugung oder Brechung gibt. Es gibt jedoch Absorption und Streuung; die unterschiedliche Absorption durch verschiedene Strukturen im Körper führt zu dem Bild, das durch die hindurchgelassenen Strahlen erzeugt wird. Je geringer die Absorption ist, umso mehr Strahlung gelangt durch den Körper und umso stärker wird der Film geschwärzt.

Der Arzt oder die Ärztin entscheidet nach Abwägung zwischen Nutzen und Risiko über die Anwendung von Röntgenstrahlung. Die Anwendung ist nur dann gerechtfertigt, wenn das Strahlenrisiko gegenüber dem diagnostischen oder therapeutischen Nutzen gering ist (rechtfertigende Indikation).

Arbeitsauftrag

a) Lesen Sie den Text durch, schreiben Sie Fachbegriffe heraus, die Ihnen unbekannt sind, und recherchieren Sie deren Bedeutung im Internet.
b) Im Text ist von charakteristischen Nebenwirkungen der Strahlenkrankheit die Rede. Recherchieren Sie im Internet die Nebenwirkungen und wie Patienten geholfen werden kann.
c) Benennen Sie Situationen in Ihrem Leben, in denen von einem Körperteil eine Röntgenaufnahme gemacht werden musste. Benennen Sie Vorsichtsmaßnahmen, die dabei getroffen wurden.
d) Formulieren Sie einen Kriterienkatalog für den Einsatz unterschiedlicher Untersuchungsmethoden und nehmen Sie für einen selbstgewählten Fall eine entsprechende Bewertung vor.
e) Recherchieren und erläutern Sie die Bedeutung der rechtfertigenden Indikation unter dem Mediencode. MC 67055-30
f) Beschreiben Sie die Fehlvorstellung, die der abgebildeten historischen Karikatur zugrunde liegt.

THE NEW ROENTGEN PHOTOGRAPHY. "LOOK PLEASANT, PLEASE"

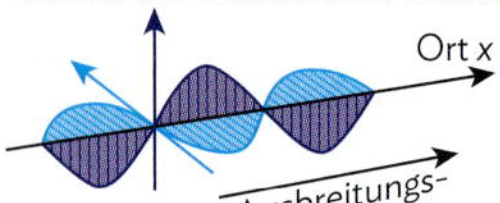

B1 Elektromagnetische Welle

i Lichtgeschwindigkeit $c = 299792458$ m/s

Elektromagnetische Wellen – Röntgenstrahlung

Eine elektromagnetische Welle besteht aus einem elektrischen und einem magnetischen Feld, die senkrecht zur Ausbreitungsrichtung orientiert sind und sich periodisch ändern (B1). Die Ausbreitungsgeschwindigkeit ist die Lichtgeschwindigkeit c. Wellenlänge λ und Frequenz f einer elektromagnetischen Welle hängen mit der Lichtgeschwindigkeit c auf die gleiche Weise zusammen wie bei allen Wellenphänomenen: $c = \lambda \cdot f$.

In der Natur treten elektromagnetische Wellen mit einer großen Spannweite der Wellenlängen auf und treffen aus dem Weltall kommend die Erde. Jedoch werden in der Erdatmosphäre weite Bereiche des elektromagnetischen Spektrums absorbiert und erreichen die Erdoberfläche nur teilweise (B2).

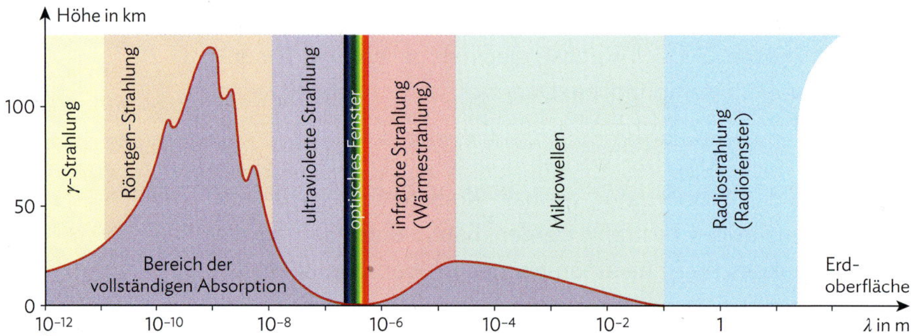

B2 Eindringtiefe des elektromagnetischen Spektrums in die Erdatmosphäre

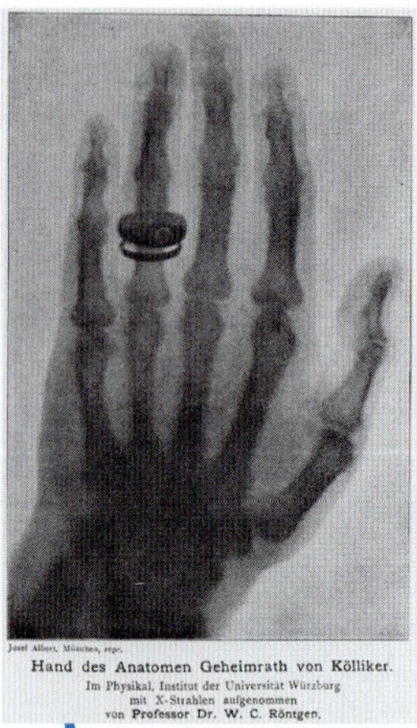

B3 Zweite Röntgenaufnahme überhaupt, aufgenommen am Physikalischen Institut der Universität Würzburg im Jahr 1896

Die Röntgenstrahlung ist nach ihrem Entdecker Wilhelm Conrad Röntgen (1845–1923) benannt. Sie ist eine elektromagnetische Strahlung (B2), die viele Stoffe durchdringt und von verschiedenen Materialien unterschiedlich absorbiert wird. Röntgenstrahlung aus dem Weltall wird auf der Erde von der Atmosphäre absorbiert und das Leben somit geschützt. In der Medizin machte man sich zunutze, dass Materialien verschieden stark absorbieren; so können Röntgenaufnahmen z. B. von Knochen oder Zahnplomben gemacht werden. Im Jahr 1896 präsentierte Röntgen erstmals seine Entdeckungen in der Universität Würzburg während eines Vortrags. Dabei fertigte Röntgen eine Aufnahme der Hand eines Freiwilligen vor den Augen des Publikums an (B3).

i In anderen Sprachräumen wird die Röntgenstrahlung häufig mit dem von Röntgen selbst verwendeten Ausdruck „X-Strahlen" bezeichnet.

Für die Beurteilung der biologischen Wirksamkeit ist wichtig, dass jeder Wellenlänge λ des elektromagnetischen Spektrums eine Photonenenergie zugeordnet werden kann. Die Photonenenergie ist direkt proportional zur Frequenz f. Wegen $f = \frac{c}{\lambda}$ bedeutet das: Je kleiner die Wellenlänge ist, umso größer ist die Photonenenergie. So z. B. hat ultraviolette Strahlung eine kleinere Wellenlänge als das farbige Licht und ist deswegen energiereicher. Röntgenstrahlung hat eine noch kleinere Wellenlänge als ultraviolette Strahlung und ist somit noch energiereicher als das sichtbare Licht.

i Der Proportionalitätsfaktor heißt Planck'sches Wirkungsquantum: $h = 6{,}6261 \cdot 10^{-34}$ Js $= 4{,}1357 \cdot 10^{-15}$ eV s
$1\ \text{eV} = 1{,}6022 \cdot 10^{-19}$ J.
Damit wird die Photonenenergie $E_{\text{Photon}} = h \cdot f = \frac{h \cdot c}{\lambda}$.

Röntgenstrahlen sind elektromagnetische Wellen. Ihre Wellenlänge λ liegt zwischen 10 nm und 10 pm.

Künstliche Erzeugung von Röntgenstrahlung

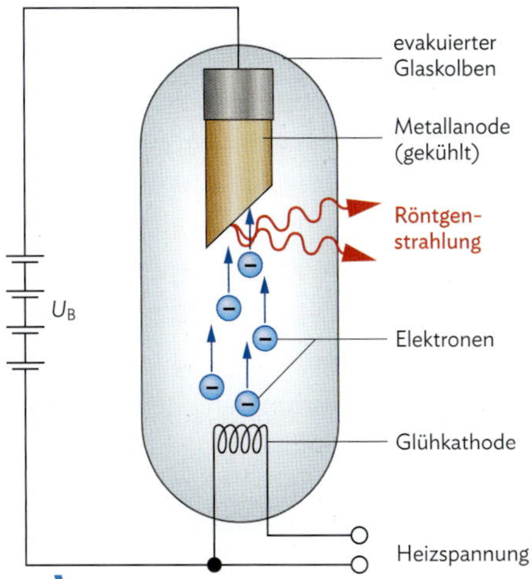

B4 \ Aufbau einer Röntgenröhre

Röntgenstrahlen werden mit einer Vakuumröhre erzeugt (B4), in der sich eine Glühkathode und eine Anode befinden. Durch Anlegen einer Heizspannung U_H treten Elektronen aus der Glühkathode aus. Die Hochspannung U_B (Größenordnung von 5 bis 150 kV) beschleunigt sie. Die Elektronen erhalten dabei eine kinetische Energie, die der verringerten potentiellen Energie entspricht: $E_{Elektron} = U_B \cdot e$. Treffen die Elektronen mit hoher Geschwindigkeit auf die Metallanode, wird ihre kinetische Energie in Röntgenstrahlung und innere Energie der Metallanode umgesetzt. Die Metallanode wird deshalb z. B. durch einen Wasserkreislauf gekühlt.

Spektrum der Röntgenstrahlung

Trägt man die Intensität der Röntgenstrahlung über den erzeugten Wellenlängen auf, so erhält man das Spektrum der Röntgenstrahlung (B5). Es besteht aus Bremsstrahlung (rot) und charakteristischer Strahlung (blau).

Bremsstrahlung entsteht durch das Abbremsen der beschleunigten Elektronen in der Metallanode. Ändert sich nämlich der Geschwindigkeitsbetrag bzw. die Bewegungsrichtung eines elektrischen Ladungsträgers, wird er also beschleunigt, so entsteht elektromagnetische Strahlung. Die Energie der dabei auftretenden Photonen ist umso höher, je stärker die Beschleunigung ist.

Je nach Abstand zu einem Atomkern werden die Elektronen unterschiedlich abgebremst, abgelenkt und an weiteren Atomkernen abgebremst (B6). Weil die abgegebene Energiemenge beliebig sein kann, ist das Bremsspektrum kontinuierlich. Das heißt, die entstehende Röntgenstrahlung hat unterschiedliche Wellenlängen.

Im Extremfall kann ein Elektron durch einen zentralen Stoß mit einem Atomkern komplett abgebremst werden. Dabei wird seine gesamte kinetische Energie auf einmal als Strahlung frei. Diese Strahlung hat dann die maximale Energie bzw. die kleinstmögliche Wellenlänge λ_{Grenz}. Die kinetische Energie des Elektrons $E_{Elektron} = U_B \cdot e$ wird komplett in Form eines Photons abgegeben.

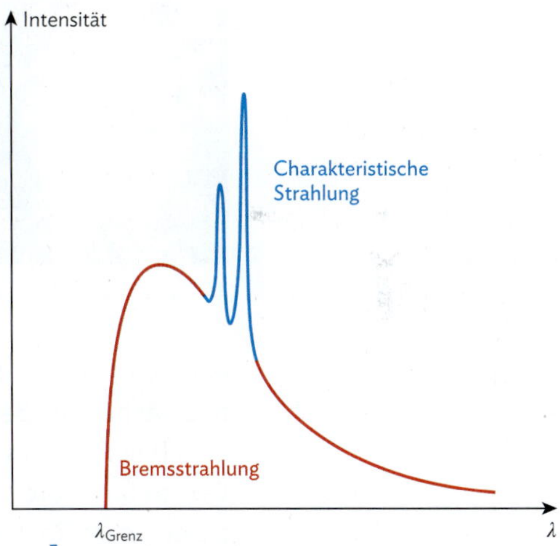

B5 \ Röntgenspektrum

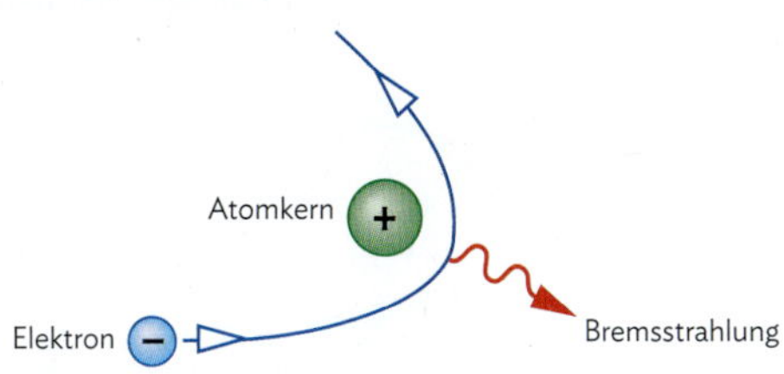

B6 \ Entstehung von Bremsstrahlung

i

Durch Gleichsetzen von $E_{Elektron} = E_{Photon}$ lässt sich damit die Grenzwellenlänge λ_{Grenz} berechnen:
$U_B \cdot e = \frac{h \cdot c}{\lambda_{Grenz}}$ bzw. $\lambda_{Grenz} = \frac{h \cdot c}{U_B \cdot e}$.

Exkurs: Charakteristische Strahlung

Charakteristische Strahlung entsteht, wenn ein Elektron auf ein Elektron in den unteren Energiestufen eines Anodenatoms trifft und dieses herausschlägt. Auf den freien Platz fällt ein Elektron aus einer höheren Energiestufe des Atoms und gibt dabei elektromagnetische Strahlung ab. Da die Energieunterschiede zwischen den Stufen bei allen Elementen unterschiedlich sind, ist die abgegebene Röntgenstrahlung für das Anodenmaterial charakteristisch.

Das Spektrum einer Röntgenröhre besteht aus einem kontinuierlichen Spektrum, der Bremsstrahlung, und aus charakteristischen Spitzen.
Bei der Bremsstrahlung werden die Elektronen durch die Atomkerne in der Anode abgebremst. Wird ein Elektron mit maximaler kinetischer Energie auf einmal abgebremst, entsteht ein Photon mit $\lambda_{Grenz} = \frac{h \cdot c}{U_B \cdot e}$.

Röntgenaufnahmen in der Medizin

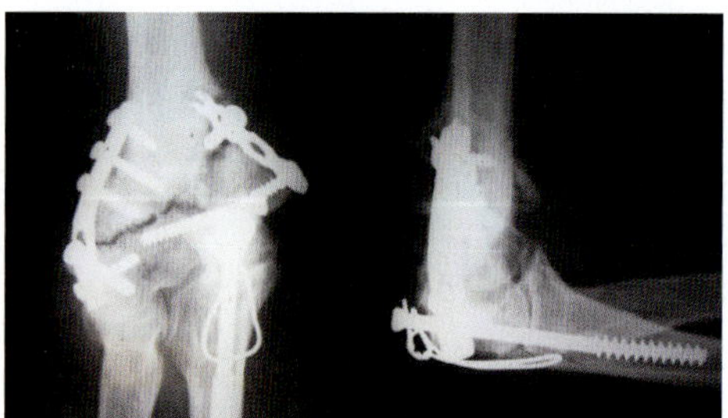

B7 Röntgenbilder eines Ellenbogens von der Seite und von hinten

Röntgenstrahlung durchdringt Materie und wird beim Durchgang durch verschiedene Materialien unterschiedlich stark abgeschwächt. Diese Schwächung ist der wichtigste Faktor bei der Erzeugung von Röntgenbildern. Um die Abschwächung vergleichen zu können, verwendet man die Halbwertsdicke $D_{1/2}$. Diese beschreibt die Schichtdicke, nach der die Intensität der Röntgenstrahlung nur noch die Hälfte der eingestrahlten Intensität beträgt. Bereits eine dünne Bleischicht halbiert die Intensität; das bedeutet, dass Blei sehr gut zur Abschirmung von Röntgenstrahlung verwendet werden kann. Dichte Strukturen wie Knochen schwächen Röntgenstrahlung stärker ab und erscheinen im Röntgenbild hell. Weniger dichte Strukturen wie Gewebe schwächen die Strahlen – bei gleicher Schichtdicke – weniger ab und erscheinen somit im Bild dunkel (B7). Weichteilgewebe wie Knorpel haben eine mittlere Dichte und werden im Bild in verschiedenen Graustufen dargestellt.

i

$D_{1/2\,\text{Blei}} < D_{1/2\,\text{Knochen}} < D_{1/2\,\text{Gewebe}} < D_{1/2\,\text{Luft}}$
Die genauen Zahlenwerte hängen von der Energie der Röntgenstrahlen ab. Durch geeignete Wahl können so im Bild Kontraste verstärkt werden.

In den 1970er Jahren wurde eine neue, auf Röntgenstrahlen basierende Technik entwickelt, die Computertomographie (CT). Sie erzeugt das Bild eines Schnitts durch den Körper (tomos: Schnitt). Bei der Computertomographie sind Röntgenquelle und Detektor auf gegenüberliegenden Seiten des Patienten und rotieren um diesen. Durch die Messungen von eingestrahlter Intensität und transmittierter Intensität modelliert der Computer den Körper des Patienten in kleinen Würfeln mit jeweils einem eigenen Absorptionskoeffizienten. Computergestützt werden die verschiedenen Projektionen überlagert; daraus wird ein CT-Bild errechnet und dargestellt.

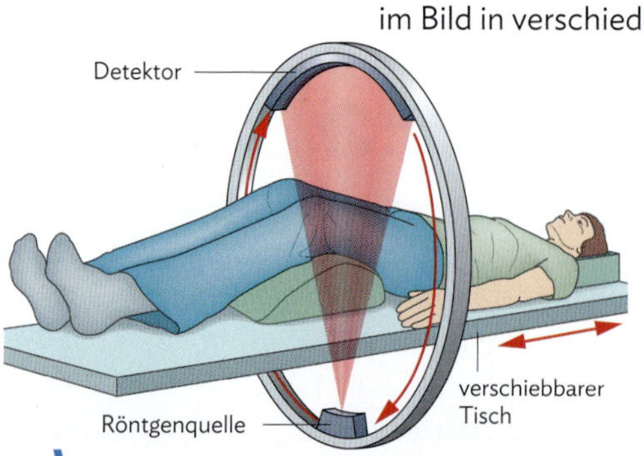

B8 Aufnahme verschiedener Projektionen von Röntgenbildern

Musteraufgabe

In einer Röntgenröhre beträgt die Beschleunigungsspannung $U_B = 2{,}0\,\text{kV}$.

a) Berechnen Sie die potentielle Energie der Elektronen. Geben Sie das Ergebnis in Elektronvolt (eV) und in Joule (J) an.

b) Berechnen Sie die Geschwindigkeit, mit der die Elektronen auf die Anode treffen.

Lösung

a) Die potentielle Energie ist E_{pot}
$= e \cdot U_B = e \cdot 2000\,\text{V} = 2000\,\text{eV}$
$= 2{,}0\,\text{keV}$
$= 1{,}6022 \cdot 10^{-19}\,\text{C} \cdot 2000\,\text{V}$
$= 3{,}2 \cdot 10^{-16}\,\text{J}$

b) Die in a) berechnete potentielle Energie wird in kinetische Energie übergeführt: $\frac{1}{2} \cdot m \cdot v^2 = e \cdot U$.
Deshalb ist

$$v = \sqrt{\frac{2 \cdot e \cdot U_B}{m}} = \sqrt{\frac{2 \cdot 3{,}8 \cdot 10^{-16}\,\text{J}}{9{,}10938 \cdot 10^{-31}\,\text{kg}}}$$
$$= 2{,}7 \cdot 10^7\,\frac{\text{m}}{\text{s}}$$

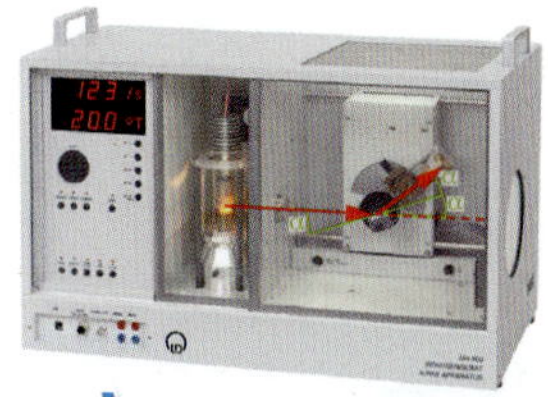

B9 \ Schulröntgengerät

Arbeitsaufträge

1\ a) Berechnen Sie die Wellenlänge von grünem Licht (Frequenz im Vakuum $f = 5{,}5 \cdot 10^{14}\,\text{Hz}$) und vergleichen Sie mit dem Diagramm in M1.

b) Vergleichen Sie Wellenlänge und Frequenz von Röntgenstrahlung mit denen des grünen Lichts.

2\ Mit einem Schulröntgengerät (B9) wurden die folgenden Röntgenspektren erzeugt:

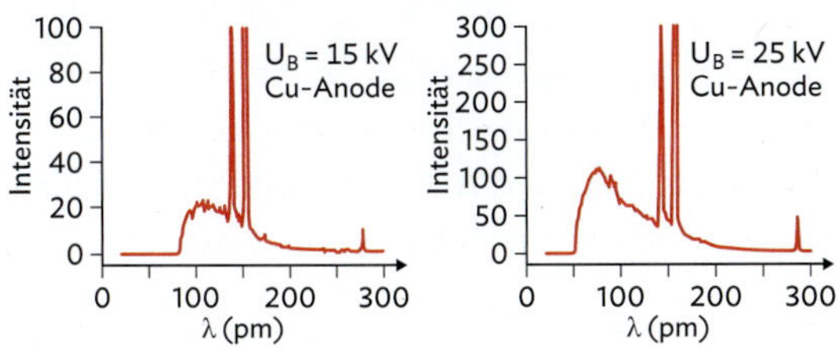

Röntgenspektren

a) Vergleichen Sie die beiden Spektren und erklären Sie die erkennbaren Unterschiede.

b)* Geben Sie jeweils einen Näherungswert für die Grenzwellenlängen λ_{Grenz} an und überprüfen Sie durch Rechnung die Richtigkeit der angegebenen Beschleunigungsspannung U_B.

3\ a) Begründen Sie, dass manche Untersuchungsobjekte, wie z. B. der Darm eines Menschen, auf einer Röntgenaufnahme kaum zu erkennen sind.

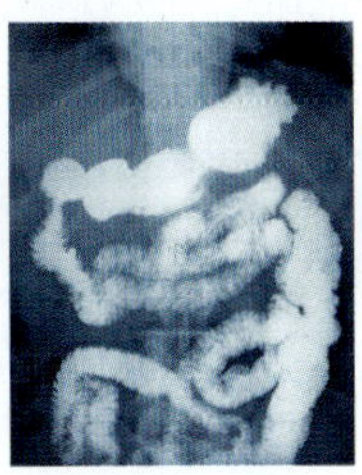

Röntgenbild eines Magen-Darm-Trakts

b) Recherchieren Sie im Internet, wie auch solche Organe und Gewebe durch Röntgenaufnahmen sichtbar gemacht werden können.

4\

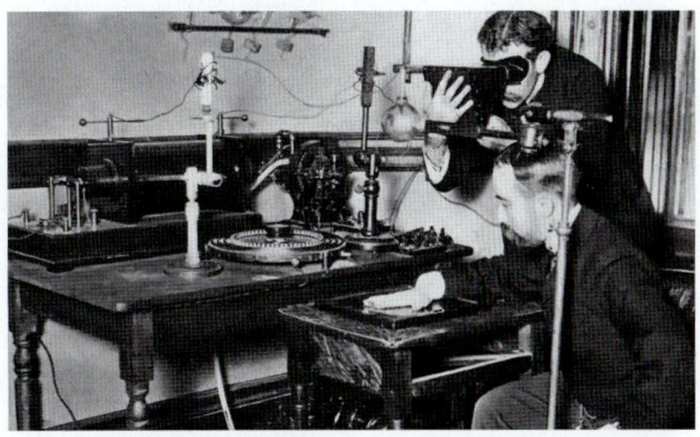

Röntgenexperiment 1896

Das Bild zeigt ungeschützte Experimente mit einer frühen Röntgenröhre in den USA 1896. Damals waren die Gefahren der Strahlung noch weitgehend unbekannt. Recherchieren Sie Schutzmaßnahmen, die im Vergleich zu damals heute beim Röntgen eingehalten werden müssen.

5\ Recherchieren Sie im Internet nach herkömmlichen Röntgenaufnahmen und Aufnahmen mit einem Computertomographen. Vergleichen Sie die Aufnahmen und bestimmen Sie einen Unterschied. Formulieren Sie aufgrund Ihres Vergleichs einen Vor- bzw. Nachteil der beiden Aufnahmeverfahren. Präsentieren Sie Ihre Ergebnisse.

Ionisierende Wirkung und Messgrößen

In Kapitel 8.1. wurden Vorteile und Nutzen der Röntgenstrahlung dargestellt. Doch ihre Verwendung hat auch Nachteile: Röntgenstrahlung hat die Eigenschaft, dass sie Materie ionisieren, also Elektronen aus den Atomen oder Molekülen herauslösen kann, so dass Atom- bzw. Molekülrümpfe übrigbleiben.
Die ionisierende Wirkung kann mit einem Experiment demonstriert werden:
In den Strahlengang der Röntgenröhre wird ein offener Plattenkondensator eingebaut, an den eine Spannung (ca. 500 V) angelegt wird. In den Kondensatorstromkreis werden ein Messverstärker und ein Strommessgerät eingebaut, sodass registriert werden kann, ob ein Ionenstrom zwischen den Platten fließt. Bei ausgeschalteter Röntgenröhre fließt kein Strom. Sobald man die Röntgenröhre einschaltet, registriert man jedoch einen Ionenstrom, weil die Röntgenstrahlung die Luftmoleküle im Kondensator ionisiert. Die herausgeschlagenen Elektronen werden zur positiv geladenen Kondensatorplatte und die positiv geladenen Luftmoleküle zur negativ geladenen Platte hin beschleunigt.

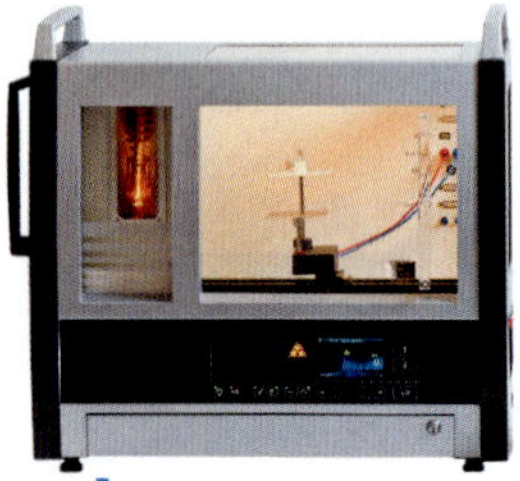

B1 Röntgenstrahlung ionisiert Luftmoleküle

Die ionisierende Eigenschaft der Röntgenstrahlung kann zu Schäden im Gewebe führen. Um abschätzen zu können, wie eine bestimmte „Menge" Strahlung auf den Körper wirkt, muss zuerst ein Maß für diese Strahlungsmenge definiert werden. Da eine biologische Wirkung erst nach Absorption von Energie eintritt, definiert man zunächst die Energiedosis als aufgenommene Energie pro Masse. Um die unterschiedlichen Schädlichkeiten verschiedener Strahlungsarten zu quantifizieren, ordnet man ihnen einen dimensionslosen Qualitätsfaktor q zu und gelangt so zur Äquivalentdosis H. Es gilt: $H = q \cdot \frac{\Delta E_{abs}}{\Delta m}$.

i Qualitätsfaktor für verschiedene Strahlungsarten:
$q_{\beta\text{-}/\gamma\text{-Strahlung}} = 1$
$q_{\text{Protonen-Strahlung}} = 5$
$q_{\alpha\text{-Strahlung}} = 20$

Die Einheit von H ist ein Sievert (Sv) mit $1\,\text{Sv} = 1\,\frac{\text{J}}{\text{kg}}$. Der Qualitätsfaktor ist eine Zahl, die experimentell für verschiedene Strahlungsarten bestimmt wurde. Für Röntgenstrahlung gilt $q = 1$.
Die Äquivalentdosis ist eine im Strahlenschutz wichtige Größe, mit der man das Risiko, durch Strahleneinwirkung einen bösartigen Tumor oder Leukämie zu entwickeln, angeben kann. Für die Abschätzung des tatsächlichen Strahlenrisikos muss vor allem bei medizinischen Anwendungen berücksichtigt werden, dass verschiedene Organe unterschiedlich strahlungsempfindlich sind. Dies wird in der effektiven Äquivalentdosis berücksichtigt.
Für die biologische Wirkung spielt die Dauer der Einwirkung eine sehr große Rolle, weswegen in der Medizin meist die Energiedosisleistung, also die Dosis pro Zeiteinheit, betrachtet wird. Die jährliche Strahlenbelastung in Deutschland hat im Schnitt eine effektive Dosis von etwa 4 mSv für Normalbürger. Fast die Hälfte davon entfällt auf medizinische Anwendungen (B2 und T1).

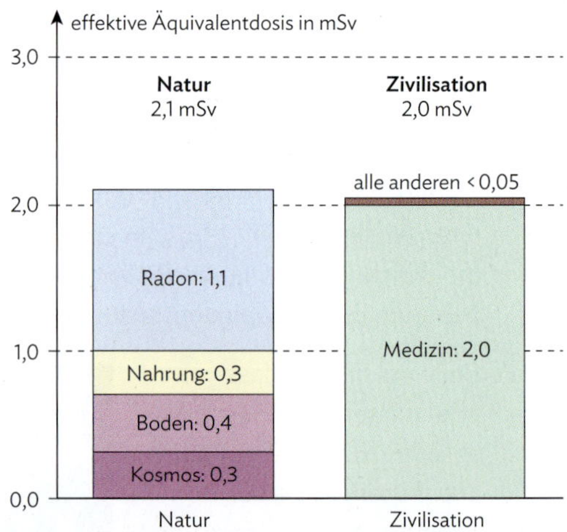

B2 Durchschnittliche Strahlenbelastung pro Jahr in Deutschland

Dabei muss beachtet werden, dass die Abgabe von Energie in den Zellen und das Eintreten von Schädigungen ein zufälliger Prozess ist. Wenn einzelne Zellen absterben, hat das für den Körper keine Bedeutung. Es kann sich aber auch ein bösartiger Tumor entwickeln oder Keimzellen können sich so verändern, dass Erbschäden eintreten. Man geht davon aus, dass das schon bei niedrigster Strahlendosis der Fall sein kann. Mit steigender Dosis steigt die Eintrittswahrscheinlichkeit von Schäden, nicht aber die Schwere der schädlichen Veränderung selbst.
Kommt es jedoch zum Absterben von Zellen, so wird dies kritisch, sobald zu viele absterben und eine wahrnehmbare Veränderung im Gewebe eintritt. Da die Anzahl der abgestorbenen Zellen mit steigender Dosis zunimmt, gibt es für jede Veränderung in einem bestimmten Gewebe eine Schwellendosis, ab der die Schäden erst sichtbar werden. Darüber ist die Schwere der Schäden abhängig von der Dosis. Man spricht von deterministischen Schäden. Dazu gehören z. B. akute Strahlenreaktionen, chronische Strahlenfolgen sowie die akute Strahlenkrankheit. Bei deterministischen Schäden nimmt mit der Strahlendosis auch die Schwere des Schadens zu. T2 gibt Aufschluss über die Stufen der Strahlenkrankheit bei kurzfristiger Ganzkörperbestrahlung.

Zahnuntersuchungen		0,02 mSv
Röntgenaufnahme	Schädel Rippen Thorax (Lunge) Bauchraum Wirbelsäule	0,2 mSv 3,0 mSv 0,2 mSv 0,3 mSv bis 2,0 mSv
Mammographie	(Film-Folien-System)	0,5 mSv
Computertomographie	Schädel Thorax (Lunge) Bauchraum	2 mSv 3 mSv 7 mSv
Angiographie	Herz (Herzkatheter) Extremitäten	5 mSv 5–10 mSv

T1 \ Strahlenbelastung für medizinische Untersuchungen mit Röntgenstrahlen

Dosis ab ...	Folge
100 mSv	erhöhtes Krebsrisiko
500 mSv	weiter erhöhtes Krebsrisiko, Unwohlsein, beginnende Strahlenkrankheit
1000 mSv	akute Strahlenkrankheit: Übelkeit, Erbrechen, Sterilität
4000 mSv	schwere Strahlenkrankheit: starke Durchfälle, Erbrechen, Haarausfall, Blutungen; Todesrate 50 % innerhalb einer Woche
7000 mSv	Todesrate 100 % (bei fehlenden Maßnahmen)

T2 \ Die Stufen der Strahlenkrankheit

Es gibt keine untere Grenze für eine Strahlendosis, die ungefährlich wäre. Aber um die Gefährdung möglichst gering zu halten, gibt es in den Bestimmungen für Strahlenschutz Grenzwerte für die Strahlenbelastung, die zu den natürlichen und medizinischen Quellen aus B2 hinzukommt. Dies sind z. B. Belastungen durch radioaktive Stoffe, die in Kernkraftwerken gelagert werden oder durch Experimente in der Schule. Die effektive Äquivalentdosis daraus darf für den ganzen Körper pro Jahr 1 mSv nicht überschreiten. Für Personen, die beruflich Strahlung ausgesetzt sind, gilt, dass 20 mSv bis 50 mSv pro Jahr und während der gesamten Lebenszeit 400 mSv nicht überschritten werden dürfen.

Biologische Wirkung

Die Vorgänge in der Zelle nach einer Strahlenexposition teilen sich in verschiedene Phasen auf, die nacheinander ablaufen, wenn sie nicht unterbrochen werden. Sie stellen eine Kette äußerst komplizierter chemischer und biochemischer Prozesse dar, an denen immer noch geforscht wird.

Physikalische Phase

Wenn ionisierende Strahlung auf den menschlichen Körper trifft, tritt sie mit dem Gewebe in Wechselwirkung. Dieser physikalische Primärvorgang läuft sehr schnell ab. Seine Dauer entspricht der Zeit, die die Strahlung zum Durchqueren der Materie braucht, und liegt im Bereich von 10^{-16} bis 10^{-13} s. Die Strahlung kann ein Biomolekül, z. B. die DNA, direkt oder über verschiedene Zwischenwege schädigen.

i

Die mit dem Mediencode verlinkte Abbildung zeigt den Weg vom physikalischen Strahlenschaden zum biologischen Effekt.

MC 67055-31

8.2 Biologische Wirkung von Röntgenstrahlung

Bei der Röntgenstrahlung dominiert die indirekte Strahlenwirkung, bei der zunächst größere Nachbarmoleküle geschädigt werden, die dann weiter reagieren.

Radio- und biochemische Phase

Da unser Körper zu 80 % aus Wasser besteht, tritt die ionisierende Strahlung in erster Linie damit in Wechselwirkung und ionisiert Wassermoleküle oder regt sie an. Dadurch entstehen Bruchstücke von Wassermolekülen (freie Wasserradikale): Elektronen, Protonen, Wasserstoff und OH-Gruppen. Freie Radikale sind hochreaktiv und können mit Molekülen in der Zelle, unter anderem auch mit der DNA, reagieren und diese schädigen.

i Der Stern (*) symbolisiert ein ungepaartes Valenzelektron, dem, anders als in stabilen Molekülen, der Partner für eine Valenzbindung fehlt.

Beispiel für eine Reaktion:

H_2O + Strahlungsenergie → $H_2O^{*+} + e^-$ $H_2O^{*+} + H_2O \rightarrow H_3O^+ + OH^*$

H_2O^{*+} ist ein Wasserradikalkation, OH^* ein Hydroxylradikal. OH^* ist chemisch stark reaktiv und kann z. B. mit der DNA reagieren, indem es ihr ein Wasserstoffatom aus einer Wasserstoffbrücke entzieht. Man nimmt an, dass etwa zwei Drittel der indirekten DNA-Schäden, die durch Photonen erzeugt werden, auf das Konto der OH^*-Radikale gehen. Daneben gibt es noch weitere Radikale, die ebenfalls DNA-Schäden verursachen können.

Mögliche Schäden der DNA sind folgende (B3):

- Basenschaden oder -verlust
- Veränderung der Zuckermoleküle
- Einzelstrang- oder Doppelstrangbruch
- Crosslinks (DNA-Quervernetzungen)
- Bulky Lesions (Mehrfachschäden)

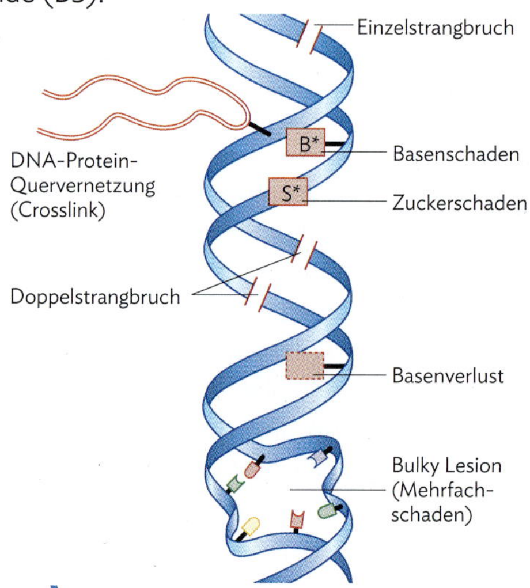

B3 Mögliche Schäden an der DNA

Wenn man Gewebe mit einer Äquivalentdosis von 1 Sv Röntgenstahlung bestrahlt, treten durchschnittlich 1000 bis 2000 Basenveränderungen, 500 bis 1000 Einzelstrangbrüche, 150 Crosslinks, 50 Doppelstrangbrüche und Bulky Lesions auf.

In der Zelle gibt es sehr leistungsfähige Reparaturmechanismen. So z. B. können Radikale mithilfe spezieller Stoffe neutralisiert und somit unschädlich gemacht werden. Auch bereits mutierte Krebszellen können erkannt und vernichtet werden. In jeder Phase ist es also möglich, dass der eingetretene Schaden behoben wird.

Biologische Phase

Allerdings kann es auch passieren, dass etwas falsch oder gar nicht repariert wird. Wenn das bei einem Einzelstrangbruch oder einem Basenschaden der Fall ist, können dadurch Mutationen erzeugt werden. Wird ein Doppelbruch nicht oder falsch repariert, entsteht eine Chromosomenmutation. Eine Mutation kann zum Zelltod oder zur Entwicklung von Krebs führen. Außerdem können durch Veränderungen an Enzymen und Membranproteinen Stoffwechselveränderungen eintreten, und es

kann so zu Organschäden kommen. Wenn Keimzellen verändert werden, kann es zu genetischen Schäden kommen, die weitervererbt werden (z. B. Erbkrankheiten oder Missbildungen). Trifft die Strahlung auf einen Embryo, so ist die zu erwartende Schädigung vor der Ausbildung der Organe, d. h. vor dem Fötus-Stadium, am größten, da zu diesem Zeitpunkt viele Stammzellteilungen erfolgen. Je nach Stadium reichen die Gefahren vom Absterben über mögliche Missbildungen bis zu einem erhöhten kindlichen Krebsrisiko.
Die biologische Phase kann Minuten bis Jahrzehnte dauern. Manche Schäden werden erst in der nächsten Generation erkennbar. Deswegen ist es auch sehr schwierig, ionisierende Strahlung als Ursache bestimmter Krankheiten auszumachen.

Röntgenstrahlung ist eine ionisierende Strahlung, die das Gewebe schädigen kann. Ihre Energie liegt im Bereich von 100 eV bis 250 keV, je nach der Wellenlänge. Die energiereiche Strahlung kann aufgrund ihrer ionisierenden Wirkung gewünschte, aber auch ungewünschte Effekte auf das Gewebe haben: Sie kann Tumorgewebe zerstören, aber auch die DNA schädigen.

Arbeitsaufträge

1\ Stellen Sie die Vor- und Nachteile einer diagnostischen Röntgenaufnahme gegenüber. Gewichten Sie die einzelnen Argumente für sich nach ihrer subjektiven Relevanz. Präsentieren Sie Ihre Ergebnisse.

2\ Die Tabelle T1 ist einer Patienteninformation entnommen, die sich auf den Internetseiten eines Klinikums findet. Sie erreichen den Abschnitt „Patientensicherheit durch Qualitätsstandards und Strahlenschutz" über den Mediencode. MC 67055-32

a) Lesen Sie den Abschnitt durch und vergleichen Sie die darin vorkommenden Zahlenangaben mit Angaben in diesem Buch.

b) Untersuchen Sie die Aussagen und die Formulierungsweise des Textes und begründen Sie damit, an welche Personengruppe sich der Text hauptsächlich richtet.

3\ Auf S. 142 wurde das Verfahren der Computertomographie (CT) vorgestellt.

a) T1 auf S. 145 zeigt, dass eine CT-Untersuchung mit höheren Strahlenbelastungen verbunden ist. Begründen Sie die Unterschiede zu herkömmlichen Röntgenuntersuchungen.

b) Erstellen Sie, ähnlich wie auf S. 136, eine Liste verschiedener Kriterien und vergleichen Sie mit ihnen eine CT-Aufnahme mit einer herkömmlichen Röntgenuntersuchung. Berücksichtigen Sie dabei auch nichtphysikalische Kriterien.

c) Gewichten Sie diese Kriterien nach persönlicher Einschätzung und treffen Sie eine begründete Entscheidung für eines der beiden Verfahren.

4\ Die Daten in der folgenden Tabelle wurden nach dem Reaktorunfall in Fukushima 2011 veröffentlicht. Sie wurden mit Daten nach dem Unfall in Tschernobyl 1986 verglichen:

Ort der Messung	Dosisleistung
Fukushima/Haupttor	12 mSv/h
Fukushima/Reaktorinneres	1000 mSv/h
Tschernobyl/Reaktorinneres	2000 mSv/h

Äquivalentdosisleistungen

a) Bestimmen Sie den Faktor, um den die drei oben angegebenen Äquivalentdosisleistungen größer sind als die durchschnittliche natürliche Strahlenbelastung von 2,1 mSv/Jahr.

b) Die Betreibergesellschaft des Reaktors in Fukushima teilte mit, dass die Gesamtdosis ihrer Arbeiter im Reaktorinneren 700 mSv nicht überstiegen hat. Bestimmen Sie die maximale Zeitdauer, die die Arbeiter im Reaktorinnern tätig waren, und geben Sie die Modellannahmen an, die Sie dabei verwendet haben.

Basisaufgaben

1 a) Formulieren Sie die Definition der elektrischen Feldstärke in einem vollständigen Satz.
b) Begründen Sie, dass die so definierte Größe sinnvoller für die Charakterisierung eines elektrischen Feldes ist als die vom Feld hervorgerufene Kraft.

2 Eine winzige Watteflocke (Masse: 0,10 g) trägt die Ladung $q = -4{,}0\,\text{nC}$ und soll zwischen zwei horizontal angeordneten Kondensatorplatten mit Abstand von 6,0 cm zum Schweben gebracht werden.

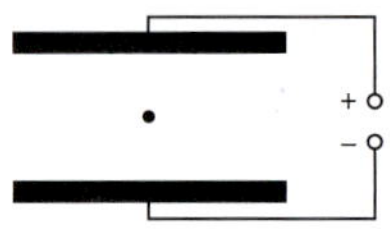

a) Zeichnen Sie für den Schwebezustand die auf die Watteflocke wirkenden Kräfte ein.
b) Berechnen Sie die erforderliche Spannung an den Platten, damit die Watteflocke auf einer Stelle schwebt.

3 Zwei Ladungen befinden sich in einem x-y-Koordinatensystem. Die positive Ladung Q_1 befindet sich bei (2 | 1) und die negative Ladung Q_2 bei (4 | 4). Nun wird eine Probeladung $q = +2\,\text{nC}$ bei (6 | 2) in das System gebracht. An der Stelle der Probeladung ist die von Q_1 hervorgerufene Feldstärke $|\vec{E_1}| = 26\,\frac{\text{kV}}{\text{m}}$, die von Q_2 hervorgerufene Feldstärke $|\vec{E_2}| = 34\,\frac{\text{kV}}{\text{m}}$.
a) Zeichnen Sie den Sachverhalt in ein Koordinatensystem (Einheitslänge 1 cm) ein. Bestimmen Sie die auf q wirkenden Kräfte und zeichnen Sie sie maßstabsgetreu ein.
b) Ermitteln Sie zeichnerisch die auf q wirkende Gesamtkraft $\vec{F}_{\text{ges}}$. Geben Sie ihren Betrag an.

4 Ein Plattenkondensator hat quadratische Platten mit Seitenlänge $a = 20\,\text{cm}$, die $d = 2{,}0\,\text{cm}$ voneinander entfernt sind (Zwischenraum Luft). Es liegt eine Spannung von $U = 1{,}6\,\text{kV}$ an.
a) Berechnen Sie die Kapazität dieses Kondensators und die Ladungsmenge auf einer der Platten.
b) Bei angeschlossener Spannungsquelle wird der Plattenabstand auf ein Viertel verringert. Begründen Sie ohne Rechnung, um welchen Faktor sich die Ladungsmenge verändert. Beschreiben Sie weitere Möglichkeiten, um die gleiche Ladungsänderung zu erreichen.

5 Ein Plattenkondensator hat eine Kapazität von 2,0 µF und einen Plattenabstand von 1,6 mm.
a) Bei einer Feldstärke von $E = 3{,}0 \cdot 10^6\,\frac{\text{V}}{\text{m}}$ kann es zu Überschlägen durch die Luft kommen. Berechnen Sie die anliegende Spannung, die zum Funkenüberschlag führen würde.
b) Berechnen Sie die Ladung, die sich bei dieser Spannung auf einer der Platten befinden würde.

6 In die abgebildete Ladungsanordnung ist bereits eine Feldlinie eingezeichnet.

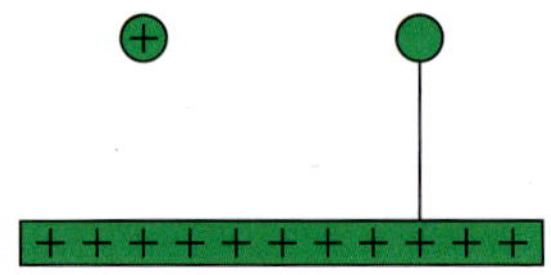

a) Geben Sie das Vorzeichen an, das die rechte Ladung trägt, und begründen Sie Ihre Entscheidung.
b) Übertragen Sie die Skizze und ergänzen Sie darin Feldlinien mit ihrer Richtung sowie Äquipotentiallinien.
c) Überprüfen Sie Ihre Lösung von Teilaufgabe b) mit einem geeigneten Simulationsprogramm.

7 Die hohle Metallkugel eines Bandgenerators hat auf ihrer Oberfläche ein Potential von 600 V.
a) Begründen Sie, dass die Metalloberfläche eine Äquipotentialfläche darstellt.
b) Beschreiben Sie den Verlauf der elektrischen Feldstärke und des elektrischen Potentials jeweils im Inneren und im Äußeren der Hohlkugel. Stellen Sie beide Größen qualitativ als Funktion der Entfernung vom Kugelmittelpunkt dar.

8 Das nebenstehende Drahträhmchen befindet sich in einem homogenen Magnetfeld der Stärke 50 mT. Es wird von einem Strom der Stärke 2,0 A durchflossen.

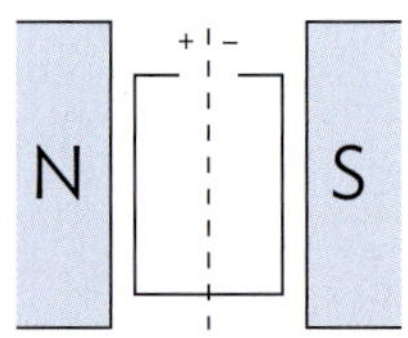

a) Geben Sie Betrag und Richtung aller auf das Rähmchen wirkenden Kräfte an. Eventuell benötigte weitere Größen können der Zeichnung entnommen werden.
b) Beschreiben Sie qualitativ die Änderung dieser Kräfte, wenn das Rähmchen um die eingezeichnete Achse aus der Zeichenebene herausgedreht wird.

9\ Begründen Sie, ob mithilfe der Lorentzkraft das Vorzeichen der Ladungsträger in einem Stromkreis ermittelt werden kann. Stellen Sie dazu zwei geeignete Hypothesen auf und untersuchen Sie, ob sich in den beiden Fällen unterschiedliche beobachtbare Auswirkungen ergeben.

10\ Bestimmen Sie den Bahnradius beim Fadenstrahlrohr-Experiment aus Kapitel 7.2, wenn die Beschleunigungsspannung auf 150 V geregelt wird und das von den beiden flachen Spulen erzeugte homogene Magnetfeld die Flussdichte 0,92 mT besitzt.

11\ Lesen Sie aus der Abbildung auf S. 138 unten den Wellenlängenbereich von Röntgenstrahlung ab, berechnen Sie die zugehörigen Frequenzen und vergleichen Sie diese mit grünem Licht.

12\ Die Abbildung zeigt ein Experiment zur Ionisation von Luftmolekülen durch Röntgenstrahlung. Ein Röntgenquant kann seine Energie dabei auch schrittweise an mehrere Luftmoleküle abgeben.

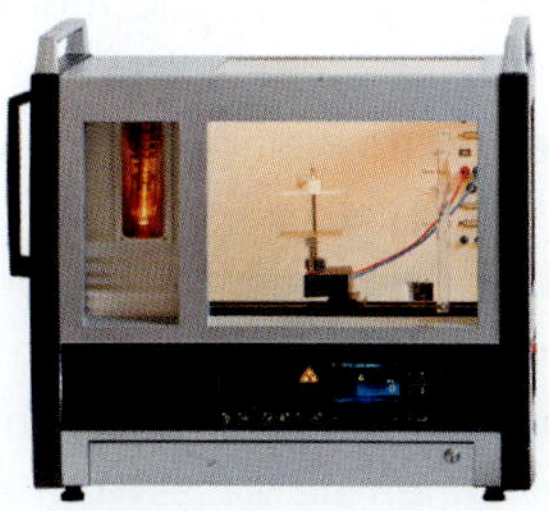

a) Zeichnen Sie ein Schaltbild mit dem Kondensator im Röntgengerät.

b) Die am Kondensator angelegte Spannung ist so hoch, dass alle erzeugten Ionen und Elektronen vor einer Rekombination über die jeweiligen Kondensatorplatten in den Messkreis fließen (Sättigung). Die zur Erzeugung eines einfach geladenen Ions in Luft erforderliche Ionisierungsenergie beträgt 32 eV. Ist die Röntgenröhre so eingestellt, dass sie im Mittel Quanten der Energie 30 keV liefert, dann zeigt der Messverstärker eine Stromstärke von 15 nA an. Schätzen Sie die Anzahl der Röntgenquanten ab, die pro Sekunde in das Innere des Kondensators gestrahlt werden. Gehen Sie dabei davon aus, dass der Kondensator groß genug ist, so dass die Röntgenstrahlung in seinem Inneren komplett absorbiert wird.

c) Erläutern Sie, ob ohne die letztgenannte Voraussetzung die Anzahl der Röntgenquanten über- oder unterschätzt wird.

d) 32 eV ist die Mindestenergie, die zur Ionisierung nötig ist. Begründen Sie, dass bei höherer Energie, die bei der Ionisierung abgegeben wird, mehr Röntgenquanten in das Innere des Kondensators gestrahlt werden.

Zusammenfassende Aufgaben

13\ Eine positiv geladene Wolke in 400 m Höhe bildet zusammen mit dem Erdboden einen Plattenkondensator (Fläche einer „Platte“: 8,0 km²). Zwischen Wolke und Erde herrscht eine Feldstärke von $E = 1{,}5 \cdot 10^5 \frac{\text{V}}{\text{m}}$, die so hoch ist, dass eine Entladung durch die Luft (Blitz) unmittelbar bevorsteht.

a) Bestimmen Sie die Ladungsmenge der Wolke sowie die Spannung zwischen ihr und dem Boden. [Kontrollergebnis: $Q = 11$ C]

b) In der Wolke kann (vor Entladung der Wolke zwischen und bei Windstille) ein kugelförmiges Wassertröpfchen mit 2,0 mm Durchmesser schweben, wenn es die „richtige“ Ladungsmenge trägt. Berechnen Sie diese Ladungsmenge. Die Dichte von Wasser beträgt $\rho_{\text{Wasser}} = 1{,}00 \frac{\text{g}}{\text{cm}^3}$.

c) Die mittlere Stromstärke eines Blitzes beträgt 4,0 kA. Schätzen Sie mit dieser Information die Entladungszeit der Wolke ab. Beschreiben Sie die gemachten Annahmen und Näherungen.

d) Noch bevor es zu einer Entladung kommt, drückt ein Fallwind die Wolke auf eine niedrigere Höhe herab. Die Ladung der Wolke bleibt dabei konstant. Beschreiben Sie qualitativ die Änderung der elektrischen Feldstärke zwischen Wolke und Erde. Beurteilen Sie, ob eine Entladung der Wolke dadurch wahrscheinlicher wird.

14*\ Mit einem Massenspektrometer lassen sich im Labor Massen von geladenen Teilchen bestimmen. Einen möglichen Aufbau zeigt die Abbildung: Eine Ionenquelle erzeugt einfach positiv geladene Ionen unterschiedlicher Masse und Geschwindigkeit. Der Ionenstrahl läuft nach rechts, zwischen zwei Metallplatten P_1 und P_2 hindurch, bis er auf die Lochblende L trifft. Von da an bewegt er sich in einem homogenen Magnetfeld mit der Flussdichte B_2 bis zu einer Detektorfläche.

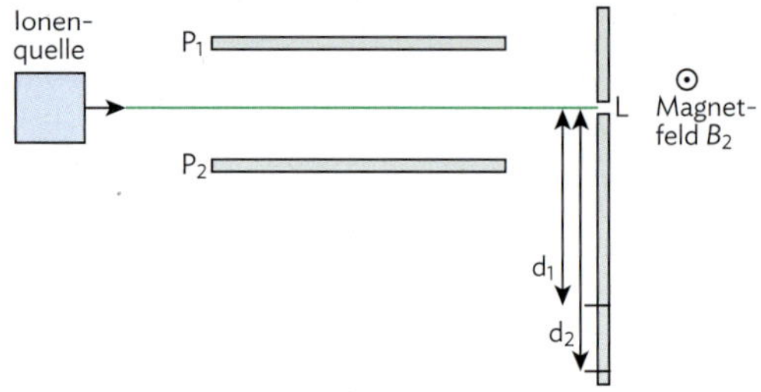

a) Fügen Sie in die Zeichnung die kompletten Bahnen von zwei Ionensorten ein, die durch das Magnetfeld rechts von der Lochblende fliegen und die an den beiden eingezeichneten Stellen registriert werden. Begründen Sie, dass es sich dabei um Halbkreisbahnen handeln muss.

Die Ionenstrahlen sollen bei L die einheitliche Geschwindigkeit $v = 90{,}0\,\frac{\text{km}}{\text{s}}$ besitzen. Dies kann durch eine geeignete Kombination von elektrischen und magnetischen Feldern im Raum zwischen Ionenquelle und Lochblende geschehen. Dazu wird an die Platten P_1 und P_2 – ähnlich wie an einen Kondensator – eine elektrische Spannung gelegt.

b) Wählen Sie eine beliebige Polung der Platten. Beschreiben Sie die Orientierung eines homogenen Magnetfeldes zwischen den Platten, mit denen sich ein geradliniger Ionenstrahl erreichen lässt. Übertragen Sie die Zeichnung oben in Ihr Heft und zeichnen Sie dieses Magnetfeld ein.

c) Berechnen Sie mit einem geeigneten Ansatz die Feldstärke E_1 des elektrischen Feldes. Die Flussdichte in diesem Bereich soll $B_1 = 1{,}00\,\text{T}$ betragen.

d) Die beiden markierten Stellen geben die Auftreffpunkte auf den Detektor für die Ionen NH_4^+ ($m = 2{,}99 \cdot 10^{-26}\,\text{kg}$) und CH_4^+ ($m = 2{,}66 \cdot 10^{-26}\,\text{kg}$) an. Die Abstände von L betragen $d_1 = 59{,}7\,\text{mm}$ und $d_2 = 67{,}2\,\text{mm}$. Bei der Bewegung im Magnetfeld wirkt die Lorentzkraft als Zentripetalkraft. Zeigen Sie, ausgehend von einem entsprechenden Kräfteansatz, dass sich d allgemein bestimmen lässt als $d = \frac{2 \cdot E_1}{B_1 \cdot B_2} \cdot \frac{m}{q}$, wobei q die Ladung der Ionen bezeichnet.

e) Ordnen Sie die Ionen richtig zu und berechnen Sie die Flussdichte B_2.

f) Zeichnen Sie die Bahnen ein ...
- eines Ions, das eine kleinere Geschwindigkeit als $90{,}0\,\frac{\text{km}}{\text{s}}$ besitzt.
- eines Ions NH_4^{2+} (doppelte Ladung), das die Geschwindigkeit $90{,}0\,\frac{\text{km}}{\text{s}}$ besitzt.

Begründen Sie jeweils die Bahnform.

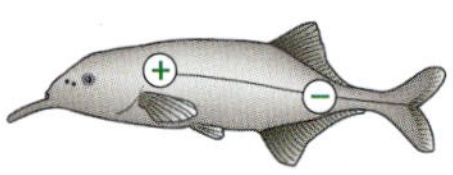

15\ Nilhechte sind „schwachelektrische Fische“, die ein selbst erzeugtes elektrisches Feld dazu benutzen, um sich in schlammigem Wasser zu orientieren. In einer vereinfachten Betrachtung werden die elektrischen Organe des Nilhechts durch eine positive und eine negative Ladung (Betrag jeweils $Q = 2{,}0 \cdot 10^{-10}\,\text{C}$) dargestellt, die $d = 30\,\text{cm}$ voneinander entfernt sind.

a) Übertragen Sie das Bild. Zeichnen Sie die Feldlinien (mit Richtung) und die Äquipotentiallinien ein.

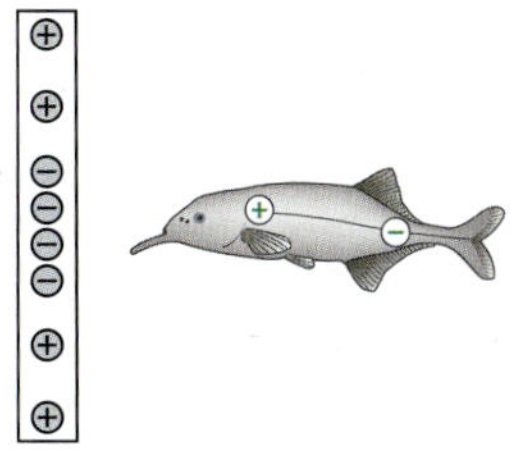

b) Das elektrische Feld in größerer Entfernung r vom Nilhecht kann bestimmt werden durch $E = \frac{1}{4\pi\varepsilon_0} \cdot \frac{d \cdot Q}{81 r^3}$ (Nachweis nicht erforderlich). Berechnen Sie die Entfernung, in der das elektrische Feld den Wert $10^{-2}\,\frac{\mathrm{V}}{\mathrm{m}}$ hat.

c) Der Nilhecht baut eine Spannung von etwa 3,0 V auf. Schätzen Sie die Kapazität des Nilhechts und die in ihm gespeicherte elektrische Energie ab.

d) Zur Simulation eines Hindernisses wird die Ladungsanordnung links des Fisches betrachtet. Zeichnen Sie auch hier (nur) die Feldlinien ein. Beschreiben Sie dann eine Hypothese, auf welche Art und Weise der Nilhecht die Veränderung in seiner Umgebung bemerken könnte.

16 Die Röntgentomographie kann mithilfe eines Schattenspiels erklärt werden: Die drei Lampen stellen drei Richtungen der Durchleuchtung mit Röntgenstrahlung dar, die Trinkgläser markieren die in einem Raumbereich absorbierende Materie. Die Abschwächung der Röntgenstrahlung wird an jeder Mattscheibe als Schwärzung dargestellt. Nur Letzteres ist bei Röntgenaufnahmen umgekehrt, denn durch die Absorption der Röntgenstrahlung fehlt an dieser Stelle eine Schwärzung des Röntgenbildes.

Prinzip der Projektionsröntgentechnik

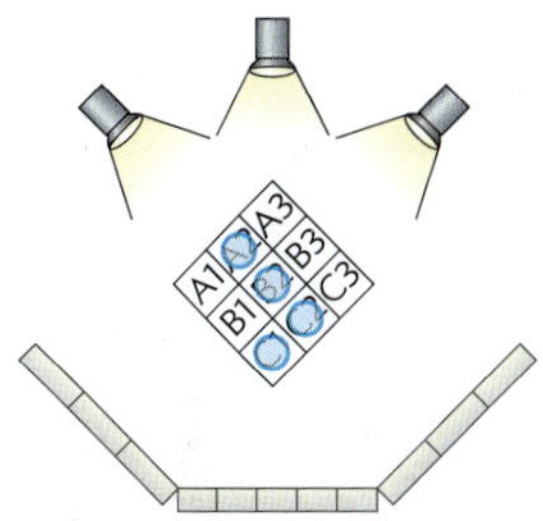

(1) Dunkelheit der Schatten auf den Mattscheiben hinter 0, 1, 2 oder 3 lichtabschwächenden Gläsern

a) Aus den Positionen der durchstrahlten Gläser soll auf die Schwärzungen der Mattscheiben geschlossen werden. Übertragen Sie die Abbildung (1) in Ihr Heft und tragen Sie auf die Mattscheiben für die Anzahl der durchstrahlten Gläser z. B. „0“ für keines, „1“ für eines, „2“ für zwei oder „3“ für drei Schatten von durchstrahlten Gläsern ein.

b) Umgekehrt sollen aus der Dunkelheit der Schatten auf den Mattscheiben die Positionen der lichtabschwächenden Gläser rekonstruiert werden. Übertragen Sie die Abbildung (2) in Ihr Heft und schreiben Sie die Ziffern auf den Mattscheiben in die zuvor durchstrahlten Felder. Addieren Sie diese Zahlen für jedes Feld und identifizieren Sie die Felder mit den größten Summen als die Positionen der Gläser.

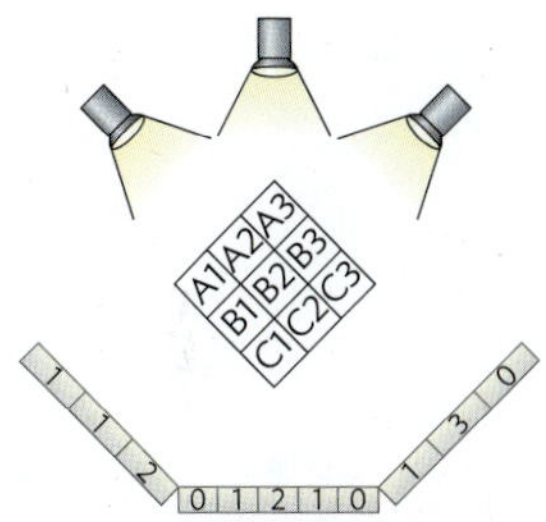

(2) Rekonstruktion der Positionen der lichtabschwächenden Gläser aus der Dunkelheit der Schatten auf den Mattscheiben

17 Im November 2006 kam in London der russische Ex-KGB-Agent Alexander Litvinenko durch einen spektakulären Giftmord ums Leben. In seinen Five o'Clock Tea wurde von unbekannter Hand eine gewisse Menge einer radioaktiven Substanz gegeben, was innerhalb von drei Wochen zum Tod führte.
Bei dem Gift, das dem Opfer (Körpermasse 75 kg) verabreicht wurde, handelte es sich um etwa ein Millionstel Gramm des α-Strahlers Po-210. Selbst bei dieser winzigen Menge werden pro Sekunde im Körperinneren $2{,}2 \cdot 10^7$ α-Teilchen mit jeweils einer Energie von 5,3 MeV frei und vom Gewebe absorbiert. Berechnen Sie die Ganzkörperäquivalentdosis für drei Wochen in Sv und mSv. Begründen Sie, dass Alexander Litvinenko daran starb.

Selbsttest: Überprüfen Sie Ihre Kenntnisse und Kompetenzen

Selbsttest-Checkliste

- ✓ Bearbeiten Sie die Aufgaben schriftlich in ordentlicher Form. Die Auswertungstabelle zeigt die Kompetenzerwartungen und Hilfestellungen.
- ✓ Vergleichen Sie Ihre Lösungen mit den Lösungsskizzen unter MC 67055-33
- ✓ Bewerten Sie Ihre Lösungen selbst mit den Symbolen ☺, 😐 oder ☹.

1 Haie besitzen Sinnesorgane, mit denen sie extrem schwache elektrische Felder wahrnehmen können.

a) Ein Text behauptet, Haie könnten das von einer 1,5-Volt-Batterie, deren einer Pol im Atlantik vor New York und deren anderer Pol vor Florida eingetaucht wäre, erzeugte elektrische Feld wahrnehmen. Die Entfernung zwischen New York und Florida ist etwa 1500 km. Berechnen Sie die Feldstärke, welche die Haie demnach noch wahrnehmen könnten, und nennen Sie die Vereinfachungen, die in dieser Berechnung enthalten sind.

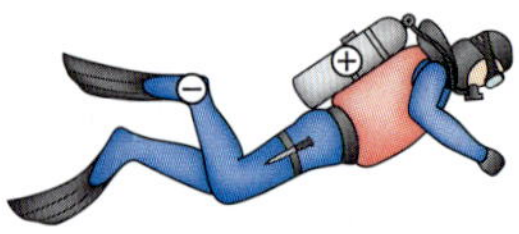

b) Starke elektrische Felder sind für Haie jedoch schmerzhaft. Die abgebildete Schutzeinheit für Taucher besteht aus zwei unterschiedlich geladenen Elektroden am Fußgelenk und am Sauerstofftank (Betrag der Ladung jeweils $Q = 2{,}0 \cdot 10^{-7}$ C), die $d = 50$ cm voneinander entfernt sind. Übertragen Sie die Skizze in Ihr Heft und zeichnen Sie in das Bild die Feldlinien (mit Richtung) und die Äquipotentiallinien ein. Erklären Sie, dass der Schutz nicht in alle Richtungen gleich gut ist.

c) Das betrachtete Feld kann in der Entfernung r vom Taucher berechnet werden:

$E = \frac{1}{4\pi\varepsilon_0} \cdot \frac{d \cdot Q}{81 \cdot r^3}$ (Nachweis nicht erforderlich).

Berechnen Sie die Entfernung, in der das Feld den für Haie schmerzhaften Wert $10^{-2}\,\frac{\text{V}}{\text{m}}$ hat.

d) Berechnen Sie die Spannung, die an den Elektroden anliegen muss, wenn ihre Kapazität $C = 8{,}0$ nF beträgt.

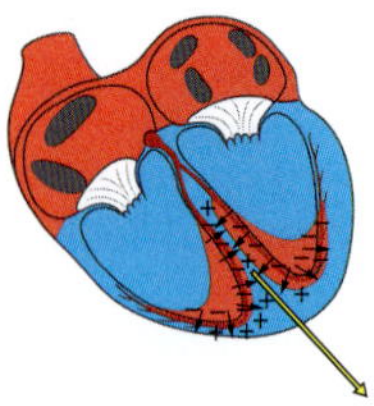

2 Bei dem in der Abbildung gezeigten Erregungszustand des Herzens erreicht der elektrische Dipolvektor seine maximale Stärke.

a) Definieren Sie den Begriff „elektrischer Dipolvektor“.

b) Übertragen Sie die Zeichnung schematisch und ergänzen Sie sie mit den Positionen von zwei Elektroden zwischen denen eine möglichst große Spannung bzw. gar keine Spannung gemessen werden kann.

3 In einer Elektronenablenkröhre werden Elektronen in einem elektrischen Längsfeld gleichmäßig beschleunigt. Anschließend treten sie in das homogene elektrische Querfeld eines Plattenkondensators ein. Die gesamte Anordnung befindet sich im Vakuum; die Gravitation kann vernachlässigt werden.

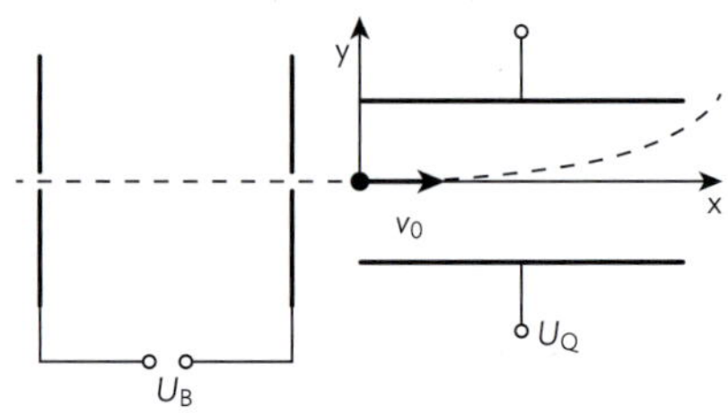

a) Die beschleunigten Elektronen sollen nach oben abgelenkt werden. Übertragen Sie die Skizze in Ihr Heft und zeichnen Sie die Polung aller Spannungen, die elektrischen Feldlinien sowie die elektrische Kraft am eingezeichneten Ort des Elektrons ein.

b) Beschreiben Sie den Einfluss der Beschleunigungsspannung U_B und der Spannung am Plattenkondensator U_Q auf die Flugbahn der Elektronen im Experiment. Unterscheiden Sie verschiedene Fälle, also z. B. auch nur $U_B \neq 0$ und $U_Q = 0$.

c) Berechnen Sie U_B, wenn durch diese Spannung die Elektronen auf die Geschwindigkeit $v_0 = 1{,}9 \cdot 10^7\,\frac{\text{m}}{\text{s}}$ beschleunigt werden.

d) Die elektrische Feldstärke im rechten Kondensator beträgt $12{,}5\,\frac{\text{kV}}{\text{m}}$. Ein zusätzliches magnetisches Feld soll dafür sorgen, dass die Elektronen nicht mehr abgelenkt werden. Ergänzen Sie in Ihrer Skizze die Richtung der nötigen Lorentzkraft und des verursachenden Magnetfeldes. Bestimmen Sie den nötigen Wert der magnetischen Flussdichte.

4 a) Erstellen Sie eine Skizze mit den wichtigsten Bestandteilen eines Zyklotrons und erläutern Sie jeweils deren Funktion.

b) Erklären Sie, dass für die Funktionsweise des Zyklotrons die konstante Umlaufzeit der Teilchen entscheidend ist.

c) Wenn die Teilchengeschwindigkeit in die Nähe der Lichtgeschwindigkeit kommt, muss in der Formel für den Radius r der Kreisbahn der relativistische Impuls berücksichtigt werden: $r = \gamma \cdot \frac{m \cdot v}{q \cdot B}$ mit $\gamma = \frac{1}{\sqrt{1 - \frac{v^2}{c^2}}}$. Begründen Sie, dass damit ein Zyklotron wie in Kapitel 7.3 beschrieben nicht mehr funktionieren kann.

d) Betrachten Sie die Nutzwertanalyse auf S. 136. Anders als Herr Maier entscheidet sich Frau Müller bei gleicher Ausgangslage zu einer Behandlung mit Elektronen. Erläutern Sie eine Möglichkeit für das Zustandekommen dieser Entscheidung.

5 a) Erklären Sie anhand des Aufbaus einer Röntgenröhre die Entstehung von Röntgenbremsstrahlung. Gehen Sie dabei auch auf den Entstehungsort in der Röhre ein.

b) Bis 2018 gab es einen „Röntgenpass“, in dem für Patientinnen und Patienten jede Röntgenuntersuchung dokumentiert werden musste. Heute hingegen ist ein Röntgenpass nicht mehr verpflichtend. Bewerten Sie den Sinn einer Röntgenpass-Pflicht, indem Sie Gründe dafür und dagegen abwägen.

Auswertungstabelle

	Ich kann ...	Hilfe
1	das Verhalten von geladenen und magnetischen Gegenständen in elektrischen und magnetischen Feldern beschreiben und erklären, auch mit Größengleichungen für die elektrische Feldstärke, die magnetische Flussdichte sowie die zugehörigen Kräfte	S. 112–115, 128, 129
2	bei einer vorgegebenen Ladungsverteilung das elektrische Potential vorhersagen und messen.	S. 118–120
3	anhand von Messergebnissen an einem elektrischen Dipol die Funktionsweise eines EKGs erklären.	S. 121–125
4	die Bewegung geladener Teilchen in homogenen elektrischen Querfeldern beschreiben sowie in homogenen elektrischen Längsfeldern und homogenen magnetischen Feldern auch berechnen.	S. 128–133
5	das Funktionsprinzip des Zyklotrons erläutern und vorgegebene Bewertungen, die Nutzen und Risiken von Strahlentherapien gegenüberstellen, analysieren.	S. 134–137
6	die Entstehung von Röntgenbremsstrahlung erklären und die Folgen eines medizinischen Einsatzes von Röntgenstrahlung reflektieren.	S. 140–142, 144–147

Zusammenfassung

Elektrische Felder

Beschreibung elektrischer Felder

- Elektrische Feldlinien stehen auf Leiterflächen senkrecht.
- Elektrische Feldlinien schneiden sich nicht.
- Elektrische Felder zeigen von der positiven Elektrode zur negativen.
- Elektrische Feldlinien beginnen und enden immer auf Ladungen.
- Im Inneren eines Leiters existiert kein Feld.
- Ladungen in Leitern konzentrieren sich dort, wo das Feld am stärksten ist.

Besondere elektrische Felder:

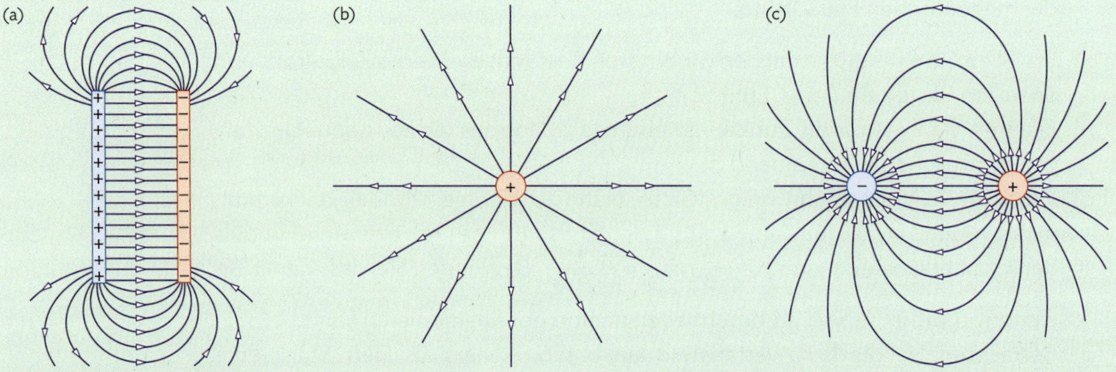

Elektrische Feldlinien für ein (a) homogenes Feld, (b) ein radialsymmetrisches Feld und (c) ein Dipolfeld

Elektrische Feldstärke $\vec{E}$

$\vec{E} = \frac{\vec{F}_{el}}{q}$ $\quad [\vec{E}] = \frac{1\,N}{1\,C} = 1\,\frac{V}{m}$ $\quad$ Kraft $\vec{F}_{el}$ auf Probeladung q

Feldstärke E eines radialsymmetrischen Feldes (geladene Kugel mit Ladung Q) im Abstand r:

$E = \frac{1}{4\pi\varepsilon_0} \cdot \frac{Q}{r^2}$ $\quad \varepsilon_0 = 8{,}8542 \cdot 10^{-12}\,\frac{As}{Vm}$ (elektrische Feldkonstante)

Die elektrische Feldstärke besitzt wie die elektrische Kraft eine Richtung, sie ist eine vektorielle Größe. Feldstärken können auf die gleiche Weise wie Kräfte vektoriell addiert werden (Superpositionsprinzip). In komplizierteren Ladungsanordnungen werden deshalb zunächst die Feldstärken bestimmt, die von den Einzelladungen erzeugt werden. Aus ihnen ergibt sich dann die Gesamtfeldstärke.

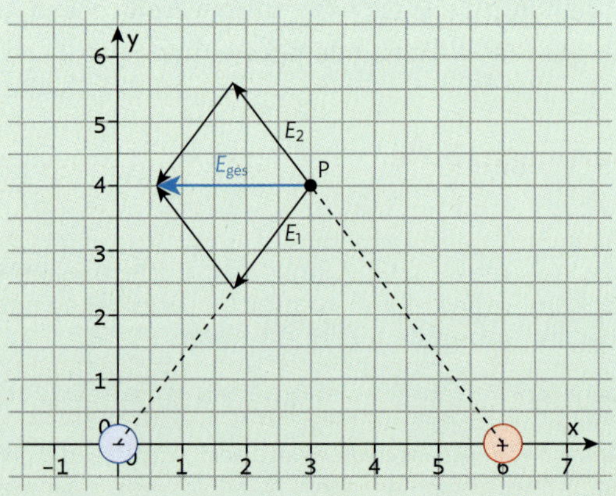

Kapazität

Die Kapazität C ist ein Maß dafür, wie viel Ladung Q bei einer Spannung U gespeichert werden kann.

$$C = \frac{Q}{U} \quad [C] = \frac{1\,\text{C}}{1\,\text{V}} = 1\,\text{F (Farad)}$$

Kapazität eines Plattenkondensators
(luftgefüllt oder im Vakuum):
$C = \varepsilon_0 \cdot \frac{A}{d}$
$\varepsilon_0 = 8{,}8542 \cdot 10^{-12}\,\frac{\text{As}}{\text{Vm}}$ (elektrische Feldkonstante)
A: Flächeninhalt einer Kondensatorplatte
d: Abstand der Kondensatorplatten

Energieinhalt eines Kondensators

$$E_{\text{Kond}} = \frac{1}{2} \cdot U_0 \cdot Q_0 = \frac{1}{2} \cdot \frac{Q_0^2}{C} = \frac{1}{2} \cdot U_0^2 \cdot C$$

Potential und Feldstärke

Spannung und elektrische Feldstärke
Die elektrische Feldstärke im homogenen Feld eines Plattenkondensators hängt nur von der anliegenden Spannung U und dem Plattenabstand d ab. Es gilt:

$$E = \frac{U}{d}$$

In allgemeinen elektrischen Feldern kann die Feldstärke aus der Potentialänderung $\Delta\varphi$ längs eines kurzen Wegstücks Δx bestimmt werden:

$$E = \frac{\Delta\varphi}{\Delta x}$$

Feldlinien und Äquipotentiallinien
Orte mit dem gleichen elektrischen Potential werden durch eine Äquipotentiallinie verbunden. Feldlinien und Äquipotentiallinien stehen überall aufeinander senkrecht.

Elektrokardiogramm (EKG)

Herzmuskelzellen ziehen sich bei elektrischer Erregung zusammen und sind so für die Kontraktion des Herzmuskels und damit für seine Pumpwirkung verantwortlich („elektromechanische Kopplung“). Die elektrische Erregung des Herzmuskels geht vom Sinusknoten aus und breitet sich über die Vorhöfe und die Herzspitze bis zu den Herzkammern aus.
Das einfachste Modell für die elektrischen Vorgänge im Herzen betrachtet alle Herzmuskelzellen zusammen als einen elektrischen Dipol, der im Laufe eines Herzzyklus seinen Betrag und seine Richtung ändert. Bei festem Ursprung beschreibt der Dipolvektor eine Bahn im dreidimensionalen Raum. Bei einer EKG-Messung wird der Dipolvektor auf festgelegte Linien („Ableitungen“) projiziert und dort der zeitliche Verlauf aufgezeichnet.

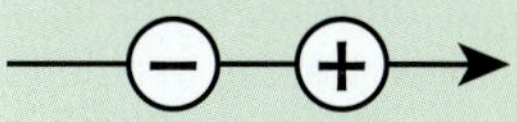

Elektrischer Dipolvektor

Außerhalb der Ladungsschwerpunkte stimmt die Richtung des elektrischen Dipolvektors mit der des resultierenden elektrischen Feldes überein. Sein Betrag ist umso größer, je größer die beiden Ladungen sind und je weiter sie auseinander liegen.

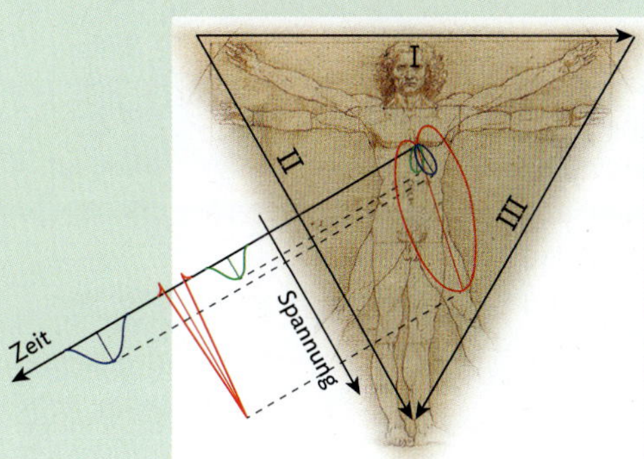

Zusammenfassung

Magnetische Felder

Magnetische Flussdichte *B*

$$B = \frac{F_m}{I \cdot s} \quad [B] = 1\,\frac{N}{Am} = 1\,\frac{Vs}{m^2} = 1\,T\ \text{(Tesla)}$$

F_m: Kraft, die im Magnetfeld auf einen von einem Strom der Stromstärke I durchflossenen Leiter der Länge s wirkt

Lorentzkraft F_L

Auf eine Ladung q, die sich mit der Geschwindigkeit v in einem Magnetfeld der Flussdichte B bewegt, wirkt die Lorentzkraft F_L:

$$F_L = q \cdot v \cdot B$$

Die Richtung von F_L ergibt sich für positive Ladungen aus der Drei-Finger-Regel der rechten Hand:

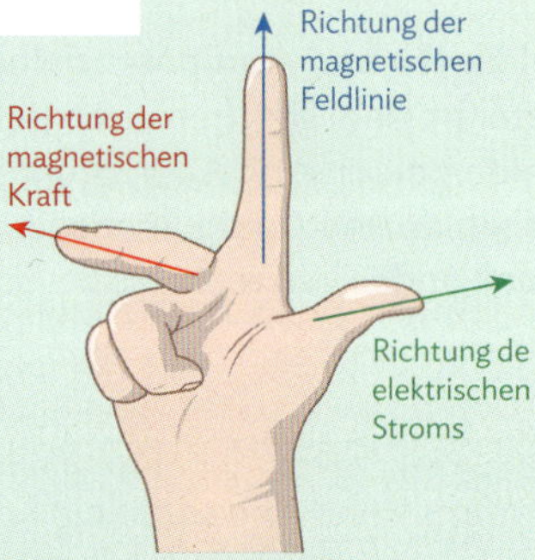

Für negative Ladungen weist der Daumen entgegen der Geschwindigkeitsrichtung.

Bewegung geladener Teilchen

Bewegung im elektrischen Längsfeld

In einem elektrischen Längsfeld kann der Geschwindigkeitsbetrag v eines geladenen Teilchens verändert werden. Beim Start aus der Ruhe ist

$$v_{Ende} = \sqrt{\frac{2 \cdot |q \cdot U_B|}{m}}.$$

q: Ladung des Teilchens; m: Masse des Teilchens; U_B: angelegte Spannung

Bewegung im elektrischen Querfeld

Schießt man geladene Teilchen senkrecht zu den Feldlinien des elektrischen Feldes in einen Kondensator ein, so werden sie abgelenkt (negative Ladungen zur positiven Platte, positive Ladungen zur negativen Platte).

Bewegung im Magnetfeld

In einem homogenen Magnetfeld können bewegte geladene Teilchen durch die Lorentzkraft auf eine Kreisbahn gezwungen werden. Es ändert sich die Richtung der Geschwindigkeit, nicht aber ihr Betrag. Um den Bahnradius r zu bestimmen, betrachtet man die Lorentzkraft als Zentripetalkraft:

$$F_Z = F_L \qquad \frac{m_e \cdot v^2}{r} = e \cdot v \cdot B \quad \Rightarrow \quad r = \frac{m_e \cdot v}{e \cdot B}$$

Zyklotron

In einem Zyklotron werden geladene Teilchen von einem elektrischen Wechselfeld beschleunigt und von einem Magnetfeld auf eine Kreisbahn abgelenkt. Aus dem Ansatz Zentripetalkraft = Lorentzkraft ergibt sich: Radius r der Kreisbahn: $r = \frac{m \cdot v}{q \cdot B}$

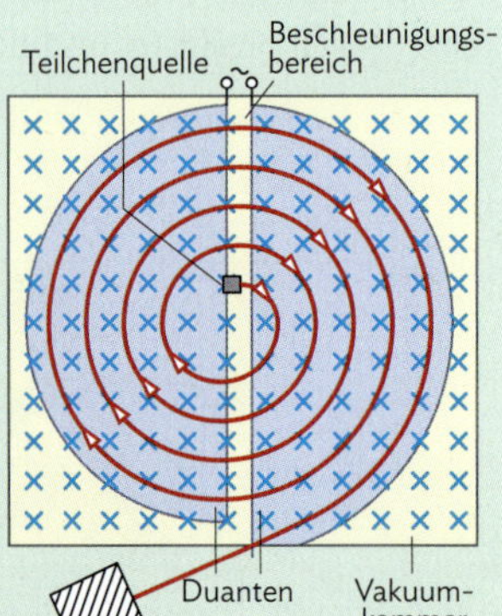

m: Masse des Teilchens, v: Geschwindigkeit des Teilchens; q: Ladung des Teilchens; B: Flussdichte des Magnetfeldes

Zyklotronfrequenz f des elektrischen Wechselfeldes: $f = \frac{q \cdot B}{2\pi \cdot m}$

Protonentherapie

Tiefendosis und Tiefendosisprofil

Die Tiefendosis T ist die Energiedosis in einer bestimmten Tiefe des Körpers. Im Tiefendosisprofil wird die Tiefendosis über der Gewebetiefe in einem Diagramm aufgetragen.

Die relative Tiefendosis T/T_{max} ist das Verhältnis der Tiefendosis zu ihrem Maximalwert.

Bestrahlung mit Protonen und schweren Ionen

Diese Art der Bestrahlung ermöglicht die Energieabgabe der Strahlung in einer ganz bestimmten Eindringtiefe, bei der die Tiefendosis ihren Maximalwert erreicht („Bragg-Peak“) und danach steil abfällt.

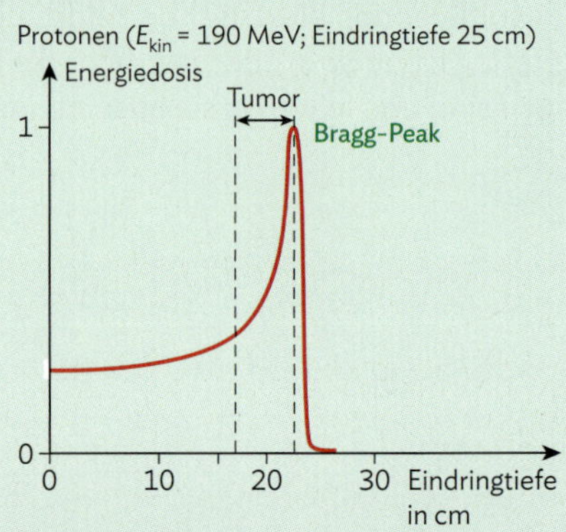

Röntgenstrahlung und ihre Wirkung

Röntgenstrahlen sind elektromagnetische Wellen. Ihre Wellenlänge λ liegt zwischen 10 nm und 10 pm.

Erzeugung und Spektrum von Röntgenstrahlung

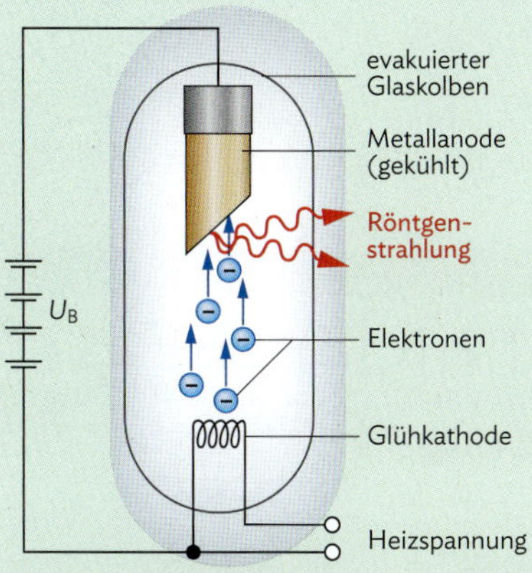

Röntgenstrahlen werden in einer Röntgenröhre erzeugt. Sie entstehen, wenn aus der Glühkathode ausgetretene und von einer Hochspannung beschleunigte Elektronen auf die Metallanode treffen.
Das Röntgenspektrum besteht aus Bremsstrahlung und charakteristischer Strahlung.

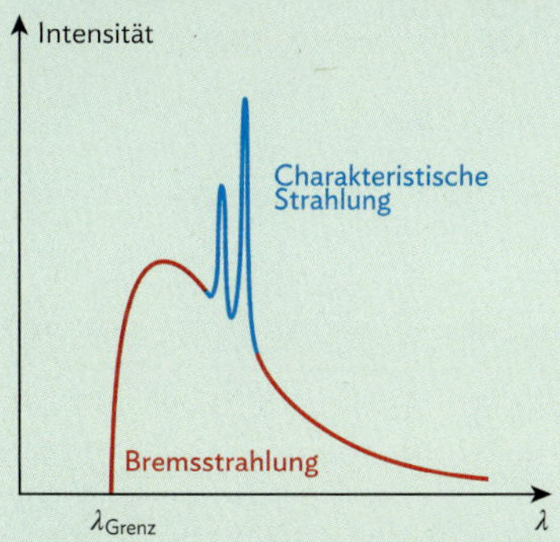

Bremsstrahlung entsteht durch das Abbremsen der beschleunigten Elektroden in der Metallanode.

Röntgenbilder in der Medizin

Röntgenstrahlung durchdringt Materie und wird dabei von verschiedenen Materialien unterschiedlich stark abgeschwächt. Dies wird bei der Erzeugung von Röntgenbildern genutzt. So z. B. schwächen Knochen Röntgenstrahlung stärker ab als das sie umgebende Gewebe und erscheinen auf Röntgenbildern hell.

Ionisierende Wirkung

Röntgenstrahlung kann Materie ionisieren, was zu Schäden im Gewebe führen kann.

Die Wirkung einer Strahlung auf den Körper wird anhand der Äquivalentdosis H als pro Masseneinheit absorbierter Energie abgeschätzt:

$$H = q \cdot \frac{\Delta E_{abs}}{\Delta m} \qquad [H] = 1\,\frac{\text{J}}{\text{kg}} = 1\,\text{Sv (Sievert)}$$

q: für die Strahlung charakteristischer Qualitätsfaktor (Röntgenstrahlung: $q = 1$)

Biologische Wirkung

Im menschlichen Körper kann ionisierende Strahlung Moleküle, z. B. die DNA, schädigen. An der DNA sind folgende Schäden möglich:

- Basenschaden oder -verlust
- Veränderung der Zuckermoleküle
- Einzelstrang- oder Doppelstrangbruch
- Crosslinks (DNA-Quervernetzungen)
- Bulky Lesions (Mehrfachschäden)

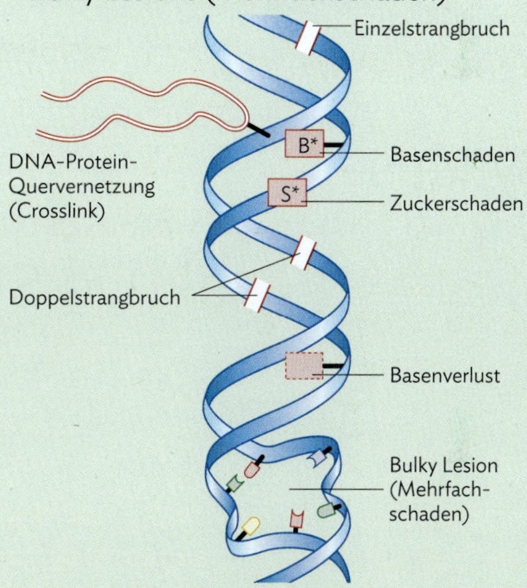

Die Zellen des Körpers können Schäden reparieren, dabei können aber Fehler passieren, die z. B. zu Mutationen führen können. Diese können zur Entwicklung von Krebs oder zu Organschäden führen. Diese biologische Phase der Strahlungswirkung kann wenige Minuten, aber auch Jahrzehnte dauern, was die Ermittlung von Strahlung als Ursache einer Erkrankung erheblich erschweren kann.

Strahlentherapie

Röntgenstrahlen können Krebs verursachen, sie können aber auch zu dessen Behandlung eingesetzt werden. Hierbei macht man sich zunutze, dass schnell wachsende Krebszellen besonders strahlungsempfindlich sind.

D \ Neuronale Signalleitung

Neuron
Axon
Myelinscheide
Natrium-Kalium-Pumpe
Widerstandsleiter
Membranpotential
Myelinisierung
Axialwiderstand
Membranwiderstand
Induktionsgesetz
Hodgkin-Huxley-Modell
Nervenleitgeschwindigkeit
Ionenkanal
Magnetstimulation
spezifischer Widerstand
Aktionspotential
Kondensator
Synapse
saltatorische Signalleitung
Halbwertslänge
Ersatzschaltkreis
passive Signalleitung
aktive Signalleitung

Sie können in diesem Kapitel entdecken ...

- wie eine Nervenzelle aufgebaut ist.
- wie sich durch Konzentrationsgefälle verschiedener Ionenarten ein Ruhepotential in Axonen aufbaut.
- wie man mithilfe eines Ersatzschaltkreises passive und aktive Signale in Nervenzellen modellieren kann.
- wie verschiedene Lebewesen im Laufe der Evolution die Eigenschaften ihrer Nervenzelle angepasst haben, um die Signalleitungsgeschwindigkeit zu optimieren.
- wie Signale zwischen Nervenzellen übertragen und verrechnet werden.
- wie das Lernen in einem neuronalen Netz funktioniert.

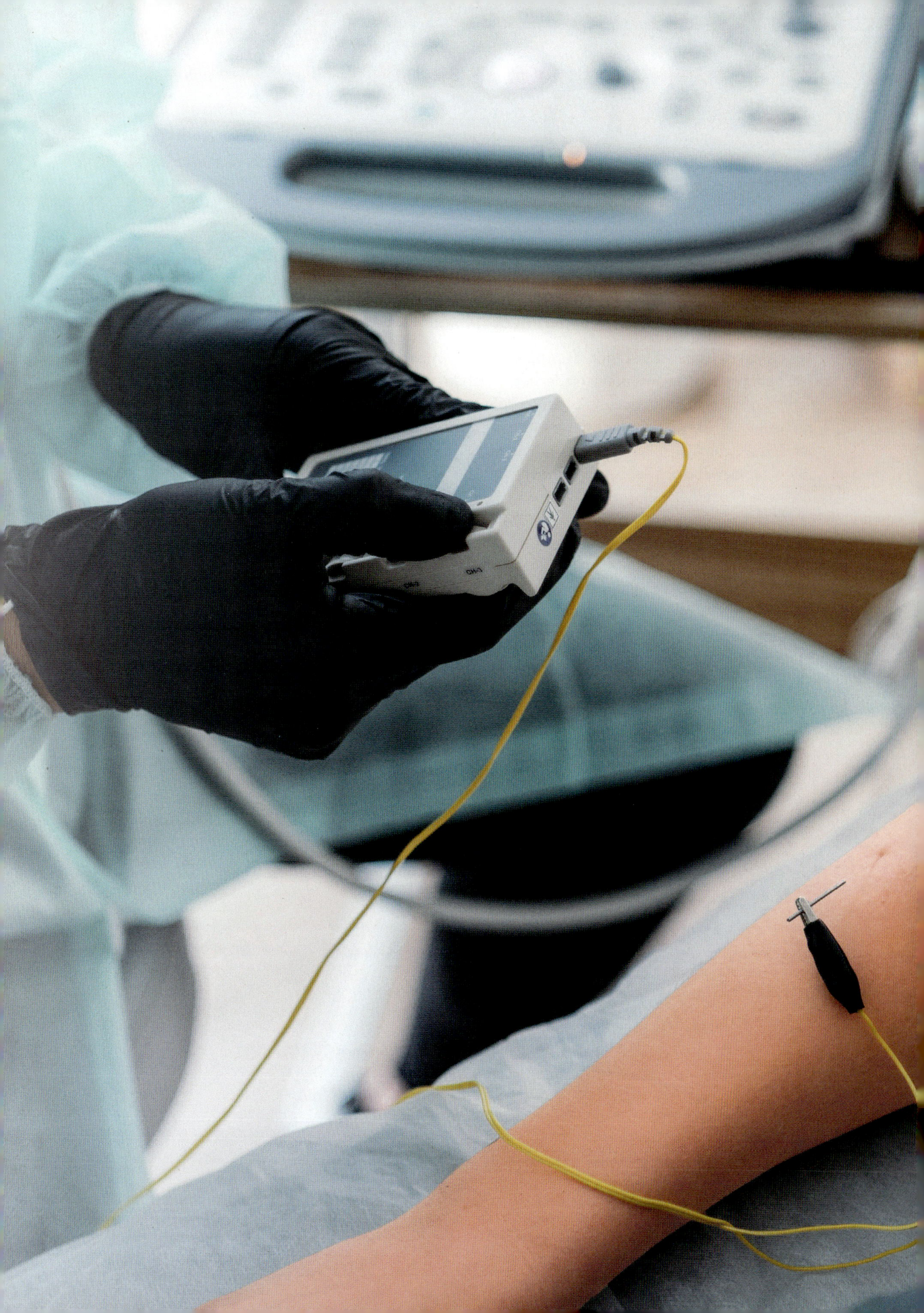

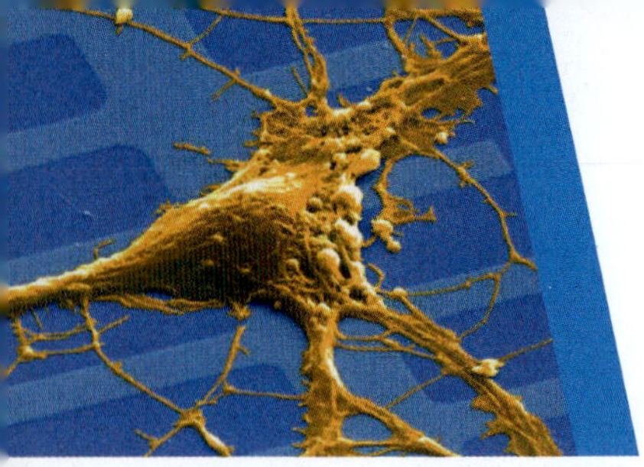

9 Nervenzellen

Materialien zu Kapitel 9.2

▶ M1 Lernaufgabe: Diffusion im Experiment

Aus der Mittelstufe ist bekannt, dass durch die thermische Bewegung der Teilchen Konzentrationsunterschiede ausgeglichen werden. So befinden sich z. B. die Teilchen aus einem Teebeutel unmittelbar nach dem Aufgießen mit heißem Wasser in der Nähe des Beutels, sie verteilen sich aber im Laufe der Zeit gleichmäßig in der Tasse. Voraussetzung ist, dass die Teilchen sich durch das Gewebe des Teebeutels hindurchbewegen können.

In einem Experiment ist ein Gefäß in zwei Kammern unterteilt, zwischen denen sich eine teilweise (selektiv) durchlässige Membran befindet (Ussing-Kammer). In eine Kammer gibt man eine Kochsalzlösung, in die andere destilliertes Wasser. Zu Beginn liegen also nur auf der einen Seite der Membran Na^+- und Cl^--Ionen vor. Wenn nur eine Ionensorte die Membran durchdringen kann, kommt es zu einem Ladungsunterschied zwischen den Kammern, und es kann eine Spannung zwischen ihnen gemessen werden.

Die Anschlüsse des Spannungsmessgeräts sollten nicht einfach in die Lösungen eintauchen. Das Metall der Elektroden würde bei Kontakt mit Wasser Ionen bilden und damit die Spannung verändern. Es werden Silberchlorid-Elektroden verwendet, bei denen eine Elektrode von einer definierten Silberchlorid-Lösung umgeben ist, um dies zu unterbinden.

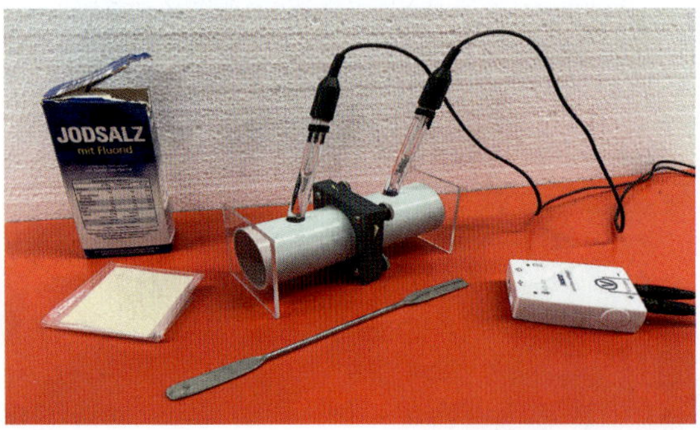

Ussing-Kammer zur Untersuchung von Diffusionsvorgängen

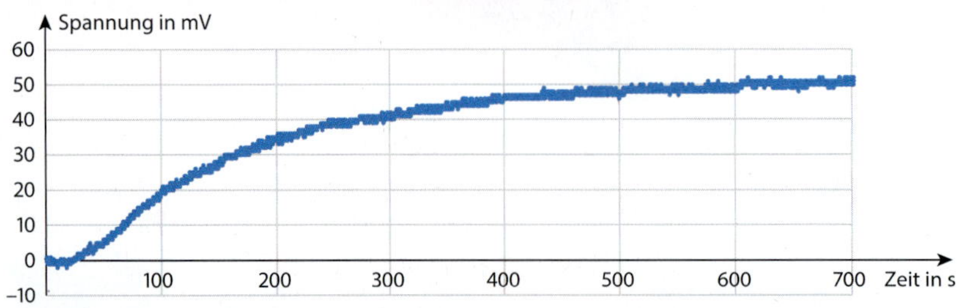

Spannungsverlauf an einer Ussing-Kammer

Arbeitsauftrag

a) Messen Sie eine Menge Kochsalz ab, lösen Sie sie in einer Kammer der Ussing-Kammer und messen Sie mit einem Messwerterfassungssystem die Spannung zwischen den beiden Kammern.

b) Entscheiden Sie aufgrund des Vorzeichens der Spannung, welche Ionensorte die Membran durchdringen kann.

c) Wiederholen Sie die Messung mit der doppelten Anfangskonzentration und beschreiben Sie die Änderungen in der Messkurve. Achten Sie dabei darauf, dass das Kochsalz komplett aufgelöst ist.

Materialien zu Kapitel 9.2

M2 Lernaufgabe: Diffusion in der Simulation

Ein Diffusionsprozess wie in M1 lässt sich mit einem Tabellenkalkulationsprogramm simulieren. Dabei wird zunächst für jeden Zeitschritt die Anzahl der Ionen einer bestimmten Sorte auf der linken (A) und auf der rechten Seite (B) der Membran notiert. Es ist sinnvoll, dies in einer geeigneten Einheit, z. B. in mmol, anzugeben. Im Tabellenkalkulationsprogramm kann dann mit der „Anzahl" 1 (1 mmol) in Kammer A und der „Anzahl" 0 (0 mmol) in Kammer B gestartet werden.

Von einem Schritt zum nächsten ändern sich die Anzahlen N_A und N_B auf den beiden Seiten, weil die Ionen mit einer Wahrscheinlichkeit P die Seiten wechseln können. Die neue Anzahl in Kammer A entspricht also der alten Anzahl zuzüglich der Anzahl, die aus Kammer B nach links kommt, abzüglich der Anzahl, die aus Kammer A nach rechts geht:

$$N_{A,neu} = N_{A,alt} + P \cdot N_{B,alt} - P \cdot N_{A,alt}$$

Entsprechend ist

$$N_{B,neu} = N_{B,alt} + P \cdot N_{A,alt} - P \cdot N_{B,alt}$$

Bei einer Wechselwahrscheinlichkeit von $P = 0{,}05$ erhält man so die ersten drei Spalten der Tabelle bzw. die Grafik unten links.

	A	B	C	D	E	F	G
1	Zeit in s	Teilchenzahl A	Teilchenzahl B	Unterschied	Ladung A	Ladung B	Ladungsunterschied
2	0	1,000000	0,000000	1,000000	0,000000	0,000000	0,000000
3	1	0,950000	0,050000	0,900000	-0,050000	0,050000	0,100000
4	2	0,905000	0,095000	0,810000	-0,095000	0,095000	0,190000
5	3	0,864500	0,135500	0,729000	-0,135500	0,135500	0,271000
6	4	0,828050	0,171950	0,656100	-0,171950	0,171950	0,343900
7	5	0,795245	0,204755	0,590490	-0,204755	0,204755	0,409512

Entwicklung der Ionenkonzentrationen in den Kammern A und B

Die Abbildung unten rechts zeigt die zeitliche Entwicklung des Ladungsunterschieds zwischen den beiden Kammern, wenn nur die positiv geladenen Ionen die Seite wechseln können.

Arbeitsauftrag

a) Erstellen Sie ein Tabellendokument mithilfe der Informationen und Startwerte im Text. Stellen Sie den Konzentrationsverlauf grafisch dar.

b) Aus der Anzahl der Ionen lässt sich die Ladung in der entsprechenden Kammer berechnen. Ergänzen Sie dazu die Tabelle um zwei Spalten. Wählen Sie eine geeignete Einheit und beachten Sie, dass neben den einfach positiv geladenen Ionen (z. B. Na^+ oder K^+) in der linken Kammer auch einfach negativ geladene Ionen (z. B. Cl^-) vorhanden sind. Stellen Sie den Ladungsunterschied grafisch dar.

c) Beurteilen Sie, ob Ihre Simulation die Vorgänge realistisch abbildet. Geben Sie alle Kräfte an, die auf ein positiv geladenes Ion in der Nähe der Membran wirken.

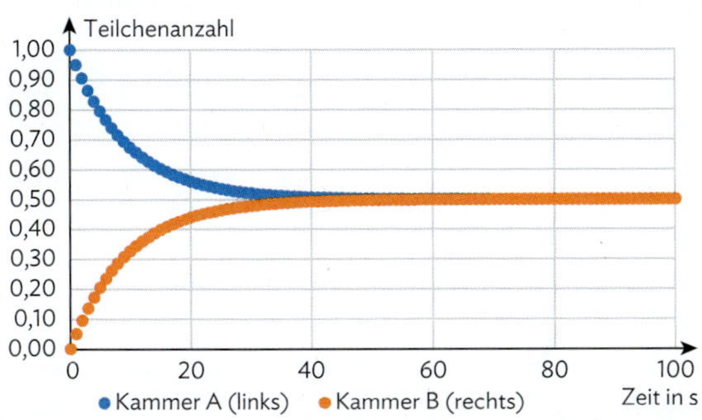

Entwicklung der Ionenkonzentrationen in den Kammern A und B

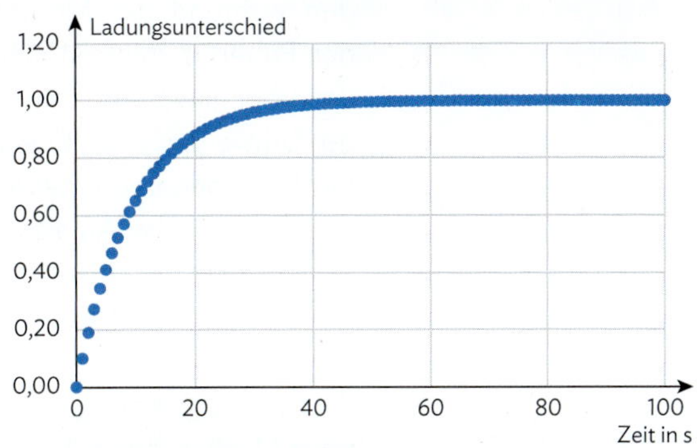

Entwicklung des Ladungsunterschieds zwischen den Kammern A und B

9.1 Aufbau von Nervenzellen

Zelltypen

Wie alle Teile des menschlichen Körpers ist auch unser Gehirn aus spezialisierten Zellen, den Neuronen, aufgebaut. Daneben existieren noch sogenannte Gliazellen, die eine Isolations- und Stützschicht um die Neuronen herum bilden sowie diese mit Sauerstoff und Energie versorgen. Das menschliche Gehirn enthält etwa 100 Milliarden Nervenzellen, dazu kommen 10- bis 50-mal so viele Gliazellen. Während die Anzahl der Neuronen im Laufe des Lebens konstant bleibt bzw. leicht abnimmt, erhöht sich bis zum Ende der Pubertät die Anzahl der Gliazellen beträchtlich. Dies liegt hauptsächlich an der zunehmenden Myelinisierung (s. u.).

Nervenzellen treten in vielen unterschiedlichen Varianten auf. Gemeinsam sind allen neben dem Zellkörper (Soma) mit dem Zellkern zwei Arten von Zellfortsätzen: Dendriten und Axone. Über die Dendriten empfängt ein Neuron Signale von anderen Nervenzellen. Ihre Struktur ist häufig stark verästelt; bei den Purkinje-Zellen treten z. B. mehrere tausend Verzweigungen auf. Die Weiterleitung des Nervensignals geschieht dagegen nur längs einer einzigen (u. U. am Ende verzweigten) Faser, dem Axon. Der Durchmesser menschlicher Axone beträgt 0,5 bis 20 μm, die Länge kann über 1 m erreichen. Alle Nervenfasern im Großhirn zusammen ergeben eine Strecke von etwa 500 000 km, die Nervenfasern im restlichen Körper tragen mit 480 000 km fast noch einmal die gleiche Strecke bei.

i

Der Durchmesser sogenannter Riesenaxone, wie sie z. B. bei Tintenfischen und Kalmaren vorkommen, kann bis zu 1 mm betragen.

Axon

Für die Erregungsleitung im Nervensystem ist bedeutsam, dass viele Axone von einer Myelinscheide umgeben sind, die in regelmäßigen Abständen (ca. 1 bis 2 mm) von den Ranvier'schen Schnürringen unterbrochen wird (B1). Die Myelinscheide besteht aus speziellen Gliazellen (Oligodendrozyten im Gehirn bzw. Schwann'sche Zellen im restlichen Nervensystem). Der zunehmende Aufbau von Myelinscheiden während der Kindheit und der Pubertät trägt entscheidend dazu bei, das Lernen aus Reizen der Umwelt zu strukturieren: Gehirnfunktionen, an denen viele unterschiedliche Areale beteiligt sind, erfordern schnelle Nervenverbindungen, um effektiv funktionieren zu können. Da aber die Erregungsleitung bei Axonen ohne Myelinscheide deutlich verlangsamt ist (siehe 9.4), werden bei Kindern sehr komplexe Reize zunächst „ausgeblendet“. Sie können sich so auf die einfacheren Strukturen konzentrieren. Erst mit

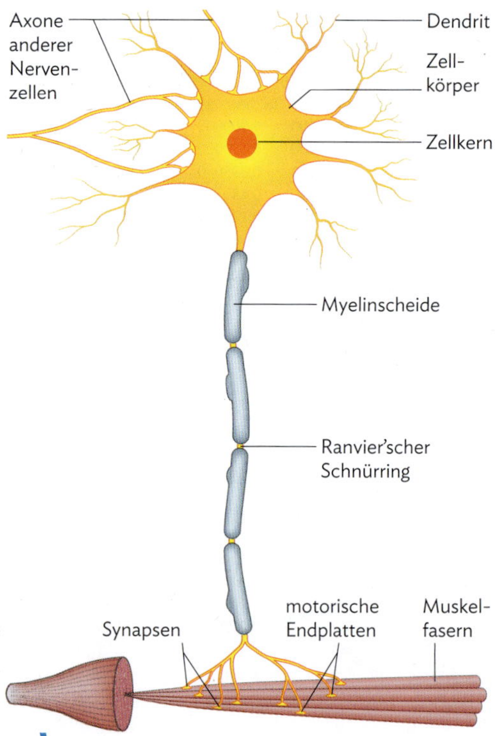

B1 Aufbau eines Motoneurons im Rückenmark

zunehmender Entwicklung wird ihr Gehirn dann „reif“ für kompliziertere Inhalte. Dies erklärt auch, dass es z. B. für den Spracherwerb kritische Perioden gibt; sind sie verpasst, dann fällt das Lernen deutlich schwerer.

Zellmembran

Nervenzellen sind auch im Ruhezustand gegenüber ihrer Umgebung elektrisch geladen, und es besteht deshalb eine Potentialdifferenz zwischen der Innen- und der Außenseite. Die Ursache dafür liegt in den unterschiedlichen Ionenkonzentrationen innerhalb und außerhalb der Zelle. Die dazwischen liegende Zellmembran besteht aus einer Doppelschicht von Phospholipid-Molekülen. Diese besitzen ein hydrophiles (wasseranziehendes) und ein hydrophobes (wasserabweisendes) Ende und ordnen sich so an, dass die hydrophoben Enden zueinander gerichtet sind. Die Kontaktflächen der Membran sind also hydrophil und erlauben die Anlagerung weiterer Moleküle. Die Membrandicke liegt bei etwa 4 bis 10 nm. Wassermoleküle können die Membran gut durchdringen; für Ionen ist sie jedoch undurchlässig. Ein Ionenaustausch kann nur durch spezielle Ionenkanäle geschehen bzw. durch Membranproteine, die aktiv Ionen von einer Seite zur anderen bringen (Natrium-Kalium-Pumpe, kurz Na-K-Pumpe).

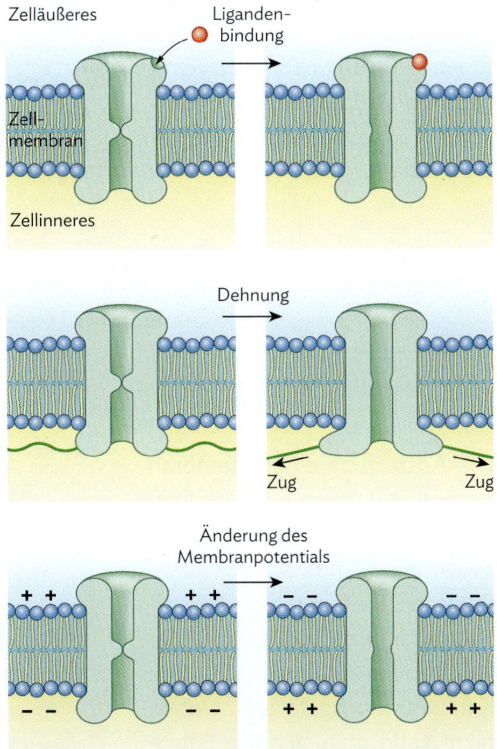

**B2 ** Verschiedene Einflüsse auf die Öffnung von Ionenkanälen in der Zellmembran

Die Durchlässigkeit der Ionenkanäle ist von verschiedenen Faktoren abhängig. Insbesondere kann sie von chemischen Verbindungen („Liganden“), elektrischen Feldern oder mechanischen Spannungen beeinflusst werden (B2).

Arbeitsaufträge

1\ Der Mensch verliert täglich zwischen 50 000 und 100 000 Neuronen in der Großhirnrinde. Ein Säugling besitzt bei der Geburt etwa 24 Milliarden davon.

a) Berechnen Sie die prozentuale Abnahme der Anzahl dieser Neuronen im Laufe von 70 Jahren ab der Geburt.

b) In der Literatur findet sich eine genauere Formel für die Anzahl der Neuronen im Großhirn. Im Alter von x Jahren sind dies $N(x) = 2{,}45 \cdot 10^{10} \cdot e^{-0{,}00145x}$.
Begründen Sie, ob in der Jugend oder im Alter mehr Nervenzellen verloren werden.

c) Zeigen Sie, dass die Formel in Teil b) mit der Aussage aus Teil a) verträglich ist. Begründen Sie, dass in diesem Fall zwei unterschiedliche mathematische Modelle zum gleichen Ergebnis führen können.

9.2 Ruhepotential

i

Zur Erinnerung: Ein Mol entspricht einer Zahl von $6{,}022 \cdot 10^{23}$ Teilchen.

i

Anionen sind negativ geladen.

Ionenkonzentrationen

Durchschnittlich beobachtet man innerhalb und außerhalb von Nervenzellen die Ionenkonzentrationen in T1. Diese Ionenverteilung führt zu einer negativen Gesamtladung im Zellinneren und zu einer positiven Gesamtladung im Zelläußeren.

	innen	außen
Na^+	12	145
K^+	155	5
Ca^{2+}	10^{-5} – 10^{-4}	2
Cl^-	4	120
große Anionen, z. B. Proteine	155	0

T1 Ionenkonzentrationen in mmol/l

i

Vorsicht, in der Fachsprache der Physik ist das Membranpotential tatsächlich eine Potentialdifferenz, also eine Spannung.

Die Zellmembran trennt Bereiche mit unterschiedlicher Ionenkonzentration. Dies führt zu einer Spannung, die an der Membran anliegt. In der Biologie wird diese Spannung als Membranpotential bezeichnet. Das Ruhepotential bezeichnet ein spezielles Membranpotential, das sich einstellt, wenn die Nervenzelle nicht erregt ist.

i

Die Diffusion lässt sich experimentell einfach durch einen Tropfen Tinte oder eine Spatelspitze Kaliumpermanganat in Wasser sichtbar machen.

Die Ausbildung eines Membranpotentials basiert auf der Diffusion geladener Teilchen. Dabei beschreibt Diffusion den ungerichteten Transport von Teilchen aufgrund ihrer spontanen thermischen Bewegung entlang eines Konzentrationsgefälles. Vereinfacht kann man sich die Entstehung eines Membranpotentials folgendermaßen erklären:

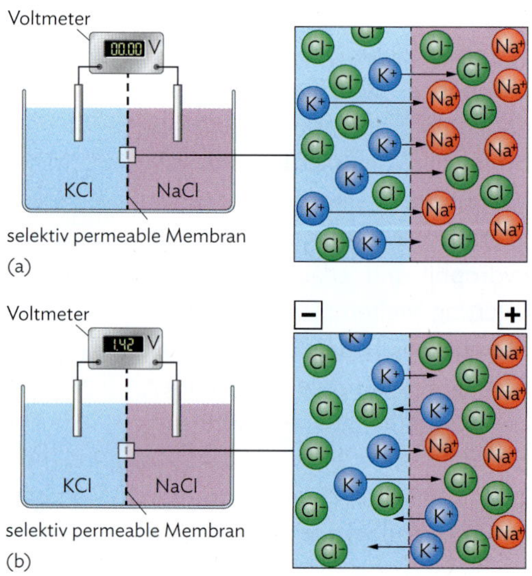

B1 Modellversuch zum Membranpotential

Auf der linken Seite einer selektiv permeablen Membran befindet sich eine KCl-Lösung, auf der rechten Seite eine NaCl-Lösung. Zunächst soll die Membran nur für K^+-Ionen durchlässig sein (B1). Aufgrund des Konzentrationsgefälles diffundieren K^+-Ionen auf die rechte Seite der Membran (vgl. M2). Durch diesen Diffusionsstrom erfolgt auch ein Transport von positiven Ladungen auf die rechte Seite. Dadurch bildet sich eine Potentialdifferenz zwischen den beiden Membranseiten, die zu einem entgegengerichteten Strom führt, dessen Stärke mit zunehmender Potentialdifferenz zunimmt. Sobald beide Ströme gleich groß sind, ist ein Gleichgewichtszustand erreicht (B1(b)). Die zugehörige Potentialdifferenz entspricht vereinfacht dargestellt dem Ruhepotential.

Wird nun die Membran auch für Na^+-Ionen durchlässig, so diffundieren diese aufgrund des Konzentrationsgefälles auf die linke Seite. Die Diffusion von Na^+-Ionen wird durch die Polarität des Membranpotentials unterstützt. Der Einstrom von positiven Ladungen auf die linke Seite reduziert die Potentialdifferenz. Die zu diesem Zustand gehörende Potentialdifferenz entspricht dem sogenannten Aktionspotential, das sich bildet, wenn eine Nervenzelle erregt wird. Als Reaktion auf die gesunkene Potentialdifferenz diffundieren nun netto wieder mehr K^+-Ionen nach rechts und im Gegenzug mehr Na^+-Ionen nach links. Um wieder einen stabilen Zustand zu bekommen, muss die Membran für eine Ionensorte, typischerweise für die Na^+-Ionen, wieder undurchlässig werden.

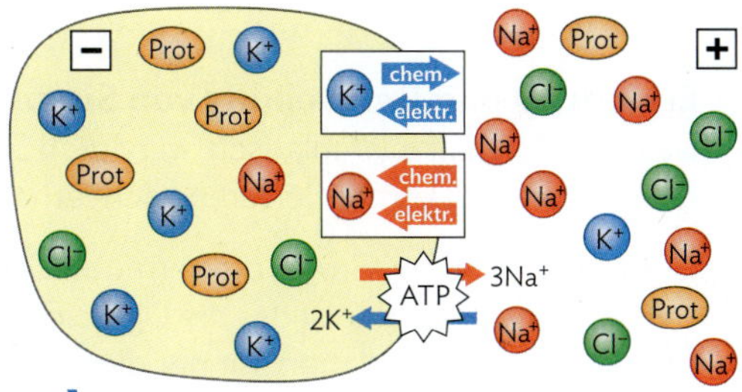

B2 \ Ionenverteilung innerhalb und außerhalb einer Nervenzelle

In realen Nervenzellen ist die Situation etwas komplizierter. Neben K^+ sind auch noch andere Ionen am Ruhepotential beteiligt, außerdem sind die K^+-Ionenkanäle im Ruhezustand nicht vollständig undurchlässig für Na^+-Ionen. So gibt es auch beim Ruhepotential einen kleinen Leckstrom an Na^+-Ionen. Außerdem gelangen bei jedem Auslösen eines Aktionspotentials Na^+-Ionen in die Zelle. Um auf lange Sicht das Ruhepotential stabil zu halten, ist daher eine Na-K-Pumpe nötig, die unter Aufwendung von Energie (ATP) Kalium gegen das Konzentrationsgefälle in die Nervenzelle und Natrium gegen das Konzentrationsgefälle aus der Zelle transportiert (B2).

i
ATP: Adenosintriphosphat

Simulation zum Membranpotential

In M2 (S. 161) wurde ein erster Versuch unternommen, um die elektrischen Vorgänge an einer Zellmembran durch ein einfaches Modell zu verstehen. Der Diffusionsprozess konnte dort zwar anschaulich nachverfolgt werden, allerdings war das Ergebnis für geladene Teilchen, wie K^+-Ionen, unrealistisch. Der Grund liegt darin, dass bisher nur die Diffusion berücksichtigt wurde. Aber natürlich spielt mit zunehmendem Ladungsunterschied zwischen den beiden Kammern auch die elektrische Kraft eine Rolle. Sie verringert die Wahrscheinlichkeit dafür, dass ein K^+-Ion von der linken (negativ geladenen) Kammer zur rechten (positiv geladenen) Kammer wechselt. In der entgegengesetzten Richtung hingegen wird die Wahrscheinlichkeit erhöht. Die beiden Formeln können entsprechend verändert werden:

$$N_{A,neu} = N_{A,alt} + (P + s \cdot \Delta Q) \cdot N_{B,alt} - (P - s \cdot \Delta Q) \cdot N_{A,alt}$$

und

$$N_{B,neu} = N_{B,alt} + (P - s \cdot \Delta Q) \cdot N_{A,alt} - (P + s \cdot \Delta Q) \cdot N_{B,alt}$$

Die Zahl s gibt an, wie sehr der Ladungsunterschied ein K^+-Ion an der Membran beeinflusst. Je nach Größe der Kammern kann das unterschiedlich sein. B3 zeigt das Ergebnis der Simulation bei einer Einstellung von $s = 0{,}01$ und $P = 0{,}05$.

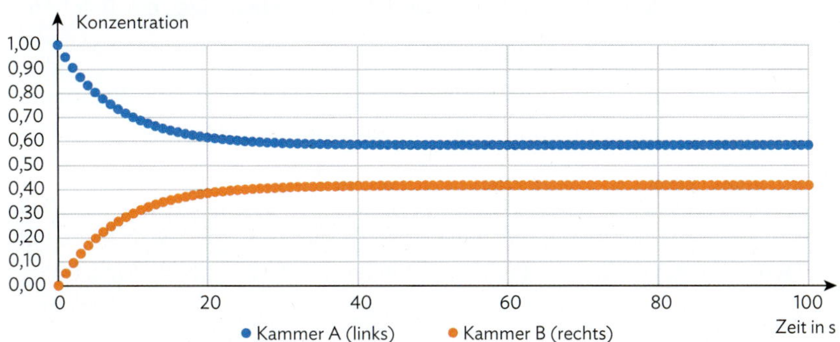

B3 \ Konzentrationsunterschied durch Zusammenwirken von Diffusion und elektrischer Kraft

Methode

Erstellung und Beurteilung von Simulationen

Das Beispiel zeigt exemplarisch, wie durch Simulationen neue Erkenntnisse und Einsichten gewonnen werden können. Bei komplizierteren Sachverhalten ist es sinnvoll, in mehreren Schritten vorzugehen:

1. Auswählen einer Größe, die vermutlich den stärksten Einfluss auf den zu untersuchenden Sachverhalt hat. Im Beispiel hier ist das die Diffusion.
2. Erstellen der Simulation mit nur dieser Größe. Andere Effekte werden zunächst vernachlässigt.
3. Beurteilen des Simulationsergebnisses. Das betrifft zunächst einmal die Plausibilität des Ergebnisses im gesetzten Rahmen: Konkret muss bei der Diffusion die Summe der Na^+-Ionen in beiden Kammern immer gleich bleiben. Gleichzeitig muss aber der Vergleich mit dem Experiment erfolgen und die Unzulänglichkeiten der Simulation müssen registriert werden.
4. Bilden von Hypothesen, welche weiteren Größen und Effekte für den Unterschied zwischen Experiment und Simulation verantwortlich sein könnten.
5. Auswahl des vermutlich wichtigsten Effekts und Erweiterung der Simulation.

Die Schritte 3 bis 5 werden wiederholt, bis eine zufriedenstellende Übereinstimmung zwischen Experiment und Simulation erreicht ist. Der Anspruch wird je nach Adressatenkreis unterschiedlich sein. Für eine wissenschaftliche Arbeit wird man eine bessere Übereinstimmung fordern als für ein Referat in der Schule.

Exkurs: Membranpotential und Ionenkonzentration

Die Simulation zeigt in der verbesserten Version, dass Ladungsunterschied und Konzentrationsunterschied zusammenhängen; die Zahlenwerte sind aber willkürlich gesetzt. Für eine quantitative Untersuchung muss der Prozess der Diffusion genauer betrachtet werden.

B3 auf S. 165 zeigt bereits, dass das Zusammenwirken von Diffusion und elektrischer Kraft mit fortschreitender Zeit zu einem konstanten Verhältnis der Ionenkonzentration innerhalb und außerhalb der Membran führt. Mit Betrachtungen der statistischen Physik, die allerdings über das Schulniveau hinausgehen, lässt sich dafür die folgende Beziehung finden:

$$\frac{c_{\text{außen}}}{c_{\text{innen}}} = e^{\frac{(\varphi_{\text{innen}} - \varphi_{\text{außen}}) \cdot Q}{k \cdot T}}$$

φ_{innen} und $\varphi_{\text{außen}}$ sind die jeweiligen elektrischen Potentiale, Q ist die Ladung der Ionen und T die Temperatur (in Kelvin). Außerdem tritt eine universelle Konstante $k = 1{,}38 \cdot 10^{-23}\,\frac{\text{J}}{\text{K}}$ (Boltzmann-Konstante) auf. Im Argument der Exponentialfunktion kommen die entscheidenden „Antriebe" zur Geltung: $(\varphi_{\text{innen}} - \varphi_{\text{außen}}) \cdot Q$ gibt die elektrische Energie an, die beim Wechsel eines Ions von der einen Seite zur anderen aufgewendet werden muss. Die Energie $k \cdot T$ gibt die Stärke der Diffusion an: Höhere Temperatur macht sich in einer heftigeren Bewegung der Teilchen bemerkbar; es wird deshalb schwieriger, ein Teilchen in eine bestimmte Richtung zu treiben.

Wenn die Ionenkonzentrationen bekannt sind, lässt sich die obige Beziehung umstellen und nach der Spannung $U = \varphi_{\text{innen}} - \varphi_{\text{außen}}$ auflösen, die an der Membran abfällt. Die entstehende Gleichung heißt Nernst-Gleichung:

$$U = \frac{k \cdot T}{Q} \cdot \ln \frac{c_{\text{außen}}}{c_{\text{innen}}}$$

Der Quotient der Konzentrationen wurde so gewählt, dass das Vorzeichen von U dem in der Biologie üblichen entspricht. Dort spricht man meist von „Ruhepotential" statt „Potentialdifferenz"; das lässt sich rechtfertigen, wenn man den willkürlichen Nullpunkt des Potentials in den Außenraum der Zelle legt.

Beispiel
Setzt man für Kalium die oben angegebenen Konzentrationen $c_{\text{außen}} = 5\ \frac{\text{mmol}}{\text{l}}$ und $c_{\text{innen}} = 155\ \frac{\text{mmol}}{\text{l}}$ ein sowie $T = 310\ \text{K}$ (entsprechend einer Körpertemperatur von 37 °C) und $Q = +1{,}602 \cdot 10^{-19}\ \text{C}$, so ergibt sich eine Potentialdifferenz $U_K = -92\ \text{mV}$.
Dieser Wert liegt in der Größenordnung, den experimentelle Untersuchungen ergeben. Er stellt allerdings nur eine grobe Näherung für das Ruhepotential einer Nervenzelle dar. Der Grund liegt darin, dass neben K^+ auch andere Ionen vorhanden sind; zudem sind die Ionenkanäle nicht vollständig durchlässig.

In einem aufwändigeren Modell können beide Erweiterungen berücksichtigt werden. Das Membranpotential, das durch K^+, Na^+ und Cl^- hervorgerufen wird, kann darin durch die Goldmann-Gleichung berechnet werden:

$$U = \frac{k \cdot T}{Q} \cdot \ln\left(\frac{P_K \cdot c_{\text{außen},K} + P_{Na} \cdot c_{\text{außen},Na} + P_{Cl} \cdot c_{\text{innen},Cl}}{P_K \cdot c_{\text{innen},K} + P_{Na} \cdot c_{\text{innen},Na} + P_{Cl} \cdot c_{\text{außen},Cl}}\right)$$

Die Größen P_K, P_{Na} und P_{Cl} geben die Durchlässigkeit der Membran für Kalium-, Natrium- bzw. Chloridionen an. Je nachdem, ob es sich um Kationen oder Anionen handelt, treten die Konzentrationen im Zähler oder im Nenner des Bruchs auf. Das Ergebnis stimmt dann sehr gut mit den experimentellen Werten überein. Abhängig vom Zelltyp findet man ein Ruhepotential in den Nervenzellen von −90 mV bis −70 mV.

Arbeitsaufträge

1\ Untersuchen Sie die folgende Situation mithilfe eines Tabellenkalkulationsprogramms: Auf beiden Seiten einer Membran befinden sich im Ausgangszustand gleich viele Teilchen: links $1{,}0 \cdot 10^{15}$ Kaliumionen, rechts $1{,}0 \cdot 10^{15}$ Natriumionen, dazu jeweils gleich viele Chloridionen. Die Membran soll zunächst nur für die Kaliumionen durchlässig sein.

a) Wenn zunächst die Ladungen nicht berücksichtigt werden, so ist die Wahrscheinlichkeit dafür, dass ein Kaliumion durch die Membran diffundiert, unabhängig von der Seite, auf der es sich befindet. Nehmen Sie an, dass diese Wahrscheinlichkeit 0,1 pro Sekunde beträgt, d.h. innerhalb einer Sekunde wechseln 10 % der Kaliumionen ihre Seite. Erweitern Sie Ihre Tabelle um zwei Spalten, die die Ladungsmengen links und rechts der Membran enthalten. Passen Sie die Wechselwahrscheinlichkeit so an, dass der Ladungsunterschied berücksichtigt wird (vgl. S. 165). Unterstellen Sie dabei $s = 0{,}01$. Geben Sie die Zeit an, nach der sich ein Gleichgewichtszustand gebildet hat.

b) Nun soll die Membran auch für Na^+-Ionen durchlässig werden. Unterstellen Sie, dass innerhalb einer Sekunde 10 % der Natriumionen diffusionsbedingt die Seite wechseln. Passen Sie auch hier die Wechselwahrscheinlichkeit so an, dass der Ladungsunterschied berücksichtigt wird. Geben Sie die Zeit an, nach der sich ein Gleichgewichtszustand gebildet hat und wie viele K^+- und Na^+-Ionen sich nun auf beiden Seiten jeweils befinden.

c) Erläutern Sie, warum sich dieser Zustand nicht als Ruhepotential eignen würde.

2\ a) Berechnen Sie die am Membrankondensator gespeicherte Ladung und die entsprechende Anzahl von K^+-Ionen. Betrachten Sie dazu einen Ausschnitt der Membranfläche von $1\ \text{mm}^2$. Die Kapazität der Membran liegt bei etwa $10^{-8}\ \text{F/mm}^2$. Die Gleichgewichtsspannung für K^+ beträgt (−)92 mV.

b) Berechnen Sie die Anzahl der K^+-Ionen, die sich außerhalb der Zelle in einem Würfel der Kantenlänge 1 mm befinden. Entnehmen Sie die benötigten Daten der Tabelle T1 und vergleichen Sie mit dem Wert aus Teil a).

3*\ Mithilfe der im Exkurs behandelten Nernst-Gleichung lassen sich Ruhepotentiale bestimmen. Berechnen Sie mithilfe der Tabelle T1 und der Nernst-Gleichung die Ruhepotentiale für Na^+ und Cl^-. Erklären Sie die Abweichung dieser Werte vom gemessenen Ruhepotential.

Untersuchung von Nervenzellen

Um die Funktionsweise von Nervenzellen genauer zu untersuchen, ist es nötig, gezielt Aktionspotentiale zu erzeugen. Das bedeutet, dass an den Dendriten bzw. am Axonhügel eine zusätzliche elektrische Spannung anliegt – größer als das Ruhepotential. Dies lässt sich auf verschiedene Arten erreichen:

- In die Flüssigkeit, die die Zelle umgibt, werden zusätzliche Ionen gegeben, z. B. in Form einer Salzlösung.
- An Elektroden auf der Haut kann direkt eine Spannungsquelle angeschlossen werden. Das entstehende elektrische Feld verschiebt Ladungen am Axon und führt so zu einer Potentialdifferenz.
- Die Spannung kann indirekt erzeugt werden durch die Änderung eines magnetischen Feldes. Dieser Vorgang heißt (elektromagnetische) Induktion.

Bewegter Leiter im konstanten Magnetfeld

Ein Draht bewegt sich senkrecht zu einem konstanten Magnetfeld (B1). Dann wirkt auf ein Elektron in ihm die Lorentzkraft und verursacht eine Beschleunigung nach rechts. Wenn die Drahtenden jedoch nicht miteinander verbunden sind, sammeln sich die Elektronen am rechten Ende an und führen so zu einer abstoßenden elektrischen Kraft auf das Elektron. Es stellt sich ein Gleichgewichtszustand ein, bei dem die beiden Kräfte gleich groß und entgegengerichtet sind: $e \cdot E = F_e = F_m = e \cdot v \cdot B$. Wenn das elektrische Feld E im Draht homogen ist, dann ist es mit der Spannung zwischen den Drahtenden verknüpft: $E = \frac{U_{ind}}{l}$. Für die Spannung gilt also: $U_{ind} = l \cdot v \cdot B$.

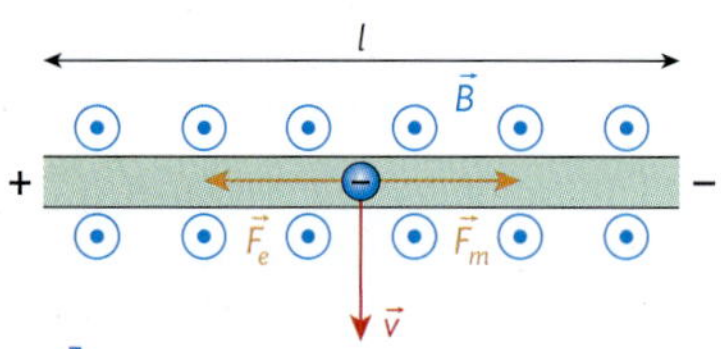

B1 Bewegter Leiter im Magnetfeld

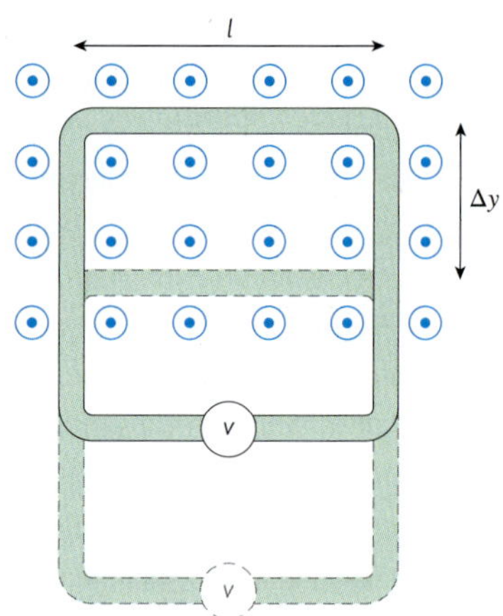

B2 Flächenänderung bei einer bewegten Leiterschleife im Magnetfeld

Erweitert man die Situation um ein Spannungsmessgerät und einen geschlossenen Drahtrahmen (B2), so lässt sich das Zustandekommen der gemessenen Spannung auch anders interpretieren: Durch die Bewegung ändert sich die von der Leiterschleife eingeschlossene und vom Magnetfeld durchsetzte Fläche A.

$$U_{ind} = l \cdot v \cdot B = l \cdot \frac{\Delta y}{\Delta t} \cdot B = -\frac{\Delta A}{\Delta t} \cdot B$$

Das Vorzeichen ergibt sich hier, weil eine Vergrößerung von y die vom Magnetfeld durchsetzte Fläche A verringert. Natürlich hängt das Vorzeichen davon ab, wie das Messgerät angeschlossen wurde; allgemein hat man sich aber auf diese Formulierung geeinigt.

Diese Interpretation schließt sich direkt an das aus der 10. Klasse bekannte Induktionsgesetz an. Wenn sich die von einem Magnetfeld durchsetzte und von einer Leiterschleife umschlossene Fläche ändert, dann entsteht zwischen den Enden der

Leiterschleife eine Induktionsspannung. Mit der magnetischen Flussdichte B kann diese Änderung jetzt auch quantitativ genau beschrieben werden. Die Fläche muss auch keine Rechtecksfläche mehr sein. Allgemein gilt für die Induktionsspannung einer Spule mit N Windungen, die sich durch ein senkrecht zu ihr stehendes homogenes Magnetfeld bewegt:

$$U_{ind} = -N \cdot \frac{\Delta A}{\Delta t} \cdot B$$

Ruhender Leiter im veränderlichen Magnetfeld

Ebenfalls aus der 10. Klasse ist bekannt, dass sich eine Induktionsspannung auch erhalten lässt, ohne die Leiterschleife oder Spule zu bewegen. Im Versuch von B3 wird das Magnetfeld in einer äußeren Spule („Feldspule") langsam ein- und nach einiger Zeit wieder ausgeschaltet. Die dazugehörigen Messkurven zeigen zum einen, dass die Induktionsspannung nur auftritt, solange sich der Strom in der Feldspule und damit die Flussdichte durch die Induktionsspule ändert. Zum anderen ist der Betrag von U_{ind} umso größer, je schneller diese Änderung erfolgt. Genaue Versuchsreihen ergeben die direkten Proportionalitäten

$$U_{ind} \sim N \quad U_{ind} \sim A \quad U_{ind} \sim \frac{\Delta B}{\Delta t}$$

Sie können zusammengefasst werden zu

$$U_{ind} = -N \cdot A \cdot \frac{\Delta B}{\Delta t}$$

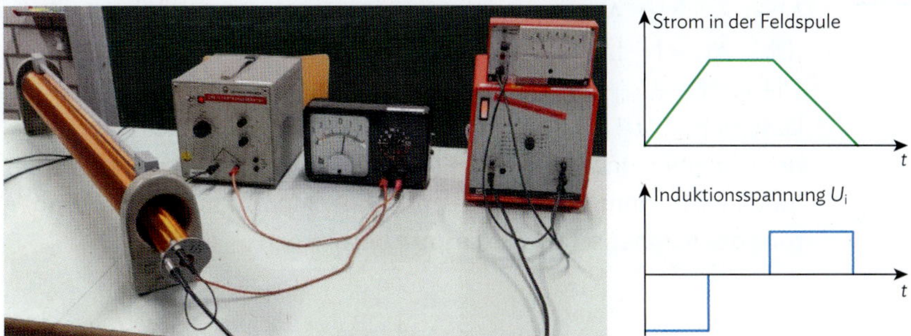

B3 \ Änderung der magnetischen Flussdichte in einer Feldspule durch einen Funktionsgenerator und Registrierung der Induktionsspannung an den Enden der eingeschobenen Spule

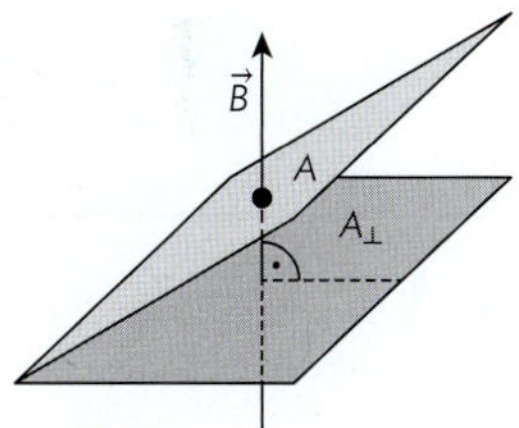

B4 \ Wirksamer Flächeninhalt

Magnetischer Fluss und allgemeines Induktionsgesetz

Die beiden bisher betrachteten Fälle – Änderung der vom Magnetfeld durchsetzten Fläche A und Änderung der Flussdichte B – können zusammengeführt werden. Dazu wird ihr Produkt als eine neue Größe definiert. Sie heißt „magnetischer Fluss" $\Phi = A \cdot B$. Mit ihr lautet die allgemeine Form des Induktionsgesetzes:

$$U_{ind} = -N \cdot \frac{\Delta A}{\Delta t} \cdot B - N \cdot A \cdot \frac{\Delta B}{\Delta t} = -N \cdot \frac{\Delta \Phi}{\Delta t}$$

> Zwischen den Anschlüssen einer Spule (Windungszahl N) entsteht immer dann eine Induktionsspannung, wenn sich der magnetische Fluss durch sie hindurch ändert.
>
> $$U_{ind} = -N \cdot \frac{\Delta (A \cdot B)}{\Delta t} = -N \cdot \frac{\Delta \Phi}{\Delta t}$$

i

Durch die Umstellung $B = \frac{\Phi}{A}$ erklärt sich die Bezeichnung „Flussdichte" für B.

Bei der Berechnung von Φ wird nur der Flächeninhalt $A_\perp$ senkrecht zum Magnetfeld berücksichtigt.

Musteraufgabe

Bei einem Induktionsversuch wie in B3 soll die Flussdichte in der Feldspule überall gleich groß sein; mit dem Funktionsgenerator ist sie im Bereich von 0 T bis 0,61 mT veränderlich. Der Einschaltvorgang dauert 12 s, der Ausschaltvorgang 4,0 s.
Berechnen Sie die Induktionsspannung in einer zylinderförmigen Spule mit 300 Windungen und einem Durchmesser von 41 mm während des Einschalt- und Ausschaltvorgangs.

Lösung
Sowohl beim Einschalten als auch beim Ausschalten ändert sich der magnetische Fluss Φ.
Weil die Induktionsspule komplett im homogenen Magnetfeld der Induktionsspule liegt, ist die durchsetzte Fläche $A = \pi \cdot r^2$ und die Werte der Induktionsspannung berechnen sich zu:

Einschalten:

$$U_{ind} = -N \cdot \pi \cdot r^2 \cdot \frac{\Delta B}{\Delta t} = -300 \cdot \pi \cdot (0{,}0205\,\mathrm{m})^2 \cdot \frac{(6{,}1 \cdot 10^{-4}\frac{\mathrm{Vs}}{\mathrm{m}^2} - 0)}{12\,\mathrm{s}}$$
$$= -2{,}0 \cdot 10^{-5}\,\mathrm{V}$$

Ausschalten:

$$U_{ind} = -N \cdot \pi \cdot r^2 \cdot \frac{\Delta B}{\Delta t} = -300 \cdot \pi \cdot (0{,}0205\,\mathrm{m})^2 \cdot \frac{(0 - 6{,}1 \cdot 10^{-4}\frac{\mathrm{Vs}}{\mathrm{m}^2})}{4{,}0\,\mathrm{s}}$$
$$= +6{,}0 \cdot 10^{-5}\,\mathrm{V}$$

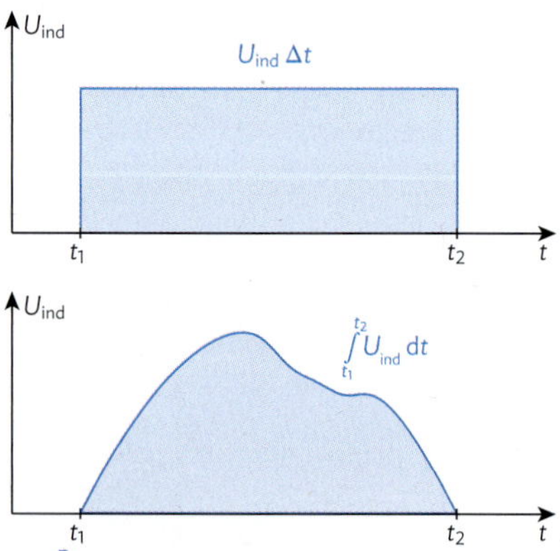

B5 Spannungsstoß als Maß für die Änderung des magnetischen Flusses

Beim Ergebnis der Musteraufgabe fällt auf, dass die Zeit für den Ausschaltvorgang nur ein Drittel des Einschaltvorgangs beträgt, der Betrag der zugehörigen Induktionsspannung aber dreimal so groß ist. Der Grund dafür ist, dass der Betrag der Flussänderung beide Male gleich ist. Aus dem Induktionsgesetz $U_{ind} = -N \cdot \frac{\Delta\Phi}{\Delta t}$ folgt dann $|U_{ind} \cdot \Delta t| = \mathrm{N} \cdot |\Delta\Phi| = \text{konst.}$
Die Größe $|U_{ind} \cdot \Delta t|$ bezeichnet man auch als Spannungsstoß. Sie lässt sich im t-U-Diagramm interpretieren als die Fläche zwischen dem Graphen und der t-Achse (B5). Das gilt auch bei veränderlichen Induktionsspannungen: Aus dem Flächeninhalt lässt sich die Änderung des magnetischen Flusses $\Delta\Phi$ bestimmen.

Exkurs: Induktionsgesetz und Differentialrechnung

Die bisherige Formulierung des Induktionsgesetzes geht davon aus, dass sich der magnetische Fluss Φ im betrachteten Zeitabschnitt Δt gleichmäßig ändert. Im Allgemeinen ist das zwar nicht der Fall, wählt man aber Δt klein genug, so ist diese Näherung doch zulässig. Mathematisch betrachtet ist ein Grenzübergang durchzuführen, der genau dem bei der Ableitung einer Funktion entspricht. Abweichend von der Schreibweise in der Mathematik wird in der Physik für Ableitungen nach der Zeit ein Punkt verwendet.

$$U_{ind} = -N \cdot \lim_{\Delta t \to 0} \frac{\Delta\Phi}{\Delta t} = -N \cdot \dot{\Phi}(t)$$

Weil sich $\Phi(t) = A(t) \cdot B(t)$ als Produkt zweier Funktionen schreiben lässt, ist die Produktregel aus der Mathematik anwendbar und man erhält

$$U_{ind} = -N \cdot \dot{A}(t) \cdot B(t) - N \cdot A(t) \cdot \dot{B}(t)$$

Diese Formel enthält genau die oben betrachteten Sonderfälle der ausschließlichen Flächenänderung und der ausschließlichen Magnetfeldänderung.

Arbeitsaufträge

1\ Bei einem Induktionsversuch wie in B3 wurden zwei unterschiedliche Induktionsspulen verwendet: Spule A mit 100 Windungen und dem Durchmesser von 41 mm sowie Spule B mit 300 Windungen und dem Durchmesser 33 mm. Mit einem Messwerterfassungssystem wurden die folgenden Daten aufgenommen. Die Skalierung ist in beiden Fällen gleich.

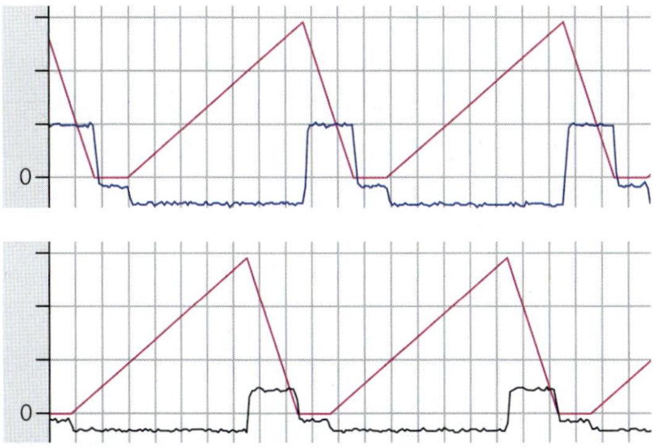

Messwerterfassung bei Induktionsversuchen

Beschreiben Sie, welche physikalischen Größen hier erfasst sein könnten, und ordnen Sie die Messkurven den beiden Induktionsspulen zu.

2\ Ein quadratisches Leiterrähmchen (Seitenlänge 5,0 cm) bewegt sich senkrecht zu den Feldlinien durch die abgebildete Magnetfeldanordnung hindurch. Es bewegt sich dabei mittig von links nach rechts mit der konstanten Geschwindigkeit $v = 2{,}0\,\frac{\text{cm}}{\text{s}}$.

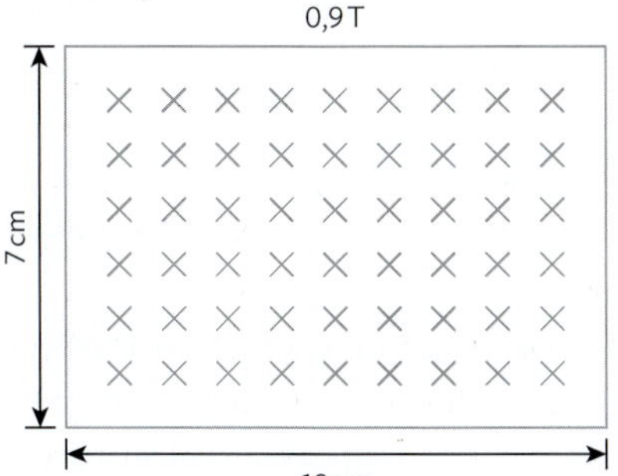

Magnetfeldanordnung

a) Zeichnen Sie den Graphen des magnetischen Flusses durch das Rähmchen vom Eintritt in das Magnetfeld bei $t = 0$ s bis $t = 10$ s.
b) Berechnen und zeichnen Sie den Verlauf der Induktionsspannung in diesem Zeitraum.

3\ Ein Dauermagnet fällt durch eine Spule, die mit einem Spannungsmessgerät verbunden ist. Dabei wird das unten abgebildete t-U-Diagramm aufgenommen.

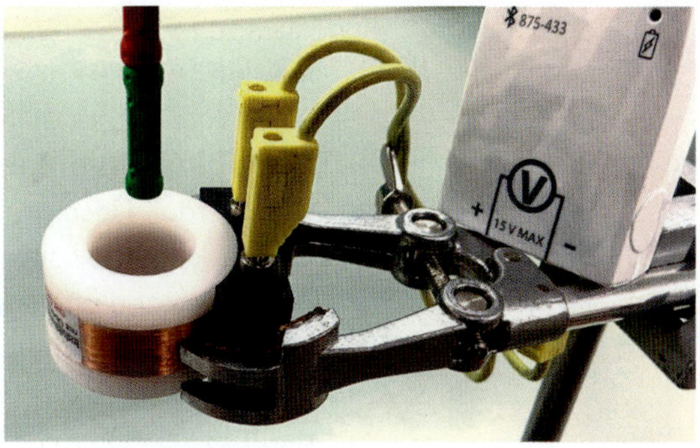

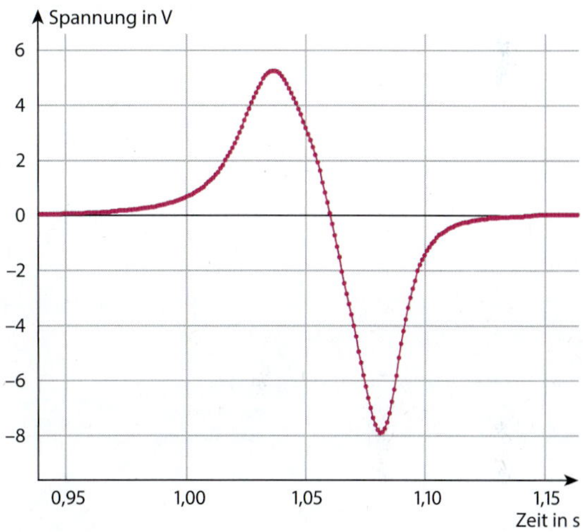

Magnet fällt durch eine Spule (oben) und
t-U-Diagramm (unten)

a) Erklären Sie, dass während des Falls die Spannung unterschiedliche Vorzeichen annimmt und an einer Stelle dazwischen sogar null ist.
b) Die Messkurve ist nicht symmetrisch. Nennen Sie einen möglichen Grund dafür und begründen Sie Ihre Entscheidung.
c) Begründen Sie, dass die beiden von der Messkurve und der Nulllinie der Spannung eingeschlossenen Flächenstücke gleich groß sind. Bestätigen Sie dies durch eine näherungsweise Abschätzung der beiden Flächeninhalte.

Die Nervenleitgeschwindigkeit

Die Nervenleitgeschwindigkeit gibt an, wie schnell elektrische Impulse entlang einer Nervenfaser übertragen werden. Das Messprinzip ist dabei einfach: Zum Startzeitpunkt wird ein elektrischer Impuls im Nerv ausgelöst und mittels einer Ableitelektrode in einer bestimmten Entfernung wird gemessen, wann das Signal dort ankommt. Je nach Art der untersuchten Nervenfasern haben sich aber in der medizinischen Praxis verschiedene Untersuchungsmethoden etabliert. Einige davon werden im Folgenden genauer beschrieben.

Sensible Nervenleitgeschwindigkeit

Hier werden Geschwindigkeiten von Nervensignalen untersucht, die durch Sinneseindrücke ausgelöst werden. Beispielsweise werden mechanische Reize in der Haut aufgenommen und laufen von dort in Richtung Gehirn. Ein Reiz kann jedoch auch elektrisch erfolgen. Dabei liegt für eine kurze Zeit eine elektrische Spannung an einer Ringelektrode am Finger an; nach der sogenannten „Latenzzeit" ist dieses Signal dann an der Ableitelektrode messbar (B1). Allerdings wird das elektrische Feld durch das umliegende Gewebe abgeschwächt, so dass sich die gemessenen Spannungen nur im µV-Bereich bewegen. Hinzu kommt, dass nicht die Spitze des Signals interessiert (Markierung 2 in B2), sondern bereits der Ansatz (Markierung 1 in B2). Aus diesen Gründen werden in der Regel Mittelwerte von mehreren Messungen gebildet.

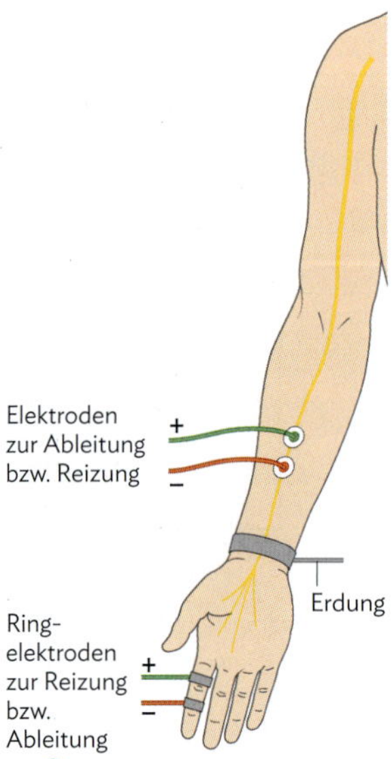

B1 Messung der sensiblen Nervenleitgeschwindigkeit

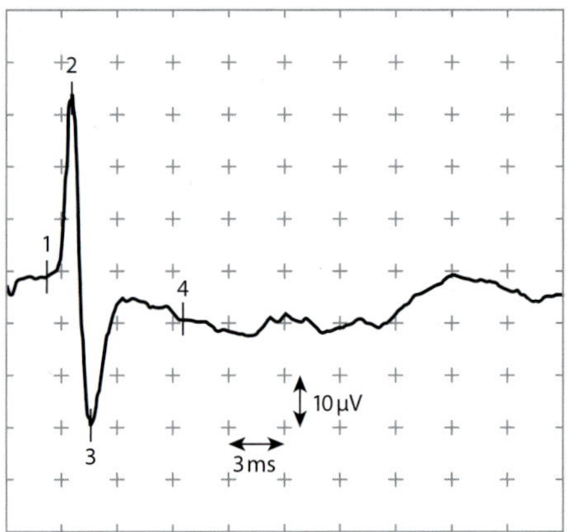

B2 Beispieldiagramm zur Messung

Motorische Nervenleitgeschwindigkeit

Bei motorischen Nerven, d. h. solchen, die Muskeln aktivieren, tritt das Problem der kleinen Messsignale nicht auf, denn hier lässt sich die wesentlich größere Spannungsänderung messen, die in den durch den Nerv erregten Muskelzellen auftritt. Dabei misst man aber nicht die reine Nervenleitgeschwindigkeit, sondern auch verschiedene Störeffekte wie z. B. die Übertragungszeit des elektrischen Impulses auf den Muskel. Daher führt man eine zweite Messung an demselben Muskel durch, die Reizelektrode wird jedoch an einer anderen Stelle des Nervs platziert. Nun vergleicht man, wie lange der Nervenimpuls bei den Messungen jeweils benötigt, um eine Muskelantwort hervorzurufen. Durch die Differenzbildung werden die Störeffekte, die bei beiden Messungen gleichermaßen auftreten, eliminiert.

Die Nervenleitgeschwindigkeit ist nun folgendermaßen festgelegt: $v = \frac{\Delta x}{\Delta t}$, wobei Δx den Abstand der beiden Reizelektroden (B3) und Δt die Laufzeitdifferenz (B4) der beiden Messungen angibt.

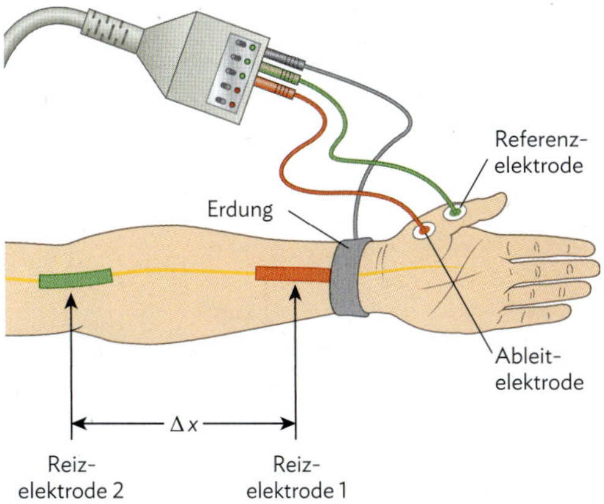

B3 \ Messung der motorischen Nervenleitgeschwindigkeit

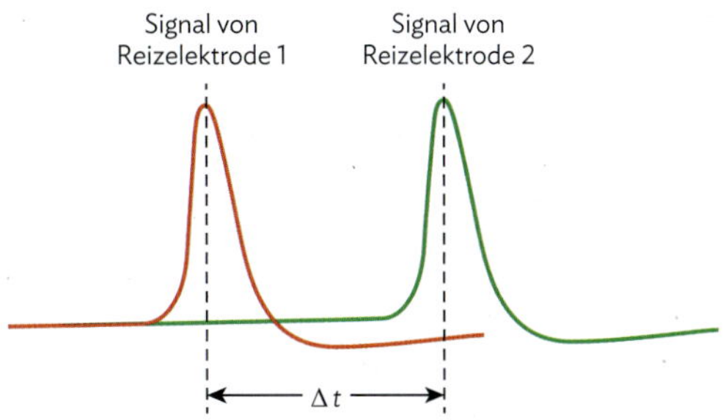

B4 \ Laufzeitdifferenz am Ort der Ableitelektrode

Musteraufgabe

Bestimmen Sie aus dem Diagramm in B5 die motorische Nervenleitgeschwindigkeit. Die Angaben im Diagramm beziehen sich dabei jeweils auf den waagrechten und senkrechten Abstand zweier Kreuze. Der Abstand zwischen Handgelenk und Ellenbogen beträgt 20 cm.

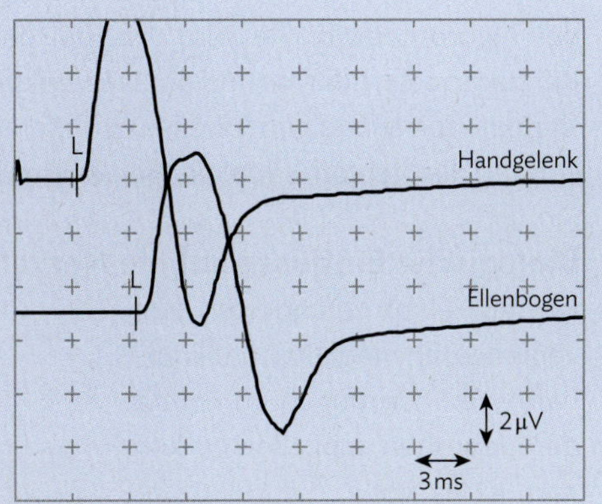

B5 \ Messung an Handgelenk und Ellenbogen

Lösung

Durch Vergleich der beiden mit L markierten Punkte lässt sich dem Diagramm ein Wert von $\Delta t = 3{,}0\,\text{ms}$ entnehmen. Zusammen mit $\Delta x = 0{,}20\,\text{m}$ ergibt sich $v = 67\,\frac{\text{m}}{\text{s}}$.

Die bisher vorgestellten Messmethoden sind ungeeignet, wenn Nervenzellen untersucht werden sollen, die sich tiefer im Körper (z. B. im Gehirn) befinden.

Transkranielle Magnetstimulation

Die Messung ist wieder eine Differenzmessung wie im letzten Abschnitt: Die Reizerzeugung erfolgt an zwei unterschiedlichen Stellen, die Ableitungselektrode ist beide Male die gleiche. Weil jetzt aber Neuronen untersucht werden sollen, die von tieferen Schichten des Gehirns zum Rückenmark führen, kann die Injektion von Ladungsträgern durch Elektroden nur mit sehr großem Aufwand geschehen. Einfacher und schmerzfreier ist hier die transkranielle Magnetstimulation (TMS). Bei der TMS wird an den Schädel des Patienten eine Magnetspule gehalten (B6). Die Entladung eines Kondensators führt in der Spule für kurze Zeit zu einem sehr hohen Stromfluss. Dieser verursacht ein sich schnell änderndes Magnetfeld, das den Schädel praktisch ohne Abschwächung durchdringt. Die Änderung des

i
cranium (lat.): Schädel

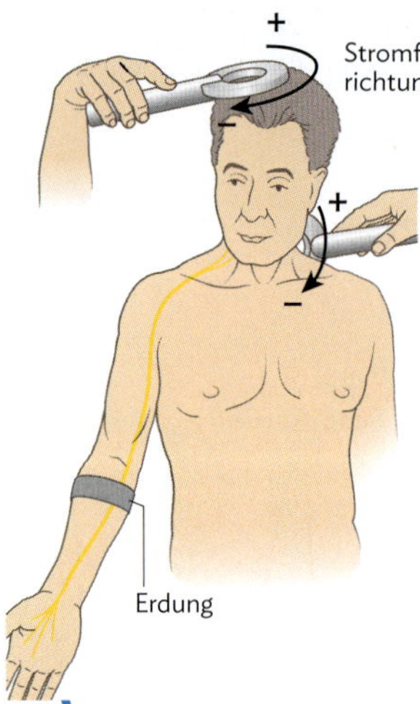

B6 Magnetische Stimulation von Nervenpotentialen

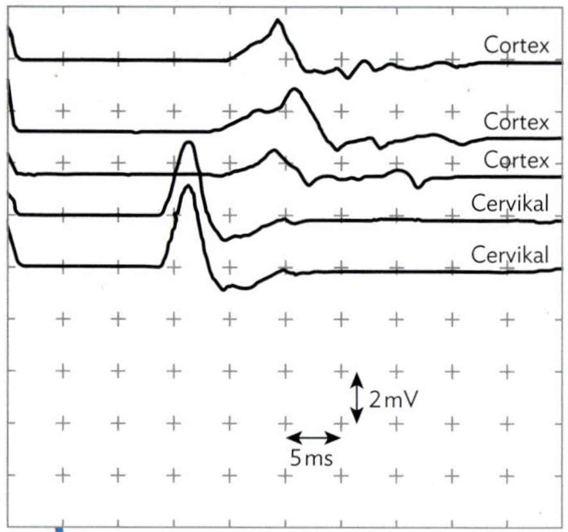

B7 Beispieldiagramm zur Messung

Magnetfeldes induziert im Gewebe eine Spannung (B7). Damit ist ein Stromfluss parallel zur Spulenebene verbunden. Der Strom im Hirngewebe führt schließlich zu einer Erregung der in diesem Bereich liegenden Nervenzellen.

Die Messung der Nervenleitgeschwindigkeit ist eine Untersuchungsmethode in der Neuromedizin. Sie wird z. B. bei der Diagnose von Multipler Sklerose, des Karpaltunnelsyndroms und der Nervenkrankheit Polyneuropathie eingesetzt. Diese Krankheiten schädigen jeweils charakteristische Teile von Nervenzellen. Daraufhin können die Nervenzellen die Nervenimpulse nicht mehr optimal weiterleiten.

Biologische Einflüsse auf die Nervenleitgeschwindigkeit

Um aus einer veränderten Nervenleitgeschwindigkeit auf krankhafte Veränderungen im Aufbau der Neuronen schließen zu können, ist es nötig, die Funktionsweise von Nervenzellen genauer zu verstehen. Zunächst werden dazu die Nervenleitgeschwindigkeiten von Neuronen verschiedener Lebewesen und von Neuronen verschiedenen Typs verglichen (B8). Dabei zeigt sich: Die Nervenleitgeschwindigkeit steigt mit steigendem Durchmesser des Axons an. Bei Wirbeltieren wie Mensch, Affe, Katze und Hund können extrem hohe Nervenleitgeschwindigkeiten von bis zu 120 m/s bei sehr kleinen Axondurchmessern erzielt werden. Wirbellose Tiere wie Kalmare, Tintenfische und Regenwürmer können diese Geschwindigkeiten selbst bei sehr großen Axondurchmessern nicht erzielen. Offenbar gibt es zwei Klassen von Axonen, die sich in ihrer Leistungsfähigkeit erheblich unterscheiden. Die Axone von Wirbeltieren und wirbellosen Tieren unterscheiden

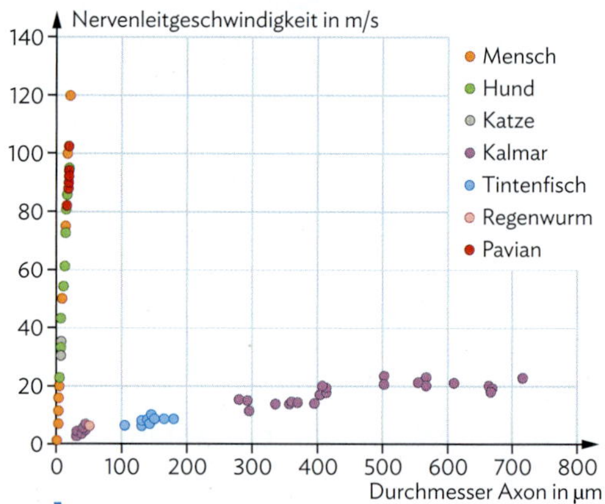

B8 Nervenleitgeschwindigkeit in Abhängigkeit vom Axondurchmesser

sich darin, dass Wirbeltiere in der Regel eine Myelinscheide um das Axon ausbilden, die bei wirbellosen Tieren fehlt. Wie Abbildung B8 zeigt, gibt es zwei Strategien, um die Signalleitungsgeschwindigkeit zu maximieren:

- Vergrößern des Axondurchmessers
- Ausbilden einer Myelinscheide.

Bei jedem Organismus ist es für das Überleben wichtig, möglichst schnell auf Änderungen der Umgebung zu reagieren. Eine schnelle Informationsübertragung im Nervensystem ist daher ein Evolutionsvorteil. Doch wie kann eine Myelinscheide eine derartige Erhöhung der Signalleitungsgeschwindigkeit bewirken? Warum leiten dicke Axone die Signale schneller als dünne? Die Untersuchung solcher Fragen wird uns im folgenden Kapitel beschäftigen.

Arbeitsaufträge

1 In der Medizin wird die Messung der Nervenleitgeschwindigkeit verwendet, um verschiedene Erkrankungen wie z. B. Polyneuropathie zu diagnostizieren.

a) Bei peripheren Nerven wird dazu meist die Elektroneurographie verwendet. Recherchieren Sie, wie diese Untersuchung abläuft. Beschreiben Sie die wesentlichen Schritte, die dabei durchgeführt werden.

b) Die transkranielle Magnetstimulation wird bevorzugt für Untersuchungen an der Hirnrinde eingesetzt. Beschreiben Sie, wie diese Untersuchung abläuft.

c) Beurteilen Sie, ob die transkranielle Magnetstimulation geeignet ist, das Karpaltunnelsyndrom (eine Einklemmung des Mittelhandnervs) zu diagnostizieren.

2 Erläutern Sie, dass die Genauigkeit einer Messung durch Wiederholungen anwächst. Geben Sie dazu auch die statistischen Größen an, die sich dadurch verändern.

3 Erklären Sie, dass es bei der Messung der motorischen Nervenleitgeschwindigkeit keinen Unterschied macht, ob der Anstieg des Signals oder ein anderer charakteristischer Punkt betrachtet wird. Vergleichen Sie dazu die entsprechenden Zeiten im Diagramm B5 der Musteraufgabe und berücksichtigen Sie dabei die Messunsicherheiten.

4 Bei der transkraniellen Magnetstimulation (TMS) nach B6 führt die sehr schnelle Entladung eines Kondensators innerhalb einer zehntausendstel Sekunde zu einem Stromfluss von bis zu 15 000 Ampere in der Spule (Radius $R = 7{,}5\,\text{cm}$). Das dadurch entstehende Magnetfeld kann bis zu 2,5 Tesla betragen.

a) Schätzen Sie die Anzahl der Windungen ab, die die Spule enthält. Verwenden Sie dabei den folgenden Zusammenhang zwischen der magnetischen Flussdichte B im Zentrum einer kurzen Spule, der Stromstärke I und der Windungszahl N:

$$B = \frac{\mu_0 \cdot I \cdot N}{2 \cdot R}$$

Die Konstante $\mu_0 = 1{,}2566 \cdot 10^{-6}\,\frac{\text{T} \cdot \text{m}}{\text{A}}$ heißt magnetische Permeabilitätskonstante.

b) Zeigen Sie, dass die im Schädel auftretende Induktionsspannung U_{ind} mit der Formel $U_{ind} = -N \cdot r^2\pi \cdot \frac{\Delta B}{\Delta t}$ abgeschätzt werden kann. Geben Sie die dabei gemachten Annahmen an und beurteilen Sie deren Zulässigkeit.

c) Übertragen Sie die Skizze und ergänzen Sie die Richtungen des Magnetfeldes (blau) sowie des Induktionsstroms (grün). Erklären Sie, dass die Richtung des Induktionsstroms mit dem Prinzip der Energieerhaltung in Einklang steht.

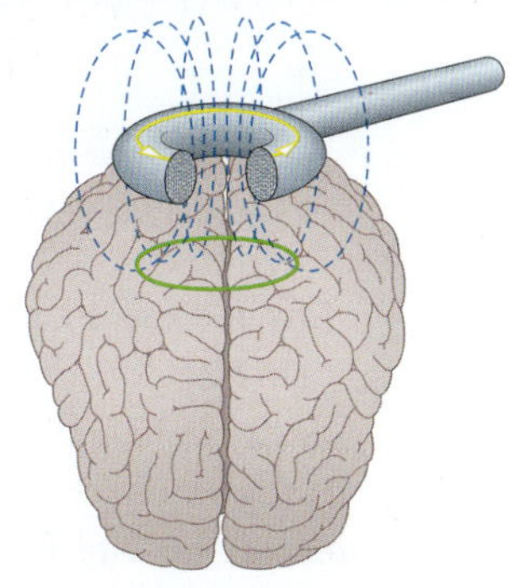

Prinzip der TMS

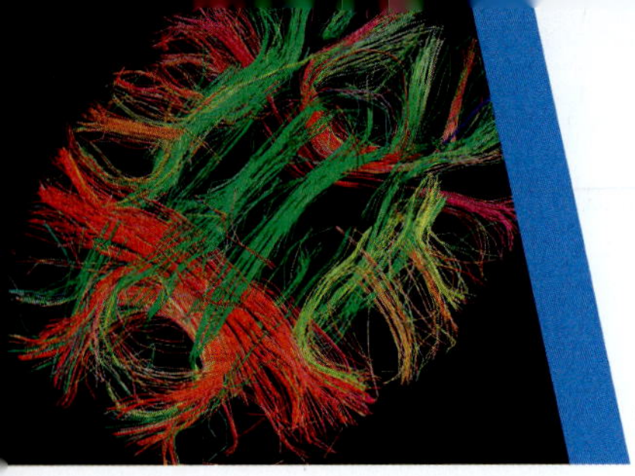

10 Modell eines Neurons

Materialien zu Kapitel 10.1

▶ M1 Lernaufgabe: Das Hodgkin-Huxley-Modell

Die Signalleitung eines Axons wird sowohl durch einen großen Axondurchmesser als auch durch eine Myelinscheide verbessert (Kapitel 9.4). In Kapitel 10 wird nun untersucht, wieso beide Strategien zum gleichen Ziel führen. Dazu wird ein vereinfachendes Modell verwendet, das die wichtigsten physikalischen Vorgänge im Axon abbildet.

Grundlage für unser Verständnis der Signalleitung ist die Arbeit von Alan Lloyd Hodgkin und Andrew Fielding Huxley. Die beiden britischen Biophysiker untersuchten Tintenfisch-Riesenaxone und entdeckten, dass eine Ladungsträgerinjektion ein veränderliches Membranpotential auslöst. Dieses sogenannte Aktionspotential entsteht dadurch, dass sich zusätzlich zu den beim Ruhepotential geöffneten Ionenkanälen auch spezielle spannungsgesteuerte Ionenkanäle öffnen. Sie entwickelten ausgehend von ihren Beobachtungen ein mathematisches Modell, das die Entstehung der Aktionspotentiale erklären sollte. Dazu beschrieben sie die Eigenschaften der aktiven Signalleitung mithilfe eines Schaltkreises wie in den Abbildungen unten, indem sie biologische Strukturen durch elektrische Bauelemente in einem Stromkreis nachbildeten. Ihr Neuronenmodell beschreibt die biologische Realität so exakt, dass es noch heute Bedeutung z. B. für die Neuroinformatik hat.

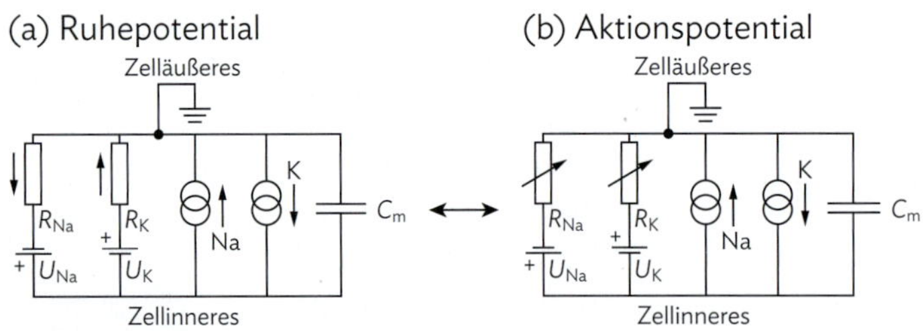

Hodgkin-Huxley-Modell

Das in diesem Kapitel verwendete Modell eines Axons baut auf dem Hodgkin-Huxley-Modell auf, vereinfacht dieses genaue, jedoch mathematisch anspruchsvolle Modell aber.

Hodgkin und Huxley erhielten gemeinsam mit Sir John Carew Eccles für ihre Entdeckungen zum Ionen-Mechanismus in der Nervenzellenmembran im Jahr 1963 den Nobelpreis für Medizin.

Arbeitsauftrag

a) Betrachten Sie die Abbildung links, die den von Hodgkin und Huxley vorgeschlagenen Ersatzstromkreis darstellt. Sie enthält verschiedene Symbole für die unterschiedlichen Bestandteile des Schaltkreises. Ordnen Sie den Symbolen im Schaltkreis jeweils das Bauelement zu, für das sie stehen. Recherchieren Sie die Bedeutung von Symbolen, die Sie noch nicht kennen.

b) In Kapitel 9.1 und 9.2 haben Sie kennengelernt, wie eine Nervenzelle aufgebaut ist und wie ein Membranpotential (Ruhepotential, Aktionspotential) prinzipiell entsteht. Ordnen Sie mit den Informationen aus Kapitel 9 und Kapitel 10.1 den Bestandteilen des Ersatzstromkreises ihre biologische Entsprechung zu.

c) Das Hodgkin-Huxley-Modell kann sowohl das Ruhepotential wie auch das Aktionspotential beschreiben. Dazu muss der Ersatzschaltkreis entsprechend angepasst werden. Beschreiben Sie anhand der linken Abbildung, worin sich die beiden Schaltkreise unterscheiden. Erklären Sie anhand der Informationen im Text, warum die Anpassung nötig ist.

Materialien zu Kapitel 10.2

▶ M2 Lernaufgabe: Simulation eines Stromkreises

Will man elektronische Schaltungen testen, ohne diese fest zu installieren, so hat man im Wesentlichen zwei Möglichkeiten: Entweder baut man die Schaltung analog auf einem Steckbrett auf oder man bedient sich eines Simulationsprogramms. Entsprechende Programme gibt es als Online-Applikation oder auch als Installationssoftware zum Download.

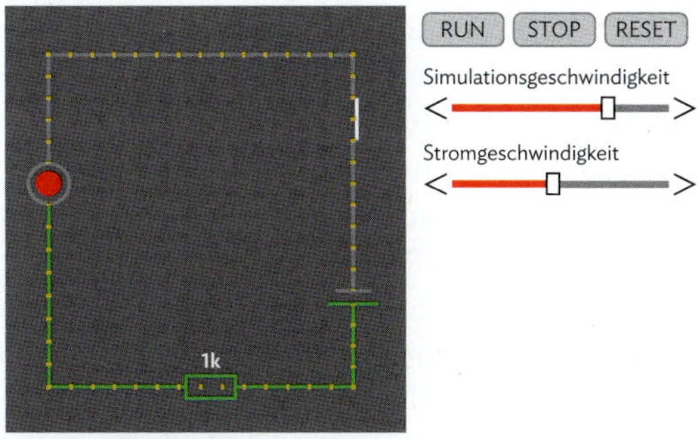

Simulationssoftware

Ein Vorteil solcher Simulationssoftware ist die Möglichkeit, „ideale“ Schaltungen aufzubauen, die z. B. keinen Widerstand in den Leitungen aufweisen. Zudem bieten sie auch die Möglichkeit, die Parameter einzelner Bauteile frei zu wählen und beliebig oft zu verändern. Auf diese Weise kann man die Abhängigkeit verschiedener Phänomene von bestimmten Parametern untersuchen. In der Realität sind solche Untersuchungen nicht oder nur mit großem Aufwand zu verwirklichen. Es gibt zwar z. B. verstellbare Widerstände (Potentiometer), andere Bauteile bieten jedoch keine Möglichkeit, ihre Parameter direkt einzustellen. In diesem Fall bleibt nur die Möglichkeit, z. B. verschiedene Kondensatoren, Spulen usw. nacheinander in den Stromkreis einzubauen, was nicht nur Zeit kostet, sondern auch eine entsprechende Ausstattung voraussetzt.

In dieser Aufgabe untersuchen Sie anhand einer Simulation den Einfluss verschiedener Parameter auf den Lade- bzw. Entladevorgang eines Kondensators. Dieser spielt bei der Signalleitung von Nerven eine entscheidende Rolle.

Arbeitsauftrag

a) Bauen Sie in einem Simulationsprogramm (z. B. Mediencode) einen einfachen Stromkreis bestehend aus Stromquelle, Schalter und Widerstand ($R = 100\,\Omega$) auf, wählen Sie für die Spannungsquelle ein Gleichstromsignal aus („DC“, z. B. mit $U = 10\,V$) und starten Sie die Simulation.

MC 67055-34

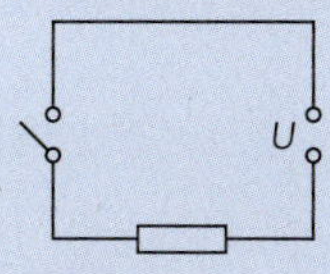

Einfacher Stromkreis

b) Lassen Sie sich Stromstärke und Spannung an einzelnen Bauteilen anzeigen. Verändern Sie die Eingangsspannung an der Spannungsquelle, beschreiben Sie, was Sie nun für Ihre „Messungen“ erwarten und überprüfen Sie Ihre Erwartungen.

c) Stellt man an der Spannungsquelle ein Rechtecksignal ein, kann man damit ein wiederholtes Ein- und Ausschalten der Spannungsquelle simulieren. Bauen Sie nun einen Kondensator ($C = 20\,\mu F$) ein und verändern Sie die Spannungsquelle so, dass sie ein Rechtecksignal zwischen 0 V und 10 V ausgibt. Passen Sie die Frequenz des Signals und die Einstellungen so an, dass Sie die Vorgänge gut beobachten können. Beschreiben Sie die Form des Spannungsverlaufs am Kondensator.

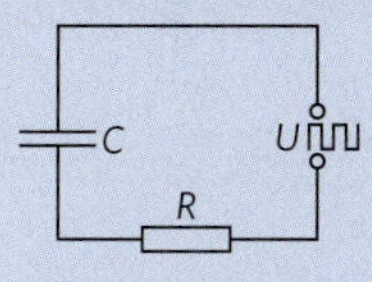

Stromkreis mit Rechtecksignal

d) Verändern Sie nun schrittweise die Parameter aller Bauteile des Stromkreises (Spannung und Frequenz des Rechtecksignals, Kapazität des Kondensators, Widerstand). Beobachten Sie die Auswirkungen auf den Strom- und Spannungsverlauf am Kondensator und beschreiben Sie Ihre Ergebnisse.

e) Legen Sie nun ein Dreiecksignal mit einer Frequenz von 50 Hz an (Spannung zwischen 0 V und 1 V) und wählen Sie Kapazität (100 nF) und Widerstand ($50\,\Omega$) geringer. Beschreiben und erklären Sie auch hier den Spannungsverlauf am Kondensator.

Ersatzschaltkreis

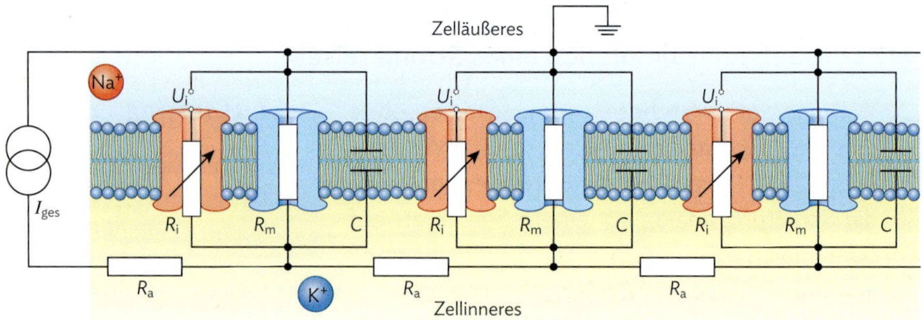

B1 Ersatzschaltkreis für ein Axonsegment (drei Abschnitte)

Ein Abschnitt eines Axons kann durch einen Ersatzschaltkreis mit den folgenden Komponenten beschrieben werden:

- Die **Zellmembran** wird im Modell durch einen Kondensator C nachgebildet.
- Durch die **Ionenkanäle** in der Zellmembran können Ladungen von einer Seite zur anderen gelangen. Dies wird im Modell durch einen konstanten Membranwiderstand R_m und einen veränderlichen Widerstand R_i berücksichtigt.
- Mit einer Spannungsquelle U_i und einem nachfolgenden veränderlichen Widerstand R_i können die **Aktionspotentiale** modelliert werden, die einen Natrium-Ionen-Einstrom in die Zelle verursachen.
- Im Zellinneren können sich Ladungen längs des Axons bewegen. Der **elektrische Widerstand des Zellplasmas** wird in diesem Modell als Axialwiderstand R_a berücksichtigt.

Diese Schaltung wiederholt sich längs des Axons (B1). Durch die Na-K-Pumpe werden K^+-Ionen aktiv in die Zelle und Na^+-Ionen aktiv aus der Zelle transportiert. Außerdem können im Rahmen von Experimenten Ionen gezielt in die Zelle injiziert werden. Der sich daraus ergebende Nettostrom soll über eine Konstantstromquelle in das Modell einbezogen werden. Die Stromstärke I_{ges} kann als konstant betrachtet werden, da der Einstrom von Ionen während der Vorgänge, die bei der Signalleitung ablaufen, näherungsweise konstant bleiben soll. Das Zelläußere befindet sich auf einem gemeinsamen Potential; in Abbildung B1 wird dieses geerdet.

Dieses Modell kann die Vorgänge während der Signalleitung sehr genau nachbilden, allerdings ist seine Anwendung sehr aufwändig. Es ist deshalb in verschiedenen Situationen sinnvoll, ein vereinfachtes Modell zu betrachten, das aber wesentliche Eigenschaften der Nervenzelle nachbildet. Dies soll am Beispiel des Ruhepotentials gezeigt werden. Das Ruhepotential kann ohne veränderliche Widerstände modelliert werden, da die entsprechenden Ionenkanäle dauerhaft geschlossen sind. Da sich entlang des Axons überall das gleiche Membranpotential eingestellt hat, bewegen sich auch keine Ladungen längs des Axons. Daher genügt es, nur ein Axonsegment zu betrachten, und der Axialwiderstand entfällt. Aufgrund des konstanten Ruhepotentials ist der Kondensator voll aufgeladen und kann ebenfalls vernachlässigt werden. Für die Betrachtung des Ruhepotentials erweist es sich als zweckmäßig, zwischen den ins Zellinnere fließenden Na^+-Ionen und den ins Zelläußere fließenden K^+-Ionen zu unterscheiden. Dies wird berücksichtigt, indem für Na^+ und K^+ getrennte Widerstände und Konstantstromquellen verwendet werden. Der angepasste Ersatzschaltkreis sieht nun folgendermaßen aus (B2):

Das Ruhepotential wird durch zwei entgegengerichtete Ionenströme aufrechterhalten. Über die Natriumkanäle fließt entlang des Konzentrationsgefälles ein geringer Na^+-(Leck-) Strom (grün) in die Zelle hinein. Diese Ionen werden über die Na-K-Pumpe wieder aus der Zelle transportiert. Gleichzeitig werden K^+-Ionen (blau), die entlang des Konzentrationsgefälles aus der Zelle hinausströmen, durch die Ionenpumpe wieder nach innen transportiert. Die Polarität der Batterien ergibt sich wie folgt: Im Zellinneren befinden sich mehr K^+-Ionen als im Zelläußeren, daher bewirkt das Konzentrationsgefälle einen Ausstrom positiver K^+-Ionen. Bei den Na^+-Ionen sind die Verhältnisse genau umgekehrt. Insgesamt ergibt sich ein konstantes Membranpotential.

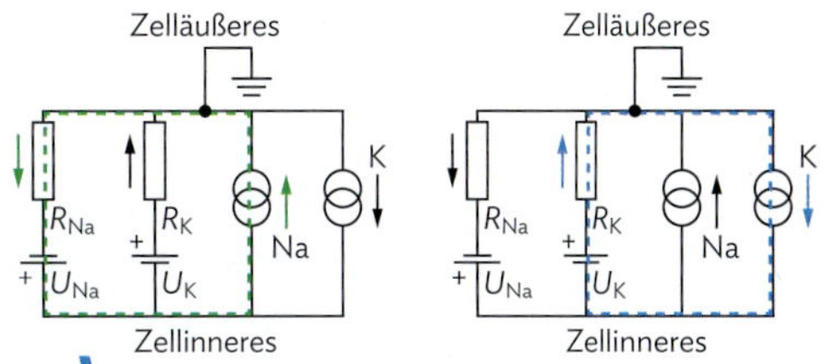

B2 \ Vereinfachter Ersatzschaltkreis zur Modellierung des Ruhepotentials

Wird ein Signal über das Axon vermittelt, so kommt es durch das Einströmen von Ionen zu einer kurzzeitigen Abweichung $U = U_M - U_0$ des Membranpotentials U_M vom konstanten Ruhepotential U_0. In den folgenden Kapiteln wird die Signalentstehung und -ausbreitung also lediglich die Abweichung vom Ruhepotential betrachten. Die Na-K-Pumpe spielt für kurzfristige Membranpotentialänderungen keine Rolle, sie ist lediglich für die langfristige Aufrechterhaltung des Ruhepotentials zuständig. Die Batterien können ebenfalls vernachlässigt werden, denn sie bestimmen lediglich die Höhe des Ruhepotentials. Solange keine Aktionspotentiale betrachtet werden, wird der Ionenstrom über die Membran bis auf einen geringen (vernachlässigbaren) Na^+-Leckstrom von K^+-Ionen getragen. Daher kann der Widerstand R_K durch den allgemeinen Membranwiderstand R_m ersetzt werden. Dieser bereits deutlich vereinfachte Ersatzschaltkreis, der das konstante Ruhepotential nicht gesondert berücksichtigt, ist Grundlage für die passive Signalleitung, die in Kapitel 10.3 behandelt wird.

Arbeitsaufträge

1\ Während eines Experiments wird über einen längeren Zeitraum ein konstanter K^+-Ionenstrom in ein Axonsegment injiziert. Ein konstanter Anteil dieser Ionen fließt in benachbarte Axonsegmente ab. Die verbleibenden Ionen verlassen das Axonsegment wieder über die Ionenkanäle oder lagern sich an der Membran an. Das Experiment soll die Stärke der sich daraus ergebenden Membranpotentialänderung unmittelbar an der Einstichstelle untersuchen.

a) Skizzieren Sie einen möglichst einfachen Ersatzschaltkreis zur Modellierung dieser Situation. Gehen Sie vom Ersatzschaltkreis aus Abbildung B1 aus und vereinfachen sie diesen schrittweise.

b) Beschriften Sie die elektronischen Bauteile in Ihrer Skizze mit ihrer biologischen Entsprechung.

2\ Die Zellmembran wird im Ersatzschaltkreis durch einen Plattenkondensator mit Dielektrikum modelliert. Als Dielektrikum wird eine elektrisch schwach- oder nichtleitende Substanz bezeichnet, in der die vorhandenen Ladungsträger nicht frei beweglich sind. Daher werden Dielektrika in einem elektrischen Feld polarisiert.

a) Recherchieren Sie, wie sich die Formeln zur Berechnung der Kapazität bei einem Plattenkondensator mit und ohne Dielektrikum unterscheiden.

b) Ein Plattenkondensator (im Vakuum), an den eine Spannung von 70 mV angelegt wird, speichert eine gewisse Ladungsmenge. Entscheiden Sie begründet, ob ein Plattenkondensator mit dem Dielektrikum Wasser bei gleicher angelegter Spannung und gleichen Abmessungen eine kleinere oder größere Ladungsmenge speichert.

Laden eines Kondensators

Legt man an einen ungeladenen Kondensator eine Spannung an, fließt ein Strom zwischen Spannungsquelle und Kondensatorplatten (B1). In einer idealen Schaltung ohne elektrischen Widerstand werden dabei ohne Zeitverzögerung so viele Ladungsträger auf die Kondensatorplatten transportiert, dass das elektrische Feld am Kondensator die angelegte Spannung gerade ausgleicht und kein Strom mehr fließt. In einer realen Schaltung stellt man jedoch fest, dass sich die Ladung am Kondensator nicht schlagartig aufbaut, sondern sich erst allmählich an die Maximalladung annähert (B2). Sie haben dies bereits in M2 auf S. 177 gesehen. Für diesen Effekt ist der elektrische Widerstand verantwortlich, der den Ladestrom begrenzt. Dies kann entweder allein der Widerstand der Kabel sein oder ein zusätzlich vorgeschalteter Widerstand. Legt man nun plötzlich (z. B. durch Schließen eines Schalters oder mithilfe einer speziellen Spannungsquelle, die ein entsprechendes Spannungssignal abgeben kann) eine Spannung an die Schaltung an, so fließt ein Strom, wobei ein Teil der Spannung über dem Widerstand abfällt ($U_R = R \cdot I$). Dieser Teil der Spannung „fehlt" sozusagen am Kondensator, sodass dieser nicht sofort vollständig aufgeladen wird (B2). Um den Ladevorgang physikalisch genauer zu beschreiben, muss man sich allerdings eines Tricks bedienen. Man betrachtet zunächst nicht die Spannung U_C des Kondensators in Abhängigkeit von der Zeit, sondern die Veränderung der Spannung:

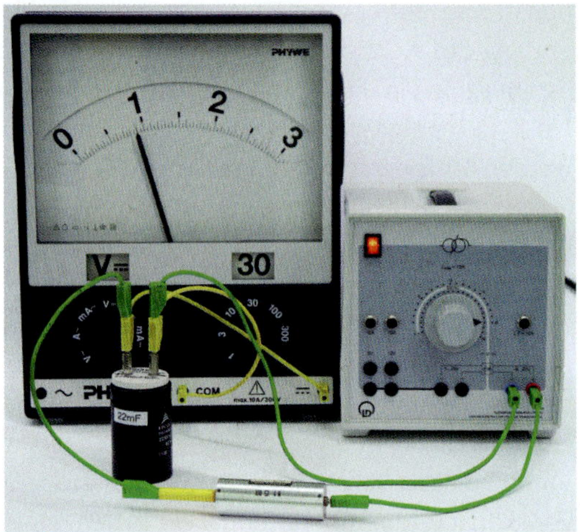

B1 Versuchsaufbau zum Aufladen eines Kondensators

i

Im Experiment misst man hier die Spannung U_C am Kondensator. Diese ist proportional zur Ladung Q, die man nicht so einfach direkt messen kann.

i

Definition der Stromstärke:
$I = \frac{\Delta Q}{\Delta t}$

i

Beim Plattenkondensator gilt:
$Q = C \cdot U$

$$\frac{\Delta U_C}{\Delta t} = \frac{\frac{\Delta Q}{C}}{\Delta t} = \frac{\Delta Q}{C \cdot \Delta t} = \frac{I}{C} \text{ mit } U_R = R \cdot I \text{ gilt: } \frac{\Delta U_C}{\Delta t} = \frac{I}{C} = \frac{U_R}{R \cdot C}$$

In dieser Gleichung macht man sich zunutze, dass der fließende Strom am Kondensator und am Widerstand gleich groß ist. Wir können I also als die Zahl der Ladungsträger, die pro Sekunde am Kondensator ankommen, ansehen, gleichzeitig aber auch am Widerstand über $I = \frac{U_R}{R}$ berechnen. Dabei muss man allerdings beachten, dass die Spannung U_R, die am Widerstand abfällt, nicht konstant ist. Sie verändert sich in Abhängigkeit von der Spannung U_C, die am Kondensator anliegt, und es gilt $U_C + U_R = U_{ges}$, wobei U_{ges} die von der Spannungsquelle angelegte Spannung ist (B3). Auch die Änderungsrate $\frac{\Delta U_C}{\Delta t}$ ist damit nicht konstant – sie ist proportional zu U_R. Dies stimmt mit der experimentellen Beobachtung (B2) überein.

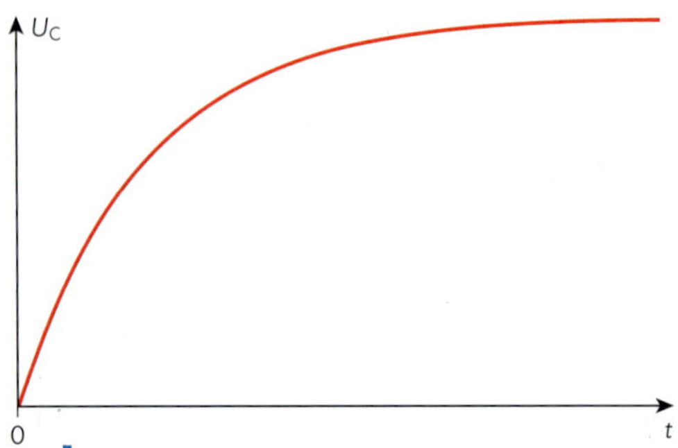

B2 Spannungsverlauf am Kondensator beim Aufladen

Da beim Anlegen von U_{ges} der Kondensator zunächst ungeladen und $U_C = 0$ ist, gilt in diesem Moment $U_R = U_{ges}$. Ab jetzt steigt die Spannung am Kondensator an, und die Spannung am Widerstand nimmt im gleichen Maße ab. U_R ist also in dem Moment am größten, in dem die Spannung U_{ges} an die Schaltung angelegt wird. Ebenso ist die Änderungsrate $\frac{\Delta U_C}{\Delta t}$ zu diesem Zeitpunkt maximal – die Ladekurve (B2) steigt am steilsten an.

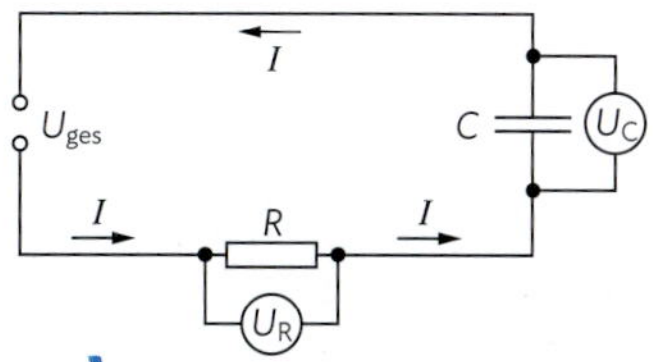

B3 \ Die angelegte Spannung U_{ges} verteilt sich auf den Widerstand und den Kondensator: $U_{ges} = U_C + U_R$.

Mit zunehmender Ladung des Kondensators wird U_R kleiner und die Ladekurve wird flacher.

Da U_C sich in Abhängigkeit von der Zeit t verändert, wird U_C durch eine Funktion $U_C(t)$ beschrieben. Wie die Form der Kurve bereits vermuten lässt (B2), kann der Spannungsverlauf durch eine Exponentialfunktion beschrieben werden:

$$U_C(t) = U_{ges} \cdot \left(1 - e^{-\frac{t}{\tau}}\right),$$

wobei τ die Zeitkonstante beschreibt, also die Zeit, nach der der Kondensator zu ca. 63 % (exakt $1 - \frac{1}{e}$) aufgeladen ist. Die Zeitkonstante hängt wiederum vom Widerstand und der Kapazität ab. Je größer dabei das Produkt $R \cdot C$ ist, desto langsamer wird der Kondensator aufgeladen. Es gilt:

$$\tau = R \cdot C$$

Es ist also

$$U_C(t) = U_{ges} \cdot \left(1 - e^{-\frac{t}{R \cdot C}}\right).$$

Entladen eines Kondensators

Analog lässt sich der Entladevorgang eines Kondensators beschreiben. Wird ein Kondensator von der Spannungsquelle getrennt, so speichert er die Ladung und behält seine Spannung bei. Werden seine Platten leitend miteinander verbunden, so fließen die Ladungen von einer Kondensatorplatte zur anderen, um die Spannung wieder abzubauen. Geschieht dies über einen Widerstand, so fließen die Ladungen nach und nach ab, so dass sich die Spannung nur allmählich abbaut (B4).

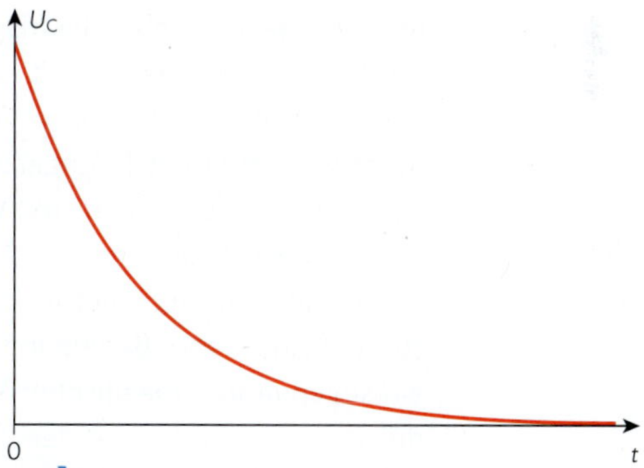

B4 \ Spannungsverlauf am Kondensator beim Entladen

Den zugehörigen Stromkreis kann man so interpretieren, dass der Kondensator als Spannungsquelle fungiert, die sich allerdings mehr oder weniger schnell entlädt. Die Spannung U_C am Kondensator ist dann gleich der Spannung U_R, die über dem Widerstand abfällt (B5).

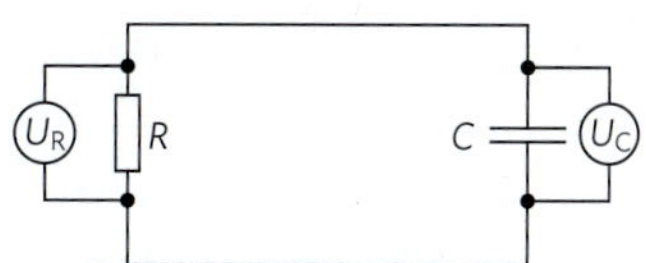

B5 \ Schematische Schaltung beim Entladen eines Kondensators

Wegen $U_R = R \cdot I$ gilt die Proportionalität $U_R \sim I$, wobei $U_R = U_C$. Am Kondensator gilt wieder:

$$Q = C \cdot U \text{ und } I = \frac{\Delta Q}{\Delta t}$$

Für die zeitliche Änderung von U_C folgt:

$$\frac{\Delta U_C}{\Delta t} = \frac{\Delta Q}{C \cdot \Delta t} = \frac{I}{C}$$

Die Stromstärke I ist also proportional zur zeitlichen Änderung von U_C (die zeitliche Änderung von U_C entspricht in B4 der Steigung des Graphen). Mit $U_C = U_R \sim I$ und $I \sim \frac{\Delta U_C}{\Delta t}$ gilt, dass die zeitliche Änderung von U_C proportional zu U_C selbst ist, das heißt, je größer U_C ist, desto schneller fällt die Spannung. Dies passt mit der Beobachtung (B4) zusammen.

Auch hier kann man zur Beschreibung des Vorgangs eine Exponentialfunktion finden (U_{max}: Ladung des Kondensators zu Beginn des Entladevorgangs):

$$U_C(t) = U_{max} \cdot e^{-\frac{t}{\tau}} = U_{max} \cdot e^{-\frac{t}{R \cdot C}}.$$

Spezifischer Widerstand

Der Widerstand eines Leiterstücks ist von verschiedenen Faktoren abhängig. So spielen neben dem Material auch die Form, insbesondere Querschnitt und Länge, oder auch äußere Einflüsse wie die Temperatur eine Rolle dafür, wie gut der Strom hindurchgeleitet wird. Für ein bestimmtes Material kann dabei – bei gleichbleibenden äußeren Bedingungen – festgestellt werden: je kleiner der Querschnitt A, desto größer ist der Widerstand, bzw. $R \sim \frac{1}{A}$ (B6a). Anschaulich kann man sich vorstellen, dass sich durch ein dünnes Stück Draht die Elektronen nicht so leicht hindurchbewegen können, wie durch ein dickeres Metallstück – ähnlich wie bei Wasserrohren mit unterschiedlichem Querschnitt. Andererseits ist der Widerstand auch von der Länge l des Leiters abhängig. In einem Widerstand wird ein Teil der elektrischen Energie in innere Energie umgewandelt. Je weiter sich die Elektronen durch den Leiter bewegen müssen, desto mehr elektrische Energie wird umgewandelt und steht dem Leitungsvorgang nicht mehr zur Verfügung. Je länger also der Leiter, desto größer der Widerstand: $R \sim l$ (B6b).

Für ein bestimmtes Material kann (unter festgelegten Bedingungen) ein sogenannter spezifischer Widerstand ρ bestimmt werden. Dabei gilt der Zusammenhang:

$$R = \frac{\rho \cdot l}{A}.$$

Die Einheit für ρ ist dabei Ωm oder abgewandelte Einheiten. Man liest aber gelegentlich auch Angaben wie $\frac{\Omega mm^2}{m}$.

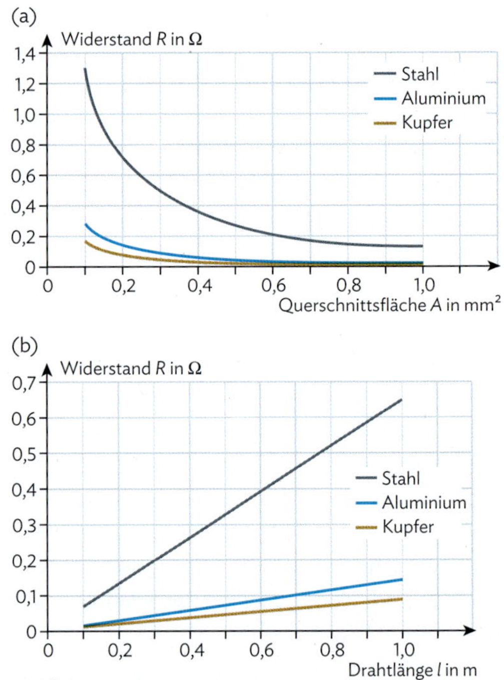

B6 (a) Widerstand von Drähten mit gleicher Länge $l = 1\,m$ (b) Widerstand von Drähten mit gleicher Querschnittsfläche $A = 0{,}2\,mm$

Musteraufgabe

An einen Kondensator ($C = 20\,\text{nF}$) wird durch Schließen des Schalters S über einen Widerstand $R = 10\,\text{M}\Omega$ eine Spannung $U = 50\,\text{V}$ angelegt. Berechnen Sie die Zeit, nach der der Kondensator zu 80 % aufgeladen ist.

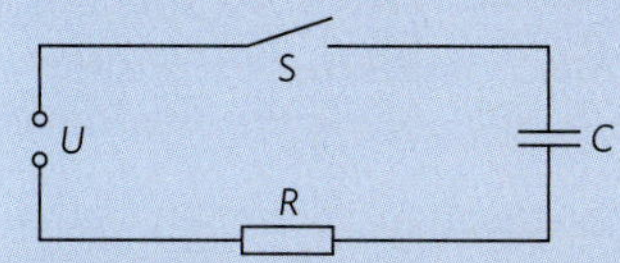

Kondensator in einem Stromkreis

Lösung

Der Kondensator ist zu 80 % aufgeladen, wenn $U_C = 40\,\text{V}$.

Es gilt dann:

$40\,\text{V} = 50\,\text{V} \cdot \left(1 - e^{-\frac{t}{R \cdot C}}\right)$.

$\Rightarrow \frac{40\,\text{V}}{50\,\text{V}} = \frac{4}{5} = 1 - e^{-\frac{t}{R \cdot C}}$ bzw. $\frac{1}{5} = e^{-\frac{t}{R \cdot C}}$

Man erhält also:

$-\frac{t}{R \cdot C} = \ln 0{,}2 = -\ln 5$.

$t = \ln 5 \cdot R \cdot C = \ln 5 \cdot 10\,\text{M}\Omega \cdot 20\,\text{nF} = 0{,}32\,\text{s}$

Arbeitsaufträge

1\ An einen Kondensator ($C = 20\,\text{nF}$) wird durch Schließen des Schalters S über einen Widerstand $R = 10\,\text{M}\Omega$ eine Spannung $U = 50\,\text{V}$ angelegt.

a) Erläutern Sie, warum der Kondensator rein mathematisch nie ganz aufgeladen sein wird.

b) Bestimmen Sie die Zeit, die man benötigt, um den Kondensator so weit aufzuladen, dass zur vollen Ladung nur noch ein Elektron fehlt, er also bis auf eine Elementarladung ($1{,}602 \cdot 10^{-19}\,\text{C}$) vollgeladen ist.

2\ V Bauen Sie in einem Simulationsprogramm eine Schaltung aus Spannungsquelle (Rechtecksignal mit einer Frequenz von 1 Hz, das zwischen 0 V und 20 V wechselt), Widerstand ($R = 1\,\text{k}\Omega$) und Kondensator ($C = 50\,\mu\text{F}$) auf.

Schaltung in einer Simulation

a) Lassen Sie sich in der Simulation Strom und Spannung am Kondensator ausgeben.

b) Bestimmen Sie für einen Lade- und einen Entladevorgang des Kondensators jeweils die Halbwertszeit (also bis $U_C = 10\,\text{V}$ beträgt).

c) Lesen Sie für die Entladekurve des Kondensators weitere Wertepaare von t (Zeit ab Beginn des Entladens) und U_C ab und tragen Sie diese in das Koordinatensystem einer DGS ein.

d) Modellieren Sie den Spannungsverlauf mit einer Funktion der folgenden Form, indem Sie a, b und c so anpassen, dass der Graph von $f(x)$ die eingetragenen Messwerte durchläuft:

$$f(x) = a \cdot e^{\frac{x}{b \cdot c}}$$

e) Beschreiben Sie, wie Änderungen an den Parametern die Form des Graphen beeinflussen, und ordnen Sie begründet zu, welche physikalischen Größen a, b und c darstellen.

3\ V Zeichnen Sie mit einem möglichst weichen Bleistift einen dicken Strich auf ein Blatt Papier und messen Sie Breite und Länge mit einem Lineal. Leiten Sie Strom durch den Graphitstrich und messen Sie den Widerstand. Nehmen Sie an, dass der Strich näherungsweise ein Quader ist. Bestimmen Sie aus dem spezifischen Widerstand von Graphit ($1{,}4 \cdot 10^{-5}\,\Omega\text{m}$) die Dicke des Bleistiftstrichs.

Passive und aktive Signalleitung

Ein Nervensignal beruht grundsätzlich auf einer Abweichung des Membranpotentials vom Ruhepotential. Werden in ein Axon K^+-Ionen injiziert, so ändert sich mit der Zeit das Membranpotential an dieser Stelle. Messungen des Membranpotentials am Riesenaxon des Tintenfisches zeigen, dass die Änderung des Potentials einen charakteristischen zeitlichen Verlauf aufweist, der an das Laden und Entladen eines Kondensators erinnert (B1, vgl. Kapitel 10.2).

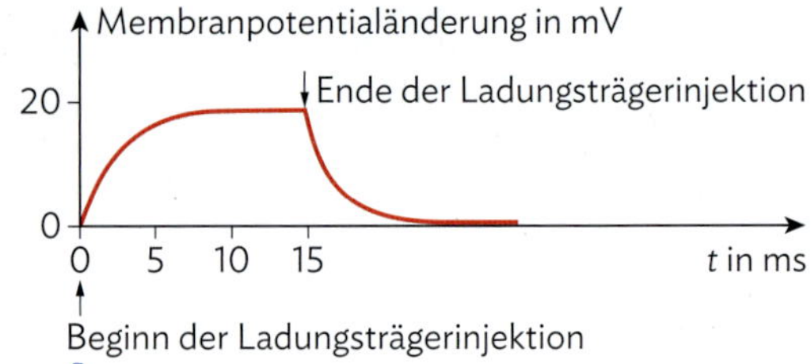

B1 Änderung des Membranpotentials bei passiver Signalleitung

Die injizierten K^+-Ionen lagern sich nun an der Zellmembran an, fließen über den nächstgelegenen K^+-Ionenkanal wieder nach außen oder bewegen sich im Inneren über eine gewisse Strecke entlang des Axons. In Kapitel 10.1 wurde der Ersatzschaltkreis vorgestellt, der diese drei Möglichkeiten modelliert. Wenn sich die durch die Ladungsträgerinjektion herbeigeführte Änderung des Membranpotentials unterhalb eines Schwellenwertes von etwa 20 mV bewegt, so ändern die Ionenkanäle ihre Struktur nicht: Ein Teil der K^+-Ionenkanäle ist geöffnet, alle Na^+-Ionenkanäle sind geschlossen. Der Membranwiderstand R_m bleibt konstant, Aktionspotentiale (U_i) treten nicht auf. Dennoch kann sich das Signal längs des ganzen Axons ausbreiten – dies ist die sogenannte passive Signalleitung. Wozu braucht das Axon also überhaupt die Aktionspotentiale und eine aktive Signalleitung? Um dies zu erklären, müssen wir die Vorgänge bei der passiven Signalleitung genauer betrachten.

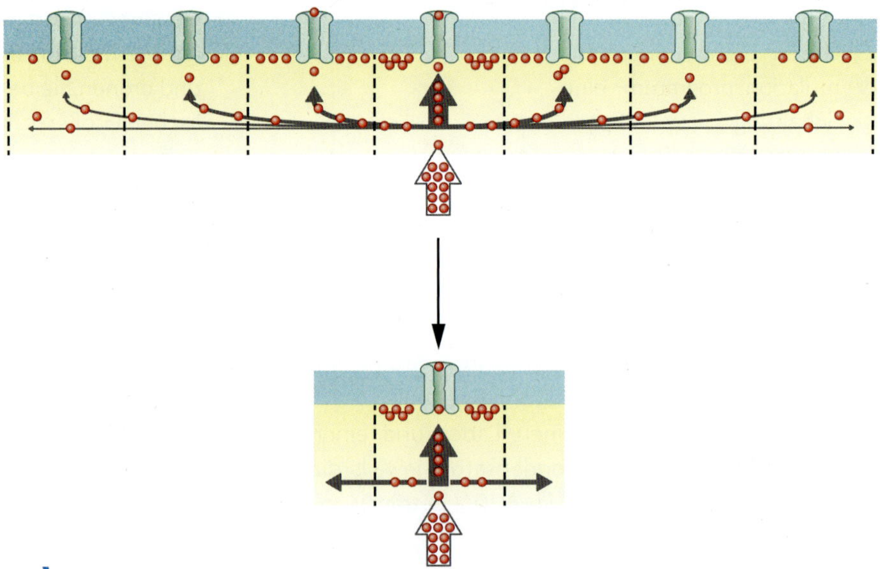

B2 Ladungsträgerinjektion in ein Axonsegment

Ausgangspunkt der Betrachtung ist die Injektion positiver Ionen, z. B. K^+, an einer Stelle des Axons (B2), wobei das Membranpotential unterhalb der Schwelle von 20 mV bleiben soll. Im ersten Moment der Injektion ist nur die Injektionsstelle

selbst, also das Axonsegment, in das die Ionen einfließen, von Bedeutung (B3). Der Anteil des Stroms (der eingebrachten Ladungsträger), der in diesem Segment verbleibt, wird in unserem Modell durch I_{ges} repräsentiert.
Der Rest des injizierten Stroms, der in die benachbarten Axonsegmente weiterfließt, soll in einem ersten Schritt unberücksichtigt bleiben. Ein Teil der Ladungen kann nun über die Ionenkanäle abfließen, was sich in einem Membranstrom I_R ausdrücken lässt. Es gilt dabei offensichtlich der Zusammenhang $U = I_R \cdot R_m$. Ein anderer Teil der Ladungen lädt den Membrankondensator auf. Die Summe aus Ladungsstrom zum Kondensator I_C und Membranstrom I_R muss gleich dem Gesamtstrom sein, da an dem Knotenpunkt unten im Bild B3 genauso viele Ladungen zu- wie abfließen müssen. Es gilt also: $I_{ges} = I_R + I_C$.
Wenn der Kondensator vollständig aufgeladen ist, gilt $I_C = 0$, und der gesamte Strom fließt über die Ionenkanäle in der Membran ab ($I_R = I_{ges}$). Es baut sich keine weitere Spannung mehr auf, und das Membranpotential hat sein Maximum erreicht.

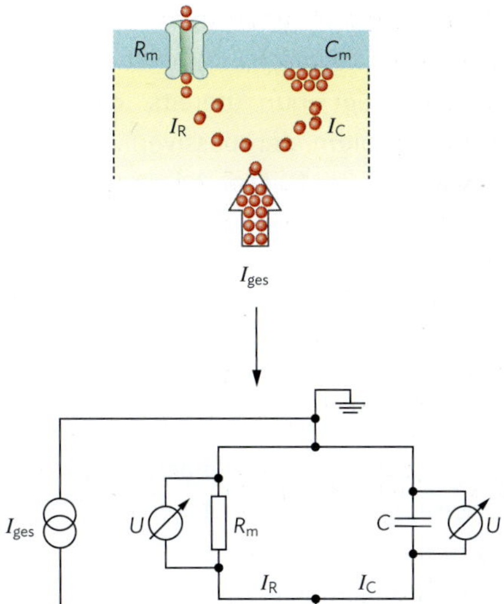

B3 \ Ersatzschaltkreis für das Axonsegment, in das die Ladungsträger injiziert werden

i

In einer Parallelschaltung gilt:
$U_{ges} = U_1 = U_2$
$I_{ges} = I_1 + I_2$

Für die maximal mögliche Signalstärke gilt: $U_{max} = I_{ges} \cdot R_m$.

Da der injizierte Strom aber nicht nur durch die Membran des Segments, in das die Ionen einströmen, abfließen kann, müssen in die Betrachtungen in einem zweiten Schritt auch die benachbarten Segmente einbezogen werden. Für das Weiterfließen des Stroms im Inneren des Axons ist der Axialwiderstand R_a entscheidend. Der Strom fließt über diesen Widerstand ab und tritt dann in einiger Entfernung in einem anderen Axonsegment über die Membran aus.
Dauert die Ladungsträgerinjektion längere Zeit an, so ist der Membrankondensator vollständig geladen, für den Kondensatorstrom gilt $I_C = 0$ und die Membranspannung ist konstant und maximal.
Da in den Kondensator nun kein Strom mehr fließt, verhält sich dieser wie ein unendlich großer Widerstand und kann für die weiteren Betrachtungen vernachlässigt werden. Die Axonsegmente können in diesem Fall also als reine Membranwiderstände modelliert werden, die über Axialwiderstände verbunden sind (B4). Man erhält eine sogenannte Widerstandsleiter, die im Schülerexperiment in Kapitel 10.4 nachgebaut und untersucht wird.

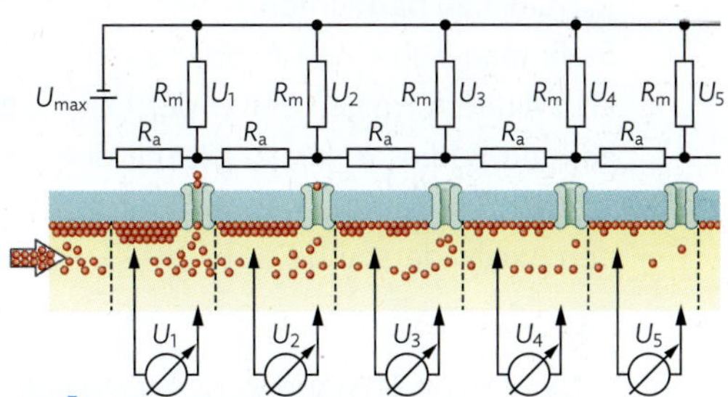

B4 \ Ladungsträgerfluss entlang des Axons und zugehöriger Ersatzschaltkreis. U_{max} ist die Spannung, die sich nach längerer Ladungsträgerinjektion im 0. Segment einstellt, wenn der Membrankondensator vollständig aufgeladen ist.

Signalabschwächung bei passiver Signalleitung

Eine einfache anschauliche Überlegung zeigt nun bereits das Hauptproblem der passiven Signalleitung auf. Die injizierten Ladungsträger fließen über die Ionenkanäle des Axons wieder nach außen. Dabei fließt im ersten Segment ein bestimmter Anteil des Stroms (z. B. 50 %) über den Membranwiderstand R_m ab, der Rest fließt weiter ins benachbarte zweite Segment. Dort fließt wiederum die Hälfte der verbliebenen Ladungen über die Membran nach außen, während die andere Hälfte ins dritte Segment weitergeleitet wird und so weiter (B5).

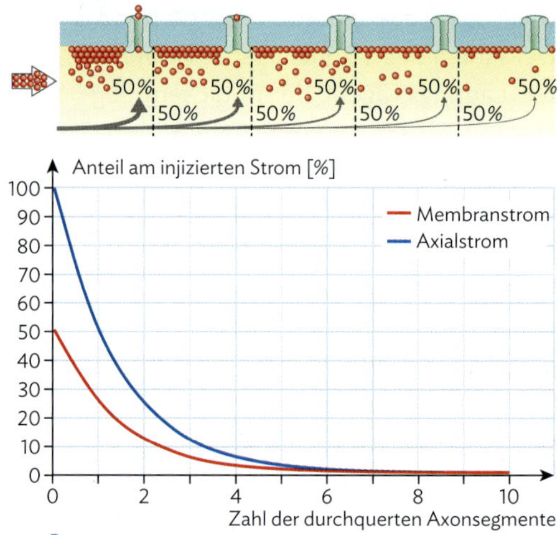

B5 Stromfluss durch das Axon und Abnahme von Axial- und Membranstrom mit der Entfernung

Dies führt zu einer exponentiellen Abnahme des Axial- und des Membranstroms in Abhängigkeit von der Entfernung zur Injektionsstelle. Da Strom und Spannung an einem ohmschen Widerstand proportional sind, nimmt auch das Membranpotential exponentiell ab.

Damit lässt sich der Spannungsverlauf entlang des Axons in Abhängigkeit von der Entfernung x zum Ort des Ioneneinstroms beschreiben:

$$U(x) = U_{max} \cdot e^{-\frac{x}{\lambda}}$$

Dabei ist λ die Längskonstante. Sie gibt an, in welcher Entfernung der Wert der Spannung auf ca. 37 % (genauer $\frac{1}{e}$) der Ausgangsspannung gefallen ist.

Membran- und Axialwiderstand

Bevor wir die Halbwertslänge untersuchen, ist es notwendig, die beiden verschiedenen Widerstände R_a und R_m näher zu betrachten.
Stellt man sich einen Axonabschnitt als zylinderförmigen Leiter der Länge l mit Radius a vor, so gilt mit der Formel $R = \frac{\rho \cdot l}{A}$ aus Kapitel 10.2 für den Axialwiderstand R_a:

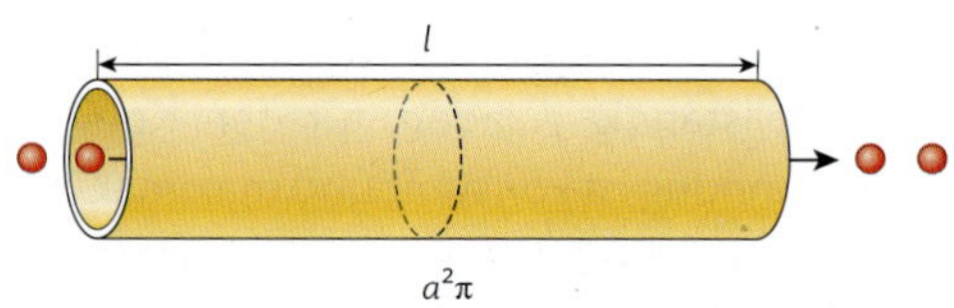

B6 Geometrische Betrachtung zum Axialwiderstand eines zylinderförmigen Axonabschnitts

Der Axialwiderstand R_a ist gegeben durch: $R_a = \rho_z \cdot \frac{l}{A} = \rho_z \cdot \frac{l}{\pi \cdot a^2}$.

Der Axialwiderstand hängt also vom spezifischen Widerstand der Zellflüssigkeit ρ_z sowie von der Länge und dem Radius des Abschnitts ab. Insbesondere gilt: $R_a \sim l$.

In ähnlicher Weise lässt sich der Membranwiderstand eines zylinderförmigen Axonabschnitts betrachten. Da die Ionen durch die Ionenkanäle aus dem Axon austreten, fließt der hier betrachtete Strom durch die Mantelfläche des Zylinders nach außen. Er durchläuft ein Gewebe der Dicke d. Dies entspricht der Länge des durchflossenen Leiters. Der Querschnitt des durchflossenen Leiters ist die Mantelfläche des Zylinders $2\pi \cdot a \cdot l$ (B7).

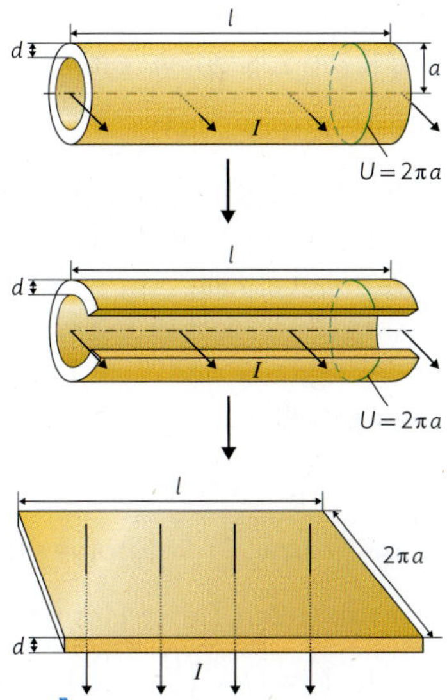

B7 \ Geometrische Betrachtung zum Membranwiderstand eines zylinderförmigen Axonabschnitts

Es gilt für den Membranwiderstand R_m:
$R_m = \frac{\rho_m \cdot d}{2\pi \cdot a \cdot l}$

Der spezifische Widerstand der Axonmembran ρ_m hängt dabei maßgeblich von der Anzahl und der Leitfähigkeit der Ionenkanäle ab. Dabei gilt: Je mehr offene Ionenkanäle pro Flächeneinheit verfügbar sind, desto geringer ist der spezifische Widerstand der Membran. Im Gegensatz zum Axialwiderstand R_a ist der Membranwiderstand R_m indirekt proportional zur Länge des Axonabschnitts, $R_m \sim \frac{1}{l}$.

Die Längskonstante

Betrachtet wird nun eine unendlich lange Widerstandsleiter als Modell für die passive Signalleitung im Axon (unter Weglassen der Kondensatoren aus dem ursprünglichen Modell, s. o.). Man kann zeigen (Exkurs in 10.4), dass für den Gesamtwiderstand dieser Schaltung gilt:

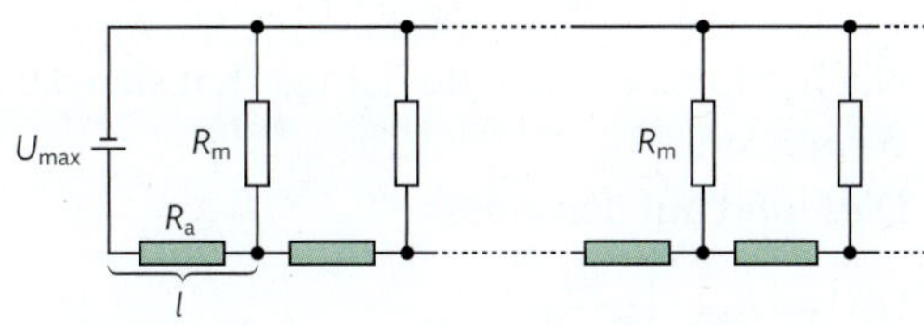

B8 \ Ersatzschaltkreis für passive Signalleitung

$$R = \frac{R_a + \sqrt{R_a^2 + 4 \cdot R_a \cdot R_m}}{2}.$$

Dabei ist dieser Ersatzschaltkreis immer noch aus einzelnen Axonabschnitten endlicher Länge aufgebaut (B8). In der biologischen Realität handelt es sich aber natürlich um eine kontinuierliche Membran. Um sich dem in unserem Modell anzunähern, muss man die Länge immer kleiner werden lassen.

Das Produkt $R_m \cdot R_a = \frac{\rho_m \cdot d}{2\pi \cdot a \cdot l} \cdot \frac{\rho_z \cdot l}{\pi \cdot a^2} = \frac{\rho_m \cdot d \cdot \rho_z}{2\pi^2 \cdot a^3}$ hängt nicht von l ab.

Im Grenzfall $l \to 0$ gilt: $\lim\limits_{l \to 0} R_a = \lim\limits_{l \to 0} \frac{\rho_z \cdot l}{\pi \cdot a^2} = 0$.

Damit ergibt sich für den Gesamtwiderstand R:

$$R = \lim_{l \to 0} \frac{R_a + \sqrt{R_a^2 + 4 \cdot R_a \cdot R_m}}{2} = \frac{0 + \sqrt{0 + 4 \cdot R_a \cdot R_m}}{2} = \sqrt{R_a \cdot R_m}.$$

Für die Berechnung der Längskonstante sieht man sich zunächst nur die Spannungen U_1 und U_2 in den zwei ersten Segmenten an (B9). Der Rest der unendlich langen Kette wird durch den Ersatzwiderstand R ersetzt.

10.3 Passive Signalleitung

i

In einer Reihenschaltung gilt:
$U_{ges} = U_1 + U_2$
$I_{ges} = I_1 = I_2$

In der Reihenschaltung von R_a und R_m im 2. Segment gilt:

$$U_1 = I_2 \cdot R_a + U_2, \quad (1)$$

wobei $I_2 \cdot R_a$ der Spannung entspricht, die am Widerstand R_a im 2. Segment abfällt.

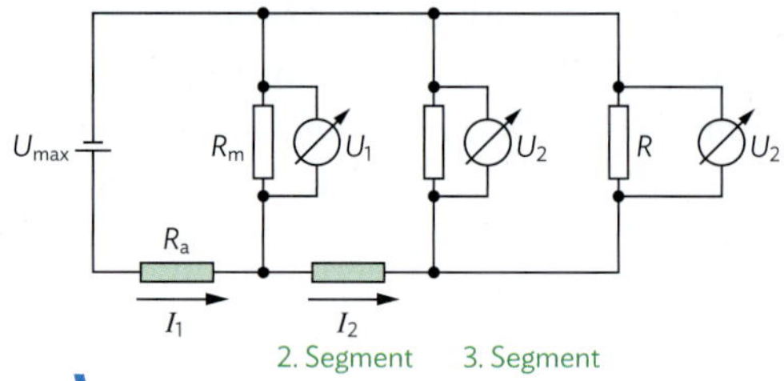

B9 Schaltkreis zur Untersuchung des Spannungsabfalls in zwei aufeinanderfolgenden Segmenten

i

In einer Parallelschaltung gilt:
$U_{ges} = U_1 = U_2$
$I_{ges} = I_1 + I_2$

Für die Parallelschaltung von R_a im 2. Segment und R im dritten Segment gilt

$$I_2 = \frac{U_2}{R_m} + \frac{U_2}{R}, \quad (2)$$

wobei $\frac{U_2}{R_m}$ bzw. $\frac{U_2}{R}$ die Ströme sind, die über R_m im 2. Segment und über R im 3. Segment abfließen. Durch Einsetzen von Gleichung (2) in Gleichung (1)

$$U_1 = I_2 \cdot R_a + U_2 = \left(\frac{U_2}{R_m} + \frac{U_2}{R}\right) \cdot R_a + U_2$$

und anschließende Umformungen

$$\frac{U_1}{U_2} = \left(\frac{1}{R_m} + \frac{1}{R}\right) \cdot R_a + 1 = \frac{R_a \cdot R + R_a \cdot R_m + R_m \cdot R}{R_m \cdot R} = \frac{R_a + \frac{R_a \cdot R_m}{R} + R_m}{R_m}$$

erhält man für das Verhältnis der Spannungen U_1 und U_2 bei $l \to 0$:

$$\frac{U_2}{U_1} = \frac{R_m}{R_a + \frac{R_a \cdot R_m}{R} + R_m} \approx \frac{R_m}{\frac{R_a \cdot R_m}{\sqrt{R_a \cdot R_m}} + R_m} = \frac{R_m}{\sqrt{R_a \cdot R_m} + R_m} = \frac{R_m}{R + R_m}$$

Nach jedem Segment der Länge l hat sich die Spannung also mit dem Faktor $\frac{R_m}{R + R_m}$ vermindert.

Dies führt auf den Ansatz:

$$U(x) = U_{max} \cdot \left(\frac{R_m}{R + R_m}\right)^{\frac{x}{l}}.$$

i

Bei der letzten Umformung wird eine sogenannte Taylornäherung verwendet (siehe Mediencode):
$\ln(x + 1) \approx x$.

MC 67055-35

Bei der Längskonstanten gilt:

$$U(\lambda) = \frac{1}{e} \cdot U_{max} \Rightarrow \left(\frac{R_m}{R + R_m}\right)^{\frac{\lambda}{l}} = \frac{1}{e}$$

Durch geschicktes Umformen erhält man:

$$\lambda \approx l \cdot \sqrt{\frac{R_m}{R_a}} = l \cdot \sqrt{\frac{\rho_m \cdot d}{2\pi \cdot a \cdot l} \cdot \frac{\pi a^2}{\rho_z \cdot l}} = \sqrt{\frac{\rho_m \cdot d \cdot a}{2\rho_z}}.$$

Zeitliche Ausbreitung

Für die Signalleitungsgeschwindigkeit ist entscheidend, wie viel Zeit benötigt wird, bis die maximale Membranspannung erreicht ist, wann also die Membrankondensatoren vollständig aufgeladen sind. Da der Axialwiderstand deutlich kleiner als der Membranwiderstand ist (beim Tintenfischaxon ergaben Messungen, dass R_a um etwa zwei Größenordnungen kleiner ist als R_m), laden sich die Kondensatoren in den verschiedenen Segmenten näherungsweise gleichzeitig auf (B10) und zeigen den gleichen Verlauf der Ladekurve. Daher genügt es für diese Betrachtung, im Ersatzschaltkreis ein einziges Axonsegment heranzuziehen (B3). Wie im Kapitel 10.2 gezeigt, nähert sich die Kondensatorspannung beim Aufladen exponentiell an die Maximalspannung an. Wie schnell das Aufladen erfolgt, hängt von der Kapazität des Kondensators sowie vom Widerstand im Stromkreis ab.

Man erhält (wie in Kapitel 10.2 gezeigt) als Zeitkonstante für den Kondensator:

$$\tau = R_m \cdot C = R_m \cdot \varepsilon_0 \cdot \varepsilon_r \cdot \frac{A}{d} = \frac{\rho_m \cdot d}{2\pi \cdot a \cdot l} \cdot \frac{\varepsilon_0 \cdot \varepsilon_r \cdot 2\pi \cdot a \cdot l}{d} = \rho_m \cdot \varepsilon_0 \cdot \varepsilon_r \,.$$

Halbwertslänge und Halbwertszeit

Für qualitative Überlegungen sind die Halbwertslänge $L_{1/2}$ und die Halbwertszeit $T_{1/2}$ oft anschaulicher als die Längs- bzw. Zeitkonstante.

Die Entfernung von der Injektionsstelle, bei der die Membranspannung auf die Hälfte des Ursprungswertes abgesunken ist, nennt man Halbwertslänge $L_{1/2}$.
Die Zeit, nach der die Membranspannung die Hälfte des Maximalwertes erreicht hat, nennt man Halbwertszeit $T_{1/2}$.

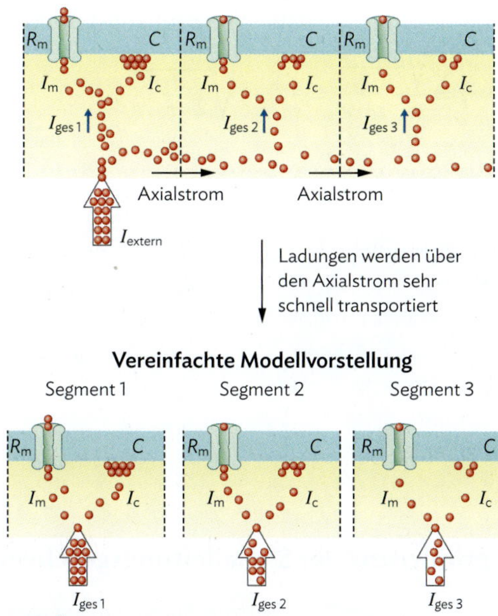

**B10 \ ** Gleichzeitiges Aufladen der Membrankondensatoren

Musteraufgabe

Ein Axon hat eine Längskonstante $\lambda = 1{,}0\ \mu m$ und eine Zeitkonstante $\tau = 0{,}50$ ms.

a) Berechnen Sie die Halbwertslänge dieses Axons.
b) Berechnen Sie die Halbwertszeit dieses Axons.

Lösung

a) $U(x) = U_{max} \cdot e^{-\frac{x}{\lambda}}$

$\frac{U(x)}{U_{max}} = e^{-\frac{x}{\lambda}}$

$\frac{1}{2} = e^{-\frac{L_{1/2}}{\lambda}}$

$\ln\left(\frac{1}{2}\right) = -\frac{L_{1/2}}{\lambda}$

$-\ln 2 = -\frac{L_{1/2}}{\lambda}$

$\Rightarrow L_{1/2} = \lambda \cdot \ln 2 = 1{,}0\ \mu m \cdot \ln 2$
$= 0{,}69\ \mu m$

b) $U(x) = U_{max} \cdot e^{-\frac{t}{\tau}}$

$\frac{U(x)}{U_{max}} = e^{-\frac{t}{\tau}}$

$\frac{1}{2} = e^{-\frac{T_{1/2}}{\tau}}$

$\ln\left(\frac{1}{2}\right) = -\frac{T_{1/2}}{\tau}$

$-\ln 2 = -\frac{T_{1/2}}{\tau}$

$\Rightarrow T_{1/2} = \tau \cdot \ln 2 = 0{,}50\ ms \cdot \ln 2$
$= 0{,}35$ ms

i Hier wird der natürliche Logarithmus (ln) angewendet.

Es gilt: $T_{1/2} = \tau \cdot \ln 2$ und $L_{1/2} = \lambda \cdot \ln 2$.

Die passive Signalleitungsgeschwindigkeit

Ein Nervensignal baut sich umso schneller auf, je kleiner die Zeitkonstante τ ist. Entsprechend größer wird dann die Signalleitungsgeschwindigkeit und es gilt $v \sim \frac{1}{\tau}$.

Andererseits breitet sich das Signal umso schneller aus, je weniger es mit der Entfernung abklingt, je größer also die Längskonstante λ ist: $v \sim \lambda$. Damit gilt:

$$v \sim \frac{\lambda}{\tau} = \frac{\sqrt{\frac{\rho_m \cdot d \cdot a}{2 \cdot \rho_z}}}{\rho_m \cdot \varepsilon_0 \cdot \varepsilon_r} = \frac{1}{\varepsilon_0 \cdot \varepsilon_r} \cdot \sqrt{\frac{d \cdot a}{2 \cdot \rho_m \cdot \rho_z}}.$$

Musteraufgabe

Das Riesenaxon eines Tintenfischs hat einen Radius von $a = 500\,\mu m$, eine Membrandicke von $d = 8{,}0\,nm$ und eine Signalleitungsgeschwindigkeit von $v = 20\,m/s$. Beim myelinisierten menschliche Axon kann diese sogar 120 m/s betragen. Bestimmen Sie den Axonradius, den das Tintenfischaxon theoretisch aufweisen müsste, um dieselbe hohe Geschwindigkeit zu erreichen.

Lösung

Die Geschwindigkeit des menschlichen Axons ist sechsmal so groß wie die des Tintenfischaxons. **Mit $v \sim \sqrt{a}$ muss a 36-mal so groß werden,** um eine sechsfache Geschwindigkeit zu erreichen. Es müsste also $a = 18\,mm$ sein.

Optimierung der Signalleitungsgeschwindigkeit

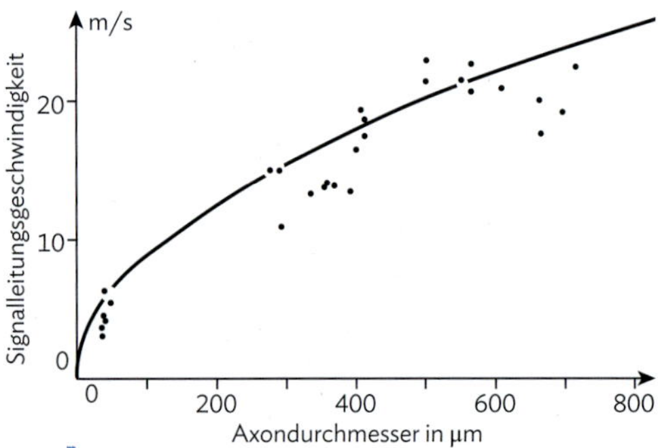

B11 Messdaten zur Signalleitungsgeschwindigkeit beim Tintenfisch

Für die Signalleitungsgeschwindigkeit gilt in unserem Modell $v \sim \sqrt{a}$, ein Zusammenhang der bereits seit der ersten Hälfte des letzten Jahrhunderts aus Messungen zur Signalleitungsgeschwindigkeit bekannt ist. Dies führte im Laufe der Evolution zur Ausbildung sogenannter Riesenaxone mit Durchmessern bis zu 1 mm.

Ferner gilt $v \sim \frac{1}{\sqrt{\rho_z}}$. An sich kann die Zusammensetzung der Zellflüssigkeit nicht verändert werden und ihr Widerstand ist daher nicht variabel. Wirbellose Meerestiere, z. B. der Tintenfisch, müssen jedoch den Salzgehalt in ihrem Gewebe dem Salzgehalt des umgebenden Meerwassers angleichen, um Osmose zu unterbinden. Deswegen haben sie einen sehr hohen Salzgehalt in ihrer Zellflüssigkeit und daher nur einen geringen spezifischen Axialwiderstand von z. B. $35\,\Omega cm$ beim Tintenfisch. Messdaten zeigen, dass typische Werte für den spezifischen Axialwiderstand von landlebenden wirbellosen Tieren 3-mal so hoch sind. Bei gleichem Axondurchmesser können wirbellose Meerestiere daher das Nervensignal 1,7-mal so schnell leiten.

Im Tierreich besonders verbreitet ist eine Myelinisierung des Axons. Dadurch können Signalleitungsgeschwindigkeiten bis 120 m/s erzielt werden. Dies liegt daran, dass eine Myelinscheide die Membrandicke von 8,0 nm auf 1 bis 3 µm erhöhen kann. Da $v \sim \sqrt{d}$ gilt, kann dies die Signalgeschwindigkeit etwa um den Faktor 10 bis 20 erhöhen.

Das hier verwendete, stark vereinfachte Modell für die passive Signalleitungsgeschwindigkeit sagt voraus, dass aufgrund von $v \sim \frac{1}{\sqrt{\rho_m}}$ die Signalleitungsgeschwindigkeit mit einem kleineren spezifischen Membranwiderstand zunimmt. Dies stimmt aber nur bei nicht-myelinisierten Axonen und lässt sich nicht auf

i

Bei der Osmose fließt Wasser durch eine semipermeable Membran in Richtung der höheren Teilchenkonzentration. Damit wird ein Konzentrationsausgleich geschaffen.

die aktive und saltatorische Signalleitung (Kapitel 11. 1) übertragen. Dies liegt daran, dass sich der spezifische Membranwiderstand im Gegensatz zu den anderen Axoneigenschaften auch auf die maximale Signalstärke auswirkt. Die maximale Signalstärke sinkt mit einem kleineren Membranwiderstand. Außerdem gibt es bei Aktionspotentialen einen Schwellenwert, der überschritten werden muss. Hier sind also die Grenzen des vereinfachten Modells erreicht.

i
Um den Einfluss von ρ_m korrekt zu beschreiben, muss das aufwändige Hodgkin-Huxley-Modell angewendet werden.

Arbeitsaufträge

1 Im Laufe der Evolution setzen sich Axonformen durch, die die Signalleitungsgeschwindigkeit optimieren.

a) Durch eine Erhöhung der Dichte der Ionenkanäle kann der spezifische Membranwiderstand ρ_m erniedrigt werden.
   (i) Beschreiben Sie, wie eine Halbierung von ρ_m die passive Signalleitungsgeschwindigkeit v gemäß der Formel beeinflusst.
   (ii) Beschreiben Sie, wie sich eine Halbierung von ρ_m auf die maximale Signalstärke U_{max} auswirkt.

b) Tintenfische bilden „Riesenaxone“ mit besonders großem Axonradius a aus. Bestimmen Sie, wie sich die Signalleitungsgeschwindigkeit bei einer Verdoppelung (Vervierfachung, Verneunfachung, ...) des Axonradius verändert.

c) Bei Axonen mit Myelinscheide nimmt die Membrandicke d zu. Berechnen Sie, um welchen Faktor die Membrandicke vergrößert werden muss, um eine Verzehnfachung der Signalleitungsgeschwindigkeit zu erreichen.

d) Bei myelinisierten Axonen gilt in etwa $d = 0{,}7a$. Zeigen Sie, dass in diesem Fall gilt

$$v = a \cdot \frac{\sqrt{\frac{0{,}35}{\rho_m \cdot \rho_z}}}{\varepsilon_0 \cdot \varepsilon_r}.$$

2 Messungen am Axon eines Hummers ergaben folgende Daten: $a = 37{,}5\,\mu m$, $d = 8{,}0\,nm$, $\rho_z = 60\,\Omega m$, $\frac{C}{A} = 1{,}0\,\mu F/cm^2$, $\rho_m = 2{,}5 \cdot 10^9\,\Omega m$.

a) Berechnen Sie R_m, R_a, $L_{1/2}$ und $T_{1/2}$ für das Hummeraxon mit $l = a$.

b) Wählen Sie nun $l = 2a$. Untersuchen Sie, wie sich dadurch die vier in Teil a) berechneten Größen und die Signalleitungsgeschwindigkeit v verändern.

c) Erläutern Sie, was dies für die (willkürliche) Wahl der Segmentlänge bedeutet.

3 Die Axone von Krebstieren sind gut untersucht.

a) Ein unmyelinisiertes Axon mit dem Radius $a = 15\,\mu m$ hat eine Membrandicke $d = 8{,}0\,nm$, einen spezifischen Axialwiderstand $\rho_z = 50\,\Omega cm$ und einen spezifischen Membranwiderstand $\rho_m = 6{,}25 \cdot 10^9\,\Omega cm$. Berechnen Sie die Längskonstante dieses Axons.

b) Beurteilen Sie, ob für Ruderfußkrebse mit einer Körperlänge bis zu 2,0 mm bzw. für antarktischen Krill mit einer Körpergröße bis zu 6,0 cm die passive Signalleitung jeweils sinnvoll wäre.

4 Die passive Signalleitung spielt auch bei der Signalübertragung zwischen Nervenzellen eine Rolle. An der Kontaktzone zwischen zwei Nervenzellen wird maximal eine Potentialänderung von 2,0 mV erzeugt. Um am 1,0 µm entfernten Axonhügel ein Aktionspotential auszulösen, wird aber ein Schwellenwert von 20 mV benötigt. Erst das Zusammenwirken mehrerer Potentialänderungen kann zu einem neuen Aktionspotential führen.

a) Berechnen Sie für Längskonstanten von $\lambda = 0{,}50\,\mu m$ und $1{,}0\,\mu m$, wie viele gleichzeitig ankommende Erregungen mindestens benötigt werden, um am Axonhügel ein Aktionspotential auszulösen. Beschreiben Sie, wie sich eine Erhöhung der Längskonstante auf die Anzahl der benötigten Erregungen auswirkt.

b) Nehmen Sie an, am Axonhügel erzeugt ein eintreffendes Signal eine Potentialänderung von 1,2 mV. Die Potentialänderung baut sich mit einer Zeitkonstante von $\tau = 5{,}0\,ms$ (1,0 ms) wieder ab. 0,50 ms nach Eintreffen des ersten Signals trifft ein weiteres Signal gleicher Stärke ein. Berechnen Sie für beide Fälle das Gesamtsignal am Axonhügel nach 0,50 ms. Beschreiben Sie, wie sich demnach die Zeitkonstante auf die maximale Stärke des Gesamtsignals am Axonhügel auswirkt.

10.4 Schülerexperimente: Widerstandsleiter

V1 Endlich lange Widerstandsleiter

Ein Axon kann näherungsweise als eine unendlich lange Reihen- und Parallelschaltung von Axial- und Membranwiderständen betrachtet werden (Kapitel 10.3).

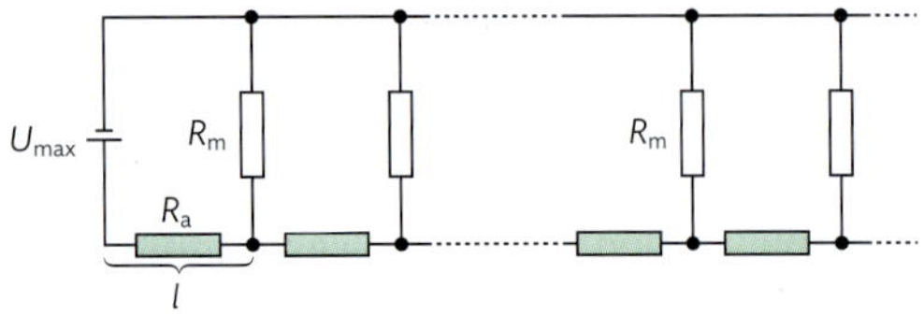

Ersatzschaltkreis: Jedes Glied der Widerstandsleiter repräsentiert ein Axonsegment der Länge l.

Eine solche Widerstandsleiter (wegen ihres Aussehens so genannt), zeigt trotz ihres einfachen Aufbaus die Probleme der passiven Signalleitung im Axon auf. Die einzelnen Zusammenhänge wurden in den vorangegangenen Kapiteln eingehend beleuchtet.

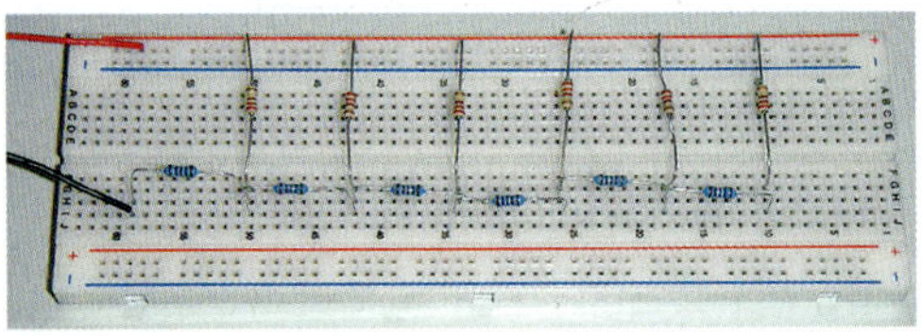

Aufbau einer Widerstandsleiter am Steckbrett

Das Experiment kann am einfachsten mit einem Steckbrett realisiert werden. Beachten Sie dabei die Vorsichtsmaßnahmen, die bei allen Experimenten und insbesondere bei Experimenten mit Elektrizität geboten sind! Sollte Ihnen kein Elektronikbausatz oder ähnliches zur Verfügung stehen, könnten Sie das Experiment weitestgehend auch mit einem Simulationsprogramm durchführen.

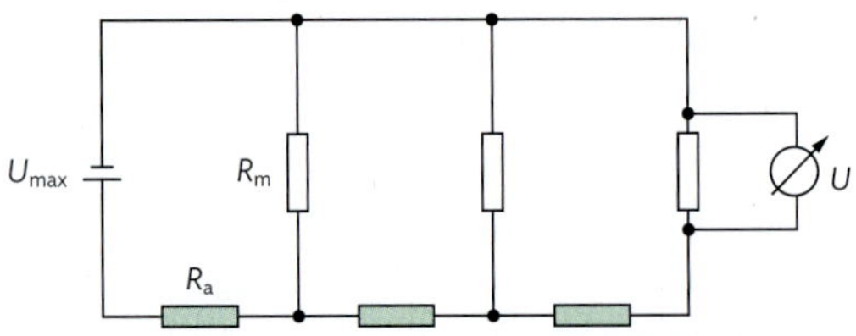

Messung der Spannung am „letzten" Widerstand R_m

Ziel des Versuchs ist es, den Spannungsabfall am „letzten" Widerstand R_m einer endlich langen Widerstandsleiter zu bestimmen, also an dem Widerstand, der am weitesten von der Spannungsquelle entfernt ist. Dabei soll untersucht werden, wie sich diese Spannung in Abhängigkeit von der Länge der Leiter verändert.

Arbeitsauftrag

a) Bauen Sie zunächst die Ersatzschaltung eines einzigen Axonsegments auf. Wählen Sie dabei den Widerstand R_m, der den Membranwiderstand repräsentiert, zehnmal so groß wie den Widerstand R_a, der für den Axialwiderstand steht ($R_m = 10 \cdot R_a$). Die Messungen funktionieren auch bei anderen Widerstandsverhältnissen, wenn $R_m > R_a$ gilt, kommt dies jedoch dem Vorbild in der Natur näher.

b) Legen Sie eine Spannung $U_{max} = 5\,V$ an und messen Sie die Spannung, die über dem Widerstand R_m abfällt. Überprüfen Sie Ihre Messung durch Rechnung. Denken Sie daran, dass bei in Reihe geschalteten Widerständen durch beide Widerstände derselbe Strom fließt, und berechnen Sie daraus die Spannung, die an R_m bzw. an R_a abfällt.

c) Bauen Sie nun schrittweise fünf weitere Segmente an die Widerstandsleiter an. Messen Sie jeweils die Spannung am letzten Widerstand R_m und notieren Sie die Ergebnisse.

d) Stellen Sie anschließend die gemessenen Spannungen in Abhängigkeit von der Zahl der Segmente in einem geeigneten Diagramm dar.

e) Erläutern Sie, welche biologische Situation durch die Spannung am „letzten" Widerstand modelliert wird.

f) Legen Sie mithilfe einer DGS eine Trendlinie durch die Messpunkte aus Teilaufgabe d). Bestimmen Sie damit, nach wie vielen Segmenten sich die Spannung halbiert hat.

V2 (Unendlich) lange Widerstandsleiter

Obwohl es in der Realität nicht möglich ist, eine unendlich lange Widerstandsleiter aufzubauen, lässt sich diese mit einer genügend langen Widerstandsleiter annähern. Da beim Aufbau solch langer Widerstandsleitern Platzmangel oder fehlende Bauteile die Länge begrenzen, bietet es sich an, als Alternative oder für ergänzende Untersuchungen ein Simulationsprogramm zu verwenden. In diesem Versuch sollen die Unterschiede zwischen endlich und unendlich langen Widerstandsleitern verdeutlicht werden. Bei einer (wirklich) unendlich langen Widerstandsleiter ist es nicht möglich, wie in V1 eine Spannung „am letzten Segment" zu messen. Stattdessen wird die Spannung an den einzelnen Widerständen R_m gemessen.

Arbeitsauftrag

V

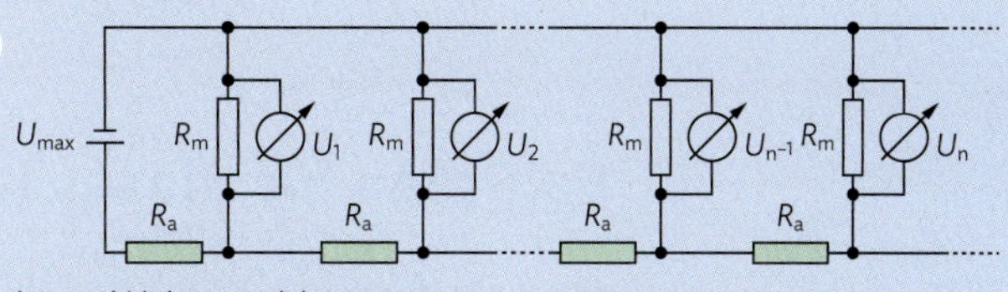

Lange Widerstandsleiter

a) Bauen Sie analog zu V1 eine möglichst lange Widerstandsleiter auf und messen Sie die Spannungen U_1 bis U_n an den Widerständen R_m, wie in der Skizze zu sehen.
b) Erläutern Sie, welche biologische Situation über die Widerstände R_m modelliert wird.
c) Bestimmen Sie mithilfe einer DGS (durch Verwendung einer Trendlinie) die Halbwertslänge Ihrer Widerstandsleiter aus den Messdaten.
d) Überprüfen Sie, ob Sie auf dasselbe Ergebnis wie die Formel für die Halbwertslänge in Kapitel 10.3 kommen. Bauen Sie in einer Simulation eine noch längere Widerstandsleiter nach und vergleichen Sie die Ergebnisse mit denen aus der real aufgebauten Schaltung.

Exkurs: Gesamtwiderstand einer Widerstandsleiter

Schaltet man zwei Widerstände R_1 und R_2 in Reihe, so berechnet sich der Gesamtwiderstand R als Summe der beiden Einzelwiderstände: $R = R_1 + R_2$. Schaltet man zwei Widerstände parallel, so gilt für den Gesamtwiderstand: $R = \frac{1}{\frac{1}{R_1} + \frac{1}{R_2}}$.

Mithilfe dieser beiden Regeln lässt sich auch der Gesamtwiderstand einer Widerstandsleiter berechnen. Dazu betrachtet man zunächst die Schaltung in Abbildung (a) aus nur zwei Segmenten, für die gilt:

$$R_2 = R_a + \frac{1}{\frac{1}{R_m} + \frac{1}{R_a + R_m}}.$$

Erweitert man nun die Widerstandsleiter Segment für Segment (Abbildung (b)), so sieht man, dass für den Widerstand R_n einer Widerstandsleiter aus n Gliedern gilt:

$$R_n = R_a + \frac{1}{\frac{1}{R_m} + \frac{1}{R_{n-1}}}.$$

(a)

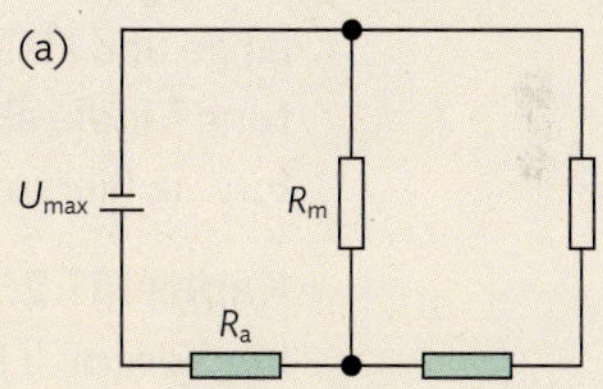

(b)

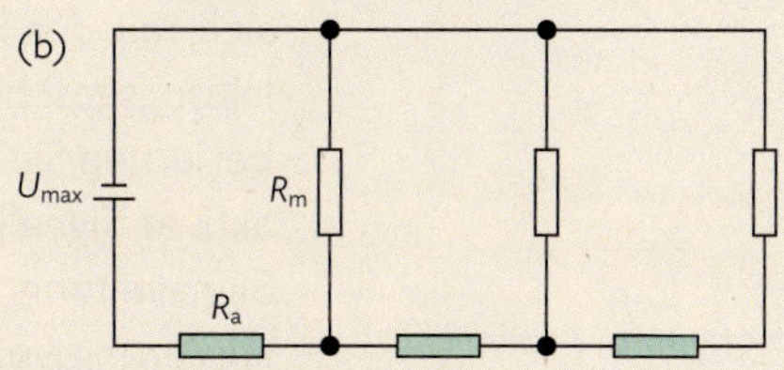

(a) Schaltung aus zwei Segmenten
(b) Erweiterte Schaltung

Bei einer unendlich langen Leiter sind die Widerstände R_n und R_{n-1} identisch.
Setzt man in der Gleichung $R_n = R_{n-1} = R$, so erhält man nach Vereinfachen: $\frac{R}{R_m} - \frac{R_a}{R_m} - \frac{R_a}{R} = 0$.

Multiplizieren Sie die Gleichung mit R und zeigen Sie, dass $R = \frac{R_a \pm \sqrt{R_a^2 + 4 \cdot R_a \cdot R_m}}{2}$ gilt.

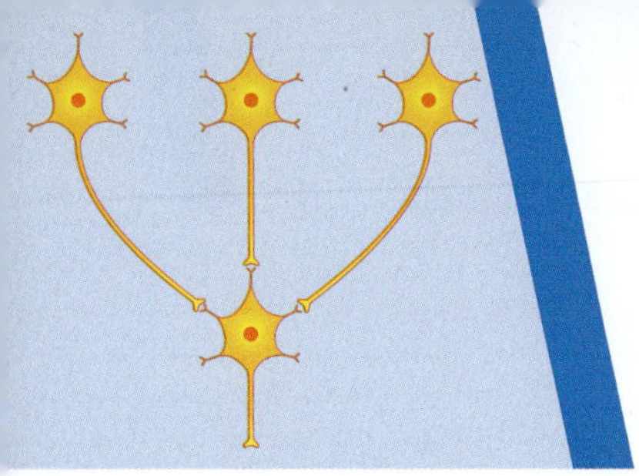

11 EVA: Erregungsleitung und Signalübertragung

Fahrplan für dieses Kapitel

Überblick

Dieses Kapitel widmet sich der Erregungsleitung am Axon und der Signalübertragung zwischen Nervenzellen. Ziel des eigenverantwortlichen Arbeitens ist es, dass Sie sich einen Teilbereich dieses Themas innerhalb einer Arbeitsgruppe anhand vorgegebener Materialien erarbeiten, dabei auch selbst nach passenden Materialien recherchieren und abschließend mit geeigneten Methoden eine Ergebnissicherung durchführen. Teilen Sie sich dafür in Arbeitsgruppen auf. Lesen Sie alle Infotexte und bearbeiten Sie anschließend die Arbeitsaufträge arbeitsteilig bzw. – wenn nicht anders angegeben – gemeinsam als Gruppe.
Wiederholen Sie nach der Einteilung der Gruppen zunächst die Methoden zum eigenverantwortlichen Arbeiten in Kapitel 5 (S. 85–87).

Kapitel 11.1: Aktive Signalleitung

In Kapitel 10 haben Sie die passive Signalleitung kennengelernt. In diesem Themenbereich beschäftigen Sie sich mit der Frage, warum eine aktive Signalleitung sinnvoll ist, welche biologischen Strukturen an der aktiven Signalleitung beteiligt sind und welche Rolle die Halbwertslänge und Halbwertszeit der passiven Signalleitung für die aktive Signalleitung spielen. Arbeiten Sie hierzu paarweise zusammen.

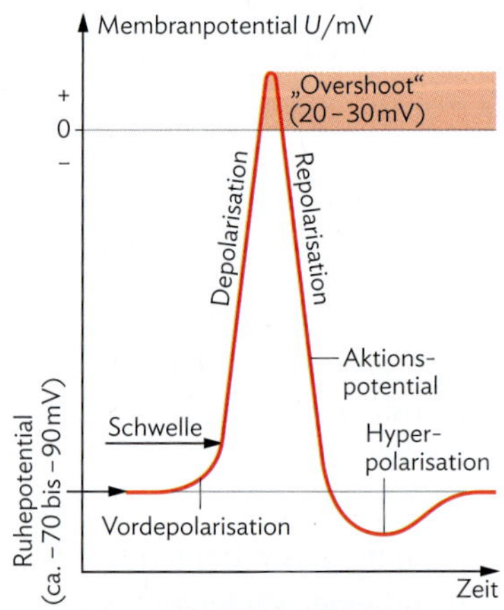

Kapitel 11.2: Saltatorische Signalleitung

In diesem Themenbereich beschäftigen Sie sich mit der Frage, inwiefern man die Signalleitungsgeschwindigkeit optimieren kann. Dabei lernen Sie eine Mischform aus passiver und aktiver Signalleitung kennen: die saltatorische Signalleitung. Grundlage hierfür ist die Myelinisierung von Axonen. Um den Einfluss der Myelinscheide auf die Signalleitungsgeschwindigkeit verstehen zu können, wiederholen Sie wesentliche Ergebnisse aus Kapitel 10. Arbeiten Sie hierzu paarweise zusammen.

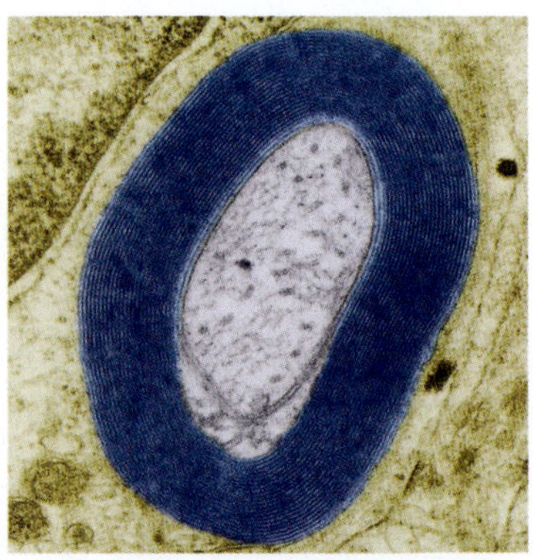

Lösungen zu Kapitel 11:

MC 67055-97

Kapitel 11.3: Verschaltungsprinzipien von Nervenzellen

Die über Axone weitergeleiteten Signale werden über Synapsen gebündelt und verrechnet. In diesem Themenbereich beschäftigen Sie sich damit, wie diese Signalverrechnung erfolgt und wie man damit eine bestimmte Klasse optischer Täuschungen erklären kann. Bilden Sie dazu Arbeitsgruppen von mindestens vier Personen.

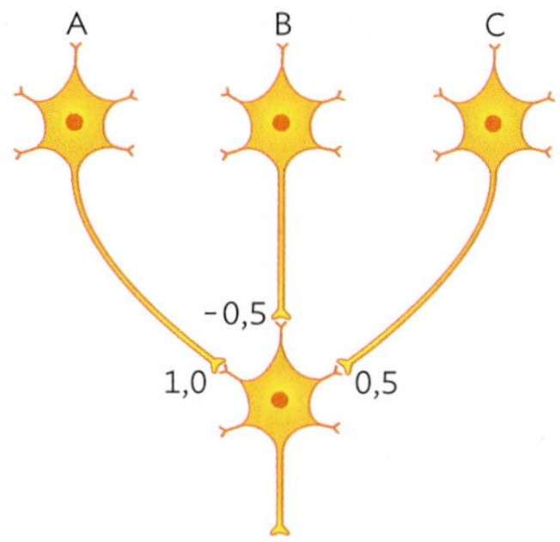

Beim eigenverantwortlichen Arbeiten muss man auch eine geeignete Ergebnissicherung durchführen. Dies kann über Poster, Präsentationen, die Erstellung von Erklärvideos, digitale Pinnwände oder auch als Hefteintrag erfolgen. Dabei muss man die dargebotene Information auf die wesentlichen Punkte reduzieren und übersichtlich darstellen. Beschriftete Schaubilder, Diagramme, Flussdiagramme und Concept Maps haben Sie bereits in Kapitel 5 kennengelernt.

Methode

Infografiken und grafische Organizer

Mit Infografiken und grafischen Organizern können umfangreiche Informationen übersichtlich und hoch verdichtet dargestellt werden. Das Erstellen eigener Infografiken zwingt das Gehirn dazu, in Textform dargebotene Informationen zu ordnen, gemäß ihrer Bedeutung zu gewichten und in eine grafische Darstellung zu übersetzen. Daher sind Infografiken eine sehr gute Methode zur Ergebnissicherung. Je nach Art der dargebotenen Information können unterschiedliche Infografiken bzw. grafische Organizer zum Einsatz kommen:

- **Infografiken**
  Infografiken eignen sich zur Visualisierung von Daten. Im Prinzip handelt es sich hier um eine Weiterentwicklung von Diagrammen, in denen Informationen anschaulich dargestellt werden. In Jahrgangsstufe 9 sind Ihnen Infografiken in Form von Warming Stripes oder Klimaspiralen vermutlich bereits begegnet.
- **Venn-Diagramme**
  Venn-Diagramme (Mengendiagramme) sind Ihnen aus dem Mathematikunterricht bekannt. Sie eignen sich besonders zur Darstellung von Unterschieden und Gemeinsamkeiten.

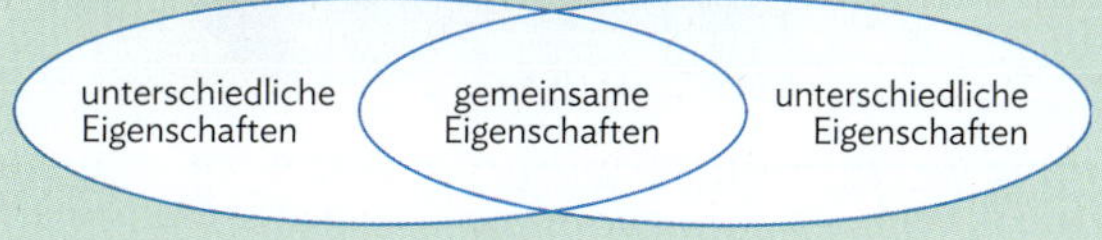

- **Zeitpfeile**
  Zeitpfeile eignen sich, um die chronologische Abfolge von Ereignissen oder eine Sequenz von Vorgängen übersichtlich darzustellen.

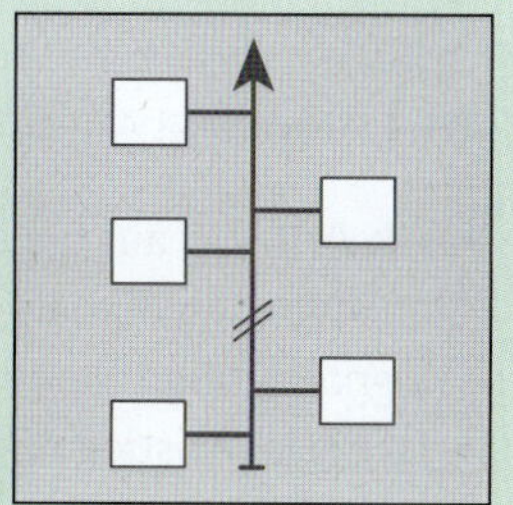

- **Baumdiagramme**
  Baumdiagramme veranschaulichen die Elemente eines Systems oder eines Konzepts von der höchsten bis zur niedrigsten Ebene. Sie können dieses Instrument nutzen, um die über- und untergeordneten Kategorien eines Themas und die Beziehungen zwischen ihnen darzustellen.
- **T-Charts**
  T-Charts eignen sich zur Darstellung von Ursache und Wirkung oder den Vergleich zweier Phänomene. Hierbei werden Informationen in Spalten aufgeteilt.

▶ M1: Entstehung eines Aktionspotentials

Wenn eine Nervenzelle erregt wird, dann öffnen und schließen sich nacheinander verschiedene Ionenkanäle und verändern so das Membranpotential. Hauptsächlich sind dabei Kanäle für Na^+-Ionen (Einstrom) und K^+-Ionen (Ausstrom) beteiligt. Ein solches Aktionspotential (physikalisch eigentlich eine Spannung) läuft in mehreren Schritten ab (B1).

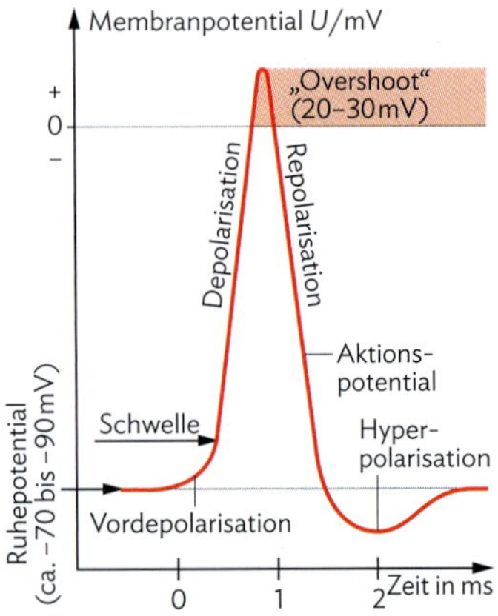

B1 ∖ Ablauf eines Aktionspotentials

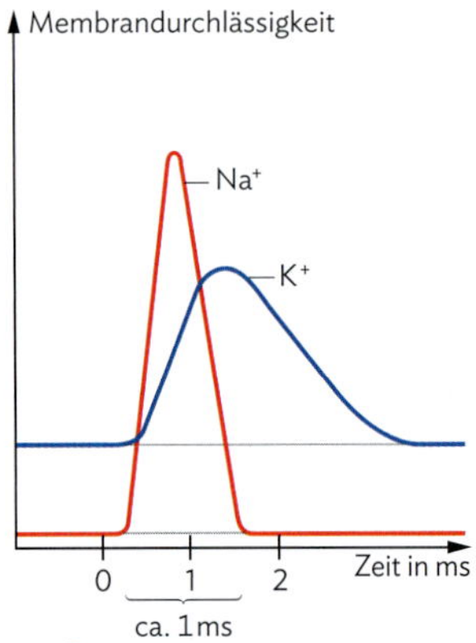

B2 ∖ Membrandurchlässigkeit der beteiligten Ionen

- Als Antwort auf die an allen Dendriten des Axons zusammen anliegenden Signale kommt es am Axonhügel durch passive Signalleitung zu einem Anstieg des Membranpotentials.
- Ist dieser Anstieg nur klein, so reagieren die spannungsgesteuerten Na^+-Ionenkanäle nicht.
- Übersteigt das Potential einen bestimmten Schwellenwert, so werden die spannungsgesteuerten Na^+-Kanäle durchlässig und Na^+-Ionen strömen in die Zelle ein. Dadurch wird das Zellinnere positiv geladen (Depolarisation).
- Wenn das Potential seinen Maximalwert erreicht hat, schließen sich die Na^+-Kanäle wieder (B2) und bleiben während einiger Millisekunden (ms) geschlossen, unabhängig von äußeren Reizen (Refraktärzeit).
- Gleichzeitig öffnen sich spannungsgesteuerte K^+-Kanäle. Die spannungsgesteuerten K^+-Kanäle haben für das Öffnen einen ähnlichen Schwellenwert wie die Na^+-Kanäle, benötigen jedoch mehr Zeit zum Öffnen. Daher strömen die K^+-Ionen etwas zeitverzögert aus der Zelle aus (B2). Die positive Ladung im Zellinneren nimmt damit ab (Repolarisation).
- Schließlich sind alle spannungsgesteuerten Ionenkanäle wieder geschlossen und das ursprüngliche Ruhepotential ist wiederhergestellt.

Arbeitsauftrag

a) Veranschaulichen Sie die verschiedenen Phasen des Aktionspotentials in Form von Infografiken, die die Vorgänge an den Ionenkanälen zeigen. Orientieren Sie sich dabei an der Infografik unten, die die Vorgänge beim Ruhepotential zeigt.

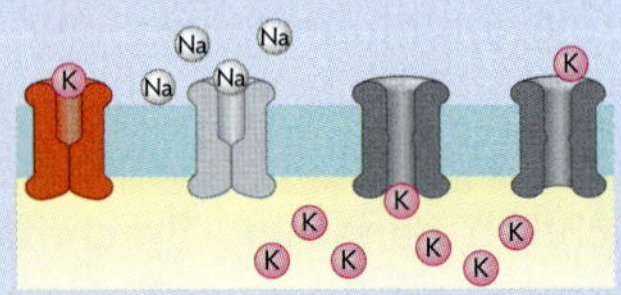

Infografik zum Ruhepotential
rot: spannungsgesteuerter K^+-Ionenkanal
hellgrau: spannungsgesteuerter Na^+-Ionenkanal
dunkelgrau: spannungsunabhängige K^+-Ionenkanäle

Arbeiten Sie dazu paarweise zusammen. Partner(in) A erstellt die Infografik zur Depolarisation ab Erreichen des Schwellenwertes, Partner(in) B erstellt die Infografik zur Repolarisation ab dem Maximalwert.

b) Erklären Sie unter Verwendung einer Kausalkette, wie es zur Ausbildung eines Aktionspotentials kommt. Gehen Sie von einem unerregten Axon aus, an dem das Ruhepotential vorliegt. Berücksichtigen Sie dabei die Informationen aus Kapitel 9.2 zur Entstehung eines Membranpotentials und aus Kapitel 10.3 zur Ausbreitung eines passiven Signals.

M2: Abgrenzung von passiver und aktiver Signalleitung

Werden in ein Axon K^+-Ionen injiziert, so ändert sich mit der Zeit das Membranpotential an dieser Stelle auf charakteristische Weise. Messungen des Membranpotentials am Riesenaxon des Tintenfisches ergeben, dass diese Änderungen typischerweise den in B3 gezeigten zeitlichen Verlauf aufweisen.

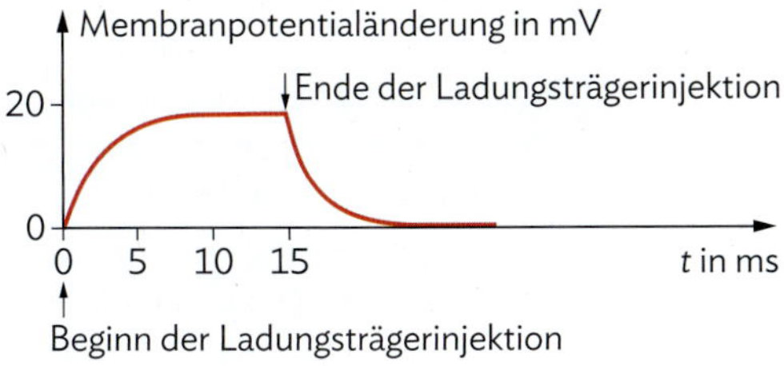

B3 \ Passives Signal

Bleibt die Membranpotentialänderung unterhalb eines Schwellenwertes von ca. 20 mV, ändern die spannungsgesteuerten Ionenkanäle ihre Struktur nicht. Die spannungsunabhängigen K^+-Ionenkanäle sind geöffnet, die spannungsabhängigen K^+-Ionenkanäle sind geschlossen und alle (spannungsgesteuerten) Na^+-Ionenkanäle sind geschlossen. Der Membranwiderstand bleibt also konstant. Unter diesen Umständen treten keine Aktionspotentiale auf. Diese Potentialänderung tritt längs des ganzen Axons auf, wird aber mit zunehmender Entfernung von ihrem Entstehungsort immer schwächer. Zur Übertragung eines Signals entlang eines Axons über längere Strecken ist sie daher nicht geeignet. Allerdings erfolgt die Signalübermittlung von den Dendriten zum Axonhügel passiv. Außerdem ermöglicht die passive Signalleitung erst die Ausbreitung des Aktionspotentials entlang des Axons, da sie das Membranpotential an benachbarten Ionenkanälen über den Schwellenwert hebt.
Um ein aktives Signal auszulösen, muss zunächst bei einer depolarisierenden Reizung ein Schwellenwert von 20 mV überschritten werden. Dadurch öffnen sich die spannungsgesteuerten Na^+-Kanäle und ein Aktionspotential wird ausgelöst. Da sich bei diesem Vorgang der Membranwiderstand wiederholt ändert, wird diese Form der Signalleitung als aktiv bezeichnet. Die Signalleitung über Aktionspotentiale ist selbstregenerierend, d. h. ihre Signalstärke nimmt nicht mit der Entfernung ab. Im Vergleich zur passiven Signalleitung ist sie aber langsam.
Ein Aktionspotential gilt am Ort *x* als angekommen, wenn die mit dem Aktionspotential einhergehende Potentialänderung durch passive Signalleitung den Schwellenwert am Ort *x* überschreitet und dort ein neues Aktionspotential auslöst. Bei der passiven Signalleitung gibt es keinen Schwellenwert, daher ist diese Festlegung für die passive Signalleitung nicht sinnvoll.

Arbeitsauftrag

Erstellen Sie auf Basis dieses Informationstextes eine Gegenüberstellung von aktiver und passiver Signalleitung, in der sowohl die wesentlichen Eigenschaften als auch Vor- und Nachteile erfasst werden. Arbeiten Sie dazu paarweise zusammen. Partner(in) A bearbeitet die passive und Partner(in) B die aktive Signalleitung.

M3: Ausbreitung eines Aktionspotentials

Die passive Signalleitung ist maßgeblich an der Ausbreitung eines Aktionspotentials beteiligt.

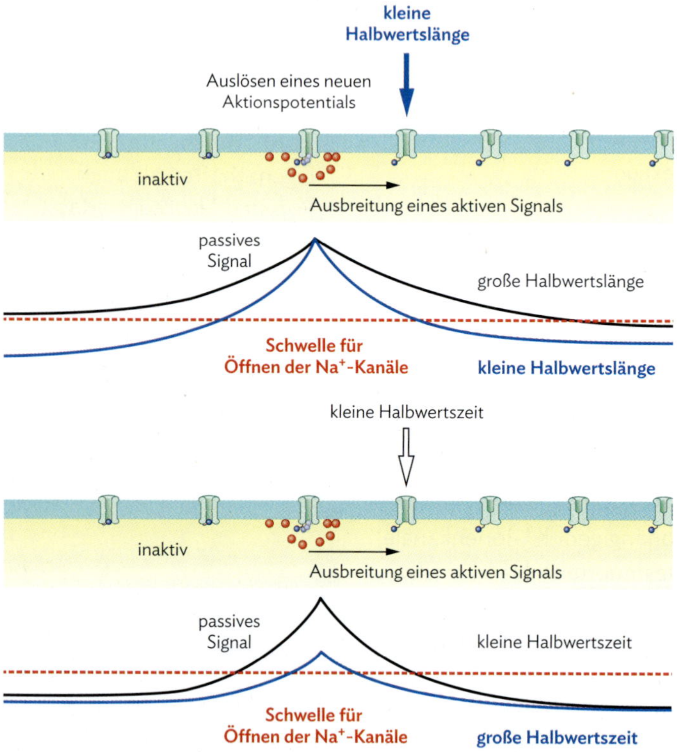

B4 Ausbreitung des Aktionspotentials

Arten und Zustände von Ionenkanälen:

- Es gibt spannungsgesteuerte Na^+-Ionenkanäle, die für eine begrenzte Zeit geschlossen und nicht aktivierbar sind: 
- Es gibt geschlossene, aktivierbare, spannungsgesteuerte Na^+-Ionenkanäle: 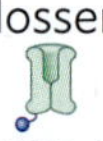
- Es gibt geöffnete, spannungsgesteuerte Na^+-Ionenkanäle: 

Die spannungsgesteuerten Na^+-Ionenkanäle sind für die Ausbreitung des Signals zuständig.

- Es gibt geöffnete, spannungsgesteuerte K^+-Ionenkanäle
- Es gibt geschlossene, spannungsgesteuerte K^+-Ionenkanäle
- Es gibt spannungsunabhängige K^+-Ionenkanäle, diese sind immer geöffnet

Die K^+-Ionenkanäle sind nicht in der Infografik enthalten. Die spannungsgesteuerten K^+-Ionenkanäle sind für die Repolarisation der Axonmembran zuständig.

Arbeitsauftrag

a) Arbeiten Sie paarweise zusammen. Partner(in) A bearbeitet die Halbwertslänge, Partner(in) B die Halbwertszeit. Erklären Sie Ihrer Partnerin oder Ihrem Partner, wie sich die Halbwertslänge bzw. Halbwertszeit auf die Geschwindigkeit der aktiven Signalleitung auswirken (B4). Gehen sie von einer maximalen Signalstärke von 100 mV aus. Dies entspricht der Signalstärke des Maximums des Aktionspotentials. Beschreiben Sie anhand von B4, welche Ionenkanäle bei einer großen Halbwertslänge bzw. Halbwertszeit geöffnet sind.

b) Bei der aktiven Signalleitung gilt ein Signal als angekommen, wenn es den Schwellenwert überschreitet. Begründen Sie, dass bei dieser Betrachtungsweise eine Kombination aus einer großen Halbwertszeit und einer großen Halbwertslänge vorteilhafter sein kann als eine Kombination aus einer kleinen Halbwertszeit und einer kleinen Halbwertslänge.

c) Erstellen Sie eine Übersicht über die Rolle, die die einzelnen Ionenkanäle bzw. ihre Zustände bei der Ausbreitung des Signals, bei der Verhinderung des Rückwärtslaufens des Signals, bei der Repolarisation und der Entstehung des Ruhepotentials spielen. Partner(in) A bearbeitet die Na^+-Ionenkanäle, Partner(in) B die K^+-Ionenkanäle.

M4: Ionenkanäle

Ionenkanäle erfüllen bei der Entstehung des Ruhepotentials, der passiven Signalleitung und bei der Entstehung und Ausbreitung des Aktionspotentials vielfältige Aufgaben. Doch wie können sie chemisch selektiv sein, sich öffnen und in einen inaktiven Zustand wechseln?
Der Übergang vom geschlossenen in den offenen Zustand oder umgekehrt (Gating) kann über verschiedene Mechanismen ausgelöst werden. Die beiden folgenden sind für die Funktionsweise von Nervenzellen am wichtigsten.

- Spannungsgesteuertes Gating: Das Kanalprotein ändert seine räumliche Struktur bei Änderung des elektrischen Feldes, welches das Protein umgibt. Dabei beeinflusst das elektrische Feld die polaren Bindungen sowie die Ionenbindungen, die die Struktur des Kanalproteins stabilisieren. Ändert sich die Spannung, die über einem Kanalprotein abfällt, so wirkt sich dies auf dessen räumliche Struktur aus.
- Ligandengesteuertes Gating: Das Öffnen bzw. Schließen kann über chemische Botenstoffe ausgelöst werden. Dabei lagert sich der Botenstoff an den Ionenkanal an, was zu einer Veränderung der räumlichen Struktur des Kanalproteins führt.

Die chemische Selektivität der Ionenkanäle lässt sich folgendermaßen erklären (B5): Die Ionenkanäle besitzen eine Engstelle. Im Bereich der Engstelle weisen die Seitenketten des Kanalproteins elektrisch geladene Bereiche auf, die wie eine elektrostatische Barriere wirken. So können – je nach Ladungsvorzeichen der Seitenketten – positive oder negative Ionen einen Kanal bevorzugt durchqueren. In der Engstelle befindet sich zusätzlich noch ein Selektivitätsfilter, der es in der Regel nur jeweils einer Art von Ionen ermöglicht, vorübergehend in der Engstelle mit dem Kanalprotein eine Bindung einzugehen. In wässriger Lösung sind Ionen in der Regel von einer Hydrathülle umgeben, die umso größer ist, je kleiner das Ion bei gleicher Ladung ist. Dadurch erhöht sich die effektive Größe des Ions beträchtlich. Bindet das Ion nun an das Protein, so verliert es kurzfristig seine Hydrathülle. Es ist nun klein genug, um die Engstelle passieren zu können.

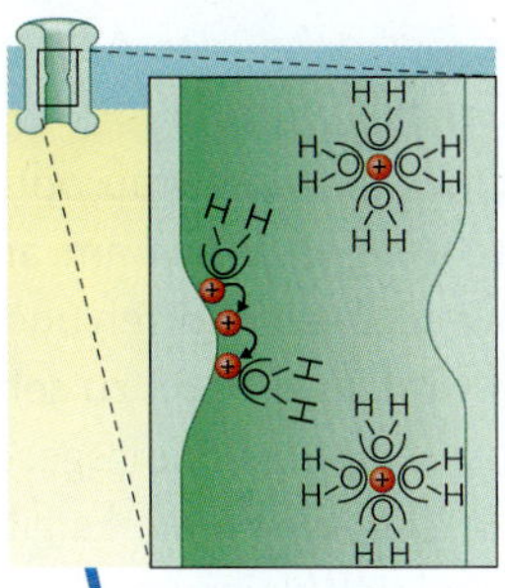

B5 \ Funktionsprinzip eines Selektivitätsfilters

Ein Ionenkanal kann inaktiv werden, wenn sich ein beweglicher, positiv geladener Teil des Kanalproteins, die Inaktivierungsdomäne, gleich einem „Stöpsel" in den Kanal setzt und diesen verstopft.

Arbeitsauftrag

a) Entscheiden Sie begründet, welche Form des Gatings bei der Entstehung des Aktionspotentials verwendet wird.

b) Begründen Sie, dass ein K^+-Ionenkanal K^+-Ionen passieren lässt, die wesentlich kleineren Na^+-Ionen jedoch nicht.

c) Die Inaktivierungsdomäne ist beweglich und positiv geladen. Bei Depolarisation verschließt sie den Kanal, bei Hyperpolarisation gibt sie den Kanal wieder frei. Erklären Sie dies. Überlegen Sie dazu, wie das elektrische Feld an der Zellmembran bei Depolarisation und Hyperpolarisation verläuft.

d) Recherchieren Sie die Begriffe Primärstruktur, Sekundärstruktur, Tertiärstruktur und Quartärstruktur im Zusammenhang mit Proteinen. Erläutern Sie, wie Primär- und Sekundärstruktur zusammenwirken, um Tertiär- und Quartärstruktur festzulegen. Präsentieren Sie Ihre Ergebnisse.

M1: Saltatorische Signalleitung

Bei der passiven Signalleitung wird die Potentialänderung mit zunehmender Entfernung von ihrem Entstehungsort immer schwächer. Zur Übertragung von Information über weite Strecken ist sie daher nicht geeignet. Die aktive Signalleitung weist diesen Mangel nicht auf. Sie ist selbstregenerierend, d. h. ihre Signalstärke nimmt nicht mit der Entfernung ab. Im Vergleich zur passiven Signalleitung ist sie aber langsam. Daher hat sich bei Wirbeltieren die saltatorische (sprunghafte) Signalleitung entwickelt (B1), die entlang myelinisierter Axone verläuft. Dies optimiert die Signalleitungsgeschwindigkeit.

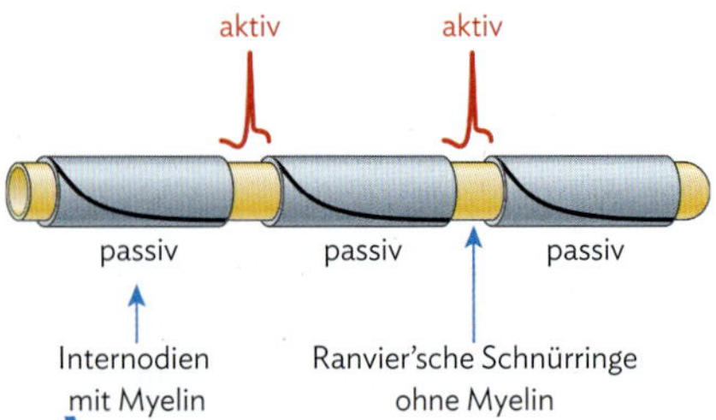

B1 Saltatorische Signalleitung an myelinisierten Axonen

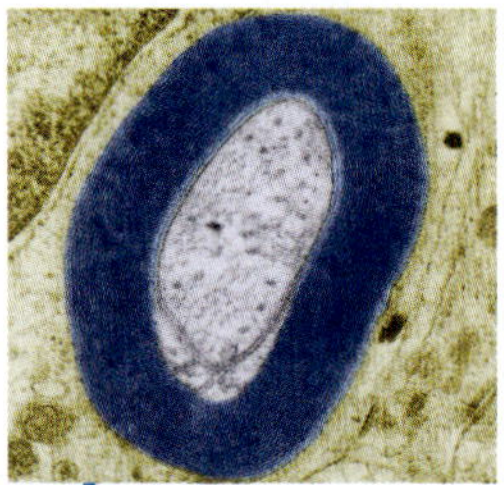

B2 Elektronenmikroskopische Aufnahme eines Axons mit Myelinscheide

In den Internodien gibt es kaum Na^+- und K^+-Ionenkanäle, da die Myelinscheide das Axon isoliert. In diesem Bereich kann daher kein aktives Signal ausgebildet werden, selbst wenn der Schwellenwert für die Entstehung eines Aktionspotentials überschritten wird. In den Internodien wird das Signal daher stets passiv weitergeleitet (B1). Die passive Signalausbreitung ist schneller als die aktive, unterliegt dabei aber einer starken Dämpfung. Daher muss das Signal an den Ranvier'schen Schnürringen, wo die Myelinschicht unterbrochen ist, durch Ausbilden von Aktionspotentialen regelmäßig verstärkt werden. Typischerweise beträgt dabei der Abstand der Ranvier'schen Schnürringe 1 mm bis 2 mm.
Aber wie wird die Signalleitungsgeschwindigkeit genau optimiert? Im Bereich der Internodien ist entscheidend, wann am anderen Ende des Internodiums der Schwellenwert überschritten und damit ein neues Aktionspotential ausgelöst wird. Wie in B3 zu sehen ist, kommen die Signale trotz gleicher passiver Signalleitungsgeschwindigkeit nicht gleichzeitig am nächsten Schnürring an. Es gibt eine optimale Kombination von λ und τ, wobei sich kleine ($\lambda < 1$ mm) und große ($\lambda \gg 1$ mm) Längskonstanten ungünstig auswirken.

Die Längskonstante ist durch $\lambda = \sqrt{\frac{\rho_m \cdot d \cdot a}{2 \cdot \rho_Z}}$ gegeben. Im Bereich der Internodien mit Myelinscheide gibt es kaum Ionenkanäle. Dies erhöht den spezifischen Membranwiderstand und damit die Halbwertslänge im Bereich der Internodien. Außerdem erhöht sich die Membrandicke erheblich.

Arbeitsauftrag

a) Die saltatorische Signalleitung reduziert den Energiebedarf des Organismus, da nur an den Schnürringen Na-K-Pumpen erforderlich sind. Schätzen Sie für ein Axon mit Radius a = 1 µm ab, wie weit die Ranvier'schen Schnürringe für eine möglichst schnelle Signalleitung und einen möglichst geringen Energieverbrauch optimalerweise voneinander entfernt sein sollten.
Berücksichtigen Sie dabei:
- Die Dicke d der Myelinscheide ist abhängig vom Axonradius a. Die g-ratio beträgt 0,7.
- Die Signalleitung in den Internodien ist wesentlich schneller als an den Ranvier'schen Schnürringen.
- Das Ausgangssignal (Aktionspotential) beträgt 100 mV.
- Der Schwellenwert zum Auslösen eines Aktionspotentials beträgt etwa ein Viertel der maximalen Signalstärke.
- Der spezifische Axialwiderstand ρ_Z beträgt 110 Ωcm.
- Der spezifische Membranwiderstand einer Membran mit Myelinscheide ρ_m beträgt 800 MΩcm.

Hilfe: MC 67055-99

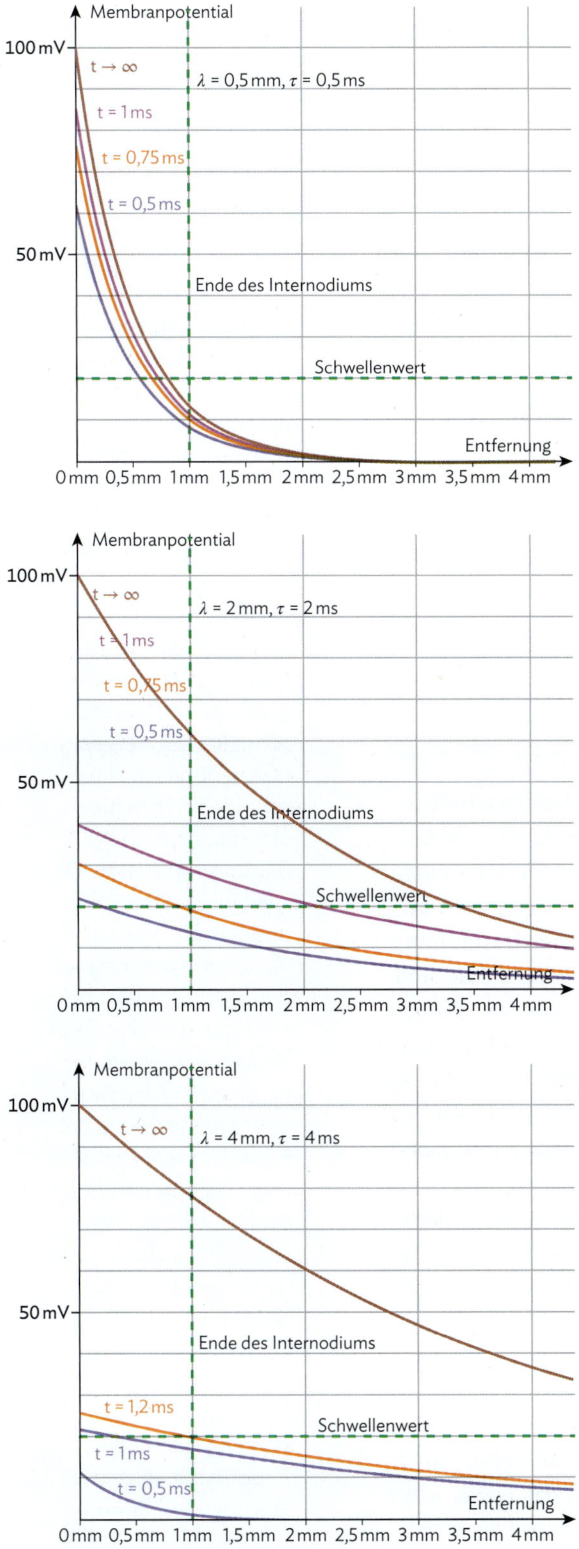

**B3 ** Zeitlicher und örtlicher Verlauf des passiven Signals in einem Internodium bei verschiedenen Kombinationen von λ und τ

b) Vergleichen Sie Ihr Ergebnis mit dem tatsächlich gemessenen Abstand von Ranvier'schen Schnürringen im Bereich von 1 mm bis 2 mm.

c) Geben Sie an, welche der drei in B3 dargestellten Kombinationen aus Längs- und Zeitkonstante zur schnellsten Signalweiterleitung führt. Beschreiben Sie wie Sie zur Beantwortung dieser Frage vorgegangen sind.

d) Erklären Sie anhand von B3, dass sich die Kombination von $\lambda = 0{,}5$ mm und $\tau = 0{,}5$ ms auf die Signalleitungsgeschwindigkeit ungünstig auswirkt.

e) Erklären Sie anhand von B3, dass sich die Kombination von $\lambda = 4$ mm und $\tau = 4$ ms auf die Signalleitungsgeschwindigkeit ungünstig auswirkt.

f) Erklären Sie anhand der Informationen aus dem Text, dass die Formel zur passiven Signalleitungsgeschwindigkeit den Einfluss des Membranwiderstandes auf die Signalleitungsgeschwindigkeit bei der saltatorischen Signalleitung nur unzureichend wiedergibt, während sie den Einfluss des Axondurchmessers, des Axialwiderstands und der Myelinscheide korrekt wiedergibt.

g) Begründen Sie unter Verwendung einer Kausalkette, dass ein kleiner Membranwiderstand im Bereich der Schnürringe auftritt und sich nicht negativ auf die Signalleitungsgeschwindigkeit auswirkt, obwohl dies zu einer kleinen Längskonstante führt.

h) Begründen Sie unter Verwendung einer Kausalkette, dass ein großer Membranwiderstand im Bereich der Internodien auftritt und sich nicht negativ auf die Signalleitungsgeschwindigkeit

Experimentell hat sich gezeigt, dass der Axonradius a und die Membrandicke d mit Myelinschicht durch die sogenannte g-ratio verknüpft sind.

Dabei gilt: $g = \frac{a}{a + d_{\text{Myelin}}} \approx 0{,}7 \Rightarrow d_{\text{Myelin}} = \frac{3}{7}a$

Es ergibt sich $\lambda = \sqrt{\frac{\rho_m \cdot 3 \cdot a \cdot a}{7 \cdot 2 \cdot \rho_Z}} = \sqrt{\frac{3 \cdot \rho_m}{14 \cdot \rho_Z}} \cdot a$

Insgesamt ergibt sich der experimentell bestätigte Zusammenhang $v \sim a$. Die folgende Tabelle zeigt typische Signalleitungsgeschwindigkeiten von myelinisierten Nervenfasern beim Menschen und zum Vergleich bei den Riesenfasern des Kalmars ohne Myelinscheide.

Fasertyp	Axondurchmesser in µm	Geschwindigkeit im m/s
Aα	20	120
Aβ	15	90
Aγ	8	50
Aδ	5	30
B	3	20
Kalmar	400	20

T1 Zusammenhang zwischen Axondurchmesser und Signalleitungsgeschwindigkeit bei myelinisierten Nervenfasern

Der Membranwiderstand wirkt sich als einzige Axoneigenschaft sowohl auf die Halbwertszeit als auch auf die Halbwertslänge aus. Aufgrund des Schwellenwerts darf die Halbwertslänge nicht unter einen bestimmten, von der Länge des Internodiums abhängigen Wert sinken, sonst kommt kein Signal mehr an (B3). Da für einen bestimmten Axontyp der Radius und der spezifische Axialwiderstand fest sind, gibt es für den Membranwiderstand eine untere Grenze. Wegen $\tau = \varepsilon_0 \cdot \varepsilon_r \cdot \rho_m$ hat dann auch die Zeitkonstante eine untere Grenze. Längs- und Zeitkonstante hängen also über den Membranwiderstand zusammen und sind damit nicht unabhängig wählbar. Wie in B3 zu sehen ist, gibt es dabei eine optimale Kombination aus λ und τ und damit einen optimalen Wert für den Membranwiderstand.

Im Bereich der Schnürringe sind die Voraussetzungen anders. Damit ein Aktionspotential entstehen kann, werden viele Na^+-Ionenkanäle benötigt, was zu einem kleinen Membranwiderstand und einer kleinen Halbwertszeit führt. Damit baut sich das Signal schnell auf. Andererseits sinkt bei einem kleinen Membranwiderstand auch die Halbwertslänge. Da aber die Schnürringe nur eine Länge von ca. 1 µm haben, genügt eine sehr kleine Halbwertslänge, um auf der anderen Seite des Schnürringes den Schwellenwert zu überschreiten, auch wenn sich das Signal erst zu 40 % bis 50 % aufgebaut hat. Daher wirkt sich ein kleiner Membranwiderstand hier nicht negativ auf die Signalleitungsgeschwindigkeit aus. Im Gegenteil, die dadurch resultierende kleine Zeitkonstante führt zu einem schnellen Signalaufbau.

auswirkt, obwohl dies zu einer großen Zeitkonstanten führt.

i) Weisen Sie anhand der Daten aus Tabelle T1 nach, dass bei myelinisierten Axonen Radius und Signalleitungsgeschwindigkeit näherungsweise proportional sind. Tragen Sie die Daten in ein Diagramm ein und zeichnen Sie eine entsprechende Trendlinie ein. Vergleichen Sie mit den Daten zum unmyelinisierten Axon des Tintenfisches in B11 auf S. 190.

j) Myelinisierte Nervenfasern übertragen Signale bis zu 100-mal schneller als Nervenfasern ohne Myelinscheide. Myelin blockiert aber auch die Bildung von neuen Verzweigungen der Axone und damit von neuen Verbindungen mit anderen Neuronen. Dies erklärt den drastischen Verlust an Gehirnplastizität nach Abschluss der Myelinisierung bei Erwachsenen. Damit wird das Erlernen neuer Fähigkeiten verlangsamt. Im Laufe der Gehirnentwicklung werden verschiedene Gehirnbereiche schrittweise myelinisiert. Dies stützt die in Fachkreisen umstrittene Theorie der sensiblen Phasen beim Erlernen bestimmter Fähigkeiten. Informieren Sie

Im Laufe der Entwicklung Neugeborener zum Erwachsenen beim Menschen nimmt die Gehirnmasse um ca. 1 kg zu. Worauf ist diese Massenzunahme im Wesentlichen zurückzuführen?

- Zunahme der Anzahl der Nervenzellen?
- Fetteinlagerungen?
- Aufbau von neuen Verbindungen zu anderen Nervenzellen?

Die überraschende Antwort lautet: Fetteinlagerungen. Bei der Gehirnentwicklung werden Nervenzellen und Verbindungen im Gehirn abgebaut. Nur etwa die Hälfte der Nervenzellen überleben bis ins Erwachsenenalter, wobei diejenigen Verbindungen und Nervenzellen abgebaut werden, die keine oder nur wenig Aktivität zeigen. Dies geht einher mit einer schrittweisen Myelinisierung des Gehirns. Und was hat dies nun mit Fetteinlagerungen zu tun? Die Myelinscheide (B2) wird aus Myelin aufgebaut, das sich zu etwa 25 % aus Proteinen und etwa 75 % aus Lipiden (Fetten) zusammensetzt.
Nach aktuellen wissenschaftlichen Erkenntnissen hat die Myelinscheide einen starken Einfluss auf das Lernen und das Gedächtnis. Die Dicke der Myelinscheide variiert von Gehirnregion zu Gehirnregion. Je dicker die Myelinscheide, desto höher die Geschwindigkeit, mit der Aktionspotenziale über das Axon zu den Endknöpfen wandern. Beim Lernvorgang erhöht sich die Anzahl der Synapsen bzw. die Anzahl der ligandengesteuerten Ionenkanäle in der postsynaptischen Membran, wenn bestimmte Synapsen öfter benutzt werden als andere Synapsen (vgl. funktionelle Plastizität in Kapitel 11.3). Dies ist jedoch nicht der einzige Mechanismus, mit dem das Gehirn lernt. Auch die Dicke der Myelinscheiden kann angepasst werden, so dass bestimmte Verbindungen im Gehirn bevorzugt werden. Dieser Effekt ist in Gehirnbereichen, die gerade myelinisiert werden, besonders ausgeprägt.
Funktioniert die Myelinscheide nun nicht mehr einwandfrei, hat dies schwerwiegende neurologische Störungen zur Folge. Erkrankungen wie Multiple Sklerose führen zu einem schrittweisen Abbau der Myelinschicht. Sie können über eine Messung der Signalleitungsgeschwindigkeit (vgl. Kapitel 9.4) diagnostiziert werden.

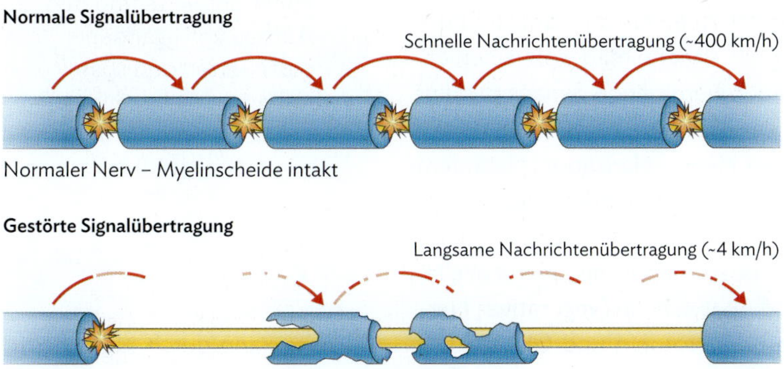

B4 \ Signalübertragung bei geschädigter Myelinschicht

sich im Internet über die Theorie der sensiblen Phasen und beurteilen Sie, inwiefern dieser Theorie experimentelle Befunde zugrunde liegen.

k) Multiple Sklerose bedeutet wörtlich übersetzt „Vernarbung an verschiedenen Stellen". Es handelt sich dabei um eine entzündliche Erkrankung, die das Gehirn und das Rückenmark befällt. Fehlgesteuerte, körpereigene Abwehrzellen führen dabei zu einer dauerhaften Schädigung der Myelinschicht (B4). Dadurch verliert die Myelinschicht ihre isolierende Funktion weitgehend. Erklären Sie anhand von B4, wie sich Multiple Sklerose auf die Nervenleitgeschwindigkeit der betroffenen Nervenfasern auswirkt.

l) Welches Symptom bei Multipler Sklerose im Einzelnen auftritt, ist abhängig von der jeweiligen Lokalisation des aktiven Entzündungsherdes im zentralen Nervensystem. Stellen Sie eine Hypothese auf, welche Symptome auftreten könnten, wenn das motorische System betroffen ist.

M1: Arbeitsweise einer chemischen Synapse

Die Signalübertragung zwischen zwei Nervenzellen erfolgt über Synapsen. Sie bestehen aus drei Elementen: der präsynaptischen Endigung, einer Kontaktzone und der postsynaptischen Zelle. Synapsen werden aufgrund ihrer Funktionsweise in zwei Gruppen unterteilt, in elektrische und in chemische Synapsen. Die meisten Synapsen sind chemische Synapsen, auf die wir uns im Folgenden konzentrieren. Sie sorgen für die Verrechnung von Nervensignalen. Grundsätzlich durchläuft ein elektrisches Signal die Synapse nur in einer Richtung und zwar vom prä- zum postsynaptischen Teil.

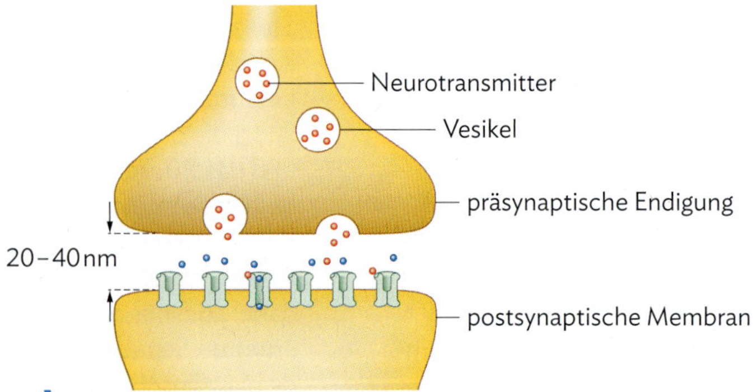

B1 Aufbau einer chemischen Synapse

Ein einlaufendes Aktionspotential führt in der präsynaptischen Endigung zur Öffnung spannungsgesteuerter Calciumkanäle. Dies verursacht einen Anstieg der Calcium-Konzentration im Zellinneren. Die Neurotransmittermoleküle befinden sich in Bläschen (Vesikeln), die bei einem Anstieg der Calciumkonzentration mit der präsynaptischen Membran verschmelzen. Dabei wird der Inhalt der Vesikel in den synaptischen Spalt ausgeschüttet. Der synaptische Spalt hat typischerweise eine Breite von 20–40 nm.
An der postsynaptischen Membran, die auf der anderen Seite des synaptischen Spalts liegt, werden die freigesetzten Neurotransmitter an ligandengesteuerte Ionenkanäle gebunden. Dadurch öffnen sich Na^+-Ionenkanäle, und es kommt zu einer Depolarisation der postsynaptischen Membran. Hierbei spricht man von einer erregenden Synapse. Es gibt aber auch hemmende Synapsen. Hier befinden sich K^+-Ionenkanäle in der postsynaptischen Membran. Öffnen sich diese, führt dies zu einer Hyperpolarisation. Nachdem der Neurotransmitter an die Ionenkanäle gebunden hat, wird er von Enzymen in der postsynaptischen Membran gespalten. Dies verhindert eine Dauererregung der postsynaptischen Nervenzelle. Beispiele für Neurotransmitter sind Acetylcholin (vegetatives Nervensystem), Noradrenalin, Dopamin, Serotonin und Glutamat. Ihre Wirkung kann durch Nervengifte beeinflusst werden. Mangel oder Überschuss an bestimmten Neurotransmittern kann außerdem zu Krankheiten wie Parkinson oder Schizophrenie führen.

Arbeitsauftrag

a) Lesen Sie den Text links sorgfältig durch, notieren Sie unbekannte (Fach-)Wörter und die wesentlichen Kernaussagen.
b) Erstellen Sie anhand der Informationen aus dem Text in Gruppenarbeit eine Sequenz von Schaubildern, die die Arbeitsweise einer chemischen Synapse zeigen. Orientieren Sie sich dabei an B1.
c) Vergleichen Sie Ihre Ergebnisse mit den Ergebnissen der anderen Gruppen und überarbeiten Sie gegebenenfalls Ihre Schaubilder.
d) Informieren Sie sich im Internet über die Wirkung von Nikotin an nikotinischen Acetylcholin-Rezeptoren und die sich daraus ableitende Wirkung von Nikotin als Nervengift und als Suchtmittel.
e) Vergleichen Sie Alkohol, Koffein und Nikotin im Hinblick auf ihre Wirkung auf Synapsen.
f) Recherchieren Sie die Funktionsweise und den Aufbau von ligandengesteuerten und spannungsgesteuerten Ionenkanälen und präsentieren Sie Ihre Ergebnisse.

M2: Elementare Verschaltungsprinzipien von Nervenzellen

Nervensignale werden bereits auf ihrem Weg ins Gehirn weiterverarbeitet. Dies erfolgt über bestimmte „Zusammenschaltungen“ von Nervenzellen. Die zwei „Grundschaltungen“ sind im folgenden gezeigt:

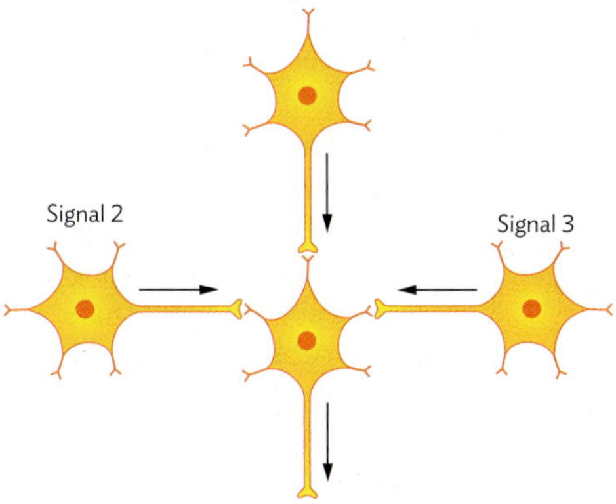

B2 \ Konvergente Verschaltung von Nervenzellen

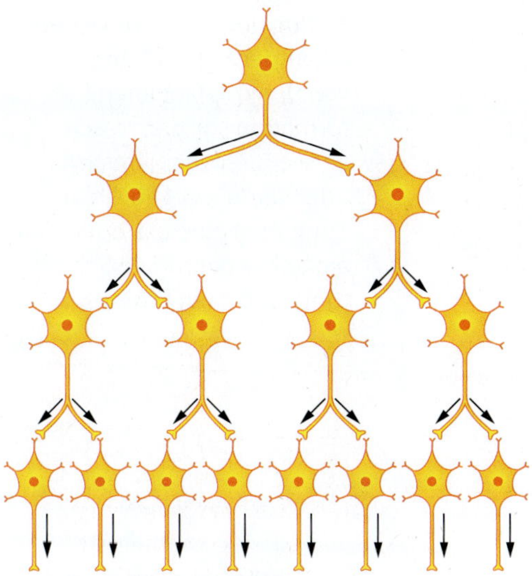

B3 \ Divergente Verschaltung von Nervenzellen

Es gibt noch weitere, nicht hierarchisch organisierte Verschaltungsmöglichkeiten. So funktioniert das Kurzzeitgedächtnis über Neuronen, die kreisförmig miteinander verschaltet sind. In der Retina (S. 34) werden die Fotorezeptoren zur Kontrastverstärkung über die sogenannten Horizontalzellen seitlich verschaltet (S. 211).

Arbeitsauftrag

Die Retina des Auges besteht in weiten Teilen aus Nervenzellen, die die von den Sehzellen kommenden Informationen weiterverarbeiten und weiterleiten.

a) Ein rezeptives Feld ist ein Bereich von Sinnesrezeptoren, der an ein einziges nachgeschaltetes Neuron Informationen weiterleitet. Diskutieren Sie den Zusammenhang von Größe des rezeptiven Feldes und Auflösung im Auge beim Nachtsehen im Vergleich zum Tagsehen (vgl. Kapitel 3.4).

b) Entscheiden Sie begründet, über welche Grundschaltung ein rezeptives Feld organisiert ist.

c) Die Signale der Zapfen und Stäbchen werden in höheren Gehirnarealen mehrfach parallel verwendet, z. B. bei der Gesichtserkennung, der Bewegungserkennung oder der Verarbeitung von Farbe. Entscheiden Sie begründet, über welche Grundschaltung dies erfolgen muss.

d) Inzwischen ist es möglich, Neuronen in Echtzeit beim „Denken“ zuzusehen. Recherchieren Sie im Internet, wie man mithilfe von Fluoreszenzmikroskopie und genetisch kodierten Spannungsindikatoren (GEVIs) elektrische Signale in Nervenzellen sichtbar machen kann, und präsentieren Sie Ihre Ergebnisse.

e) Stellen Sie den Fluoreszenzvorgang mithilfe des Energiestufenmodells grafisch dar.

f) Recherchieren Sie den Begriff Abbe'sche Auflösungsgrenze im Zusammenhang mit optischer Mikroskopie und stellen Sie den Zusammenhang zum Rayleigh-Kriterium her (vgl. Kapitel 3.4).

M3: Signalverrechnung an chemischen Synapsen

An den Synapsen einer Nervenzelle gehen Signale von mehreren benachbarten Nervenzellen ein. Die Ausschüttung von Neurotransmittern kann dabei nicht nur erregend wirken, sondern auch hemmend. Das ist der Fall, wenn statt der Na^+-Kanäle solche für K^+ geöffnet werden. Welcher Synapsentyp vorliegt, hängt damit ausschließlich vom Kanaltyp in der postsynaptischen Membran ab: Ligandengesteuerte K^+-Kanäle führen zu einer hemmenden, ligandengesteuerte Na^+-Kanäle zu einer erregenden Wirkung.
Die Erregung, die an einer einzelnen Synapse übertragen wird, ruft Potentialveränderungen im Bereich von typischerweise 1–2 mV hervor. Dieser Wert ist zu klein, um ein Aktionspotential auszulösen. Erst das Zusammenwirken mehrerer Erregungen kann zu einem neuen Aktionspotential führen.
Auf dem Weg zum Axonhügel werden in der postsynaptischen Zelle alle Signale, die über die Synapsen der Dendriten eingehen, passiv weitergeleitet. Diese Signale können gleichzeitig von mehreren verschiedenen Nervenzellen (räumliche Summation) oder nacheinander von der gleichen Nervenzelle (zeitliche Summation) am Axonhügel eintreffen (B4). Die Summe der Signale entscheidet darüber, ob der Schwellenwert für das Auslösen eines Aktionspotentials überschritten wird oder nicht. Die zeitliche Summation ist nur möglich, weil passive Signale eine Zeitkonstante von einigen Millisekunden aufweisen. Eine Depolarisierung (oder Hyperpolarisierung) wird daher nur langsam abgebaut. Erreicht ein zweites oder drittes Signal den Axonhügel, bevor die Depolarisierung vollständig abgebaut ist, so besteht die Möglichkeit, dass der Schwellenwert für das Auslösen eines Aktionspotentials überschritten wird.

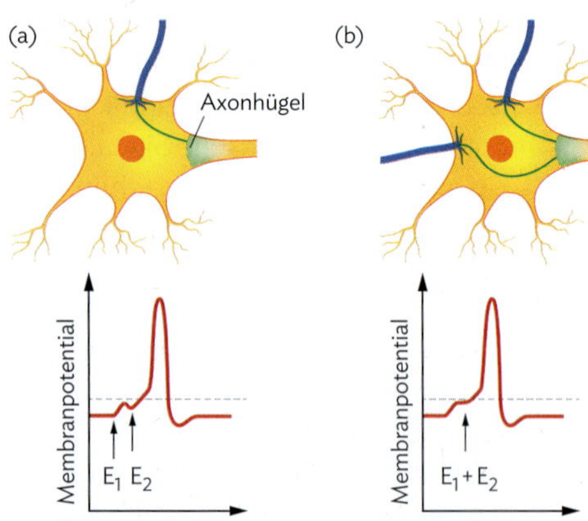

B4 Zeitliche (a) und räumliche (b) Summation

Im Folgenden beschäftigen wir uns ausschließlich mit der räumlichen Summation. In der einfachsten Form erhält dabei ein Neuron gleichzeitig Signale von mehreren vorgeschalteten Neuronen. In Abbildung B5 geben die Zahlen solche (fiktiven) Synapsen-

Arbeitsauftrag

a) Lesen Sie den Text links sorgfältig durch, markieren Sie unbekannte (Fach-) Wörter und die wesentlichen Kernaussagen.
Bilden Sie Arbeitsgruppen mit mindestens vier Personen. Bearbeiten Sie die folgenden Arbeitsaufträge b) bis e) arbeitsteilig. Erstellen Sie zur Ergebnissicherung jeweils ein Schaubild zu Ihrem Arbeitsauftrag und stellen Sie Ihre Ergebnisse in Ihrer Arbeitsgruppe vor.

b) Ein Frosch sitzt am Rand eines Teichs. Seine Sinneszellen können ihm drei Arten von Informationen liefern: Storch im Anflug, Fliege im Anflug und keine Bewegung zu entdecken. Abhängig von der empfangenen Information soll der Frosch entweder fliehen, fressen oder verdauen. Die Abbildung zeigt eine extrem vereinfachte neuronale Schaltung für diesen Frosch.

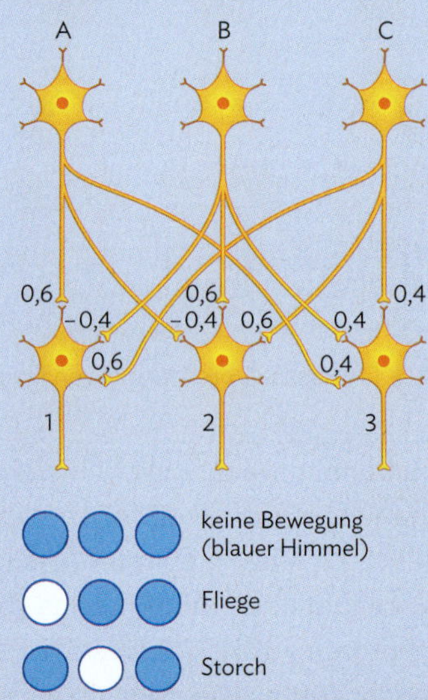

Neuronale Schaltung

stärken an. Positive Werte markieren erregende Synapsen, negative Werte hemmende.
Die Synapsenstärken sind jedoch nicht für alle Zeiten festgelegt: Eine der wichtigsten Erkenntnisse der Neurowissenschaften ist gerade ihre Veränderlichkeit. Man spricht auch von synaptischer Plastizität. Nur auf diese Weise ist es möglich, dass Organismen lernen können, d. h. ihr Verhalten im Laufe der Zeit ändern.

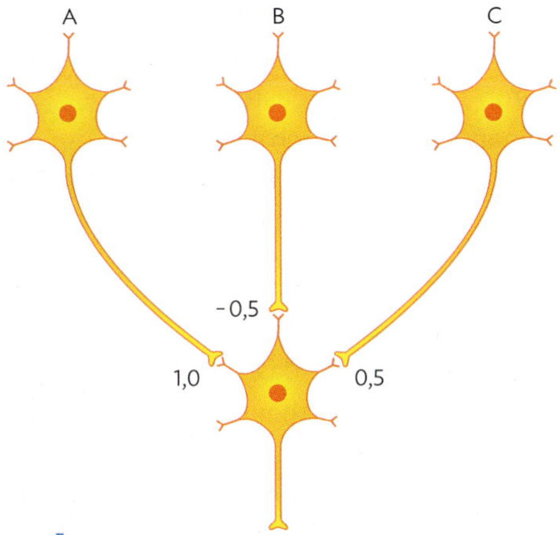

B5 \ Beispiel einer Neuronenverbindung

Neben der Signalübertragung auf eine Nervenzelle interessieren natürlich Netze aus sehr vielen Neuronen, wie sie z. B. im menschlichen Gehirn vorliegen. Die Komplexität ist hier enorm; dennoch können mathematische Simulationen neuronaler Netze helfen, bestimmte Funktionsweisen besser zu verstehen. Hinter einem Netzwerk wie in B6 steht die folgende grundlegende Idee: Muster aus der Umwelt erregen bestimmte „Eingangsneuronen", z. B. in der Netzhaut bzw. der Sehrinde. Deren Zustand steuert (eventuell über Zwischenschichten) die Erregung von „Ausgangsneuronen", die dann eine Antwort auf das Muster veranlassen.

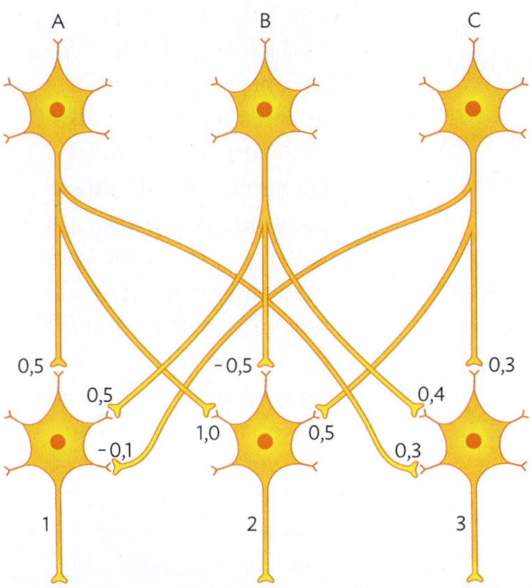

B6 \ Neuronales Netz aus sechs Neuronen: drei Eingangsneuronen A, B, C und drei Ausgangsneuronen 1, 2, 3

Die Neuronen A bis C kodieren, wie in der Abbildung zu sehen ist, den jeweiligen Sinneseindruck. Blau eingefärbte Neuronen sollen dabei feuern. Die Neuronen 1 bis 3 sind zuständig für das Strecken des Oberschenkelmuskels (Fliehen), Bewegung des Zungenmuskels (Fressen) und Sekretion der Magensäfte (Verdauung). Entscheiden Sie, welches der Neuronen 1 bis 3 für welche Aktion verantwortlich ist, wenn die Schwelle für das Auslösen bei 1,0 liegt.
Stellen Sie Ihre Überlegungen in Form einer Rechnung wie im Beispiel des Infotextes auf S. 208 dar.

c) Die Kontaktstärke von Synapsen kann sich im Laufe der Zeit durch Lernen ändern. Dies nennt man Neuroplastizität. Informieren Sie sich im Internet zu folgenden Stichworten: funktionelle Plastizität, Langzeitpotenzierung, Langzeitdepression und anatomische Plastizität. Stellen Sie dar, welchen Beitrag die Positronen-Emissions-Tomographie, die STED Mikroskopie und die funktionelle Magnetresonanztomographie zur Erforschung dieser Phänomene beitragen können.

d) Eine konkrete Lernregel formulierte 1949 der kanadische Psychologe Donald Hebb: Die Stärke einer Synapse nimmt umso stärker zu, je öfter auf das Feuern der präsynaptischen Nervenzelle ein Feuern

Zur Berechnung arbeitet man mit vereinfachenden Annahmen:

- Der Erregungszustand eines Neurons wird entweder durch $x = 0$ (keine Erregung) oder durch $x = 1$ (Neuron „feuert") dargestellt.
- Die Stärke der Übertragung an den Synapsen wird durch eine Zahl w mit $-1 \leq w \leq 1$ charakterisiert. $w < 0$ bedeutet eine hemmende Synapse, $w > 0$ eine verstärkende.

Die Wirkung auf ein Ausgangsneuron erhält man, indem man den Erregungszustand x jedes Eingangsneurons mit der entsprechenden Synapsenstärke w multipliziert und aufsummiert. Ist das Ergebnis kleiner als eine Schwelle, dann bleibt das Ausgangsneuron „still", ansonsten „feuert" es.

Die Signalstärke S_1 für das erste Ausgangsneuron in Abbildung B6 berechnet sich beispielsweise mit

$$S_1 = x_A \cdot 0{,}5 + x_B \cdot 0{,}5 + x_C \cdot (-0{,}1)$$

Für alle Ausgangsneuronen zusammen lässt sich diese Rechnung einfacher mit Vektoren schreiben:

$$\begin{pmatrix} S_1 \\ S_2 \\ S_3 \end{pmatrix} = x_A \cdot \begin{pmatrix} 0{,}5 \\ 1{,}0 \\ 0{,}3 \end{pmatrix} + x_B \cdot \begin{pmatrix} 0{,}5 \\ -0{,}5 \\ 0{,}4 \end{pmatrix} + x_C \cdot \begin{pmatrix} -0{,}1 \\ 0{,}5 \\ 0{,}3 \end{pmatrix}$$

Sind nun etwa die Neuronen A und B aktiv, C jedoch nicht, so berechnet man:

$$1 \cdot \begin{pmatrix} 0{,}5 \\ 1{,}0 \\ 0{,}3 \end{pmatrix} + 1 \cdot \begin{pmatrix} 0{,}5 \\ -0{,}5 \\ 0{,}4 \end{pmatrix} + 0 \cdot \begin{pmatrix} -0{,}1 \\ 0{,}5 \\ 0{,}3 \end{pmatrix} = \begin{pmatrix} 1{,}0 \\ 0{,}5 \\ 0{,}7 \end{pmatrix}$$

Hat man einen Schwellenwert von 0,95 festgelegt, so wird dieser nur bei Neuron 1 erreicht und ein neues Aktionspotential ausgelöst. Würde nun auch noch Neuron C feuern, so ergäbe sich:

$$1 \cdot \begin{pmatrix} 0{,}5 \\ 1{,}0 \\ 0{,}3 \end{pmatrix} + 1 \cdot \begin{pmatrix} 0{,}5 \\ -0{,}5 \\ 0{,}4 \end{pmatrix} + 1 \cdot \begin{pmatrix} -0{,}1 \\ 0{,}5 \\ 0{,}3 \end{pmatrix} = \begin{pmatrix} 0{,}9 \\ 1{,}0 \\ 1{,}0 \end{pmatrix}$$

Neuron 1 feuert nun nicht mehr, dafür aber Neuron 2 und Neuron 3.

Bereits solche einfachen neuronalen Netze sind fähig zum Lernen. Dabei ändern sich auf festgelegte Weise die Synapsenstärken w. Eine sehr einfache Lernregel, die allerdings keinen Anspruch auf biologische Korrektheit stellt, wurde 1960 von Frank Rosenblatt beschrieben: Wenn ein Ausgangsneuron den „falschen" Zustand hat, dann werden die Synapsen derjenigen Eingangsneuronen verstärkt, die den „gewünschten" Zustand haben; die anderen werden abgeschwächt. Bei richtigem Zustand des Ausgangsneurons ändert sich nichts, d. h. das Netz lernt nur aus Fehlern. Es existiert inzwischen eine Reihe von Computerprogrammen, die auf solche oder ähnliche Weise „lernen" können. Eine typische Anwendung ist das Erkennen von Handschriften. Hier gibt es keine Vorgabe, die dem Computer einprogrammiert werden könnte, sondern die Maschine muss sich Schritt für Schritt dem Benutzer anpassen.

der postsynaptischen Nervenzelle folgt. Anatomisch kann sich dabei die äußere Gestalt der Synapse (Vergrößerung der Kontaktzone) oder die synaptische Übertragung (Erhöhung der Effektivität der Ionenkanäle) verändern.
Gelerntes wird im Schlaf von einem Zwischenspeicher, dem Hippocampus, ins Langzeitgedächtnis umgespeichert. Dabei kann man im Schlaflabor eine sehr hohe Gehirnaktivität beobachten. Recherchieren Sie, welche Vorgänge dabei im Gehirn ablaufen. Erstellen Sie Empfehlungen für das Lernen vor Prüfungen, die auf der Hebb'schen Lernregel und der Arbeitsweise des Hippocampus beruhen, und stellen Sie diese in einem Schaubild dar.

e) Sprachassistenten z. B. von Smartphones verstehen gesprochene Sprache und können akustische Befehle ausführen. Sie geben auch grammatikalisch korrekte, natürlich klingende und inhaltlich passende Antworten auf Anfragen. Doch wie kann man einer künstlichen Intelligenz so etwas beibringen? Die Antwort lautet: über künstliche neuronale Netze. Recherchieren Sie, wie neuronale Netze die Hebb'schen Regeln anwenden, und vergleichen Sie dies mit der Neuroplastizität von Synapsen.

M4: Optische Täuschungen

Eine optische Täuschung ist eine Täuschung der visuellen Wahrnehmung. Sie können in verschiedene Gruppen eingeteilt werden, die auf unterschiedlichen Ursachen beruhen.

A Fixieren Sie eine Zeit lang die linke Hälfte der Abbildung, schauen Sie dann zügig auf die rechte Seite der Abbildung. Was sehen Sie?

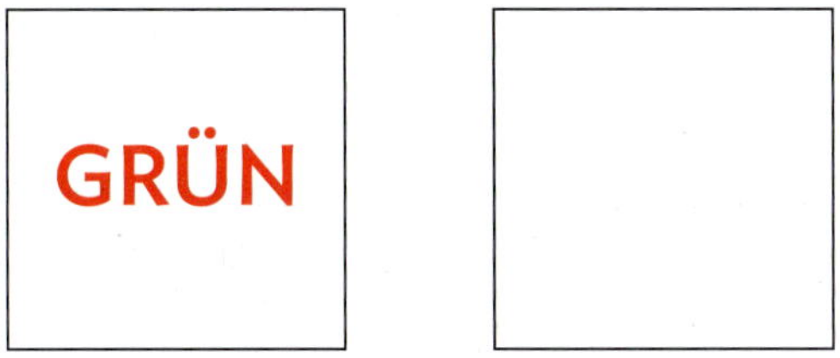

B Welche Fläche ist heller, A oder B?

C Welche graue Fläche im Zentrum der vier Quadrate ist am hellsten?

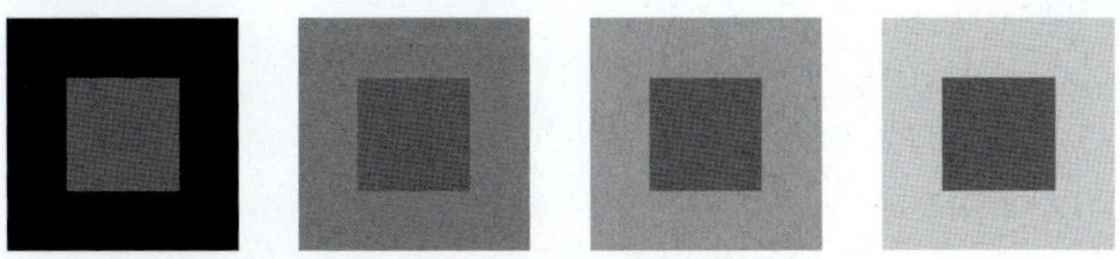

D Sind die Flächen gleichmäßig hell?

Arbeitsauftrag

a) Betrachten Sie die die verschiedenen optischen Täuschungen und folgen Sie den Anweisungen. Versuchen Sie, sie in Gruppen einzuteilen, die einen ähnlichen Effekt aufweisen.

b) Recherchieren Sie im Internet, welche Arten optischer Täuschungen es gibt. Vergleichen Sie dies mit ihren Kategorien aus Teilaufgabe a).

c) In den Kapiteln 1 (Aufgabe 1, S. 28) und 2 (Lernaufgabe S. 32) wurden bereits optische Täuschungen und deren Ursachen angesprochen. Erstellen Sie für die beiden in diesen Kapiteln behandelten Arten optischer Täuschungen eine Zusammenstellung ihrer Merkmale und Erklärungen für ihr Zustandekommen. Arbeiten Sie hier arbeitsteilig. Jeweils zwei Gruppenmitglieder bearbeiten zusammen eine Art von optischer Täuschung.

d) Kontrasttäuschungen entstehen durch die Verrechnung des Signals verschiedener Nervenzellen an Synapsen. Erläutern Sie, wie die Verrechnung von Signalen verschiedener Nervenzellen funktioniert. Gehen Sie dabei auch auf die verschiedenen grundlegenden Verschaltungsmechanismen ein.

E Sind die waagrechten Linien gleich lang?

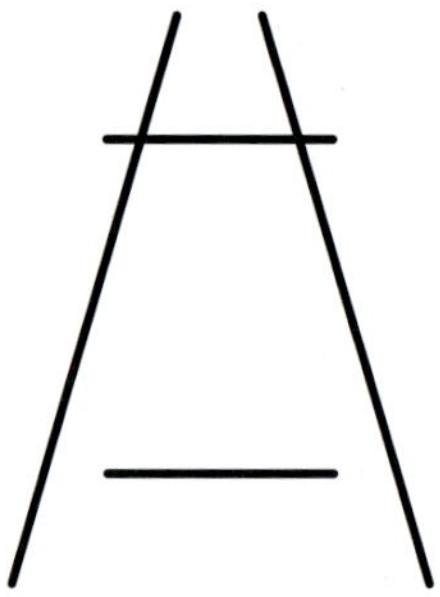

F Sind die waagrechten Linien der Pfeile gleich lang?

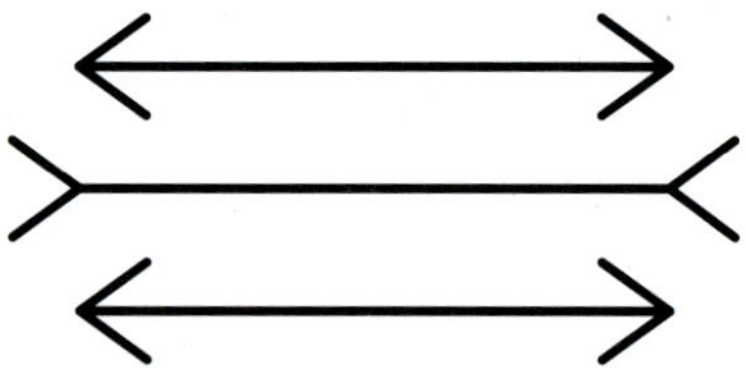

G Sind die weißen Linien gleichmäßig hell?

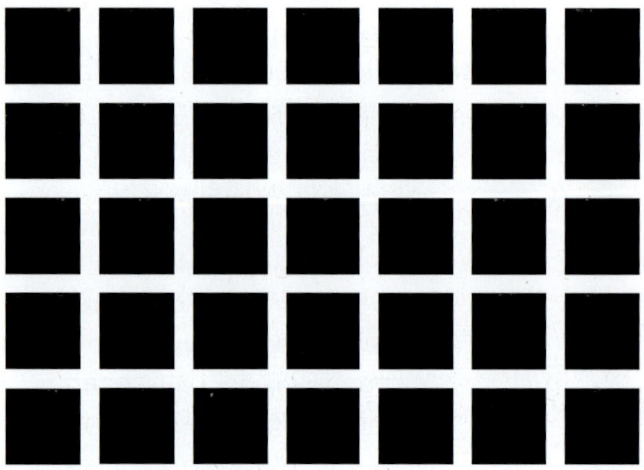

H Fixieren Sie die folgende Abbildung für etwa 1 Minute.

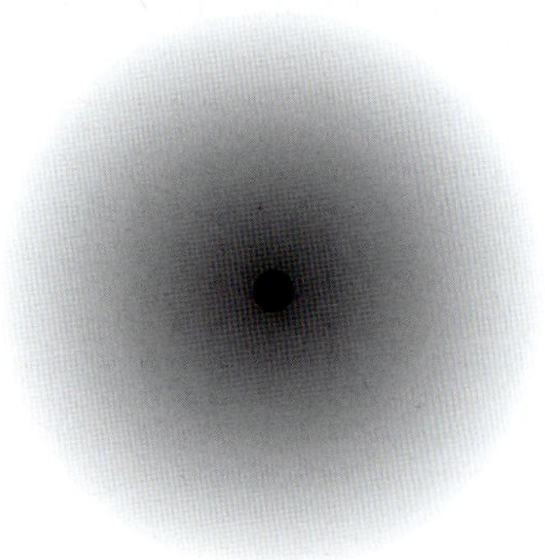

Arbeiten Sie in den Teilaufgaben e) bis g) arbeitsteilig. Teilaufgabe f) erfordert mehr Aufwand und sollte daher von zwei Personen in Partnerarbeit bearbeitet werden.

e) Chemische Synapsen arbeiten mit sogenannten Neurotransmittern. Informieren Sie sich im Internet über die Funktion von Neurotransmittern. Grenzen Sie Neurotransmitter von Hormonen begrifflich ab.

f) In Kapitel 11.1 haben Sie spannungsgesteuerte Ionenkanäle kennengelernt. An Synapsen tritt nun eine neue Form von Ionenkanälen auf: ligandengesteuerte Ionenkanäle. Diese wurden in M1 auf S. 204 besprochen. Erstellen Sie eine Gegenüberstellung von Funktion und Aufgaben spannungsgesteuerter und ligandengesteuerter Ionenkanäle.

g) Beschreiben Sie die Aufgabe der spannungsgesteuerten Calcium-Kanäle. Recherchieren Sie dazu im Internet.

M5: Laterale Inhibition und Kontrasttäuschungen

Die laterale Hemmung ist eine spezielle Verschaltung von Nervenzellen im Auge, die immer dann eingesetzt wird, wenn vorhandene Kontraste verstärkt werden sollen. B7 zeigt das Prinzip: Zu sehen sind drei Nervenzellen in der obersten Ebene (z. B. Sinneszellen in der Retina). Die Erregung der äußeren Nervenzellen ist dabei etwas stärker als die der inneren. Die Zahlen stellen hier keine Synapsenstärken dar, sondern geben Auskunft über die Stärke der Erregung, z. B. durch die Frequenz der Aktionspotentiale. Je größer die Zahl, desto größer die Erregung. In der zweiten Ebene befinden sich Interneurone, die ein erregendes ankommendes Signal (rot) in ein hemmendes Signal (grün) umwandeln, das noch 20 % der Signalstärke hat. Durch Verrechnung der Signale in der untersten Ebene ergibt sich dabei eine Kontrastverstärkung. Dies ist z. B. beim Erkennen von Kanten hilfreich.

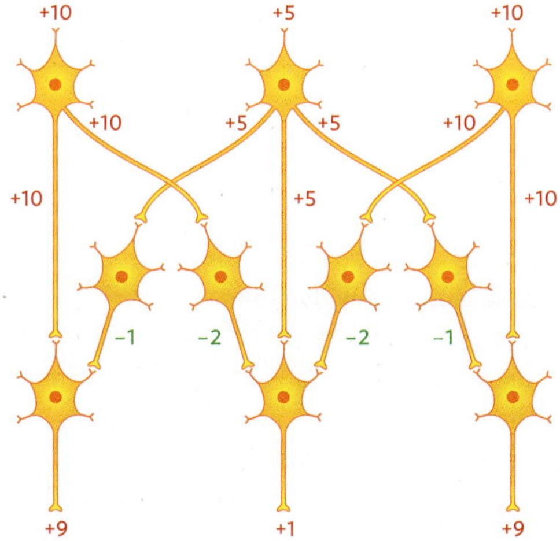

B7 \ Laterale Hemmung

Unter gewissen Umständen führt die laterale Hemmung zu einer irreführenden Überbetonung von Kontrasten, die einen falschen Helligkeitseindruck vermitteln. Dies erzeugt spezielle optische Täuschungen, sogenannte Kontrasttäuschungen. Ein bekanntes Beispiel hierfür sind die Mach'schen Bänder (B8).

Arbeitsauftrag

a) Beschreiben Sie die Funktionsweise der in B7 gezeigten Schaltung.

b) Die Abbildung unten zeigt die Reizverarbeitung von fünf benachbarten Nervenzellen. Die Interneurone arbeiten wie im Beispiel erläutert. Berechnen Sie analog zum Beispiel in B9, welche Signalstärken bei den unteren Neuronen ankommen.

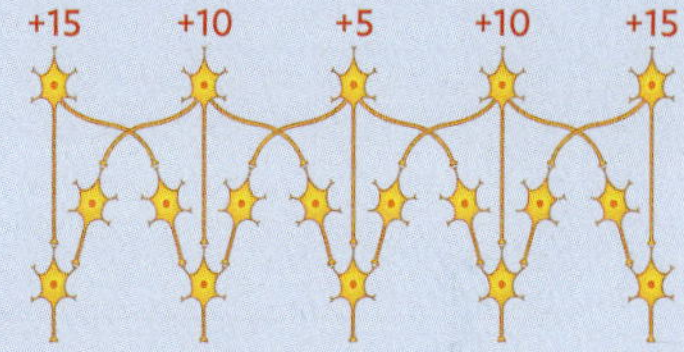

Reizverarbeitung

c) Stellen Sie ihre Überlegungen aus Teilaufgabe b) in einer Rechnung analog zum Beispiel aus dem Infotext „Signalverrechnung an chemischen Synapsen“ (S. 206 ff.) dar.

d) Entwerfen Sie selbst eine Schaltung aus fünf Neuronen, die den Kontrast noch mehr verstärken als in Teilaufgabe b).

B8 \ Mach'sche Bänder

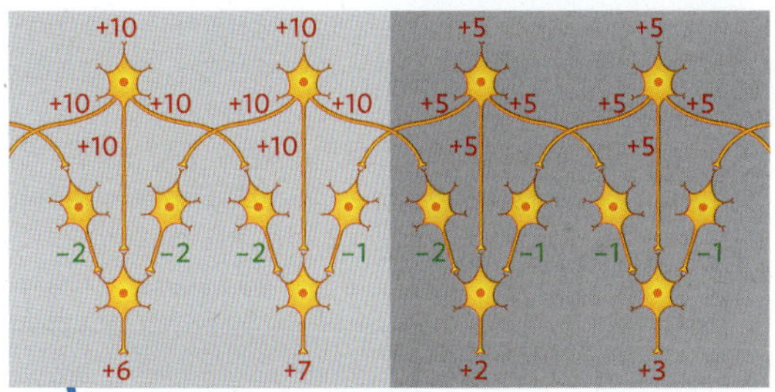

B9 \ Erklärung der Mach'schen Bänder

Basisaufgaben

1\ Spezifischer Widerstand eines Elektrolyten

Bei der Zellflüssigkeit im Inneren eines Axons handelt es sich um einen Elektrolyten, d. h. eine Flüssigkeit, in der positive (Na^+, K^+ und Ca^{2+}) und negative (Cl^-) Ionen gelöst sind.

Den spezifischen Widerstand eines Elektrolyten kann man aus seinen *I*-*U*-Kennlinien bestimmen, die mithilfe eines elektrolytischen Trogs (siehe Abbildung) gemessen werden.

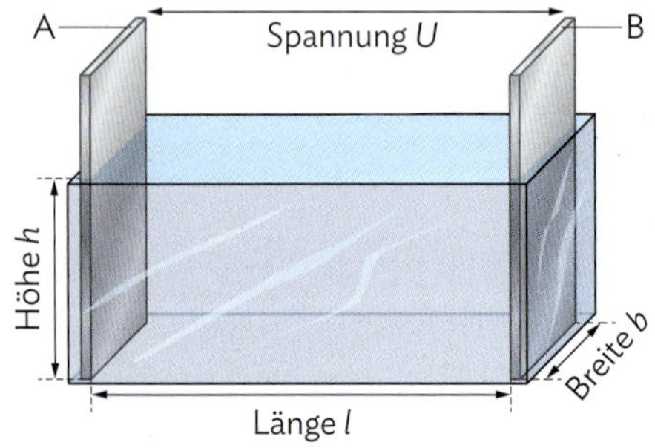

Elektrolytischer Trog: Die Füllhöhe *h* ist variabel, daher kann die Elektrodenfläche angepasst werden.

Für einen Elektrolyten, der die chemische Zusammensetzung der Zellflüssigkeit eines Hummernervs aufweist, sind die Kennlinien in der Abbildung unten dargestellt.

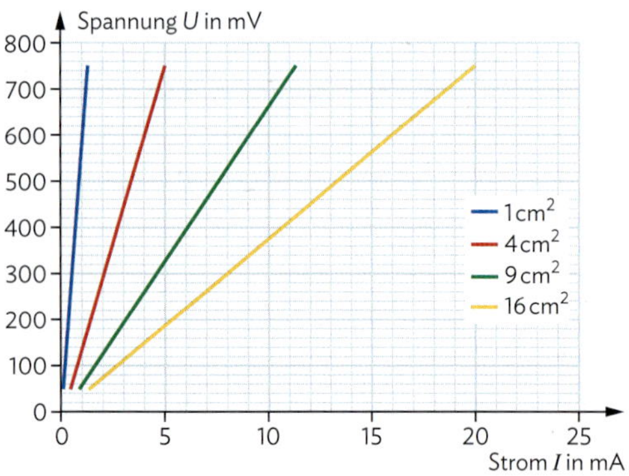

Kennlinien bei konstantem Elektrodenabstand (10 cm) und variabler Elektrodenfläche (1 cm², 4 cm², 9 cm² und 16 cm²)

Bestimmen Sie mit diesen Daten den spezifischen Widerstand ρ_Z der Zellflüssigkeit eines Hummeraxons.

2\ Neuroimplantate

Die Hoffnungen sind groß, die sich an Neuroimplantate (Retinaimplantate, Cochleaimplantate, Neuroprothesen) knüpfen. Im Institut für Künstliche Intelligenz in San Diego laufen z. B. bereits Hummer durch das Labor, bei denen natürlich gewachsene Nervenzellen entfernt und durch Neuroimplantate ersetzt worden sind. Die Hummer besitzen einige leicht zugängliche Nervenknoten, deren elektrische Eigenschaften gut bekannt sind. Sie sind ideal, um die Schnittstelle Neuroimplantat-Nervenzelle zu testen.

Damit die Halbleiterchips perfekt mit dem Körper zusammenarbeiten können, müssen die Eigenschaften der Nervenzellen sehr genau bekannt sein. In der folgenden Tabelle sind die Daten eines Hummeraxons mit dem Radius $a = 37{,}5\ \mu m$ angegeben.

ρ_Z	*C*/*A*	ρ_m
60 Ωcm	1,0 µF/cm²	$2{,}5 \cdot 10^9$ Ωcm

Daten eines Hummeraxons

Berechnen Sie für dieses Axon.

a) den Membranwiderstand.
b) den Axialwiderstand.
c) die Halbwertslänge.
d) die Halbwertszeit.
e) die Signalleitungsgeschwindigkeit.

Unterstellen Sie dabei eine Dicke der Zellmembran von $d = 8{,}0$ nm und eine Segmentlänge von $l = a$.

3\ Dielektrizitätszahl der Zellmembran

Die Dielektrizitätszahl der Phospholipide bestimmt die Kapazität der Zellmembran entscheidend mit.

a) Berechnen Sie die Dicke der Zellmembran, wenn man für diese eine Dielektrizitätszahl von $\varepsilon_r = 2{,}0$ veranschlagt. Die Kapazität der Zellmembran pro Flächeneinheit ist $\frac{C}{A} = 1{,}0\ \mu F cm^{-2}$.
b) Die tatsächliche Dicke der Zellmembran ergibt sich aus der Länge der Phospholipidmoleküle. Sie beträgt typischerweise 8,0 nm. Berechnen Sie daraus die Dielektrizitätszahl einer Zellmembran.

c) Die Ergebnisse aus Teilaufgabe a) und b) widersprechen sich. Dies liegt daran, dass die Membran ($d = 8{,}0$ nm) aus unpolaren Fettsäuremolekülen ($\varepsilon_r = 2{,}4$, $d = 2{,}0$ nm) und polaren Phosphatresten ($d = 6{,}0$ nm) besteht, die sich in ihrer Dielektrizitätszahl stark unterscheiden. In Teilaufgabe b) wird eine mittlere Dielektrizitätszahl ermittelt, während in Teilaufgabe a) lediglich die Dielektrizitätszahl des Lipidanteils, aber die volle Membrandicke berücksichtigt wird. Schätzen Sie mithilfe dieser Angaben die Dielektrizitätszahl der Phosphatreste ab.

4\ Signalleitungsgeschwindigkeit beim Tintenfisch

Vor mehr als einem halben Jahrhundert untersuchten Alan Lloyd Hodgkin und Andrew Fielding Huxley die elektrischen Eigenschaften von Tintenfischaxonen, um ein mathematisches Modell solcher Riesenaxone anzufertigen. Ihre bahnbrechenden Entdeckungen wurden 1963 mit dem Nobelpreis für Medizin gewürdigt. Seither wurden die Riesenaxone des Tintenfisches immer wieder vermessen, um das Modell zu verfeinern. Die elektrischen Daten der Tintenfischaxone sind daher bestens bekannt:

a	250 µm
d	8,0 nm
$L_{1/2}$	3,7 mm
ρ_m	$8{,}75 \cdot 10^8$ Ωcm
ρ_Z	30 Ωcm
R_m einer Fläche von 1 mm²	70 kΩ
C_m einer Fläche von 1 mm²	10 nF

Elektrische Daten der Tintenfischaxone

a) Die Membranpotentialänderung an der Injektionsstelle sei +100 mV. Skizzieren Sie in einem Diagramm die Membranpotentialänderung in Abhängigkeit von der Entfernung von der Injektionsstelle.

b) Berechnen Sie die Signalleitungsgeschwindigkeit beim Tintenfischaxon.

c) Angenommen, der Tintenfisch könnte unter Beibehaltung seiner sonstigen Axoneigenschaften seinen Axonradius vervierfachen. Bestimmen Sie für dieses Szenario die Auswirkungen auf den Membranwiderstand, den Axialwiderstand, die Membrankapazität und die Signalleitungsgeschwindigkeit.

d) Tintenfische haben die dicksten Axone im Tierreich. Maximal können sie einen Radius von bis zu 0,50 mm erreichen. Die Signalleitungsgeschwindigkeit beträgt dann bei diesen Tieren 20 m/s. Bei menschlichen Axonen kann dieser Wert hingegen bis zu 120 m/s betragen. Berechnen Sie den Axonradius eines Riesenaxons mit einer hypothetischen Signalleitungsgeschwindigkeit von 120 m/s. Geben Sie den Grund dafür an, dass es bei Tintenfischen keine Signalleitungsgeschwindigkeiten in dieser Größenordnung gibt.

5\ Halbwertszeit von Hummer- und Krabbennerven

Die Halbwertszeit von Hummernerven beträgt etwa 1,4 ms, die von Krabbennerven etwa 3,5 ms.

a) Skizzieren Sie jeweils den zeitlichen Verlauf der Membranpotentialänderung, des Membranstroms und des Kondensatorstroms bei Hummern und Krabben im Vergleich. Die maximale Membranpotentialänderung soll dabei jeweils +100 mV betragen, der Injektionsstrom $I_{ges} = 70$ mA.

b) Der Schwellenwert für das Auslösen eines Aktionspotentials liegt bei einer Membranpotentialänderung von ca. +25 mV. Wird dieser Wert überschritten, wird das Signal am Axon aktiv weitergeleitet. Zum Zeitpunkt $t = 0$ beginnt eine Strominjektion, die zu einer maximalen Membranpotentialänderung von +60 mV führen würde. Berechnen Sie, wie lange es bei Hummernerven dauert, bis an der Injektionsstelle ein Aktionspotential ausgelöst wird.

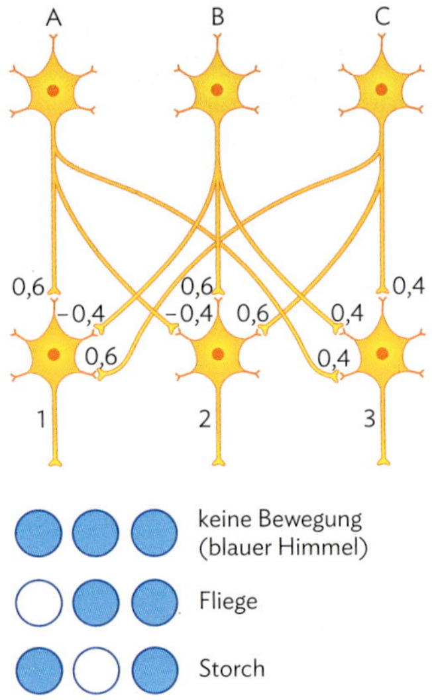

Neuronale Schaltung

Zusammenfassende Aufgaben

6\ Hebb'sche Lernregel und künstliche neuronale Netzwerke

„What fires together, wires together."

Die obige Hebb'sche Lernregel wurde vom Psychologen Donald Olding Hebb aufgestellt und beschreibt die Möglichkeit des Lernens in einem Verband von Neuronen. Wenn eine Synapse zwischen Zelle 1 und Zelle 2 mehrfach Signale überträgt und damit regelmäßig zur Erzeugung von Aktionspotentialen in Zelle 2 beiträgt, so führt dies zu messbaren Veränderungen an der entsprechenden Synapse. Diese bewirken, dass die Signalübertragung von Zelle 1 auf Zelle 2 stärker wird. Hebb gilt damit als der Entdecker des Modells der Neuroplastizität, welche die neurophysiologische Grundlage von Lernen und Gedächtnis darstellt.

a) Erläutern Sie folgende Begriffe: Kurzzeit- und Langzeitplastizität, Langzeit- und Kurzzeit-Potenzierung, Langzeit- und Kurzzeit-Depression, funktionelle und strukturelle Plastizität.

b) Erstellen Sie eine Übersicht über die konkreten Veränderungen an der Synapse, die zur Neuroplastizität führen.

c) Erstellen Sie eine Übersicht über die verschiedenen Verschaltungsmechanismen von Nervenzellen.

d) Künstliche neuronale Netze (Netze aus künstlichen Neuronen) imitieren das Lernen über die Hebb'sche Lernregel. Die Änderung der Übertragungsstärke Δw_{ij} zweier (künstlicher) Neuronen wird folgendermaßen beschrieben:

$\Delta w_{ij} = \eta \cdot a_i \cdot a_j$

mit a_i (a_j): Bei Aktivierung von Neuron i (j) hat a_i (a_j) den Wert 1, sonst –1.

η: Die Lernrate η ist ein Maß dafür, wie schnell die Übertragungsstärke durch Lernen angepasst wird. Ihr Wert liegt bei künstlichen neuronalen Netzen zwischen 0,01 und 0,9.

Beschreiben Sie anhand des Beispiels in der Abbildung, wie das Verrechnen von Signalen zwischen (künstlichen) Neuronen funktioniert.

Beim Trainieren eines neuronalen Netzes werden die Übertragungsstärken der Neuronen laufend aktualisiert, indem dem Netz immer neue Datensätze angeboten werden. Neuronale Netze bilden die Grundlage für künstliche Intelligenz.

e) Beschreiben Sie, wie basierend auf obiger Formel das Training eines neuronalen Netzes funktioniert.

f) Künstliche Intelligenz wird u. a. bei Unternehmen zur Unterstützung in Bewerbungsprozessen oder bei Banken im Rahmen der Kreditvergabe eingesetzt. Dabei kommt es immer wieder zu Diskriminierungsvorwürfen. Diskutieren Sie, wo sich bei Systemen, die auf künstlicher Intelligenz beruhen, diskriminierende Komponenten einschleichen können.

g) Die GPT-Technologie (Generative Pretrained Transformer) ist seit 2022 in aller Munde. Sie kann u. a. zur automatisierten Erstellung von Präsentationsfolien oder bei Chatbots eingesetzt werden. Dabei sind die erzeugten Produkte oft sprachlich sehr überzeugend, aber inhaltlich nicht immer korrekt. Diskutieren Sie Chancen und Risiken dieser Technologie im Hinblick auf das Lernen von Fachinhalten, Fake News und politische Meinungsbildung.

h) Deep Fakes sind gefälschte Videos oder Bilder, die über künstliche Intelligenz erzeugt wurden. Recherchieren Sie bekannte Beispiele für Deep Fakes und wie man diese (noch) erkennen kann.

7\ Riesenaxone von Tintenfischen

Die Riesenaxone von Tintenfischen waren bei Untersuchungen zur Signalleitung an Axonen von entscheidender Bedeutung, da sie aufgrund ihrer Größe besonders einfach zu vermessen sind.

a) Beschreiben Sie die biologischen Grundlagen für die Ausbildung von Ruhe- und Aktionspotential.

b) Erläutern Sie, warum die Zellmembran eines Axons mit einem Plattenkondensator modelliert werden kann.

c) Riesenaxone von Tintenfischen können einen Radius von bis zu 0,50 mm und eine Länge von bis zu 1,0 m erreichen. Dabei beträgt die Kapazität der Membran 10 nF/mm². Berechnen Sie, welche Ladungsmenge Q durch die Platten eines entsprechenden Plattenkondensators mit gleicher Kapazität bei einer Spannung von 1,0 V getrennt wird.

d) Berechnen Sie den Axial- und den Membranwiderstand eines Riesenaxons mit Radius 0,50 mm, Länge 1,0 m, spezifischem Membranwiderstand $\rho_m = 8{,}75 \cdot 10^8\,\Omega$cm, Membrandicke $d = 8{,}0$ nm und spezifischem Widerstand des Zytoplasmas von $\rho_z = 30\,\Omega$cm.

e) Erläutern Sie anhand der Formeln für R_m und R_a, wie sich eine Erhöhung des Axonradius a auf R_m bzw. R_a auswirkt.

f) Erläutern Sie anhand der Formel für die Signalleitungsgeschwindigkeit der passiven Signalleitung, welche Möglichkeiten es gibt, diese zu maximieren. Beurteilen Sie, welche dieser Möglichkeiten aus biologischer Sicht realistisch sind.

g) Beschreiben Sie die Vorgänge bei der Entstehung eines Aktionspotentials.

h) Beschreiben Sie die Vorgänge bei der saltatorischen Signalleitung.

Tintenfisch auf einem Korallenriff

$$R_m = \frac{\rho_m \cdot d}{2\pi \cdot a \cdot l}$$

$$R_a = \rho_z \cdot \frac{l}{\pi \cdot a^2}$$

$$v = \frac{1}{\varepsilon_0 \varepsilon_r} \cdot \sqrt{\frac{d \cdot a}{2 \cdot \rho_m \cdot \rho_z}}$$

8\ Optische Täuschungen

Es gibt drei Arten optischer Täuschungen, die in diesem Buch behandelt wurden: geometrische Täuschungen (Kapitel 1, S. 28), Nachbilder (Kapitel 2, Lernaufgabe zu 2.1) und Kontrasttäuschungen (Kapitel 11).

a) Erstellen Sie eine Übersicht über die Auswirkungen und Ursachen dieser optischen Täuschungen.

b) Ordnen Sie die Täuschung in der Abbildung rechts (Hermann-Gitter) einer der drei Arten optischer Täuschungen begründet zu.

c) Erklären Sie, wie es zu der optischen Täuschung beim Hermann-Gitter kommt.

d) Die Müller-Lyer-Täuschung ist erfahrungsabhängig. Im Gegensatz zum Hermann-Gitter unterliegen ihr nicht alle Menschen. Erläutern Sie auf Basis der Neuroplastizität, wie es zur Müller-Lyer-Täuschung kommt.

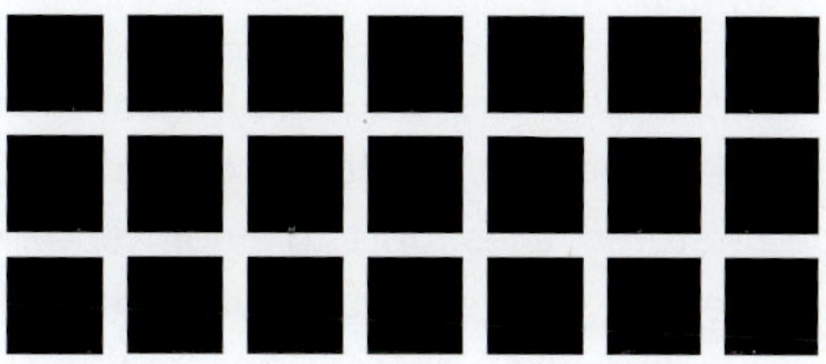

Hermann-Gitter

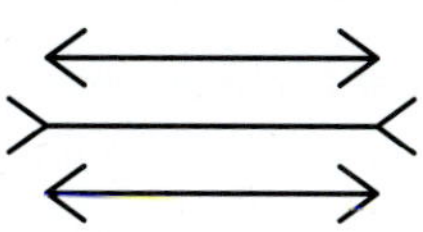

Müller-Lyer-Täuschung

Selbsttest: Überprüfen Sie Ihre Kenntnisse und Kompetenzen

Selbsttest-Checkliste

- ✓ Bearbeiten Sie die Aufgaben schriftlich in ordentlicher Form. Die Auswertungstabelle zeigt die Kompetenzerwartungen und Hilfestellungen.
- ✓ Vergleichen Sie Ihre Lösungen mit den Lösungsskizzen unter MC 67055-36
- ✓ Bewerten Sie Ihre Lösungen selbst mit den Symbolen ☺, 😐 oder ☹.

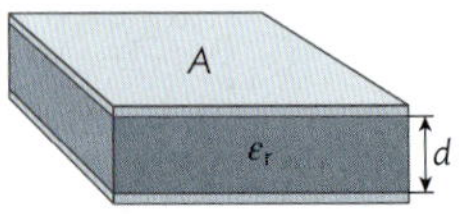

Plattenkondensator mit Dielektrikum

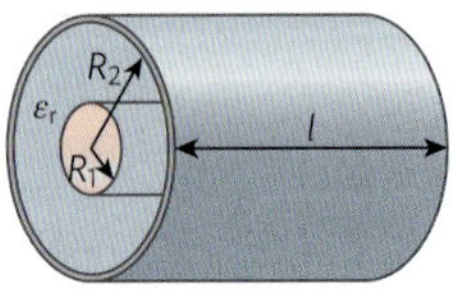

Zylinderkondensator

$C = 2 \cdot \pi \cdot \varepsilon_r \cdot \varepsilon_0 \cdot \frac{l}{\ln\left(\frac{R_2}{R_1}\right)}$

1 Betrachten Sie einen Plattenkondensator mit Dielektrikum. Dabei soll gelten $\varepsilon_r = 2{,}0$, $d = 8{,}0\,\text{nm}$ und $A = 1{,}0\,\text{mm}^2$.

a) Berechnen Sie die Kapazität C des Kondensators und die Ladungsmenge Q, die sich bei einer Spannung von $U = 70\,\text{mV}$ auf ihm befindet.

b) Unterstellen Sie, dass die Ladungsmenge Q sich aus einfach positiv oder negativ geladenen Teilchen zusammensetzt. Berechnen Sie deren Anzahl.

c) Vergleichen Sie ihr Ergebnis aus a) mit der Kapazität eines Zylinderkondensators mit $\varepsilon_r = 2{,}0$, $R_2 = 1{,}000\,\text{mm}$, $R_1 = 0{,}992\,\text{mm}$ und $l = 159\,\text{mm}$.

d) Erläutern Sie, dass ein Plattenkondensator ein gutes Modell für die Membran eines Axons ist, obwohl er geometrisch wenig Ähnlichkeit mit einem Axon hat.

e) Erläutern Sie, welche Vorgänge an einer Membran ablaufen würden, wenn diese Ionenkanäle hätte, die ausschließlich für eine Ionensorte durchlässig wären und für diese Ionensorte ein Konzentrationsgefälle bestehen würde.

f) Erläutern Sie, was sich ändern würde, wenn man eine zweite Ionensorte gleicher Ladung hinzufügen würde, die ebenfalls über Ionenkanäle die Seite wechseln könnten und deren Konzentrationsgefälle genau anders herum verlaufen würde.

2 Die Ausbildung eines passiven oder aktiven Signals wird über Ionenkanäle gesteuert. Diese kann man gut über einen elektrischen Ersatzschaltkreis modellieren.

a) Beschreiben Sie die Rolle, die die einzelnen Ionenkanäle bei der Ausbildung von Ruhe- und Aktionspotential spielen.

b) Erstellen Sie die Schaltskizze des Ersatzschaltkreises, der das Ruhepotential modellieren soll.

c) Ordnen Sie den Elementen des Ersatzschaltkreises ihre biologische Entsprechung zu.

3 Erkrankungen wie z. B. CIDP (Chronische Inflammatorische Demyelinisierende Polyneuropathie) entstehen durch entzündliche Reaktionen, die die Myelinscheide zerstören. Dies führt zu einer Reduzierung der Signalleitungsgeschwindigkeit.

a) Nennen Sie den Grund, warum CIDP zu einer Erniedrigung der Signalleitungsgeschwindigkeit führt.

b) Ein Baustein bei der Diagnose von CIDP ist die Messung der Signalleitungsgeschwindigkeit. Beschreiben Sie, wie man eine solche Messung durchführen kann.

4 Das Tintenfischaxon ist leicht zu vermessen. Daher sind seine elektrischen Daten bestens bekannt. Es gilt: $\varepsilon_r = 4{,}0$, Radius $r = 0{,}250\,\text{mm}$, Länge $l = 1{,}0\,\text{m}$, spezifischer Membranwiderstand $\rho_m = 8{,}75 \cdot 10^8\,\Omega\text{cm}$, spezifischer Widerstand des Zytoplasmas $\rho_z = 30\,\Omega\text{cm}$, Dicke der Axonmembran $d = 8{,}0\,\text{nm}$.

a) Berechnen Sie den Membran- und den Axialwiderstand.

b) Berechnen Sie die Halbwertszeit und -länge eines Tintenfischaxons.

c) Berechnen Sie die passive Signalleitungsgeschwindigkeit des Tintenfischaxons.

d) Diskutieren Sie basierend auf der Formel für die Signalleitungsgeschwindigkeit, welche Möglichkeiten es theoretisch gibt, diese zu maximieren. Beurteilen Sie, welche dieser Möglichkeiten biologisch relevant sind für
   (1) Axone ohne Myelinscheide
   (2) Axone mit Myelinscheide

e) Berechnen Sie den Axonradius, den ein Tintenfischaxon ohne Myelinscheide haben müsste, um die gleiche Signalleitungsgeschwindigkeit zu erzielen wie myelinisierte Axone bei Wirbeltieren (120 m/s).

5 Die saltatorische Signalleitung ist eine Möglichkeit, die Signalleitungsgeschwindigkeit zu maximieren.

a) Stellen Sie Vor- und Nachteile der aktiven und passiven Signalleitung gegenüber.

b) Beschreiben Sie die Vorgänge bei der saltatorischen Signalleitung.

c) Beschreiben Sie, inwiefern die saltatorische Signalleitung die Vorteile von passiver und aktiver Signalleitung vereint.

6 Optische Täuschungen können in verschiedene Kategorien eingeteilt werden: Geometrische Täuschungen, Kontrasttäuschungen und Nachbilder.

a) Ordnen Sie die Abbildungen (A), (B) und (C) den drei Kategorien begründet zu.

b) Erstellen Sie eine Skizze, die die zwei unterschiedlichen Verschaltungsmechanismen von Nervenzellen zeigt.

c) Erklären Sie mittels einer Skizze, wie Kontrasttäuschungen auf Basis der Verschaltung von Nervenzellen entstehen können.

Die Müller-Lyer-Täuschung ist besonders spannend. Man hat herausgefunden, dass es Menschen gibt, die dieser Täuschung nicht erliegen. Sie ist offenbar erfahrungsabhängig und enthält eine erlernte Komponente.

d) Erläutern Sie, wie das Lernen auf Synapsenebene funktioniert.

e) Erläutern Sie, wie künstliche neuronale Netze das Lernverhalten von Nervenzellen nachahmen.

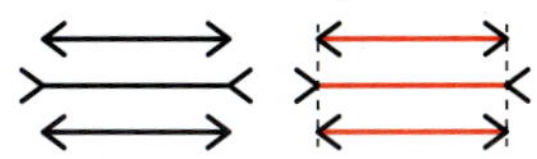

(A) Müller-Lyer-Täuschung

(B) Italienische Flagge in Komplementärfarben

(C) Sind die Flächen gleichmäßig hell?

Auswertungstabelle

	Ich kann …	Hilfe
1	den Beitrag von Ladungs- und Konzentrationsunterschieden zur Ausbildung und Aufrechterhaltung des Ruhepotentials in einer Nervenzelle erläutern.	S. 164, 165
2	ein Axonsegment mittels Axialwiderstand, Membranwiderstand und Membrankapazität durch einen elektrischen Schaltkreis modellieren.	S. 184–191
3	passive und aktive Signalleitung durch den Ersatzschaltkreis beschreiben.	S. 178
4	quantitative Überlegungen zur passiven Signalleitung durchführen.	S. 184–191
5	die Vorteile der saltatorischen Signalleitung für eine effiziente Signalleitung anhand der physikalischen Eigenschaften der Zellmembran erläutern.	S. 200–202
6	grundlegende Verschaltungsprinzipien von Nervenzellen beschreiben und damit optische Täuschungen erklären.	S. 205–211

Zusammenfassung

Aufbau von Nervenzellen

Nervenzellen bestehen neben dem Zellkörper mit dem Zellkern aus zwei Arten von Zellfortsätzen:

- Über die Dendriten empfängt ein Neuron Signale von anderen Nervenzellen.
- Über Axone werden Nervensignale weitergeleitet.

Für die Erregungsleitung im Nervensystem ist bedeutsam, dass viele Axone von einer Myelinscheide umgeben sind, die in regelmäßigen Abständen von den Ranvier'schen Schnürringen unterbrochen wird.

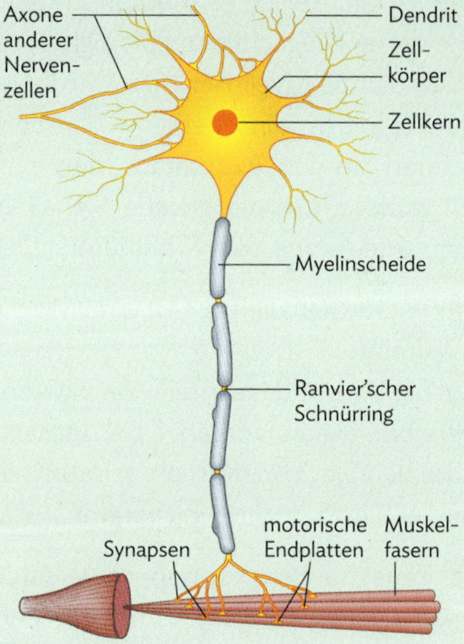

Aufbau eines Motoneurons im Rückenmark

Ruhe- und Aktionspotential

Ruhepotential
Die Zellmembran trennt Bereiche mit unterschiedlicher Ionenkonzentration. Dies führt zu einer Spannung, die an der Membran anliegt. In der Biologie wird diese Spannung als Membranpotential bezeichnet. Die Ausbildung eines Membranpotentials basiert auf der Diffusion geladener Teilchen. Die K^+-Ionen können über geöffnete Ionenkanäle die Membranseite wechseln. Der Diffusionsstrom aufgrund des Konzentrationsgefälles und der Strom aufgrund der elektrischen Potentialdifferenz sind bei den K^+-Ionen entgegengerichtet. Das Membranpotential, das sich ausbildet, wenn beide Ströme gleich groß sind, nennt man Ruhepotential. Es stellt sich ein, wenn die Nervenzelle nicht erregt ist.

Aktionspotential
Wird das Membranpotential über einen Schwellenwert hinaus depolarisiert, öffnen sich Na^+-Ionenkanäle und Na^+-Ionen strömen in das Zellinnere. Ein Aktionspotential entsteht. Dies würde dazu führen, dass sich mit der Zeit Na^+-Ionen im Zellinneren anreichern und sich damit die Höhe des Ruhepotentials verringern würde. Um dies zu verhindern, gibt es in Axonmembranen eine Na-K-Pumpe.

Induktionsspannung

Der magnetische Fluss Φ und die magnetische Flussdichte B sind Größen zur Beschreibung eines Magnetfeldes.

Magnetischer Fluss Φ:

$$\Phi = B \cdot A$$
$$[\Phi] = \text{Wb (Weber)} = \text{T} \cdot \text{m}^2 = \text{V} \cdot \text{s}$$

Magnetische Flussdichte B:

$$B = \frac{\Phi}{A}$$
$$[B] = \text{T (Tesla)} = \frac{\text{V} \cdot \text{s}}{\text{m}^2}$$

A: vom Magnetfeld durchsetzte Fläche

Unter elektromagnetischer Induktion versteht man das Entstehen einer elektrischen Spannung durch die Änderung des magnetischen Flusses.
Zwischen den Anschlüssen einer Spule (Windungszahl N) entsteht immer dann eine Induktionsspannung U_{ind}, wenn sich der magnetische Fluss Φ durch sie hindurch ändert.

$$U_{ind} = -N \cdot \frac{\Delta(A \cdot B)}{\Delta t} = -N \cdot \frac{\Delta \Phi}{\Delta t}$$

Ersatzschaltkreis

Ein Abschnitt eines Axons kann durch einen einfachen Ersatzschaltkreis gut modelliert werden. Das Membranpotential wird über eine Spannung U_i, die an den Ionenkanälen anliegt, beschrieben.

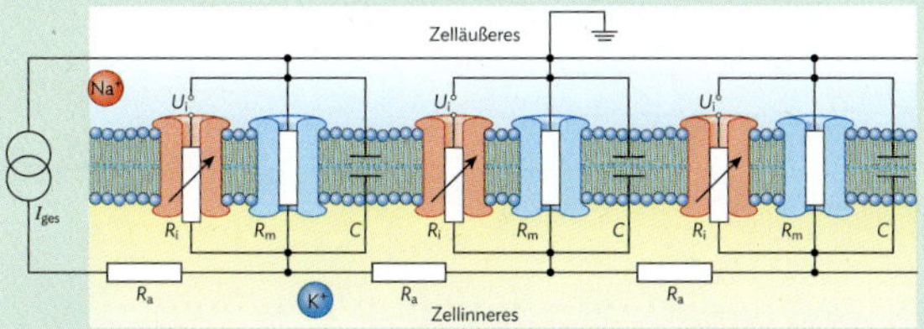

- Die **Zellmembran** entspricht einem Kondensator.
- Die **Ionenkanäle** in der Zellmembran entsprechen einem Membranwiderstand.
- Der elektrische Widerstand des **Zellplasmas** entspricht dem Axialwiderstand.
- Der veränderliche Widerstand R_i entspricht den **spannungsgesteuerten Na- und K-Ionenkanälen**.
- Die Stromquelle I_{ges} entspricht der **Na-K-Pumpe**.

Laden und Entladen von Kondensatoren

Laden eines Kondensators

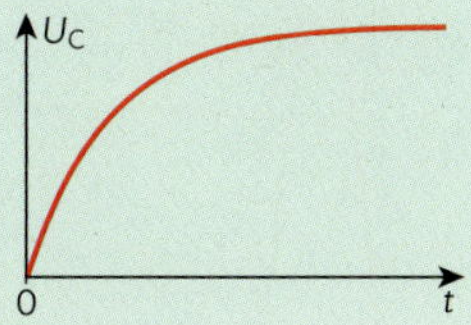

Der Spannungsverlauf $U_C(t)$ kann durch eine Exponentialfunktion mit der Zeitkonstanten τ beschrieben werden:

$$U_C(t) = U_{max} \cdot \left(1 - e^{-\frac{t}{\tau}}\right) = U_{max} \cdot \left(1 - e^{-\frac{t}{R \cdot C}}\right)$$
$$\tau = R \cdot C$$
$$T_{1/2} = \ln 2 \cdot \tau = \ln 2 \cdot R \cdot C$$

Dabei ist U_{max} die zum Laden angelegte Spannung.

$T_{1/2}$: Halbwertszeit
C: Kapazität, R: Widerstand, τ: Zeitkonstante

Entladen eines Kondensators

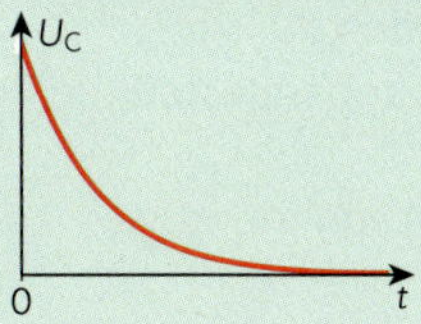

Der Spannungsverlauf $U_C(t)$ kann durch eine Exponentialfunktion mit der Zeitkonstanten τ beschrieben werden:

$$U_C(t) = U_{max} \cdot e^{-\frac{t}{\tau}} = U_{max} \cdot e^{-\frac{t}{R \cdot C}}$$

Dabei ist U_{max} die am Kondensator anliegende Spannung zum Zeitpunkt des Kurzschlusses.

Modellierung der passiven Signalleitungsgeschwindigkeit

Der Widerstand eines Drahtes $R = \frac{\rho \cdot l}{A}$ dient als Modell für Membran- und Axialwiderstand:

Membranwiderstand $R_m = \frac{\rho_m \cdot d}{2\pi \cdot a \cdot l}$

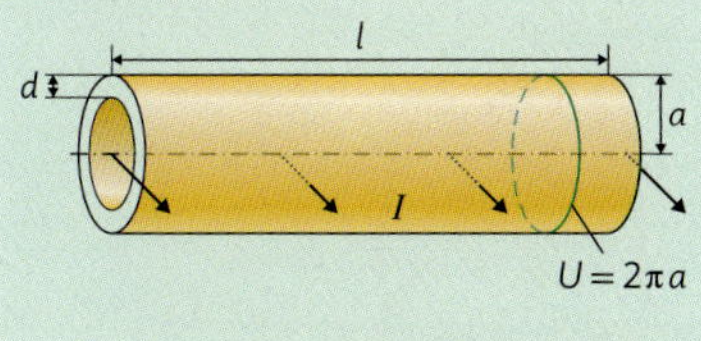

ρ_m: spezifischer Membranwiderstand
ρ_z: spezifischer Axialwiderstand

Axialwiderstand $R_a = \rho_z \cdot \frac{l}{A} = \rho_z \cdot \frac{l}{\pi \cdot a^2}$

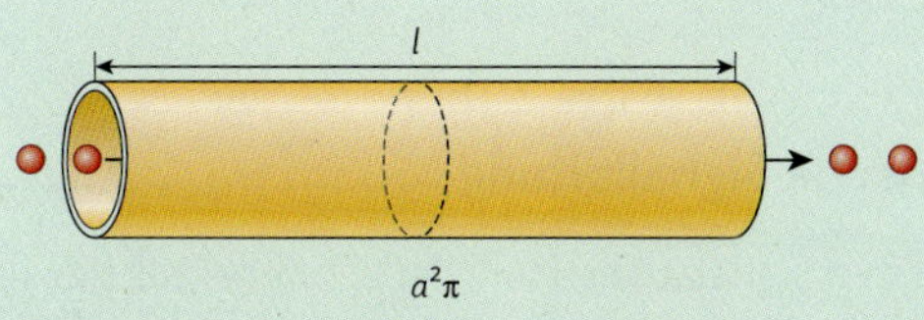

Die Membrankapazität C_m wird durch einen Plattenkondensator mit Dielektrikum modelliert.

$$C_m = \varepsilon_0 \cdot \varepsilon_r \cdot \frac{A}{d} = \varepsilon_0 \cdot \varepsilon_r \cdot \frac{2\pi \cdot a \cdot l}{d}$$

Zusammenfassung

Für die Ausbreitung eines Signals entlang eines Axons ergibt sich im Modell:

Mit wachsender Entfernung zur Signalquelle nimmt die Spannung U ab. Dies wird über eine exponentielle Abnahme mit der Längskonstante λ beschrieben.

$$\lambda = \sqrt{\frac{\rho_m \cdot d \cdot a}{2\rho_z}}.$$

Das Signal baut sich mit einer zeitlichen Verzögerung auf. Dies wird durch eine exponentielle Zunahme mit der Zeitkonstante τ beschrieben.

$$\tau = \rho_m \cdot \varepsilon_0 \cdot \varepsilon_r$$

Für die Signalleitungsgeschwindigkeit v ergibt sich:

$$v \sim \frac{\lambda}{\tau} = \frac{1}{\varepsilon_0 \cdot \varepsilon_r} \cdot \sqrt{\frac{d \cdot a}{2\rho_m \rho_z}}$$

Ablauf eines Aktionspotentials

Ionenkanäle ermöglichen Ionen, durch die Zellmembran hindurch zu gelangen. Sie können zwischen einem geöffneten und einem geschlossenen Zustand wechseln (Gating). Das Gating kann ausgelöst werden durch:

- chemische Botenstoffe an ligandengesteuerten Ionenkanälen.
- eine elektrische Spannung an spannungsgesteuerten Ionenkanälen.

Wird an eine Axonmembran eine Spannung angelegt, ändert sich das Membranpotential. Bleibt die depolarisierende Membranpotentialänderung **unterhalb eines Schwellenwertes** von ca. 20 mV, ändern die spannungsgesteuerten Ionenkanäle ihre Struktur nicht und der Membranwiderstand bleibt konstant. Man nennt diese Art der Signalausbreitung **passiv**. **Übersteigt** die depolarisierende Membranpotentialänderung einen **Schwellenwert** von 20 mV, öffnen sich die spannungsgesteuerten Na^+-Kanäle und ein Aktionspotential wird ausgelöst. Man nennt diese Art der Signalleitung **aktiv**.

Ablauf eines Aktionspotentials

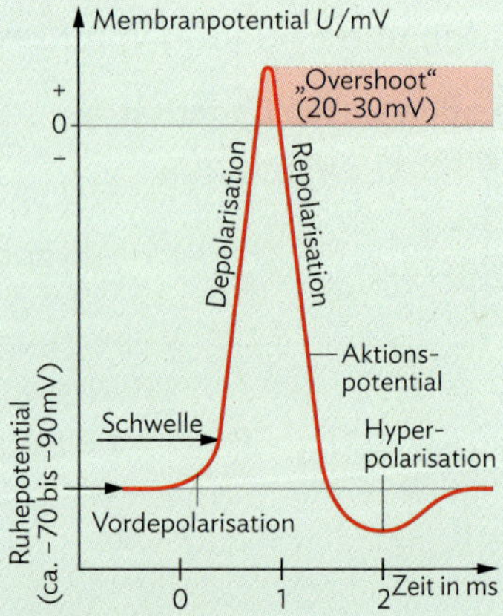

- Anstieg des Membranpotentials über den Schwellenwert: Spannungsgesteuerte Na^+-Kanäle öffnen sich und Na^+-Ionen strömen in die Zelle ein (Depolarisation).
- Potential erreicht Maximalwert: Na^+-Kanäle schließen wieder und sind einige Millisekunden nicht aktivierbar. (Refraktärzeit). Spannungsgesteuerte K^+-Kanäle öffnen und K^+-Ionen strömen aus der Zelle aus (Repolarisation).
- Ruhepotential ist wiederhergestellt: Alle spannungsgesteuerten Ionenkanäle sind wieder geschlossen. Die kurzzeitige Hyperpolarisation versetzt die Na^+-Kanäle in einen aktivierbaren Zustand.

Saltatorische Signalleitung

Die passive Signalausbreitung ist schneller als die aktive, ihre Signalstärke unterliegt aber einer exponentiellen Abnahme.
In den Internodien gibt es kaum Na^+-Ionenkanäle, da die Myelinscheide das Axon isoliert. In den Internodien wird das Signal stets passiv und damit schnell weitergeleitet. Das passive Signal muss aufgrund der Abnahme der Signalstärke an den Ranvier'schen Schnürringen durch Ausbilden von Aktionspotentialen regelmäßig verstärkt werden. Diese saltatorische Signalleitung optimiert insgesamt die Signalleitungsgeschwindigkeit.

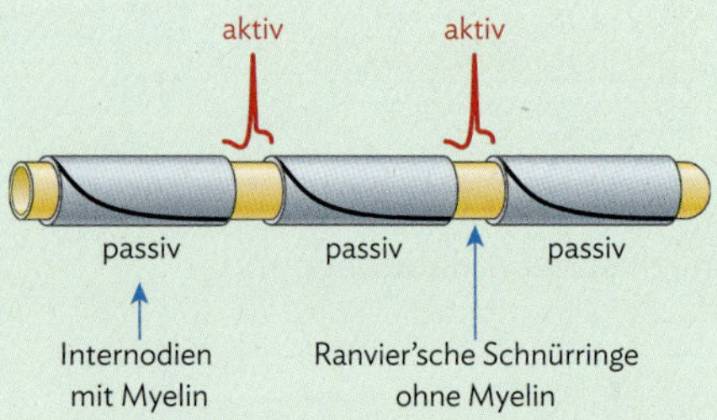

Saltatorische Signalleitung an myelinisierten Axonen

Signalübertragung über chemische Synapsen

Eine Synapse besteht aus der präsynaptischen Endigung, einer Kontaktzone und der postsynaptischen Membran. Ein einlaufendes Aktionspotential führt in der präsynaptischen Endigung zur Ausschüttung von Botenstoffen, sogenannten Neurotransmittern. An der postsynaptischen Membran werden die freigesetzten Neurotransmitter an ligandengesteuerte Ionenkanäle gebunden.

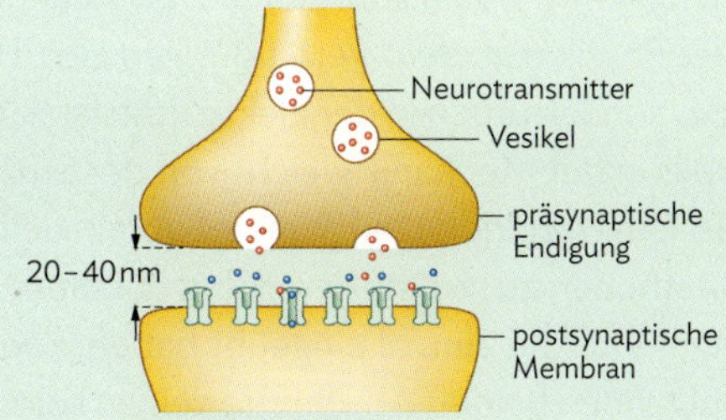

Signalverrechnung an Synapsen

Konvergente Verschaltung von Nervenzellen

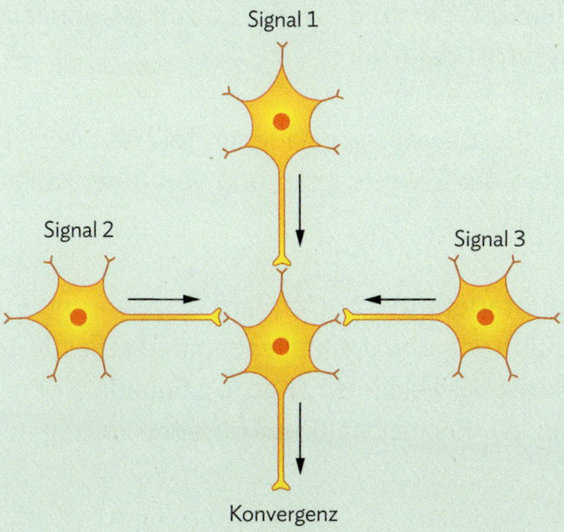

Divergente Verschaltung von Nervenzellen

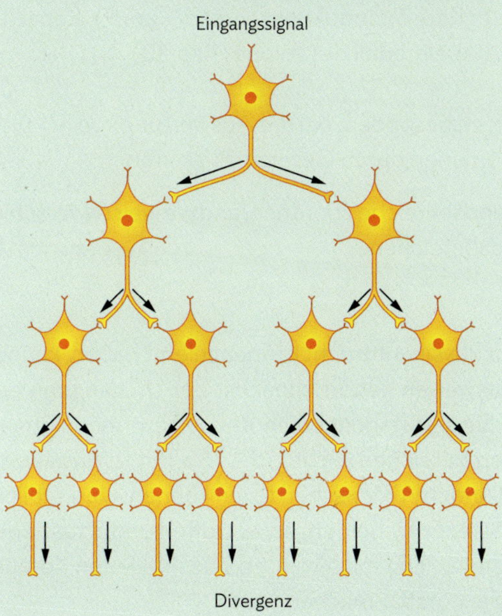

Verrechnung von Signalen

An den Synapsen einer Nervenzelle gehen erregende oder hemmende Signale von mehreren benachbarten Nervenzellen ein.

- Erregung der postsynaptischen Nervenzelle: ligandengesteuerte Na^+-Kanäle werden geöffnet.
- Hemmung der postsynaptischen Nervenzelle: ligandengesteuerte K^+-Kanäle werden geöffnet.

Nur das Zusammenwirken mehrerer Erregungen kann am Axonhügel ein Aktionspotential auslösen, da das Signal einer einzelnen Synapse zu klein ist. Diese Erregungen können gleichzeitig von verschiedenen Nervenzellen (räumliche Summation) oder nacheinander von der gleichen Nervenzelle (zeitliche Summation) am Axonhügel eintreffen.

Ordnungsstrukturen der Physik

Sie haben in den letzten Schuljahren eine große Zahl von physikalischen Inhalten und Arbeitsweisen kennengelernt. Dabei konnten Sie feststellen, dass es zwischen scheinbar ganz unterschiedlichen Bereichen der Physik trotzdem Verbindungen gibt. Die Energieerhaltung gilt beispielsweise nicht nur in der Mechanik, sondern auch in der Elektrizitätslehre und in der Kernphysik. Und die Erstellung eines Versuchsprotokolls in der Mechanik gleicht von der Struktur her dem eines Versuchsprotokolls in der Elektrizitätslehre. Solche Verbindungen können somit helfen, die zu lernenden Gegenstände und die anzuwendenden Methoden zu strukturieren und auf diese Weise den Überblick zu behalten. So vereinfachen sie das Lernen: Was Sie einmal eingeübt haben, können Sie ohne große Mühe auf andere Gebiete übertragen. Die folgenden beiden Abschnitte zeigen solche Ordnungsstrukturen.

Inhalte (Gegenstandsbereiche)

Die physikalischen Inhalte der letzten Jahrgangsstufen ließen sich gut in vier sogenannten Gegenstandsbereichen zusammenfassen. In der Mittelstufe wurden diese recht konkret mit den Begriffen „Energie", „Materie", „Wechselwirkung" und „Systeme" bezeichnet. In der Oberstufe erweist es sich als sinnvoller, die Gegenstandsbereiche etwas abstrakter zu fassen. Die Rede ist dann von:

- Erhaltung und Gleichgewicht
  Beispiele: Energie- und Impulserhaltung, Kräftegleichgewicht, Bewegung geladener Teilchen in elektrischen und magnetischen Feldern (Kap. 7), Eigenschaften der Zellmembran und von Ionenkanälen (Kap. 9), Ruhepotential (Kap. 9)
- Superposition und Komponenten
  Beispiele: additive Farbmischung (Kap. 2), Beugung und Interferenz von Licht am Doppel- und Einfachspalt (Kap. 3), Frequenzspektren (Kap. 4), Superposition von direkt einfallenden und reflektierten Schallanteilen im Außenohr (Kap. 5), Eigenschaften elektrischer Feldlinien (Kap. 6), Funktionsprinzip des EKG (Kap. 6), Spektrum der Röntgenstrahlung (Kap. 8), Ersatzschaltkreis für ein Axonsegment (Kap. 10)
- Mathematisieren und Vorhersagen
  Beispiele: Linse-Schirm-Modell (Kap. 1), Linsengleichung (Kap. 1), Auflösungsvermögen des menschlichen Auges (Kap. 3), Schallintensität und Schalldruckpegel (Kap. 4), elektrische Feldstärke und Potential (Kap. 6), magnetische Flussdichte und Lorentzkraft (Kap. 7), Induktionsgesetz (Kap. 9), Kapazität und Energieinhalt eines Plattenkondensators (Kap. 6), Kabelmodell des Axons (Kap. 10)
- Zufall und Determiniertheit
  Beispiele: Messabweichungen und Messunsicherheiten, insbesondere bei der Auswertung von Schülerexperimenten (Kap. 3 und 6), Beschreibung von Phänomenen durch Gesetzmäßigkeiten

Manche Inhalte lassen sich genau einem dieser Gegenstandsbereiche zuordnen, andere weisen verschiedene Aspekte auf und gehören zu mehreren Gegenstandsbereichen.

Methoden (prozessbezogene Kompetenzen)

Viele Arbeitsweisen, die Sie an einer bestimmten Stelle im Physikunterricht kennengelernt haben, können Sie auch in anderen Bereichen nutzen. Zu diesen Arbeitsweisen gehört zunächst der Umgang mit den fachlichen Inhalten. Aber Sie haben auch erfahren, wie Sie selbständig Erkenntnisse gewinnen können, z. B. beim Planen von Experimenten. Außerdem ist in allen Bereichen wichtig, dass Sie mit Informationsquellen zielgerichtet umgehen und Ihre Erkenntnisse mit anderen Menschen teilen können. Und schließlich soll der Physikunterricht Sie in die Lage versetzen, besser Entscheidungen zu treffen und Situationen zu bewerten, gleich ob im privaten oder im politischen Bereich. Erst mit all diesen verschiedenen Kompetenzen lässt sich das aktuelle physikalische Weltbild für Sie nutzbar machen.

Ordnungsstrukturen der Physik

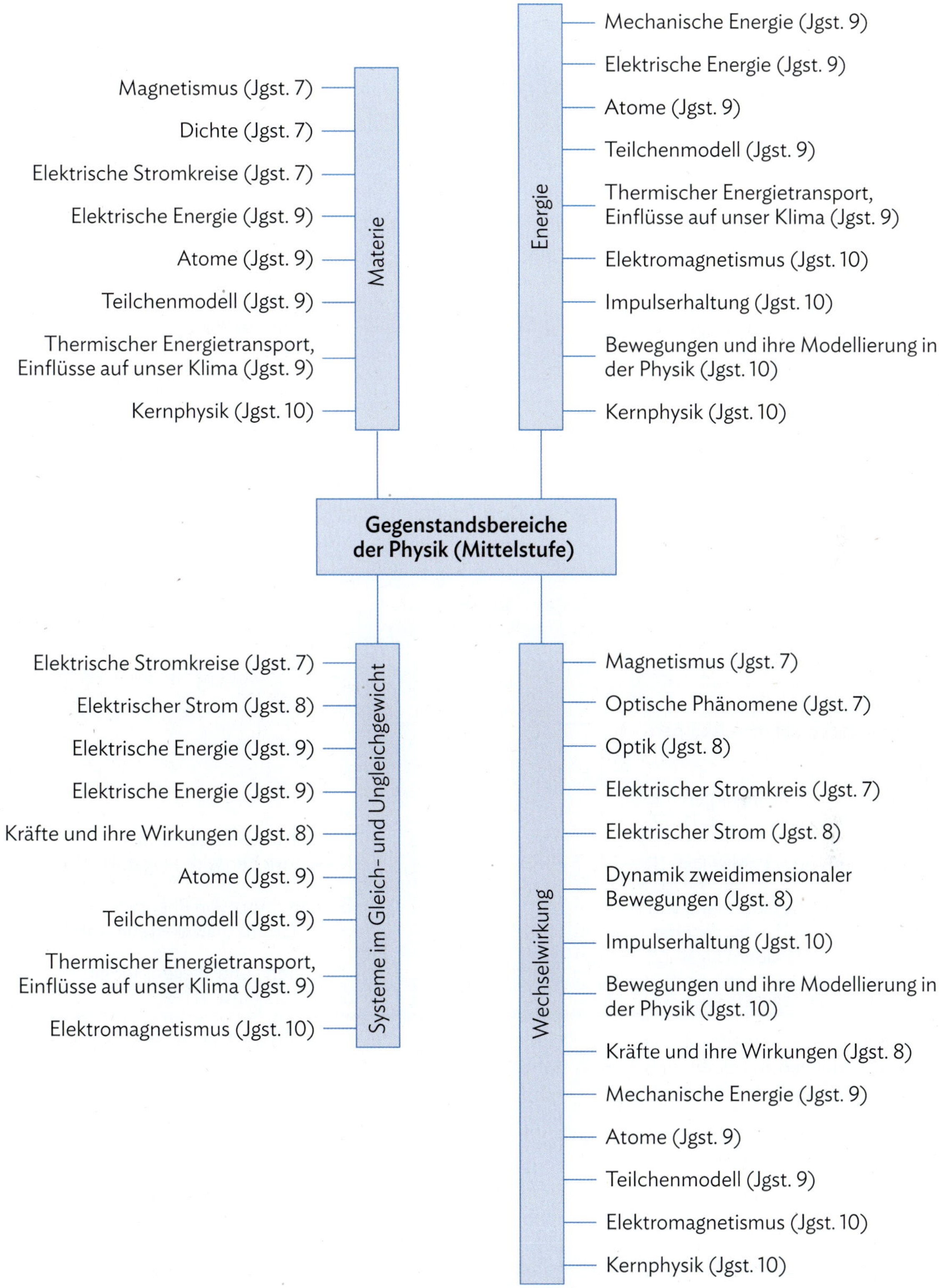

Ordnungsstrukturen der Physik

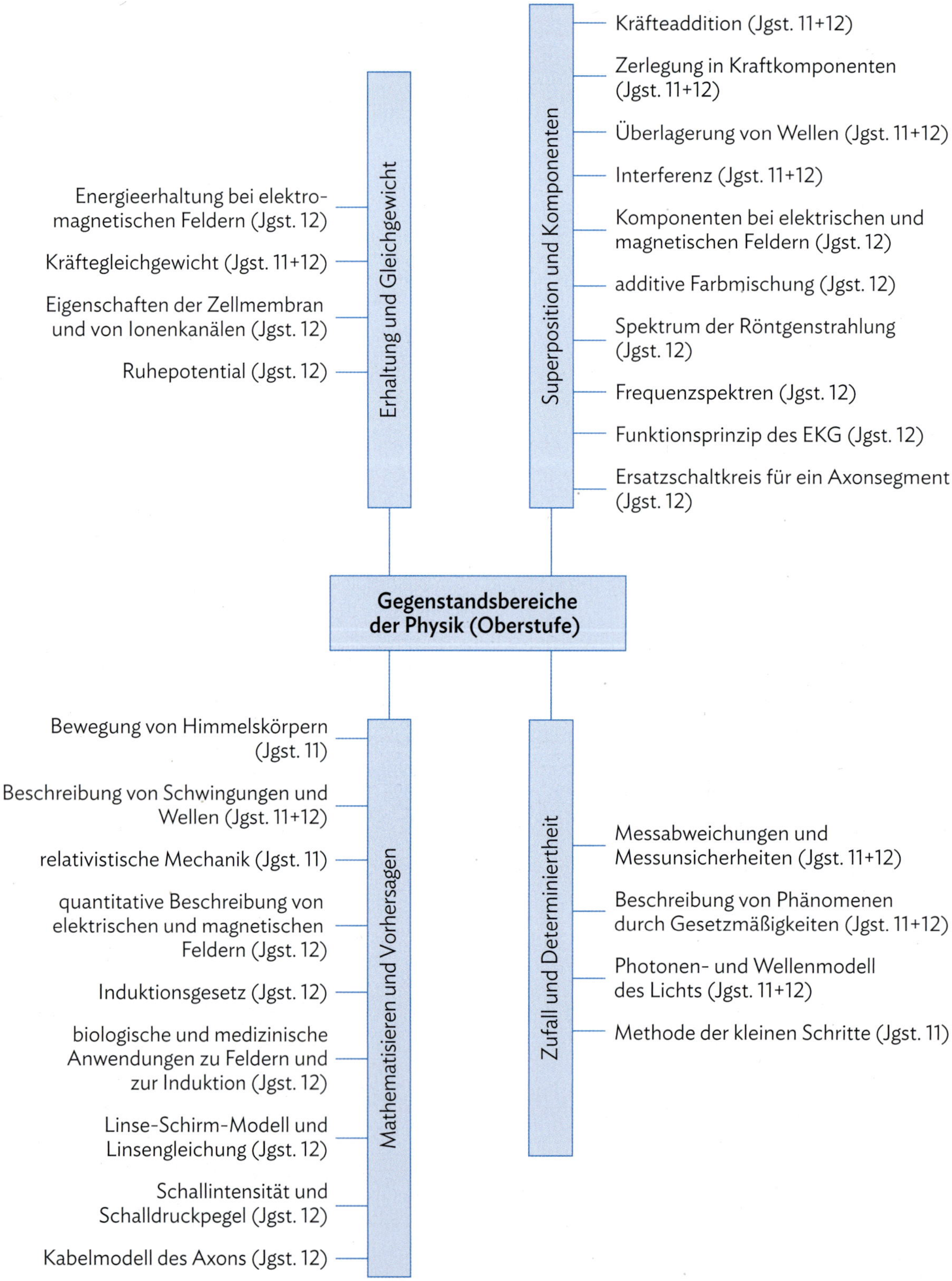

Prozessbezogene Kompetenzen

Modelle und Experimente nutzen
passende Methoden im Buch auf S. 14; 16; 17; 85; 86; 125; 166

- Phänomene beschreiben und erklären
- Daten und Informationen auswählen, prüfen und ordnen
- Analogien und Modelle nutzen
- Mathematik als Sprache der Physik nutzen
- Idealisierungen vornehmen

Erkenntnisse gewinnen
passende Methoden im Buch auf S. 10/11; 53; 166

- Hypothesen aufstellen
- Experimente planen, durchführen, dokumentieren, auswerten
- Gültigkeit von experimentellen Ergebnissen beurteilen

Kommunizieren
passende Methoden im Buch auf S. 86; 87; 195

- Sich über physikalische Erkenntnisse und deren Anwendungen austauschen
- Zwischen Alltagssprache und physikalischer Fachsprache unterscheiden
- In unterschiedlichen Quellen recherchieren
- Aufbau und Wirkungsweise technischer Geräte und biologischer Strukturen beschreiben
- Arbeitsergebnisse dokumentieren, präsentieren und diskutieren

Bewerten
passende Methoden im Buch auf S. 136

- Chancen und Grenzen der physikalischen Sichtweise erkennen
- Alternative medizinische Therapieverfahren unter physikalischen, aber auch außerphysikalischen Aspekten vergleichen und bewerten
- Risiken und Sicherheitsmaßnahmen beim Experimentieren, im Alltag oder in der Medizin einschätzen
- Historische und gesellschaftliche Auswirkungen physikalischer Erkenntnisse entdecken und benennen

Inhalte

Energieerhaltung .... Erhaltung und Gleichgewicht

Die Energie *E* ist hilfreich, um physikalische Messgrößen in Beziehung zu setzen. Sie kann Veränderungen hervorrufen und tritt in verschiedenen Formen auf. Die Energie kann von einer Energieform in eine andere umgewandelt werden. In abgeschlossenen Systemen bleibt bei jeder Umwandlung die Gesamtmenge an Energie zu jeder Zeit erhalten (Energieerhaltungssatz). Ein Teil der umgewandelten Energie ist dabei immer innere Energie, die auf Reibungsprozesse zurückzuführen ist.

Einheit der Energie: 1 J (Joule)
Beispiele für Energieformen:
- Bewegungsenergie
- Höhenenergie
- Spannenergie
- innere Energie
- chemische Energie
- elektrische Energie
- Lichtenergie

Photonenmodell des Lichts .... Erhaltung und Gleichgewicht, Zufall und Determiniertheit

Jeder Lichtfarbe lässt sich eine bestimmte Energie zuordnen. Diese Energie wird in Energieportionen – den Photonen – transportiert. Die Energie der Photonen ist also abhängig von der Lichtfarbe. Dabei sind die Photonen von violettem Licht energiereicher als die Photonen von rotem Licht. Alle Photonen bewegen sich mit der gleichen Geschwindigkeit: der Lichtgeschwindigkeit. Photonen sind punktförmig und unteilbar.

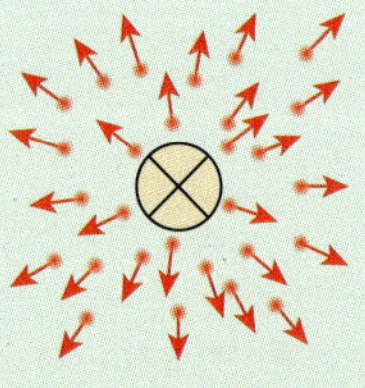

Weil ein einzelnes Photon eine sehr geringe Energie hat, wird in diesem Zusammenhang häufig eine andere Einheit verwendet: das Elektronenvolt (eV).

$1\,\text{eV} = 1{,}602 \cdot 10^{-19}\,\text{J}$

Mit dem Photonenmodell lassen sich besonders gut Absorptions- und Emissionsspektren, der Lichtdruck oder der Photoeffekt beschreiben.

Strahlenmodell des Lichts .... Erhaltung und Gleichgewicht, Zufall und Determiniertheit

Licht breitet sich strahlenförmig aus. Dabei gehen die Lichtstrahlen radialsymmetrisch von der Lichtquelle aus und breiten sich geradlinig aus. Mit diesem Modell lassen sich Schatten, Reflexion oder Brechung besonders gut beschreiben.

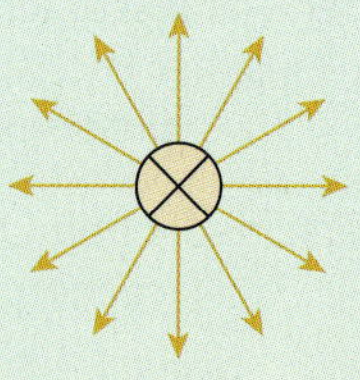

Wellenmodell des Lichts .... Zufall und Determiniertheit, Superposition und Komponenten

Licht kann auch als Welle beschrieben werden. Jeder Punkt der Wellenfront kann als Ausgangspunkt einer kreisförmigen Elementarwelle angesehen werden. Die Ausbreitungsgeschwindigkeit ist die Lichtgeschwindigkeit. Die Wellenlänge (bzw. Frequenz oder auch Energie) beschreibt die Farbe des Lichts, die Amplitude der Welle die Lichtintensität. Mit diesem Modell lassen sich Beugung, Interferenz oder Streuung besonders gut beschreiben.

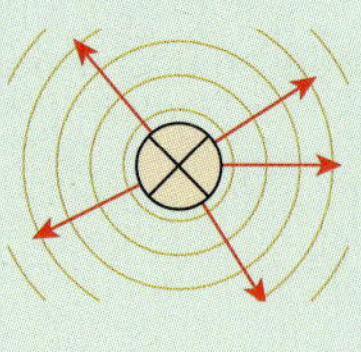

Brechung .... Mathematisieren und Vorhersagen

Trifft Licht schräg auf die Grenzfläche zweier verschiedener, lichtdurchlässiger Materialien, so ändert es seine Richtung. Dieses Phänomen heißt Brechung des Lichts.
Das Licht wird beim Übergang ins optisch dichtere Medium zum Lot hin gebrochen (siehe Abb.), im anderen Fall vom Lot weggebrochen.
Beim Übergang von einem optisch dichteren Stoff in einen optisch dünneren Stoff wird Licht bei flachem Einfall an der Grenzfläche totalreflektiert.

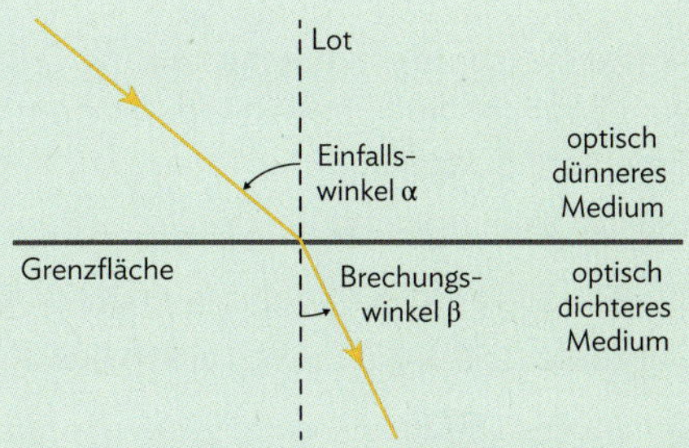

Linsen .... Mathematisieren und Vorhersagen

Linsen, die in der Mitte dicker sind als am Rand (konvexe Linsen), heißen Sammellinsen (vgl. Abbildung). Im umgekehrten Fall (konkave Linsen) handelt es sich um Zerstreuungslinsen.

Die Brennweite einer Sammellinse kann man bestimmen, indem man ein Lichtbündel parallel zur optischen Achse einstrahlt. Der Schnittpunkt aller Lichtstrahlen hinter der Linse heißt Brennpunkt. Er liegt auf der optischen Achse. Aus dem Abstand zwischen Mittelachse der Linse und Brennpunkt ergibt sich die Brennweite f.

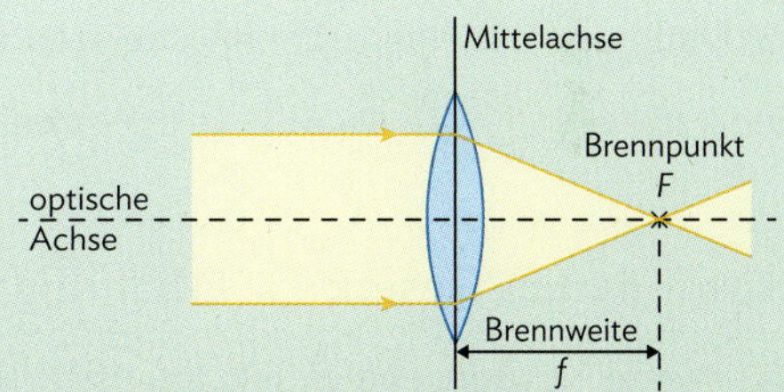

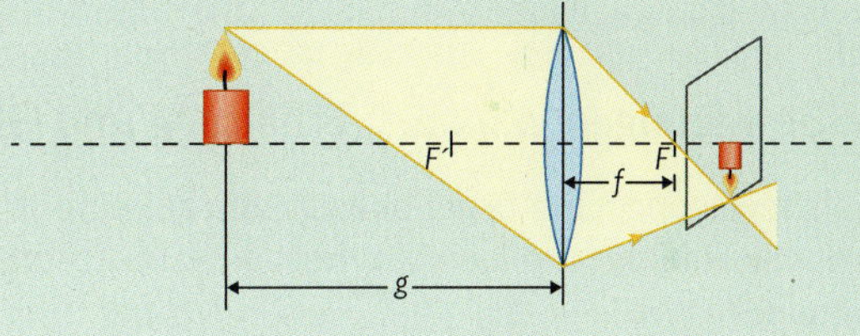

Auge und Optik .... Superposition und Komponenten

Das Bild eines Gegenstandes auf der Netzhaut steht auf dem Kopf, ist seitenverkehrt und kleiner als das Original. Akkommodation ist die Anpassung des Auges an unterschiedliche Gegenstandsweiten.

Bei den angeborenen Weit- und Kurzsichtigkeiten sind die Bildweiten zu lang bzw. zu kurz. Weitsichtigkeit wird mit einer Sammellinse, Kurzsichtigkeit mit einer Zerstreuungslinse korrigiert.

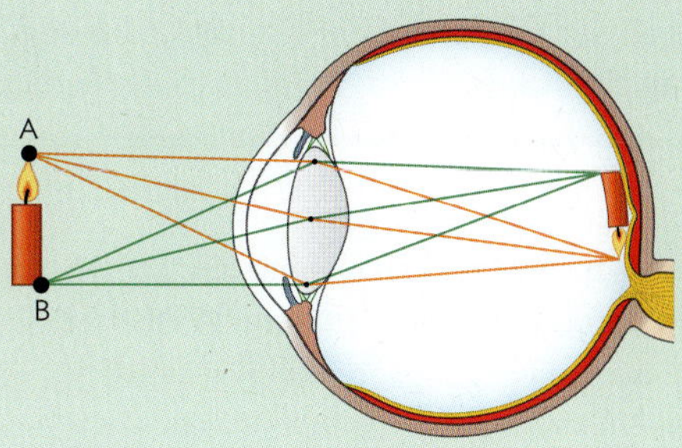

Ladung, Stromstärke, Spannung, Widerstand

Erhaltung und Gleichgewicht, Mathematisieren und Vorhersagen

Die kleinste messbare elektrische Ladung Q ist die Elementarladung e. Ladungen auf Gegenständen treten nur als Vielfache N der Elementarladung auf:

$Q = -N \cdot e$ bzw. $Q = N \cdot e$

Die elektrische Stromstärke I ist ein Maß für die Ladungsmenge ΔQ, die pro Zeitspanne Δt durch einen Leitungsquerschnitt fließt.

Formel: $I = \frac{\Delta Q}{\Delta t} = \frac{N \cdot e}{\Delta t}$

Die elektrische Spannung U gibt an, wie stark der Antrieb des elektrischen Stroms ist. Sie ist die Potentialdifferenz $\Delta\varphi$ zwischen zwei Punkten eines Stromkreises (vgl. die Höhendifferenz Δh eines Wasserstromkreises). Formel: $U = \Delta\varphi$

Die Definition des elektrischen Widerstands R eines Bauteils lautet:

Widerstand $= \frac{\text{Spannung}}{\text{Stromstärke}}$ In Formelzeichen: $R = \frac{U}{I}$

Einheit der Ladung:
1 C (Coulomb)
Formelzeichen: Q
Wert der Elementarladung:
$e = 1{,}602176634 \cdot 10^{-19}$ C

Einheit der Stromstärke:
1 A (Ampere)
Formelzeichen: I

Einheit der Spannung: 1 V (Volt)
Formelzeichen: U
Elektrischer Widerstand:
Formelzeichen: R
Einheit: 1 Ω (Ohm)

2. Newtonsches Gesetz

Erhaltung und Gleichgewicht, Mathematisieren und Vorhersagen

Das zweite Newtonsche Gesetz lässt sich auf zwei verschiedene Arten darstellen:

$F \cdot \Delta t = m \cdot \Delta v$ und $F = m \cdot a$

Kreisbewegungen

Erhaltung und Gleichgewicht, Mathematisieren und Vorhersagen

Kreisbewegung: Ein Körper bewegt sich auf einer Kreisbahn mit Radius r um einen im Bezugssystem festen Mittelpunkt M.

Umlaufdauer einer Kreisbewegung: T — Einheit von T: 1 s

Frequenz einer Kreisbewegung: f — Einheit von f: $1\frac{1}{\text{s}} = 1\,\text{s}^{-1} = 1\,\text{Hz} = 1$ Hertz

Die Bahngeschwindigkeit v ist die Geschwindigkeit, mit der sich der Körper auf der Kreisbahn bewegt. Für ihren Betrag gilt:

$$v = \frac{b}{\Delta t} = \frac{2\pi r}{T}$$

b: in der Zeitspanne Δt zurückgelegter Kreisbogen

Winkelgeschwindigkeit ω einer Kreisbewegung, wobei $\Delta\varphi$ der in der Zeit Δt überstrichene Winkel ist:

$$\omega = \frac{\Delta\varphi}{\Delta t} = \frac{2\pi}{T} = 2\pi \cdot f$$

Einheit von ω: $1\frac{1}{\text{s}} = 1\,\text{s}^{-1}$

Zusammenhang zwischen Winkel- und Bahngeschwindigkeit:

$$v = \frac{2\pi}{T} \cdot r = \omega \cdot r$$

Zentripetalkraft .... Erhaltung und Gleichgewicht, Mathematisieren und Vorhersagen

Die Zentripetalkraft $\vec{F}_{Zp}$ ist die Ursache für eine Kreisbewegung und zeigt immer vom Körper aus in Richtung Mittelpunkt der Kreisbewegung.
Damit ein Körper eine gleichförmige Kreisbewegung ausführen kann, muss auf ihn zu jeder Zeit eine zum Kreismittelpunkt hin gerichtete Zentripetalkraft $\vec{F}_{Zp}$ wirken. Dabei erfährt der Körper die Zentripetalbeschleunigung $\vec{a}_{Zp}$. Die Zentripetalkraft hat den konstanten Betrag

$$F_{Zp} = m \cdot a_{Zp} = m \cdot \frac{v^2}{r} = m \cdot r \cdot \omega^2$$

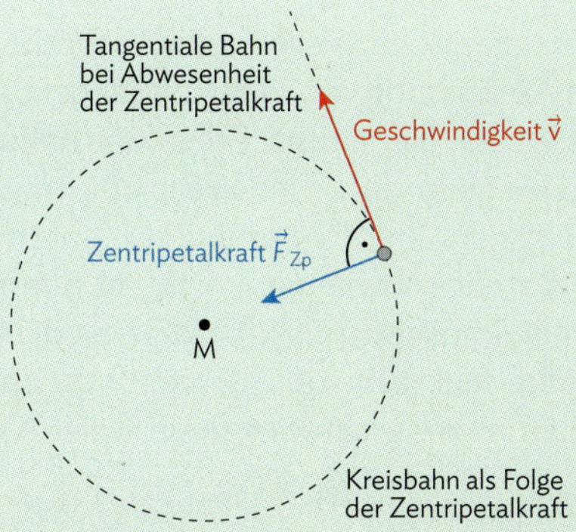

Mechanische Schwingungen .... Erhaltung und Gleichgewicht, Mathematisieren und Vorhersagen

Eine mechanische Schwingung ist eine zeitlich periodische Bewegung eines Körpers um eine Gleichgewichtslage. Damit ein Körper eine Schwingung vollführen kann, müssen folgende Voraussetzungen erfüllt sein:

- Es muss ein schwingungsfähiger Körper vorhanden sein.
- Der Körper muss aus seiner Gleichgewichtslage ausgelenkt werden.
- Es muss eine Kraft vorhanden sein, die den Körper in Richtung zur Gleichgewichtslage zurücktreibt („Rückstellkraft").

Charakteristische Größen einer Schwingung:

- Auslenkung aus der Gleichgewichtslage $s(t)$
- größte Auslenkung = Amplitude s_{max}
- Schwingungsdauer T für vollständige Schwingung
- Frequenz f = Anzahl Schwingungen pro Sekunde

Bei einer gedämpften Schwingung nimmt die Amplitude mit der Zeit ab

$f = \frac{1}{T}$ bzw. $T = \frac{1}{f}$

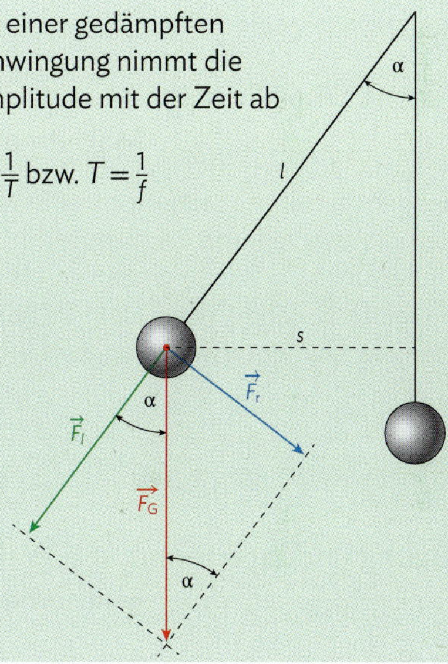

Harmonische Schwingungen und Fadenpendel .... Erhaltung und Gleichgewicht, Mathematisieren und Vorhersagen

Bei einer harmonischen Schwingung ist der Graph im t-s-Diagramm eine Sinuskurve. Sie tritt immer dann auf, wenn die rücktreibende Kraft direkt proportional und entgegengerichtet zur Auslenkung ist.
Ein (ideales) Fadenpendel vollführt eine harmonische Schwingung, es gelten folgende Gesetzmäßigkeiten:

$$s(t) = s_{max} \cdot \sin(\omega t); \quad \omega = \sqrt{\frac{g}{l}}; \quad T = 2\pi \cdot \sqrt{\frac{l}{g}}$$

Zum Zeitpunkt $t = 0$ befindet sich das Massestück des Fadenpendels dann im Ursprung des Koordinatensystems.

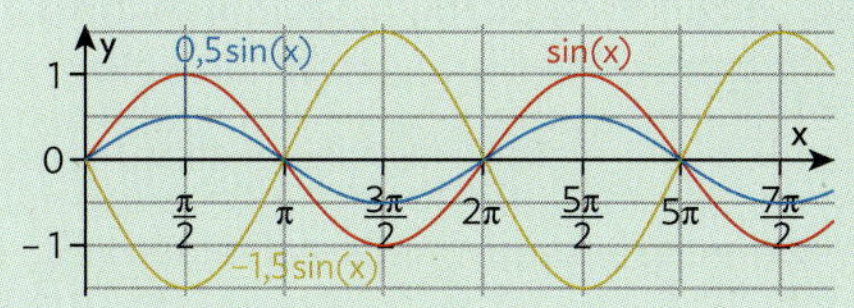

g: Fallbeschleunigung
l: Fadenlänge des Pendels

Alternativ kann statt dem Sinus auch der Kosinus verwendet werden. Hier hat das Fadenpendel zum Zeitpunkt $t = 0$ die maximale Auslenkung.

Grundlagen

Mechanische Wellen .. Mathematisieren und Vorhersagen, Superposition und Komponenten

Eine mechanische Welle ist die Ausbreitung einer periodischen Auslenkung von miteinander gekoppelten schwingungsfähigen Elementen. Diese Auslenkung findet in einem Medium statt. Eine Welle überträgt Energie in Ausbreitungsrichtung, aber es findet kein Materietransport statt; Materie schwingt nur ortsgebunden.
Bei einer Transversalwelle schwingen die einzelnen Elemente senkrecht zur Ausbreitungsrichtung. Bei einer Longitudinalwelle schwingen sie in der Ausbreitungsrichtung.

Kenngrößen:
- Schwingungsdauer T
- Frequenz f
- Ausbreitungsgeschwindigkeit c
- Wellenlänge λ = Abstand zweier Elemente im gleichen Schwingungszustand

$$\lambda = c \cdot T$$

- Amplitude

a) 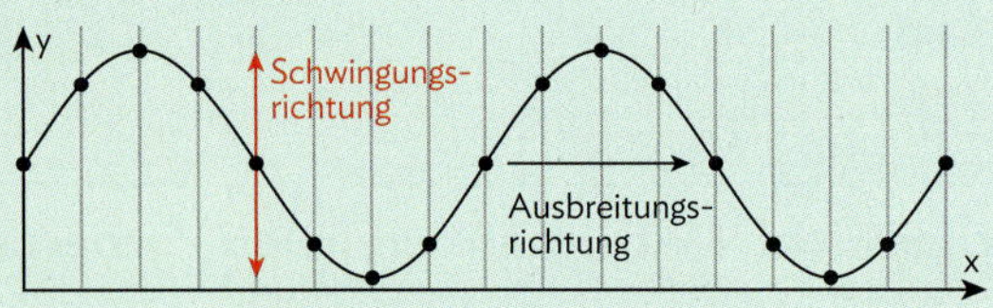

b) 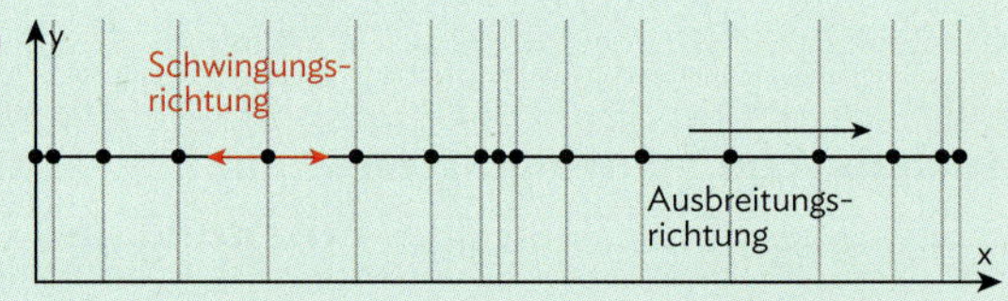

Huygens'sches Prinzip .... Mathematisieren und Vorhersagen, Superposition und Komponenten

Jeder Punkt einer Wellenfront ist Quelle einer Elementarwelle. Die Elementarwellen und die erzeugende Welle stimmen in Frequenz, Wellenlänge und Ausbreitungsgeschwindigkeit überein.
Die weiterlaufende Welle kann als Superposition einer unendlichen Zahl von Elementarwellen angesehen werden.

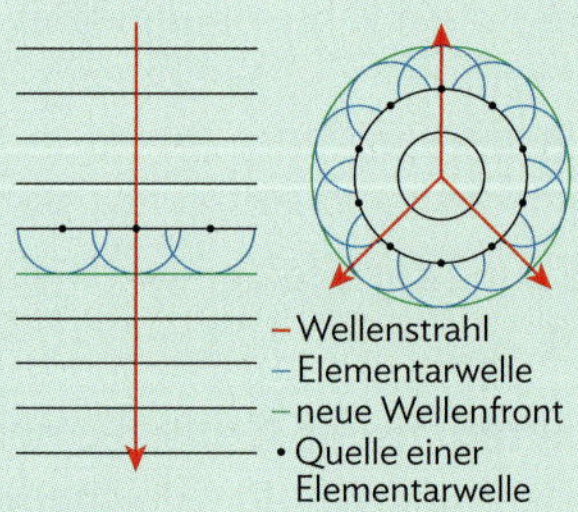

Beugung und Interferenz von Wellen .... Mathematisieren und Vorhersagen, Superposition und Komponenten

Beim Auftreffen einer Welle auf einen Spalt wird auch der geometrische Schattenraum ausgefüllt, da die Wellen am Rand der Öffnung gebeugt werden.

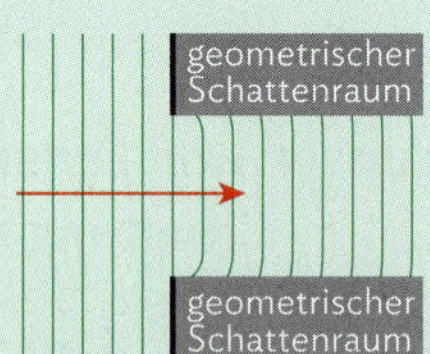

Wenn sich mehrere Wellen an einem Ort maximal (positiv oder negativ) verstärken, spricht man von *konstruktiver Interferenz*. Die Wellen müssen dafür gleichphasig schwingen:

$\Delta s = k \cdot \lambda$ mit $k = 0,1,2,3,...$ also $k \in \mathbb{N}$

Δs: Gangunterschied (Unterschied in den Wegstrecken, die die beiden Wellen von ihrer Quelle zurückgelegt haben)

Wenn sich mehrere Wellen an einem Ort komplett auslöschen, spricht man von destruktiver Interferenz. Die Wellen müssen dafür gegenphasig schwingen:

$\Delta s = (2k + 1) \cdot \frac{\lambda}{2}$ mit $k = 0,1,2,3,...$ also $k \in \mathbb{N}$

Eine stehende Welle entsteht durch Interferenz zweier gegenläufiger Wellen. Dabei treten jeweils im Abstand von $\frac{\lambda}{2}$ Schwingungsknoten auf; dazwischen liegen – ebenfalls im Abstand von $\frac{\lambda}{2}$ – Schwingungsbäuche.

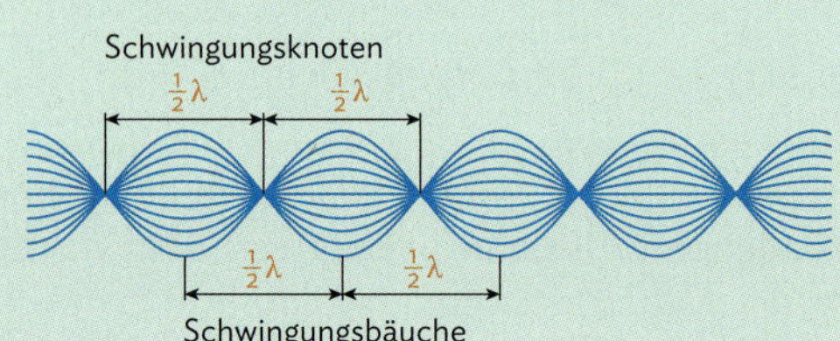

Methoden

Versuchsprotokoll .... Modelle und Experimente nutzen

Um die Ergebnisse eines Experiments festzuhalten, fertigt man ein Versuchsprotokoll an.
Ein solches Protokoll besteht aus fünf Abschnitten:

- **Ziel:** Geben Sie das Ziel des Versuchs kurz mit eigenen Worten wieder.
- **Aufbau:** Beschreiben Sie den experimentellen Aufbau. Fertigen Sie dazu auch eine Zeichnung an.
- **Beschreibung:** Beschreiben Sie, wie Sie den Versuch durchführen und welche Größen Sie messen.
- **Messergebnisse:** Halten Sie die Messergebnisse in Form einer Tabelle fest.
- **Auswertung:** Bestimmen Sie anhand der Messergebnisse die gesuchte Größe.

Die fünf Schritte können Sie sich gut über die Anfangsbuchstaben merken: ZABMA.

Digitale Datenerfassung .... Modelle und Experimente nutzen

1. **Vorüberlegungen durchführen**
   Überlegen Sie sich zunächst gut, welche Größen Sie messen wollen. Zur Bestimmung von Geschwindigkeiten müssen Sie meist die zurückgelegte Strecke und die dafür benötigte Zeit messen.
2. **Geeignetes Messsystem auswählen**
   Das von Ihnen gewählte Messsystem, z. B. eine App auf dem Smartphone, muss natürlich in erster Linie die Größen messen können, die Sie messen wollen. Sie sollten aber auch darauf achten, ob das System die Daten direkt auswerten kann.
3. **Messung sorgfältig planen**
   Berücksichtigen Sie bei Ihrer üblichen Planung der Messung das gewählte Messsystem. Machen Sie sich dazu Gedanken, wie Sie die Möglichkeiten der Messwerterfassung am besten nutzen können.
4. **Probemessungen durchführen**
   Machen Sie vor der eigentlichen Messung ein paar kurze Probemessungen, um sich mit dem Programm vertraut zu machen und eventuelle Probleme oder Einschränkungen zu erkennen.
5. **Messung durchführen**
   Führen Sie die Messung auf Basis Ihrer Planungen durch. Achten Sie beim Durchführen der Messung darauf, dass die Messwerte auch wirklich abgespeichert werden.
6. **Daten auswerten**
   Manche Apps können automatisch ein Diagramm aus Ihren Messdaten erstellen, bei anderen können Sie die Daten an einen PC übertragen und z. B. mit einem Tabellenkalkulationsprogramm auswerten.

Messgenauigkeit .... Modelle und Experimente nutzen

Je nach Messgerät können Sie mehr oder weniger genau messen. Bei einem digitalen Multimeter können Sie sich an der letzten Stelle der Anzeige orientieren. Wenn die Anzeige z. B. 10,32 V lautet, dann können Sie bestenfalls auf 0,01 V genau messen. Das hat auch Auswirkungen auf Rechnungen. Es ist unsinnig, ein Ergebnis genauer anzugeben als die Werte, aus denen es berechnet wird. Für das Vorgehen gibt es eine Faustregel.

Faustregel:
Das Ergebnis einer Rechnung hat nur so viele gültige Ziffern wie der ungenaueste Messwert, der in der Rechnung verwendet wird. Gültige Ziffern (gZ) sind dabei alle vorkommenden Ziffern bis auf Nullen, die am Anfang stehen:
10,05 V hat 4 gZ, 0,05 V hat 1 gZ.

Beispiele:
$9{,}406\,\text{V} - 0{,}4\,\text{V} = 9\,\text{V}$ (wegen 1 gZ)
$3{,}02\,\text{V} + 0{,}040\,\text{V} = 3{,}060\,\text{V} = 3{,}1\,\text{V}$ (wegen 2 gZ)

Physikalische Argumentationsweisen: Je-desto-Aussagen .... Kommunizieren

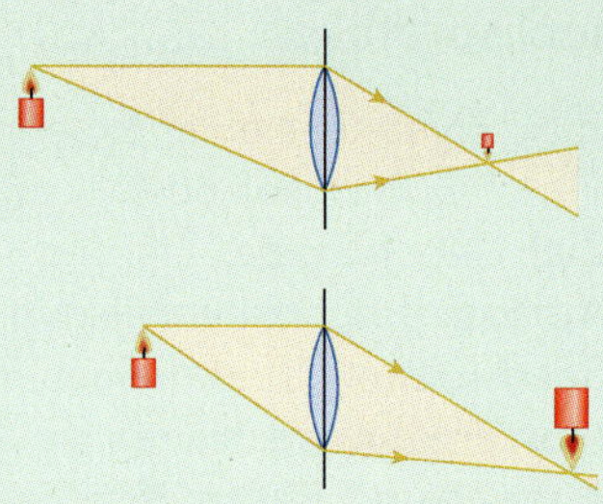

In der Physik kann man oft Beobachtungen bzw. Resultate bei Experimenten in Je-desto-Aussagen zusammenfassen. So kann man gut argumentieren und damit zu physikalischen Erkenntnissen gelangen. Eine mögliche Argumentation kann dann so lauten (vgl. Abbildung):
Je näher die Kerze an die Linse rückt...

- desto stärker divergieren die Lichtbündel, die von den Punkten der Kerze ausgehend auf die Linse fallen,
- desto weniger stark konvergieren diese Lichtbündel nach dem Durchgang durch die Linse,
- desto weiter von der Linse entfernt entsteht damit ein scharfer Bildpunkt,
- desto größer wird dadurch auch das Bild.

Insgesamt können wir unsere Überlegungen folgendermaßen zusammenfassen: Mithilfe des Brechungsgesetzes und dem Verständnis, wie Lichtbündel durch Sammellinsen beeinflusst werden, wird klar:
Je kleiner die Gegenstandsweite, desto größer die Bildweite.

Hypothesen bilden .... Erkenntnisse gewinnen

Der Begriff „Hypothese" beschreibt eine Vermutung, die durch ein Experiment bestätigt oder verworfen werden kann. In der Wissenschaft bezeichnet man dies als Verifikation bzw. als Falsifikation. Damit das möglich ist, muss eine gute Hypothese besondere Eigenschaften haben:

- Eine Hypothese muss überprüft werden können. In der Physik bedeutet das in der Regel, dass Sie eine Messung dazu durchführen können.
- Eine Hypothese muss klar und präzise formuliert werden. Vermeiden Sie deshalb ungenaue Begriffe wie „eher gut", „eher schlecht", „viel", „wenig", ...
- Zu einer Hypothese muss es eine klare Gegenhypothese geben. Nur so können Sie am Ende entscheiden, ob die Hypothese angenommen werden kann.
- Eine Hypothese muss zu Ihrem Vorwissen passen. Sie sollte also nicht Dingen widersprechen, die Sie bereits wissen.
- Eine Hypothese soll einen hohen Erklärungswert besitzen. Sie müssen also nicht alle möglichen denkbaren Einflüsse überprüfen, sondern können sich auf diejenigen beschränken, die Ihnen am plausibelsten erscheinen.

„Beurteilen" und „Bewerten" .... Bewerten

Beurteilen

1. Bestimmung eines Sachverhalts, z. B. des Ergebnisses eines Experiments
2. Festlegung von Kriterien bzw. Maßstäben
3. Urteil finden

Das Ziel einer Beurteilung ist eine fundierte und wissenschaftliche Aussage, bzw. ein Urteil über einen Sachverhalt, dem bestimmte Kriterien, bzw. Maßstäbe zugrunde liegen. Eine Beurteilung sollte objektiv und unabhängig überprüfbar sein. Eine Überprüfung sollte zum gleichen Ergebnis führen.

Bewerten

1. Bestimmung eines Sachverhalts, z. B. des Ergebnisses eines Experiments
2. Festlegung von Kriterien bzw. Maßstäben
3. Überlegung, welche Kriterien/Maßstäbe für die eigene Entscheidung von besonderer Bedeutung sind, inklusive Begründung
4. Wertentscheidung

Eine Bewertung ist eine wissenschaftlich fundierte Aussage, bei der auch gesellschaftliche Werte und Normen berücksichtigt werden.

Bewerten und Nutzwertanalyse ... Bewerten

Um die abschließende Entscheidung beim „Bewerten“ zu fällen, kann Ihnen eine Nutzwertanalyse helfen. Dabei entwerfen Sie ein Punktesystem, das Sie auf die Kriterien anwenden, die für Ihre Entscheidung relevant sind. Dadurch werden die Kriterienbereiche gewichtet und Sie können am Ende einfacher und transparenter Ihre Entscheidung fällen, die dann auch für andere besser nachvollziehbar wird.
Beispiel: *Ingo hat abends großen Hunger. Er überlegt, ob er die nicht mehr ganz so schmackhaften Reste vom Vortag essen soll oder ob er sich lieber etwas bestellt. Er könnte aber auch noch schnell mit dem Rad zum Supermarkt fahren, um etwas fürs Abendessen zu kaufen. Durch die Kälte und die Dunkelheit ist die Fahrt allerdings zum einen etwas ungemütlich, zum anderen durch die rutschige Fahrbahn nicht ganz ohne Unfallrisiko.*
Ingo hat also folgende drei **Entscheidungsmöglichkeiten**: Die Reste vom Vortag essen, etwas bestellen oder nochmal einkaufen fahren.
Zur Entscheidungsfindung lassen sich die fünf in der Tabelle dargestellten Kriterienbereiche identifizieren. Diese werden dann **gewichtet**: Ingo ist z. B. der Geschmack dabei am wichtigsten, die Gemütlichkeit am unwichtigsten. Entsprechend verteilt er für die fünf Kriterienbereiche die **Punkte** 1 bis 5. Anschließend verteilt er **1 bis 3 Punkte**, je nachdem, welche der drei Entscheidungsmöglichkeiten sein Kriterium am besten trifft. So ist das Essen der Reste am ökologischsten (3 Punkte); beim Einkaufen würde er die Reste zwar wegwerfen (2 Punkte), aber im Gegensatz zum Bestellen (1 Punkt) kann er immerhin besser auf die Verpackungen achten.
Die so verteilten Punkte werden mit der jeweiligen Gewichtung **multipliziert** und am Ende **addiert**. Dadurch kann Ingo anhand der Punktzahl sehen, welche Entscheidung für ihn nach seinen festgelegten Kriterienbereichen die richtige ist.

Kriterienbereich	Gewichtung	Reste essen	bestellen	einkaufen
Geschmack	5	1 (· 5)	2 (· 5)	3 (· 5)
Umwelt	4	3 (· 4)	1 (· 4)	2 (· 4)
Kosten	3	3 (· 3)	1 (· 3)	2 (· 3)
Sicherheit	2	3 (· 2)	3 (· 2)	1 (· 2)
Gemütlichkeit	1	3 (· 1)	3 (· 1)	1 (· 1)
Summe		35	26	32

Ingo würde also die Reste vom Vortag essen, obwohl sie geschmacklich nur an dritter Stelle landen, dafür aber hinsichtlich Kosten, Umwelt, Sicherheit und Gemütlichkeit sehr hoch abschneiden.

Kausalketten formulieren ... Kommunizieren

Eine Kausalkette soll dazu dienen, um eine Aussage logisch aus einer anderen abzuleiten. Dabei sollten folgende Schritte beachtet werden:
- Die wichtigsten Fachbegriffe verwenden und in einfachen, präzisen Sätzen formulieren.
- In einzelne Abschnitte gliedern.
- Oft hilft eine Folge von Abbildungen, die genau diese Abschnitte darstellen.
- Die einzelnen Abschnitte verbinden Sie schließlich in der Kausalkette. Sie besteht aus mehreren Aussagen, die jeweils durch eine Begründung miteinander verbunden sind.

Beispiel:

Aussage:	Laserlicht wird am Doppelspalt gebeugt,
Begründung:	weil Laserlicht als Welle aufgefasst werden kann.
Aussage:	Es entsteht am Schirm ein Interferenzmuster,
Begründung:	weil die zwei halbkreisförmigen Wellenfronten miteinander interferieren.

Einheitenbetrachtung

Erkenntnisse gewinnen

Ein wichtiges Hilfsmittel, um Ihre Rechnung zu kontrollieren, gerade wenn die Umformungen komplexer werden, bietet die sogenannte Einheitenbetrachtung. Dabei untersuchen wir bei einer Gleichung, ob wir auf beiden Seiten in der Gesamtbetrachtung dieselbe Einheit erhalten, wie folgendes Beispiel zeigt:

Bei $v = \sqrt{G \cdot \frac{M}{r}}$ gilt für die Geschwindigkeit v auf der linken Seite die Einheit $\frac{m}{s}$.

Auf der rechten Seite erhalten wir: $[v] = \sqrt{\frac{\mathrm{m}^3}{\mathrm{kg} \cdot \mathrm{s}^2} \cdot \frac{\mathrm{kg}}{\mathrm{m}}} = \sqrt{\frac{\mathrm{m}^2}{\mathrm{s}^2}} = \frac{\mathrm{m}}{\mathrm{s}}$.

Bis auf Zahlenfaktoren scheinen damit die Umformungen korrekt zu sein.

Zur Erinnerung:
Aus $F = m \cdot a$ folgt für die Einheiten: $1\,\mathrm{N} = 1\,\mathrm{kg}\,\frac{\mathrm{m}}{\mathrm{s}^2}$

Die eckigen Klammern bei $[v]$ bedeuten, dass wir nur die Einheit der Größe v untersuchen, jedoch keine Zahlenwerte einsetzen.

Messwerterfassung und Auswertung mit einem Tabellenkalkulationsprogramm

Erkenntnisse gewinnen

- Überlegen Sie sich zunächst, welche Daten Sie in die Tabelle eintragen wollen. Erstellen Sie dann passende Überschriften (mit passender Einheit), z. B. Masse, Position des unteren Endes der Feder, Ausdehnungslänge ...
- Tragen Sie die Messwerte in die passenden Zellen ein.
- Berechnungen, wie die der Gewichtskraft, können Sie automatisch durchführen lassen: Im dargestellten Beispiel rechts wird in der Zelle E3 die Zelle C2 von der Zelle C3 subtrahiert, um die Ausdehnungslänge s zu berechnen. Kopiert man die Zelle E3 nach unten, wird eine analoge Berechnung auch in den Zellen E4, E5 etc. durchgeführt.

	A	B	C	D	E	F
1	Nr.	m in kg	x in cm	a in m/s²	s in cm	F in N
2	1	0	5	9,81	0	=B2*D2
3	2	0,5	6,1	9,81	=C3-C2	
4	3	1	7	9,81	2	
5	4	1,5	7,9	9,81	2,9	
6	5	2	8,9	9,81	3,9	
7	6	2,5	10	9,81	5	

i Die $-Zeichen verhindern, dass beim Ausfüllen nach unten die Spalten bzw. Zeilen aktualisiert werden.

Ausgleichsgeraden mit einem Tabellenkalkulationsprogramm zeichnen

Trägt man die Wertepaare einer Messung in einem Koordinatensystem ein, so ergibt sich oftmals ein Muster. In der Physik sind die Punkte solcher Wertepaare häufig annähernd auf einer Geraden angeordnet. Solche Ausgleichsgeraden werden so gezeichnet, dass die Messwerte möglichst nahe an der Geraden liegen. Die Werte werden daher oberhalb, unterhalb oder direkt auf der Geraden liegen.

Voraussetzung: Werte digital in Tabellenform
Die Messwerte müssen zunächst in digitaler Form vorliegen, wie bei der Methode „Messwerterfassung und Auswertung in einem Tabellenkalkulationsprogramm“ beschrieben. Für eine Dehnungs-Kraft-Messung ergeben sich z. B. die dargestellten Werte.

Nr.	m in g	s in cm	F in N
1	0	0	0
2	100	5	1,0
3	200	12	2,0
4	300	15	2,9
5	400	18	3,9
6	500	24	4,9

1. Wertepaare in Koordinatensystem eintragen
Nutzen Sie die Funktion *Diagramme → Punkt (XY)* des Programms, um die Wertepaare in einem Koordinatensystem darzustellen. Markieren Sie dazu die jeweiligen Spalten.

2. Ausgleichsgerade zeichnen
Über die Funktion *Trendlinie* können Sie nun automatisch eine Ausgleichsgerade zeichnen lassen. An dem dargestellten Beispiel können Sie gut sehen, dass nicht alle Wertepaare auf dieser Geraden liegen. Sie stellt aber eine gute Beschreibung der Verteilung der Wertepaare dar.

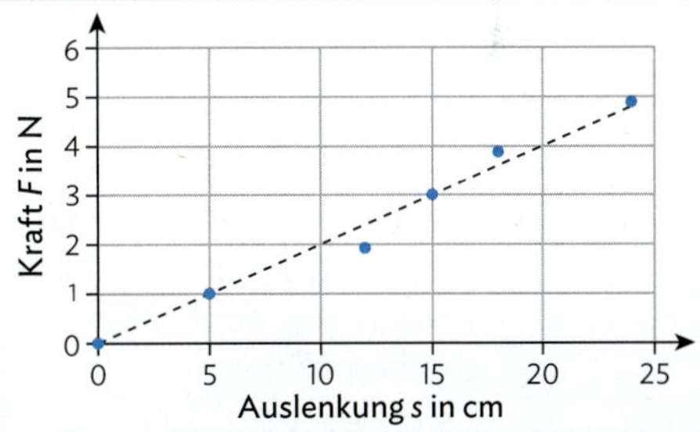

Operatoren

Operator	Erklärung	Beispiel
abschätzen	durch begründete Überlegungen Größenwerte angeben (z. B. in Form einer Überschlagsrechnung)	Schätzen Sie die Genauigkeit Ihrer Messung ab. *Das Spannungsmessgerät hat einen Wert von 5,3 V angezeigt. Der Messwert liegt also sicher zwischen 5,4 V und 5,2 V.*
angeben/ nennen	Formeln, Regeln, Sachverhalte, Begriffe oder Daten ohne Erläuterung wiedergeben	Nennen Sie die beiden Sehzellenarten. *Die beiden Arten von Sehzellen sind Stäbchen und Zapfen.*
begründen/ nachweisen/ zeigen	Gründe oder Argumente für eine Vorgehensweise oder einen Sachverhalt nachvollziehbar darstellen (auch eine rechnerische Bestätigung ist möglich)	Begründen Sie, dass ein Federpendel eine harmonische Schwingung vollführt. *Eine harmonische Schwingung liegt vor, wenn die rücktreibende Kraft der Schwingung direkt proportional und entgegengerichtet zur Auslenkung ist. Das ist für das Federpendel erfüllt, denn es gilt:* $F(t) = -D \cdot s(t)$. *D ist dabei die Federkonstante.*
berechnen	die Berechnung ist ausgehend von einem Ansatz darzustellen	Berechnen Sie die Frequenz einer Schwingung mit Schwingungsdauer $T = 25$ ms. $f = \frac{1}{T} = \frac{1}{0{,}025\,\text{s}} = 40\,\frac{1}{\text{s}} = 40\,\text{Hz}$
beschreiben	Beobachtungen, Strukturen, Sachverhalte, Methoden, Verfahren oder Zusammenhänge strukturiert und unter Verwendung der Fachsprache formulieren	Beschreiben Sie mithilfe des Feldlinienmodells den Verlauf des magnetischen Feldes eines Hufeisenmagneten. *Das magnetische Feld ist im Bereich zwischen den Schenkeln homogen: Die Feldlinien verlaufen dort parallel und in gleichem Abstand zueinander vom Nord- zum Südpol. Außerhalb verlaufen sie bogenförmig (nicht mehr homogen).*
bestimmen/ ermitteln	nachvollziehbar ein Ergebnis oder einen Zusammenhang rechnerisch, graphisch oder experimentell finden	Ein Proton bewegt sich von der einen Platte eines mit 3,0 V betriebenen Kondensators zu der anderen. Bestimmen Sie die Änderung der potentiellen Energie des Protons. $\Delta E_{pot} = e \cdot U = 1{,}6 \cdot 10^{-19}\,\text{C} \cdot 3{,}0\,\text{V} = 4{,}8 \cdot 10^{-19}\,\text{J}$
beurteilen	zu einem Sachverhalt ein Sachurteil fällen, das mithilfe fachlicher Kriterien zu begründen ist	Beurteilen Sie, inwiefern die Verwendung von Röntgenstrahlung in der Medizin unter Abwägung der Risiken und Nutzen gerechtfertigt ist. *Röntgenstrahlung ermöglicht tiefgehende medizinische Diagnosen, was den Nutzen gegenüber den Risiken wie Strahlenbelastung und mögliche Gewebeschädigung für viele Anwendungen überwiegt. Die sorgfältige Abwägung des Einsatzes und Schutzmaßnahmen sind dafür allerdings essentiell.*
bewerten	zu einem Sachverhalt ein Werturteil fällen, das unter Berücksichtigung gesellschaftlicher Werte und Normen zu begründen ist; dabei muss die Argumentation stets auch Bezüge zur Physik haben	Bewerten Sie die gesellschaftliche Akzeptanz der medizinischen Nutzung von Röntgenstrahlung unter Berücksichtigung ethischer Aspekte. *Lösung analog zum „Beurteilen“ Operator mit der Ergänzung: Die gesellschaftliche Akzeptanz ist hoch, da der medizinische Fortschritt und die Verbesserung der Patientenversorgung als höherwertig erachtet werden. Ethisch ist der Einsatz gerechtfertigt, wenn er zum Wohle des Patienten erfolgt.*

entscheiden	wenn zur Entscheidung eine Begründung erwartet wird, muss diese ausdrücklich durch „entscheiden Sie begründet" eingefordert werden	Entscheiden Sie begründet, ob der Aufenthalt in der Nähe eines Mobilfunkmastes gesundheitsschädlich ist. *Der Aufenthalt ist nicht gesundheitsschädlich, da Mobilfunkstrahlung nicht ionisierend ist und unter den Grenzwerten liegt, die auf Basis von Studien als sicher eingestuft werden.*
erklären	einen Sachverhalt oder Zusammenhang nachvollziehbar und verständlich machen, indem man ihn auf Fakten, Regeln und Gesetzmäßigkeiten zurückführt	Erklären Sie den Unterschied zwischen einer Sammel- und einer Zerstreuungslinse. *Die Sammellinse führt ein paralleles Lichtbündel so zusammen, dass sich alle Lichtstrahlen in einem Brennpunkt treffen. Die Zerstreuungslinse weitet ein paralleles Lichtbündel auf, so dass alle Lichtstrahlen aus einem Punkt hervorzugehen scheinen.*
erläutern	einen Sachverhalt oder Zusammenhang veranschaulichend darstellen und durch zusätzliche Informationen (etwa durch selbst gewählte Beispiele oder Vergleiche) verständlich machen	Erläutern Sie den Unterschied zwischen einer Sammel- und einer Zerstreuungslinse. *Lösung analog zum „erklären"-Operator mit der Ergänzung: Sammellinsen werden zur Korrektur von Weitsichtigkeit eingesetzt, Zerstreuungslinsen zur Korrektur von Kurzsichtigkeit.*
herleiten	mithilfe bekannter Gesetzmäßigkeiten einen Zusammenhang zwischen Größen herstellen	Leiten Sie einen Zusammenhang zwischen Winkel- und Bahngeschwindigkeit her. Es gilt $v = \frac{2\pi}{T} \cdot r$ und $\omega = \frac{2\pi}{T}$. Daher ist $v = \omega \cdot r$.
skizzieren	Sachverhalte, Prozesse, Strukturen oder Ergebnisse übersichtlich (und auf das Wesentliche reduziert) graphisch darstellen	Skizzieren Sie den Aufbau des Versuchs. Hinweis: *Aus Platzgründen wird an dieser Stelle auf eine Skizze eines Experiments verzichtet. Die Skizze sollte aber alle für den Aufbau des Experiments relevanten Informationen enthalten, diese aber sehr vereinfacht darstellen.*
Stellung nehmen	zu einer Aussage oder Problemstellung verschiedene Aspekte (z. B. Pro und Kontra oder Aspekte aus verschiedenen Blickwinkeln) reflektiert gegeneinander abwägen und zu einer abschließenden, begründeten Bewertung gelangen	Nehmen Sie Stellung zur Aussage: „Die elektromagnetische Strahlung von Mobiltelefonen stellt ein Gesundheitsrisiko dar." *Wissenschaftliche Studien liefern gemischte Ergebnisse bezüglich der Gesundheitsrisiken durch Handystrahlung. Sie ist nicht ionisierend und gilt daher als weniger gefährlich. Dennoch wird empfohlen, vorsorglich die Exposition zu reduzieren, z. B. durch Nutzung von Freisprecheinrichtungen. Eine pauschale Einschränkung scheint angesichts der Bedeutung für den Alltag und mangels eindeutiger Beweise unverhältnismäßig.*
vergleichen	Gemeinsamkeiten und Unterschiede kriteriengeleitet herausarbeiten (die Kriterien müssen ersichtlich sein)	Vergleichen Sie die beiden Quellen hinsichtlich ihrer Verständlichkeit miteinander. *Quelle A war insgesamt verständlicher als Quelle B, weil sie die gleichen Informationen in einfacherer Sprache und mit mehr Veranschaulichungen (Grafiken, Animationen) vermittelt hat.*
zeichnen	Objekte graphisch möglichst exakt darstellen	Zeichnen Sie das passende t-s-Diagramm der Schwingung. Hinweis: *Eine Zeichnung muss präziser sein als eine Skizze.*

Stichwortverzeichnis

Bildnachweis und Quellenverzeichnis

Bildnachweis

AdobeStock / blackday – S. 84; - / bubutu – S. 68, 69; - / Alexander Kaludov – S. 33; - / Markus – S. 41; - / Dmitry Pichugin – Cover; Alamy Stock Photo / Andrew Brown – S. 108, 109; - / FLPA – S. 58; - / Peter Hermes Furian – S. 32, 41; - / GRANGER - Historical Picture Archive – S. 140; - / Algirdas Grigaitis – S. 32; - / Axel Kock – S. 70; - / Pictorial Press Ltd – S. 79, 143; - / Mark Slater – Cover; S. 11,12; - / The Granger Collection – S. 139; - / Westend61 GmbH – S. 158, 159; - / World History Archive – S. 41; - / Zoonar GmbH – S. 55; - / Rudmer Zwerver – S. 93; Courtesy of the Laboratory of Neuro Imaging an Martinos Center for Biomedical Imaging, Consortium of the Human Connectome Project - www.humanconnectomeproject.org – S. 176; Die Physikanten / www.physikanten.de – S. 71; Rainer Dietrich, Schweinfurt – S. 48 (3), 67, 71, 77, 91, 94, 95 (2), 104, 112 (4), 117, 120, 126, 128 (2), 132, 160, 169, 171, 180, 192; Markus Elsholz, M!ND-Center Universität Würzburg – S. 121 (2), 124, 155; Doreen Eschinger, Berlin – S. 22 (2); Christian Fauser, Würzburg – S. 151; Dr. Frank Finkenberg, Würzburg – S. 87; Fotolia / Ingo Bartussek – S. 138; - / juegraphoto – S. 138; Fundamental Photographs / © 2004 Richard Megna – S. 42, 44; Getty Images Plus / iStockphoto, AustralisPhotography – S. 138; - / iStockphoto, CathyKeifer – S. 60; - / iStockphoto, Catshila – Cover; - / iStockphoto, farakos – S. 41; - / iStockphoto, FotografieLink – S. 14; - / iStockphoto, FooTToo – S. 138; - / iStockphoto, grzymkiewicz – S. 138; - / iStockphoto, Vadim Kozlovsky – S. 142; - / iStockphoto, Susann Law Cain – S. 138; - / iStockphoto, luisrsphoto – S. 138; - / iStockphoto, Gytis Mikulicius – S. 113; - / iStockphoto, Ivan Montero – S. 138; - / iStockphoto, oratai jitsatsue – S. 98; - / iStockphoto, scyther5 – S. 138; iStockphoto / 29mokara – S. 83; - / juhajarvinen – S. 80; Marco Kleine-Albers / https://www.kopfhoerer-berater.de – S. 71; LEYBOLD / LD DIDACTIC GmbH, www.ld-didactic.de, Hürth – S. 143; © Lingelbachs Scheune - optische Phänomene – S. 28; Mauritius Images / Alamy Stock Photo, Peter Horree – S. 63; - / Alamy Stock Photo, Magnus Larsson – S. 215; - / imageBROKER, Uwe Umstätter – S. 50; - / Naturbildbibliothek, Juan Carlos Munoz – S. 83; - / Nature Picture Library, Nick Upton – S. 126; - / Pitopia, Kraftzwerg – S. 42; - / Science Source, Biophoto Associates – S. 194, 200; - / Stocktrek, David Fleetham – S. 93; Max Planck Institut für Biochemie, Martinsried – S. 160; Melanie Nerding, Nürnberg – S. 30; Hannah Nessig, altes-gartenwissen.de – S. 33 (4); Patrick Nordmann / Schulphysikwiki.de / CC BY-SA 4.0 – S. 77 (3); OKAPIA / BSIP, James Cavallini – S. 143; - / McPhoto, Horst Jegen – S. 101; - / Dietmar Nill – S. 92; picture alliance / beyond, Vladimir Godnik – S. 72; - / dpa, Frank Leonhardt – S. 81; - / Waterframe, Borut Furlan – S. 110; - / ZB, Soeren Stache – S. 110; Andreas Reichenbach, Leipzig – S. 38, 54; Science Photo Library / EYE OF SCIENCE – S. 99; - / PASCAL GOETGHELUCK – S. 35; Sygyt Software, Bochum / http://www.sygyt.com – S. 70; Universitätsklinikum Heidelberg – S. 137; www.wikimedia.org / Julo – S. 96; www.wikimedia.org / Naib, CC BY_SA 2.5 – S. 55.

Quellenverzeichnis

- S. 43 M2 Lernaufgabe: Daten und Diagramme aus: Harmening, W. M. (2017), Kontrastempfindlichkeit und Sehschärfe bei Tieren, Ophthalmologe, 114, S. 986–996.
- S. 50 Sehzellendichte: Heldmaier, G., Neuweiler, G. (2003), Vergleichende Tierphysiologie, Band 1, Berlin, S. 391
- S. 57 Aufgabe 2: Frings, S. (2021), Die Sinne der Tiere: Lehrbuch der vergleichenden Sinnesphysiologie, Berlin, S. 237 (Kindle-Version)
- S. 91 B7: Grothe, B., Pecka, M., McAlpine, D. (2010), Mechanisms of Sound Localization in Mammals, Physiol. Rev. 90, S. 983–1012. DOI: 10.1152/physrev.00026.2009
- S. 127 Abbildung Tiefendosisprofile: nach PhysikJournal 18 (2019), Nr. 6, S. 36
- S. 149 Aufgabe 13: nach Abitur Physik Bayern 1998